用Python编程和实践！

深度学习

教科书

从机器学习基础到深度学习

[日] Aidemy, inc. 石川聡彦 / 著 · 陈 欢 / 译

SE
SHOEISHA

U0259216

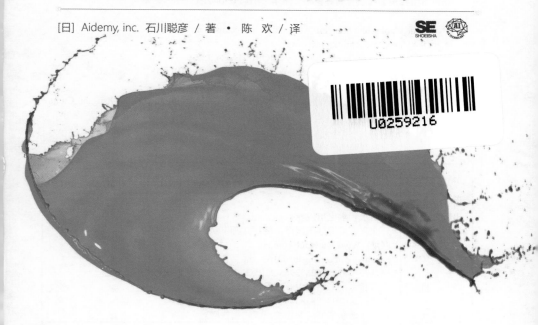

中国水利水电出版社
www.waterpub.com.cn
·北京·

内 容 提 要

《用 Python 编程和实践！深度学习教科书》是一本专门针对有一定编程经验，但没有 Python 和机器学习相关经验的读者编写的参考书籍，目标是让读者能够独立编写出机器学习相关的应用程序。书中首先介绍了机器学习和 Python 语言的基础知识，然后对 NumPy、Pandas、matplotlib 等在 Python 中使用频率较高的软件库进行讲解；最后对基础的机器学习及深度学习技术进行实践与挑战，并最终使读者达到能够运用深度学习技术之一的 CNN 来实现图像识别任务项目的技术水平。本书特点是用编程实践的方法学习，特别适合深度学习初学者及参与人工智能（AI）相关开发的程序员、研究人员和理工科学生。

图书在版编目（CIP）数据

用 Python 编程和实践！深度学习教科书/（日）石川 聪彦著；陈欢译 . — 北京：中国水利水电出版社，2021.3

ISBN 978-7-5170-9278-0

Ⅰ.①用… Ⅱ.①石… ②陈… Ⅲ.①软件工具—程序设计 Ⅳ.① TP311.561

中国版本图书馆 CIP 数据核字 (2020) 第 268979 号

北京市版权局著作权合同登记号　图字：01–2020–7211

(Python de Ugokashite Manabu! Atarashii Shinsogakushu no Kyokasho:5857-0)
© 2018 Aidemy, inc. Akihiko Ishikawa
Original Japanese edition published by SHOEISHA Co.,Ltd.
Simplified Chinese Character translation rights arranged with SHOEISHA Co.,Ltd.
through JAPAN UNI AGENCY, INC.
Simplified Chinese Character translation copyright © 2021 by Beijing Zhiboshangshu Culture Media Co.,Ltd.

书　　名	用 Python 编程和实践！深度学习教科书 YONG Python BIANCHENG HE SHIJIAN! SHENDU XUEXI JIAOKESHU
作　　者	石川 聪彦 著
出版发行	中国水利水电出版社 （北京市海淀区玉渊潭南路1号D座100038） 网址：www.waterpub.com.cn E-mail：zhiboshangshu@163.com 电话：（010）62572966-2205/2266/2201（营销中心）
经　　售	北京科水图书销售中心（零售） 电话：（010）88383994、63202643、68545874 全国各地新华书店和相关出版物销售网点
排　　版	北京智博尚书文化传媒有限公司
印　　刷	北京天颖印刷有限公司
规　　格	148mm×210mm　32开本　23.25印张　910千字
版　　次	2021年3月第1版　2021年3月第1次印刷
印　　数	0001—5000册
定　　价	99.80元

本书是专门为拥有一定编程经验，但是却几乎没有任何机器学习和 Python 语言相关经验的工程师们量身定制的参考书籍。在本书中，我们将从 Python 语言的基础知识开始，对 NumPy、Pandas 等在 Python 中使用频率较高的软件库进行学习。然后着手对基础的机器学习及深度学习技术（Deep Learning）进行实践与挑战，并最终使读者达到能够运用深度学习技术之一的 CNN 来实现图像识别任务项目的技术水平。让读者能够独立编写机器学习相关的应用程序是本书的写作目标。

本书是以 Aidemy 编程学习平台所使用的教材为蓝本编写的。Aidemy 是日本规模最大的人工智能等先进技术的专业编程学习平台。虽然 Aidemy 提供了在网络浏览器中使用的在线教材，但是相信也有很多用户会更倾向于使用纸质教材，边做笔记边学习。实际上，纸质教材给人的感觉更加便于阅读，而且在需要回顾前面章节的内容时也更加方便。

因此，我们最终决定将本书作为 Aidemy 的第一本"官方教科书"进行出版发行，这对于笔者及 Aidemy 团队而言都是一个全新的挑战。但是经过我们对内容的精心选择和组织，相信大家可以通过本书顺利完成从 Python 的基础部分到深度学习编程实践的学习。本书设计了大量的小示例和习题，读者可以在编写代码的过程中进行实践，通过习题巩固自身对知识的理解。学习编程最关键的一点就是要坚持实践，因此，建议大家一定要在亲自动手编写代码的基础上去理解本书的内容。

总而言之，学习编程最重要的就是能够"持之以恒"，即使是计算机编程的初学者，只要肯花费 6 个月左右的时间来一点一点地学习本书内容，并且做到持续学习，就一定可以掌握深度学习相关应用程序的编程方法，并提高获取深度学习资格认证的可能性，踏出成为人工智能技术工程师坚实的一步。此外，对于拥有编程经验的读者而言，即使没有任何机器学习领域的相关经验，只要花费 3 个月左右的时间学习本书，并且做到持续学习的话，就一定能够胜任与深度学习相关的开发工作。

因此，建议大家一定要充分运用本书，多实践，多思考，早日掌握机器学习和深度学习的相关知识，然后就运用这些知识开始尝试编写下一个能够改变世界的伟大软件吧！能够让本书成为其中值得纪念的一页，就是笔者最大的愿望。

Aidemy 股份公司

总裁兼首席执行官　石川聪彦

本书的读者对象

本书是从基础部分开始讲解有关深度学习技术的专业书籍。

如果读者具有以下经验的话，对于深入理解本书内容会有所帮助。

- 个人计算机的基本操作
- 基础的 Python 语言编程经验
- 函数、微分、向量、矩阵等相关数学知识

MEMO：本书的开发环境

关于本书中所涉及的各种第三方软件库的信息，请参考第 0 章"开发环境的准备"一节中的内容。

关于本书示例程序的测试环境与示例文件

本书示例代码的测试环境

本书中所公布的示例代码在下列环境中可以顺利地执行。

- OS：Windows 10
- Python：3.6.1
- Anaconda：5.2.0

本书配套资源下载与服务

本书的配套文件（本书中所记载的示例代码文件以及各章涉及的网址链接文件等）可以按下面的方法进行下载。

❶ 扫描右侧的二维码或在微信公众号中搜索"人人都是程序猿"，关注后输入 psdxx 并发送到公众号后台，即可获取本书资源的下载链接。

❷ 将该链接复制到计算机浏览器的地址栏中，按 Enter 键进入网盘资源界面（一定要将链接复制到计算机浏览器的地址栏，通过计算机下载，手机不能下载，也不能在线解压，没有解压密码）。

❸ 为方便读者间学习交流，本书创建了 QQ 群 945657081，需要的读者可以加群与其他读者交流学习。

❹ 如果对本书有其他意见或建议，请直接将信息反馈到 2096558364@QQ.com 邮箱，我们将根据你的意见或建议及时做出调整。

注意

本书配套文件的相关权利归作者以及株式会社翔泳社所有。未经许可不得擅自分发，不可转载到其他网站上。配套文件可能在无提前通知的情况下停止发布。感谢您的理解。

免责事项

本书配套文件中的内容是基于截至 2018 年 9 月的相关的法律。

本书配套文件中所记载的 URL 可能在未提前通知的情况下发生变更。

本书配套文件中提供的信息，虽然在出版时力争做到描述准确，但是无论是作者本人还是出版社都对本书的内容不作任何保证，也不对读者基于本书的示例或内容所进行的任何操作承担任何责任。

本书配套文件中所记载的公司名称、产品名称都是属各个公司所有的商标和注册商标。

关于著作权

本书配套文件的版权归作者和株式会社翔泳社所有，禁止用于除个人使用之外的任何用途。未经许可，不得通过网络分发、上传。对于个人使用者，允许自由修改或使用源代码。禁止商用，若确有必要用于商业用途，请务必告知株式会社翔泳社。

目　录

目

录

目

录

开发环境的准备

在本章中，我们将对本书中所使用的开发环境进行讲解。

0.1 ║Anaconda 的安装

在本书中，我们将基于 Python 3.x 系列版本进行讲解。

0.1.1 Anaconda 的安装步骤

本书中所使用的开发环境是 Anaconda。Anaconda 是由 Anaconda 公司开发的一个软件包。在 Anaconda 中，配备了使用 Python 执行代码时所必需的执行环境。

请访问 Anaconda 的官方网站，并下载本书中需要使用的软件包。

Anaconda 的下载地址：URL https://www.anaconda.com/download

单击位于 Python 3.6 version 下方的 Download 按钮（见图 0.1）。

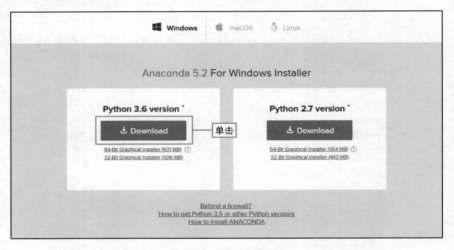

图 0.1 Anaconda 的下载页面

下载完成后，双击所下载的安装程序（在这里是 Anaconda3–5.2.0–Windows–x86_64.exe），启动安装向导（见图 0.2）。

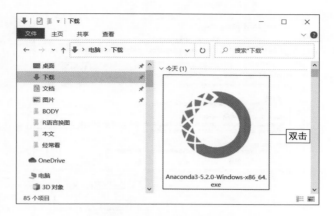

图 0.2　双击安装程序

单击 Welcome to Anaconda3 5.2.0（64–bit）Setup 界面中的 Next 按钮（见图 0.3）。

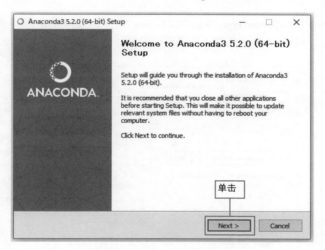

图 0.3　单击 Next 按钮

在 License Agreement 界面中确认软件许可协议的内容（见图 0.4 ①），然后单击 I Agree 按钮（见图 0.4 ②）。

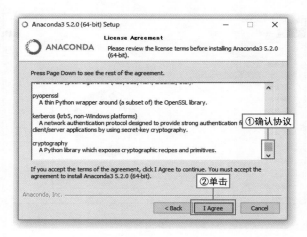

图 0.4　确认软件许可协议的内容

在 Select Installation Type 界面中选择 Just Me（recommended）单选按钮（见图 0.5 ①），然后单击 Next 按钮（见图 0.5 ②）。

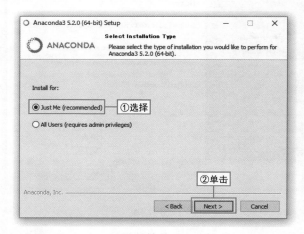

图 0.5　选择安装类型

在 Choose Install Location 界面中选择 Destination Folder，为安装程序指定安装路径（见图 0.6 ①），然后单击 Next 按钮（见图 0.6 ②）。

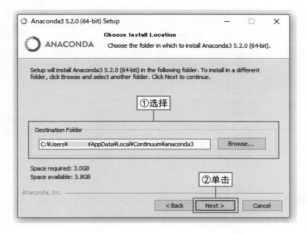

图 0.6　指定程序安装路径

在 Advanced Installation Options 界面中直接单击 Install 按钮（见图 0.7 ）。

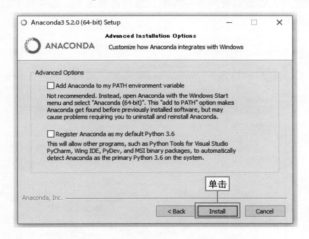

图 0.7　单击 Install 按钮

然后，进入 Installing 界面，开始进行安装（见图 0.8 ）。

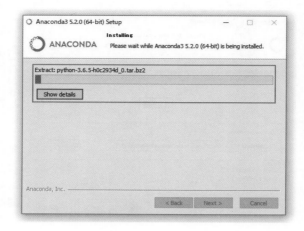

图 0.8　程序安装中

当界面中显示 Installation Complete 时，就表示程序安装已经完成（见图 0.9），单击 Next 按钮进入安装向导的下一界面，最后再单击 Finish 按钮关闭程序安装向导即可（见图 0.10）。

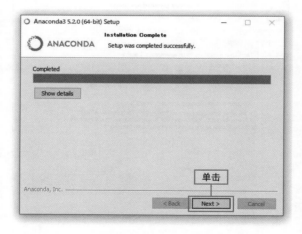

图 0.9　程序安装完成

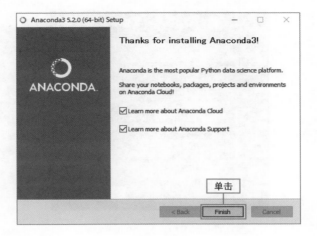

图 0.10　单击 Finish 按钮

注意：Anaconda 的版本

　　本 书 编 写 的 时 间 为 2018 年 9 月，当 时 使 用 的 版 本 是 Anaconda 3-5.2.0-Windows-x86_64.exe，随着时间的推移版本可能会发生变化，如果下载的是最新版本，原则上是不会有任何问题的。为了配合本书中所使用的环境，建议尽量从官方网站中下载本书中指定的版本。

Anaconda installer archive :
URL https://repo.continuum.io/archive/

0.1.2　虚拟环境的创建

　　在顺利完成 Anaconda 的安装之后，接下来需要创建虚拟环境。

　　单击"开始"菜单（见图 0.11 ①）→ Anaconda3(64-bit)（见图 0.11 ②）→ Anaconda Navigator（见图 0.11 ③）。

图 0.11　启动 Anaconda Navigator

启动 Anaconda Navigator 后，依次单击 Environments（见图 0.12 ①）→ Create（见图 0.12 ②）。

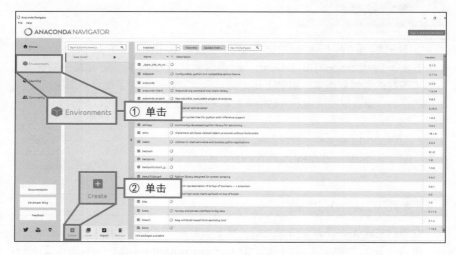

图 0.12　Anaconda Navigator 启动中

弹出 Create new environment 对话框后，在 Name 文本框中输入虚拟环境的名称（见图 0.13 ①），在 Packages 中勾选 Python 复选框并选择 3.6 版本（见图 0.13 ②），最后单击 Create 按钮（见图 0.13 ③）。

图 0.13　Create new environment 对话框

这样就成功地创建了虚拟环境（见图 0.14）。

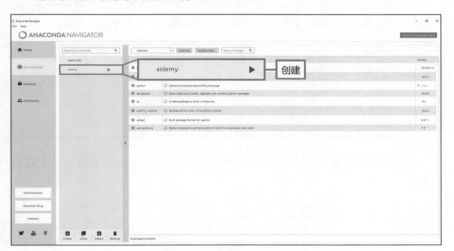

图 0.14　创建成功的虚拟环境

0.1.3 第三方库的安装

接下来，我们将安装虚拟环境中所需要的第三方软件库，安装时使用 Anaconda Navigator 附带的命令行窗口来执行。

单击位于我们所创建的虚拟环境右方的▶（见图 0.15①），并选择 Open Terminal（见图 0.15②）。

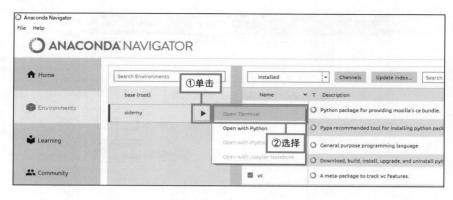

图 0.15 选择 Open Terminal

在本书中将会用到 Scikit–Learn、TensorFlow 等第三方软件库来进行讲解，因此请使用 pip 命令或 conda 命令对各种需要用到的第三方软件库进行安装。

```
conda install jupyter
conda install matplotlib==2.2.2
pip install scikit-learn==0.19.1
pip install tensorflow==1.5.0
pip install keras==2.2.0
```

对于其他需要使用的第三方软件库（见表 0.1），请使用下面的命令进行安装。

```
conda install <软件库名称>==<版本号>
```

表 0.1 软件库名称和版本号

软件库名称	版本号
opencv	3.4.2
pandas	0.22.0
pydot	1.2.4
requests	2.19.1

0.1.4 Jupyter Notebook 的启动和操作

接下来,我们将启动 Jupyter Notebook。单击创建好的虚拟环境中右边的▶(见图 0.16 ①),并选择 Open with Jupyter Notebook(见图 0.16 ②)。

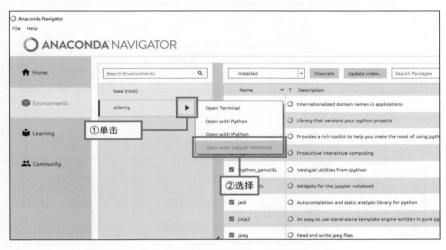

图 0.16 选择 Open with Jupyter Notebook

启动网页浏览器,然后单击右边的 New 按钮(见图 0.17 ①),并选择 Python 3(见图 0.17 ②)。

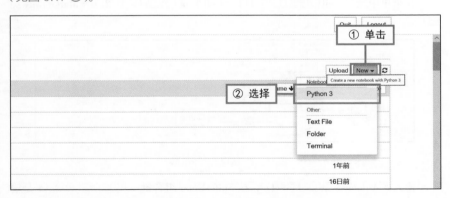

图 0.17 选择 Python 3

输入程序代码

页面中的光标会在单元格内闪烁，在单元格中输入代码（见图 0.18 ①），并按 Shift+Enter 组合键（见图 0.18 ②）。

图 0.18　在单元格中输入代码并执行代码

显示执行结果（见图 0.19）。

图 0.19　执行结果

输入文本信息

在菜单中选择 Cell（见图 0.20 ①）→ Cell Type（见图 0.20 ②）→ Markdown（见图 0.20 ③）。

图 0.20　选择 Markdown

输入 # Aidemy（见图 0.21 ①），按 Shift+Enter 组合键（见图 0.21 ②）。# 是输入 Markdown 时使用的标签，可以分别使用 \#（大标题）、#\#（中标题）、##\#（小标题）来更改字体大小。

图 0.21　输入文本

显示输入结果（见图 0.22）。单元格的类型有代码和文本格式两种，请根据需要在图 0.20 所示的页面中选择并进行变更。若选择 Code，则会显示代码的单元格；若选择 Markdown，则会显示文本格式。

图 0.22　显示输入结果

## 第 1 章

机器学习概论

1.1 ║ 机器学习简介

1.1.1 为何现在"机器学习"如此热门

当前机器学习技术究竟为何如此热门呢？其中一个主要原因就是由于"**人类无论如何也做不到在短时间内实现从大量的数据中自动地计算出正确结果的操作**"这一客观现实，而机器学习正是通过对大量的数据中所存在的模式进行识别来解决问题的。如果单纯依靠人力对大量的数据进行处理，成本将会极其高昂，并且也非常不现实。正因为如此，包括图像、语音、市场分析、自然语言、医疗等在内的各行各业都是机器学习技术可以发挥其真正价值的地方，所以当前机器学习技术受到了极为广泛的关注。再加上随着时代的发展，计算机的处理速度不断地提高，出现了可以对复杂数据进行解析处理的运算装置，这也是非常关键的一个因素。

近年来，类似"人工智能（ AI ）""机器学习（ Machine Learning ）""深度学习（ Deep Learning ）"等名目繁多的技术名词不绝于耳，对于这些概念之间的关系，我们可以简单地将其归纳为如图 1.1 所示的关系。

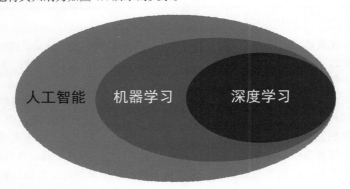

图 1.1　人工智能、机器学习、深度学习之间的关系

从图 1.1 中可以看出，人工智能是一个非常广泛的概念。例如，只是依靠对选择条件进行简单的罗列而实现的分类算法也被归为人工智能的范畴。这类算法有时候又被称为 If–Then 形式的知识表示算法。像这类算法很难说是目前的热门技术，因此在本书中将不会对其进行深入讲解。接下来，我们将对包含深度学习技术在内的机器学习进行概括性介绍。

请从下列有关人工智能的描述中，选择描述**错误**的一项。

● 人工智能在图像、语音和市场分析等领域都有着非常广泛的应用。
● 机器学习是通过对大量的数据中所存在的模式进行识别来解决问题的一种方法。
● 机器学习算法属于深度学习算法中的一部分。
● 人工智能算法中，也包含只使用 If–Then 的形式来进行知识表示的算法。

（提示）

请注意这道题目的要求是选出"错误"的选项。

（参考答案）

机器学习算法属于深度学习算法中的一部分。

1.1.2 何谓机器学习

究竟什么是"机器学习"呢？简单地讲，所谓机器学习，就是"**通过对数据进行反复的学习，来找出其中潜藏的规律和模式**"。那么，这里所说的"数据中潜藏的规律和模式"又是什么呢？

例如，人类可以通过眼球中的视网膜接收光线信号，并快速地对映入瞳孔中的物体进行识别。人眼可以瞬间分辨出苹果、橘子这样的水果，以及桌子、椅子这样的家具，而不会将苹果看成是椅子。那么，为什么人眼不会看错呢？那是因为苹果和椅子的特征（模式）是有区别的，苹果和椅子具有各自的特征。椅子是 4 个角的，而苹果是圆的，这就是一种特征；苹果是红色的，而椅子是褐色的，这也是一种特征。正是因为人类可以瞬间分辨出它们特征的不同之处，所以才不会将苹果错看成椅子。

但是，要想让计算机从苹果和椅子的图像中寻找出特征，并总结出规律则是一件极其困难的事情。

例如，如果我们告诉计算机"苹果是红色的、半径为 5cm 左右的球"，计算机可能会将涂成红色的球误认为是苹果。由此可见，想用被称为特征的符号实现对人类知识的完整描述是一件极为困难的事情。对于在只告知特征的前提下，机器是否真的能"理解"实际物体的这一问题，我们将其称为"**符号接地问题**"，而这个问题则被认为是人工智能领域中亟待解决的难题之一。

作为解决这一问题的手段，机器学习并不是采用对人类的知识进行描述的方式去解决，而是采用通过从大量的苹果照片中归纳并总结出苹果这一物体所具有的共同特征的算法去解决。虽然我们在这里一言以蔽之曰**算法**，实际中所使用的算法却是有非常多的选择。机器学习中所使用的算法大致可以归为以下三大类：

- 监督学习（Supervised Learnings）。
- 无监督学习（Unsupervised Learnings）。
- 强化学习（Reinforcement Learnings）。

那么，这里的"监督"指的是什么呢？我们将在下一节中对与各种算法相关的知识进行讲解。

习题

请从下列选项中，选择符合正确描述的算法填入到"＿＿"中。

机器学习中所使用的算法大致可分为三大类，分别为"＿＿""＿＿""强化学习"。

- "监督学习""符号接地问题"
- "符号接地问题""无监督学习"
- "监督学习""无监督学习"

提示

"符号接地问题"属于人工智能领域中亟待解决的难题之一。

参考答案

"监督学习""无监督学习"

1.2 各类机器学习算法

1.2.1 理解监督学习

接下来，我们将对机器学习中具有代表性的一种方法——**"监督学习"**进行学习。

所谓**监督学习**中的"监督"，是指"数据中附带的正确答案标签"。那么，"数据中附带的正确答案标签"指的是什么呢？如图1.2所示。

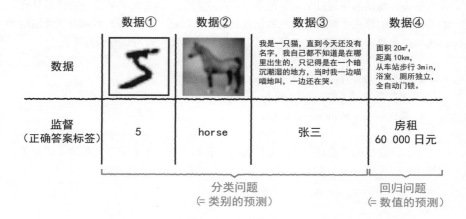

图 1.2　数据中附带的正确答案标签

从图 1.2 中可以看到，从左到右列出了各种数据及其对应内容的分类或数值信息。对这些用于表示内容的数据我们称为"**正确答案标签**"。数据① 是一张手写数字（图像），我们将数字 5 作为其监督数据。数据② 是类似照片的图像，其监督数据为 horse。像这些用于处理图像数据的应用，我们称为"图像识别"。无论机器学习还是深度学习都很擅长处理这类应用。

数据③是一段文章，我们将"张三"作为监督数据。像这样用来处理文章的应用，我们称为"自然语言处理"。在自然语言处理领域中，由于需要针对不同的语言准备数据集，因而其特点是信息难以收集。

像数据①～③这样，最终用于**对数据所属类别进行预测**的应用，我们称为"**分类问题**"。而数据④ 则是基于面积等量化数据的，并将"房租 60 000 日元"作为正确答案标签。被用于对类似房租这样**连续变化的数值进行预测**，我们将其称为"**回归问题**"。

接下来，我们将对监督学习的实现流程进行总结。

（1）将各种各样的监督数据交给计算机，并让其对"正确答案标签"进行学习，最后创建出能够输出"正确答案标签"的学习模型。

（2）使用创建好的模型对未知的数据进行处理，并检测模型是否能产生接近"正确答案标签"的输出值。

简单地说，监督学习的基本原理就是使用大量的数据，通过计算机对数据进行反复处理，最终能够产生接近正确答案标签的输出值。

习题

请从下列选项中，选择属于回归问题的一项。

- "房租预测"和"气温预测"
- "销售额预测"和"0～9的手写数字识别"
- "识别照片中所拍摄的物体"和"推测文章作者"
- "人脸照片的男女识别"和"股价预测"

提示

"房租预测""销售额预测""气温预测""股价预测"属于对数值进行预测，而"0～9的手写数字识别""识别照片中所拍摄的物体""推测文章作者""人脸照片的男女识别"则属于对类别进行推测。

参考答案

"房租预测"和"气温预测"

1.2.2 理解无监督学习

接下来我们将对与"**无监督学习**"相关的知识进行讲解。在1.2.1小节中我们已经学习了"监督学习"中包含"正确答案标签"问题的答案，而在"**无监督学习**"中是**不包含"正确答案标签"**的，其属于从输入的数据中发现规则，并进行学习的一种方法。监督学习会告诉计算机正确的答案，而无监督学习则是使用计算机去推导答案。因此，无监督学习具有不存在所谓正确或错误答案的特点。

请注意如图1.3所示的20个圆点的集合。当人类看到上面这些圆点的集合时，马上就能明白这里一共有三个圆点的集合。要让机器对这三个圆点的集合进行识别，可以使用"无监督学习"中的一种名为"**聚类**"的算法来进行处理，那样，机器也可以像人一样识别出三个集合是由多个圆点所构成的。通常"无监督学习"是在对数据集合中所存在的某些规律或数据的分组进行推导时所采用的一种方法。

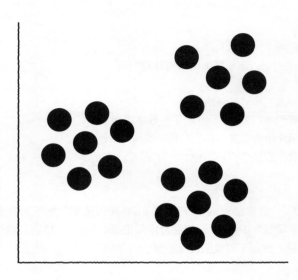

图 1.3　数据中附带的正确答案标签

　　无监督学习多用于热卖商品的推荐、饮食店的推荐菜单等应用场合。此外，在对多维数据中的信息进行压缩（又被称为主成分分析、降维处理等），以及用于信息（数据）压缩的自然语言处理等领域中其也经常被使用。

习题

　　请从下列选项中，选择正确的组合填入"＿＿＿＿"中。

　　无监督学习"＿＿＿＿"正确答案标签，"＿＿＿＿"是其中具有代表性的方法。

- "提供""随机森林"
- "没有提供""随机森林"
- "提供""聚类"
- "没有提供""聚类"

提示

　　"随机森林"属于"监督学习"的方法之一。

参考答案

　　"没有提供""聚类"

1.2.3 理解强化学习

实际上，除了"监督学习"和"无监督学习"以外，目前受关注较多的机器学习方法还有"强化学习"。在"强化学习"中也不需要监督，强化学习会提供"智能体"和"环境"。配备智能体和环境后，智能体会根据环境的变化采取相应的行动，环境将根据行动的结果给予智能体相应的"报酬"，而智能体根据其获取的报酬，对行动做出"好"或"不好"的评价，并以此决定下次该如何采取行动。近些年来，强化学习与深度学习的结合广泛应用在围棋 AI、象棋 AI、机器人的操作和控制等领域中（见图 1.4）。

图 1.4　智能体与环境

实际上要理解强化学习模型的原理，观看下面的视频会有很大帮助[①]。

码垛机器人：通过深度学习实现非示教操作。
URL https://www.youtube.com/watch?v=ATXJ5dzOcDw
来源 Preferred Networks, Inc.

当视频回放到 0:16 时间点时，学习没有进展，机器人无法顺利地吸住圆柱形的零件。但是，到 0:55 时间点时，学习进展顺利，机器人以 9 成以上的准确率成功地将零件吸了起来。通过机器人的动作或运动仿真，让计算机为了得到"好"的评价，而自动学习如何改善其自身动作行为的学习方式就是"强化学习"。

习题

请从下列选项中，选择恰当的词组填入"＿＿＿＿"中。

强化学习属于不需要"＿＿＿＿"的学习方法，在与图像识别技术进行结合之后，经常被应用于"＿＿＿＿"等领域中。

---

① 编者注：如果网址打不开，不能观看视频，请读者继续学习后面内容。不影响对其他内容的理解。

机器学习概论

- "正确答案标签""机器人的控制"
- "报酬""机器人的控制"
- "正确答案标签""手写文字识别"
- "报酬""手写文字识别"

提示

"手写文字识别"通常是使用"监督学习"算法来实现的。

参考答案

"正确答案标签""机器人的控制"

附加习题

接下来，让我们结合本章中所学习的知识尝试对下列问题进行解答。请思考下面短文的下划线处分别应当填入哪些名词。

习题

机器学习可以分为"①""②""③"等三大类方法，其中最具代表性的方法是"④"。"④"是属于模仿了人类学习过程的方法，其原理是使用"⑤"进行学习，运用名为"⑥"的方法计算出答案之后，再对照正确答案的"⑦"来比对答案。如果答案是不同的，那就需要再次进行"⑧"，不断地重新进行学习，直到计算得到的答案与标签一致为止。

提示

上述短文中的每个句子都是我们在本章中学习过的内容，如果有不理解的地方，请重新回到本章中进行复习。

参考答案

机器学习可以分为"监督学习""无监督学习""强化学习"等三大类方法，其中最具代表性的方法是"监督学习"。"监督学习"是属于模仿了人类学习过程的方法，其原理是使用"学习数据"进行学习，运用名为"机器学习算法"的方法计算出答案之后，再对照正确答案的"标签"来比对答案。如果答案是不同的，那就需要再次进行"计算"，不断地重新进行学习，直到计算得到的答案与标签一致为止。

◀解说▶

　　"监督学习"作为机器学习领域中的代表，其特点是处理名为"监督数据"的问题，以及该问题所附带的答案的数据。它是通过使用机器学习算法从学习数据中找出答案，再使用附带的标签数据来比对答案，不断地与正确答案进行对比，直到得出正确答案为止。而"强化学习"则属于最近几年才开始受到关注的技术，在棋盘类游戏对战中的应用是其强项。强化学习在围棋对战中的应用无疑是其最广为人知的案例。关于"监督学习""无监督学习""强化学习"我们将在第 16 章继续进行详细的讲解。

## 第 2 章

机器学习的流程

2.1 ║ 机器学习的流程简介

2.1.1 进行机器学习的整体流程

在第 1 章的学习中，我们已经知道机器学习大致可以分为三大类。而在本章中，我们将对实现机器学习的完整流程进行讲解。接下来，我们将对"监督学习""无监督学习""强化学习"中应用实例最多的"监督学习"的实现流程进行讲解。监督学习的实现流程可以归纳为如下步骤。

（1）数据收集。

（2）数据清洗（清除重复或缺失的数据，以提高数据的精度）。

（3）运用机器学习算法对数据进行学习（获取基准）。

（4）使用测试数据进行性能评测。

（5）将机器学习模型安装到网页等应用环境中。

在上述步骤中，实际上只有步骤（3）会用到机器学习技术。由此可见，**虽然我们的目的是实现机器学习，但是事前的准备和对结果的考察也是必不可少的。**通常，完成步骤（1）和步骤（2）是需要耗费大量时间的。例如，在图像识别领域中，有时仅仅是准备图像数据，就需要使用数万张照片。数据量越大，即使是使用计算机来进行处理，对数据进行预处理阶段所需的时间也会增加，如果再由人工对处理结果进行确认，就可能需要重复步骤（1）和步骤（2）。因此实现机器学习，是一个需要一步一个脚印埋头苦干的工作（据说数据科学家八成以上的工作时间都花在了"数据的收集与清洗"上）。

◀习题▶

在监督学习中，一般最花费时间的步骤是哪一步呢？请在下列选项中选择正确的答案。

- 数据的收集与清洗
- 运用机器学习算法对数据进行学习（获取基准）
- 使用测试数据进行性能评测
- 将机器学习模型安装到网页等应用环境中

2.1.2 数据的学习

在本节中，我们将对上一小节中所介绍的机器学习的实现流程中的"（3）运用机器学习算法对数据进行学习（获取基准）"进行详细的讲解。

在进行机器学习时，我们经常会使用到名为"**Iris（鸢尾花）**"的数据集。鸢尾花属于花卉的一种，我们将支撑鸢尾花花瓣的小叶子称为"尊片（sepal）"，而将其花瓣称为"花瓣（petal）"。鸢尾花还可以细分为很多不同的品种，在这里将**使用 setosa 和 versicolor 这两个品种**。接下来将考虑如何根据"尊片（sepal）"和"花瓣（petal）"的长度或宽度等信息对这两个品种进行分类。

假设事先给出包含鸢尾花 setosa 和 versicolor 的尊片的长度、宽度信息的 5 组数据。如果使用横轴表示尊片的长度，纵轴表示尊片的宽度，将数据绘制为散点图的话，结果如图 2.1 所示。

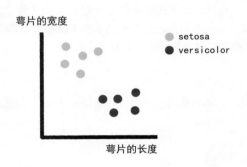

图 2.1　散点图

其中，浅蓝色的点表示的是 setosa；深蓝色的点表示的是 versicolor。很明显，我们用眼睛就可以区分，浅蓝色和深蓝色的点实际上可以如图 2.2 中所示被一条直线区分开。

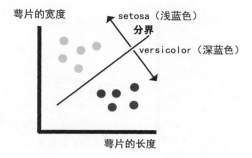

图 2.2　散点图

根据图 2.2，人类就可以简单地对哪边是 setosa 哪边是 versicolor 进行区分。但是对于计算机而言，要进行这种区分却不是一件容易的事情。那么，要怎样做才能让计算机也可以像人类一样对数据进行分类呢？接下来，我们将对如何让计算机进行分类的实现流程进行总结。

（1）需要画一条适当的分割线（见图 2.3）。

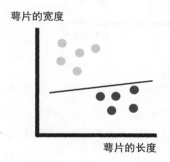

图 2.3　画分割线

（2）通过计算确认这条分割线是否位于适当的位置（见图 2.4）。

（3）通过步骤（2）的计算来对分割线的位置进行修正以改善其分类性能。

（4）将分割线画到可以实现分类的正确位置后结束处理流程（见图 2.5）。

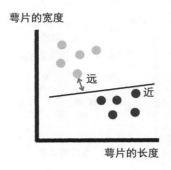

图 2.4　计算分割线位置是否合适

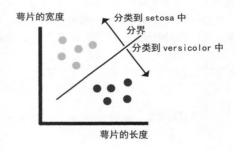

图 2.5　将分割线画到正确的位置

　　如果按照上面的流程进行操作，显而易见机器也是可以做到画出正确的分割线的。不过，上述示例也只是数量繁多的分类方法中的一种。实际上，要实现步骤（2）中的计算就存在很多种不同的算法。而关于这部分知识，将在第 16 章中进行讲解。这里只需要了解计算机可以对自己是否画出了正确的分割线进行计算，并对分割线进行修正即可。

　　计算机只需要对**步骤（2）和步骤（3）进行反复的操作，就能画出正确的分割线**。然后，到步骤（4）的时候，可以说计算机自身就已经学会了如何做到"当接收到这样的数据时，就画这样的分割线，再进行分类就好"。通过这样的方式，**计算机可以依靠自身寻找答案，并根据数据中存在的模式建立判断基准**，我们将这一基准称为"**模型**"。

【习题】

请从下列选项中选出正确的组合并填入"_____"中。

在监督学习中，计算机会从数据中找出"_____"，并创建分类的"_____"。

- "模式""模型"
- "模式""数据"
- "模型""标签"
- "模式""标签"

【提示】

我们将计算机依靠自己寻找答案，并从数据的模式中建立出的基准称为模型。在监督学习中，计算机通过使用包含正确答案标签的数据来实现学习。

【参考答案】

"模式""模型"

2.2 ‖ 学习数据的使用方法

2.2.1 学习数据与测试数据

接下来，我们将对如何推进机器学习的流程进行讲解。

在机器学习的"监督学习"中，我们**将需要处理的数据划分为"训练数据"和"测试数据"两种**。"训练数据"是指学习过程中所使用的数据，而"测试数据"是指在学习完成之后对模型精度进行评估时所使用的数据。

之所以将数据分为"训练数据"和"测试数据"，是因为**机器学习是以"预测未知数据"为目的的学术体系**。[①] 机器学习可用于实现"识别图像中包含的物体""预测股票价格的变化""对新闻报道进行分类"等各种应用，即通过使用完成学习后的模型对"未知的数据"进行预测来实现。

因此，对机器学习的模型进行评估时，会使用在学习过程中不会使用到的"测

---

① 机器学习是人工智能这一学术体系中最热门的研究课题之一。本书为了与统计学进行对比，以明确地区分二者的不同，使用了学术体系来对其进行表述。

试数据"（有一门与机器学习非常相似的学科——统计学）。在统计学中，将"训练数据"和"测试数据"分开使用是非常少见的。因为在统计学中更侧重于"通过数据说明现象"的研究（见图 2.6）。

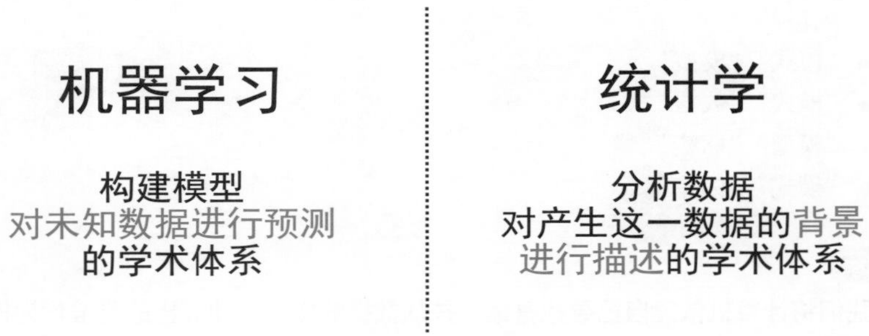

机器学习

构建模型
对未知数据进行预测
的学术体系

统计学

分析数据
对产生这一数据的背景
进行描述的学术体系

图 2.6　机器学习与统计学

　　例如，在机器学习中经常会使用到数据集中名为 MNIST、用于手写数字识别的数据集。这个数据集是将全部数据（70 000 幅手写数字图像）中的 **60 000 幅图像作为训练数据**，其余的 10 000 幅图像作为测试数据来使用。即使用训练用的 60 000 幅图像数据来构建学习模型；使用测试用的 10 000 幅图像数据进行模型精度的验证。虽然具体问题需要具体分析，但是在大多数情况下都是将整体数据中的 20% 左右作为测试数据使用（见图 2.7）。

图 2.7　MNIST 数据集

习题

请从下列说法中，选择**描述错误**的选项。

- 机器学习是以预测未知的数据为主要目的的学术体系。
- 统计学是以通过数据说明现象为主要目的的学术体系。
- 在名为 MNIST 的数据集（共有 70 000 幅手写数字图像）中，主要将 60 000 幅图像的数据作为训练数据来使用。
- 虽然具体问题需要具体分析，但是在大多数情况下，相比训练数据，测试数据所占的分量更多。

提示

在大多数情况下，都是将整体数据中的 **20%** 左右的数据作为测试数据使用的。

参考答案

虽然具体问题需要具体分析，但是在大多数情况下，相比训练数据，测试数据所占的分量更多。

2.2.2 留出法的理论与实践

接下来，作为划分数据的方法，在这里将分别对"留出法"和"*k* 折交叉验证"的方法进行介绍。首先要介绍的是与"**留出法**"相关的知识。所谓留出法，是指**将所给的数据集划分为训练数据和测试数据这两种数据的一种简单方法**。

在本小节中将使用第三方软件库 Scikit-Learn 来进行留出法的实践操作，Scikit-Learn 是 Python 的开源机器学习专用软件库。利用 Scikit-Learn 对留出法进行实践时，需要使用 **train_test_split()** 函数。具体的使用方法如下。

```
X_train, X_test, y_train, y_test = train_test_split(X, y, test_size = XXX, random_state=0)
```

其中，变量 **X** 是由对应数据集的正确答案标签的特征数据排列而成的数组，变量 **y** 则是由数据集的正确答案标签排列而成的数组。

这里的 **XXX** 指定的是**从整体数据中选择作为测试数据的比例，范围是 0 ~ 1 的数值**。也就是说，当指定的数值为 **0.2** 时，全部数据中 20% 的数据将被划分为测试数据（80%将被划分为训练数据）。对上面代码的指定进行操作，得到的 **X_train** 中包含训练数据的数据集（除正确答案标签以外）；**X_test** 中包含测试数据的数据集（除正确答案标签以外）；**y_train** 中包含训练数据的正确答案标签；**y_test** 中包含测试数据的正确答案标签。

random_state=0 参数通常可以不指定，不过在进行实验时需要进行指定的情况比较多。如果不指定 **random_state=0**，抽选出来的测试数据就无法固定，每次都会进行随机的选择。这样，每次划分出来的数据集都会发生变化，每次的精度也会随之发生变化，这就导致无法与其他的精度进行对比，也无法保证实验结果是可以再现的。因此，在大多数情况下都会对这个参数进行指定。

虽然 **train_test_split()** 函数中还有其他各种参数的设置，但是要记住其中最重要的参数是 **test_size=XXX**。

习题

请将程序清单 2.1 中的_____填写完整，指定将整体数据中的 20% 划分为测试数据，并输出结果（程序清单 2.2）。

```
In   # 导入执行代码时需要使用的模块
     from sklearn import datasets
     from sklearn.model_selection import train_test_split
     # 读取名为 iris 的数据集
     iris = datasets.load_iris()
     X = iris.data
     y = iris.target
     # 将数据保存到 "X_train, X_test, y_train, y_test" 中
     X_train, X_test, y_train, y_test = train_test_split(X, y,
     test_size=_____, random_state=0)
     # 确认训练数据和测试数据的大小
     print ("X_train :", X_train.shape)
     print ("y_train :", y_train.shape)
     print ("X_test :", X_test.shape)
     print ("y_test :", y_test.shape)
```

程序清单 2.1　习题

提示

在程序清单 2.1 的代码中，如果将 **test_size** 指定为 **0.3**，那么全部数据中 **30%**
的数据就会被划分为测试数据进行使用。

参考答案

In
```
（略）
# 将数据保存到 "X_train, X_test, y_train, y_test" 中
X_train, X_test, y_train, y_test = train_test_split(X, y,
test_size=0.2, random_state=0)
（略）
```

Out
```
X_train : (120,4)
y_train : (120,)
X_test : (30,4)
y_test : (30,)
```

程序清单 2.2　参考答案

2.2.3 *k* 折交叉验证的理论

k 折交叉验证（*k*-fold cross-validation）属于模型评估验证的一种，它是使用无
放回抽样（已经抽样过的数据不再放回原数据集中的抽样方法），将训练数据集分
割为 *k* 个子集，将其中的 *k*-1 个子集数据作为学习数据集使用，将剩下的 **1** 个子
集数据用于模型测试的一种方法。结果就得到了 *k* 个模型和与之对应的 *k* 个性能评
估数据，因此我们需要进行**重复 *k* 次的学习和评估**，对得到的 *k* 个性能评估数据
取平均值，从而计算出模型的平均性能。

由于 *k* 折交叉验证是对数据集中所有可能的测试数据抽样的组合进行测试，因
此能够产生出更为稳定且正确的评估结果。因为它需要进行 *k* 次学习和评估操作，
所以与留出法相比，其缺点是增加了 *k* 倍的运算量。图 2.8 所示为当 *k*=10 时 *k*
折交叉验证处理的示意图。

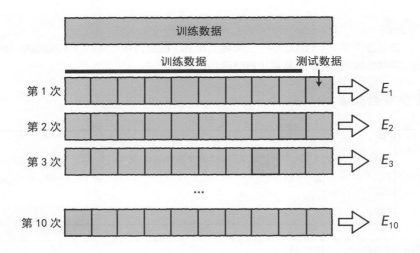

图 2.8 当 k=10 时 k 折交叉验证的示意图

一般将 k 值设置为 5~10。当数据集比较大时，如果通过增加 k 值来增加数据集的分割数量，通常都能得到比较好的结果。

此外，在 k 折交叉验证中，还有**留一（Leave-One-Out, LOO）交叉验证**的特殊方法。它是在 k 折交叉验证中，将分割子集的个数设置成与数据集的数量相同，使用除 1 行以外的所有数据进行学习，然后使用这个没有用于学习的 1 行数据对模型的精度进行评估的方法（这里所说的 1 行，是指一个数据）。例如，如果有 20 行数据，使用其中的 19 行数据进行学习，然后使用没有用于学习的那 1 行数据进行测试的方法。总共进行 20 次学习和测试，然后对测试结果取平均值，从而得到模型的精度。如果是处理非常小的数据集（如数据集为 50~100 行），使用留一法是非常好的选择。由此可见，交叉验证的优点是允许我们充分地利用手头的数据最大限度地对模型的性能进行评估。

习题

请从下列说法中，选择描述错误的一项。

- k 折交叉验证是指将所有的数据用于学习，将分割为 k 个子集的数据作为测试数据的一种方法。
- k 折交叉验证是指将训练数据集分割成 k 个子集，并将其中的 k–1 个子集作为学习数据集使用，将剩余的 1 个子集用于模型性能测试的一种方法。

- *k* 折交叉验证也可以称为 cross-validation。
- *k* 折交叉验证要比留出法多出 *k* 倍的运算量。

提示

将数据划分为训练数据和测试数据进行使用是机器学习的基础（基本）。

参考答案

k 折交叉验证是指将所有的数据用于学习，将分割为 *k* 个子集的数据作为测试数据的一种方法。

2.2.4 *k* 折交叉验证的实践

接下来将通过编写实际的代码来对 *k* 折交叉验证法进行实践。示例代码如下。

```
scores = cross_validation.cross_val_score(svc, X, y, cv=5)
```

其中，变量 X 是由数据集中除正确答案标签以外的数排列而成的数组；变量 y 中包含的则是由数据集中的正确答案标签排列而成的数组。

接下来，让我们结合 2.2.3 小节中所学习的知识，尝试解决下面的问题。此外，下面还用到了一个我们还没有讲解的机器学习模型 SVM。关于这个模型的介绍及参数的使用方法，我们将在第 16 章的基础上进行讲解，因此在这里不需要对其进行深入的理解。

习题

请将程序清单 2.3 中的_____的部分补充完整，并将交叉验证的分割数指定为 "5 等份分割" 进行输出（程序清单 2.4）。

```
In    # 导入执行代码时所需要的模块
      from sklearn import svm, datasets, cross_validation

      # 载入名为 iris 的数据集
      iris = datasets.load_iris()
      X = iris.data
      y = iris.target
```

```
# 使用机器学习算法 SVM
svc = svm.SVC(C=1, kernel="rbf", gamma=0.001)

# 通过交叉验证计算出得分
# 在程序内部，X、y 会被分割为类似 "X_train, X_test, y_train, y_
# test" 的形式进行处理
scores = cross_validation.cross_val_score(svc, X, y, cv=____)

# 确认训练数据与测试数据的大小
print (scores)
print (" 平均分数 :", scores.mean())
```

程序清单 2.3　习题

提示

如果调整分割个数 k，最终得到的分数值会发生变化。

这里使用了 **SVM** 分类器，它是机器学习中所使用的分类方法的一种。将学习数据交给分类器，就能得到对答案的预测。我们将在第 16 章中进行详细的讲解。在这里我们只需要知道它是实现数据分类的一种方法即可。

◀参考答案▶

In
```
# 导入执行代码时所需要的模块
from sklearn import svm, datasets, cross_validation
（略）
# 通过交叉验证计算出得分
# 在程序内部，X、y 会被分割为类似 "X_train, X_test, y_train, y_
# test" 的形式进行处理
scores = cross_validation.cross_val_score(svc, X, y, cv=5)
（略）
```

Out
```
[0.86666667 0.96666667 0.83333333 0.96666667 0.93333333]
平均分数 : 0.9133333333333334
```

程序清单 2.4　参考答案

2.3 ‖ 过拟合

2.3.1 何谓过拟合

在根据数据的模式构建而成的计算机中，继续输入新的数据时，只要数据中不存在严重的杂乱成分，计算机就可以正确地根据数据的模型对其进行分类。为了对计算机进行训练，如果我们输入带有严重偏差的数据给计算机，那么会导致怎样的结果呢？如图 2.9 所示，根据萼片的宽度和长度对花的品种进行分类，其中一部分数据是带有偏差的。

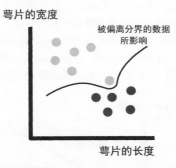

图 2.9　根据萼片的宽度和长度对花的品种进行分类的数据

从图 2.9 中可以看到，由于分类平面受到了其中一个数据的影响，计算机无法**画出正确的分界线**。同样，由于对输入数据的过度适应而导致计算机无法构建出正确基准的现象，我们通常称为**计算机对数据进行了过度的学习而产生的状态，简称过拟合（Overfitting）**。

（习题）

请问我们将计算机对数据进行了过度学习的状态称为什么？请从下列选项中选择正确的答案。

- 过拟合
- 欠拟合
- 迁移学习
- 强化学习

2.3.2 过拟合的避免

　　针对过拟合问题的解决方案有很多种。例如，在深度学习中通常会使用 **Dropout** 方法来预防过拟合现象。简单地说，就是在学习过程中随机地去掉一部分神经元（一种根据特定的输入产生输出数值的内容）的一种处理方法。除此之外，在规避过拟合问题的解决方案中，**归一化**也是其中具有代表性的方法之一。所谓归一化，是指消除对存在偏差的数据所产生的影响的一种方法。如果对 2.3.1 小节中导致过拟合的数据进行归一化处理，就会得到如图 2.10 所示的结果。

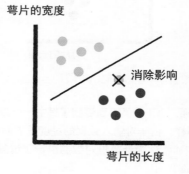

图 2.10　导致过拟合的数据经过归一化处理后的结果

　　从图 2.10 中可以看到，经过归一化处理后，带有偏差的数据对模型的影响被成功地消除。通过这一处理，计算机就不会对数据进行过度的学习，从而实现对数据的正确分类。

　　既然我们将计算机对数据进行过度的学习状态称为过拟合，那么，与之相对应的，对于数据没有得到充分学习的状态，我们称其为欠拟合。此外，我们将产生过拟合问题的模型称为方差过高，产生欠拟合问题的模型称为偏置过高。

【习题】

当计算机针对数据构建模型时，如果陷入过拟合的状态，应当使用下列哪一种方法来解决？

- 归一化
- 核化
- 对角化
- 函数化

【提示】

经过归一化处理后，带有偏差的数据对模型的影响会被成功地消除。通过这一处理，计算机就不会对数据进行过度的学习，从而实现对数据的正确分类。

【参考答案】

归一化

2.4 集成学习

集成学习是通过让多个模型进行学习来实现数据的通用化的一种方法。

在这里只进行简单的介绍，常用的方法主要有以下两种。

一种是**装袋算法**。是让多个模型同时进行学习，并通过对预测结果取平均值的方式来增强模型预测结果的泛化性能的一种方法。

另一种是**提升算法**。是通过针对模型的预测结果生成相应的模型的方式来提升泛化性能的一种方法。

【习题】

请从下列关于集成学习的说法中，选择描述正确的一项。

- 通过使用强大的学习器，对所有的数据进行持续学习的方法。
- 通过同时使用多个模型进行学习的方式来提高模型泛化能力的一种方法。

- 装袋算法由于需要将模型的学习结果输入另外的模型中，因此需要花费更多的时间。
- 提升算法是用来加快模型学习速度的方法。

装袋算法可以让多个模型同时进行学习。

集成学习是让多个模型使用不同的方法进行学习。

(参考答案)

通过同时使用多个模型进行学习的方式来提高模型泛化能力的一种方法。

附加习题

接下来，让我们结合在本章中所学习到的知识尝试对下列问题进行解答。请思考在下列 ① ～ ⑨ 中，应当填入哪些词语。

(习题)

在实现机器学习的过程中会出现的一个问题是" ① "。" ① "是指对数据进行了" ② "。我们将处于" ① "的状态称为" ③ "过高，将处于" ④ "的状态称为" ⑤ "过高。有一种预防" ① "的方法被称为留出法。我们通过使用留出法，将学习数据划分为" ⑥ "和" ⑦ "。" ⑥ "用于模型的学习，" ⑦ "则用于对完成学习后的模型进行性能评估。在留出法的派生算法中，包含" ⑧ "和" ⑨ "等方法。

提示

有关过拟合的概念，以及针对过拟合问题的解决方法，是机器学习中非常重要的内容之一，所以对这部分知识请务必认真复习。

(参考答案)

在实现机器学习的过程中会出现的一个问题是"过拟合"。"过拟合"是指对数据进行了"过度学习的状态"。我们将处于"过拟合"的状态称为"方差"过高，将处于"欠拟合"的状态称为"偏置"过高。有一种预防"过拟合"的方法被称为留出法。我们通过使用留出法，将学习数据划分为"训练数据"和"测试数据"。"训练数据"用于模型的学习，"测试数据"则用于对完成学习后的模型进行性能评估。在留出法的派生算法中，包含"k折交叉验证"和"留一交叉验证"等方法。

◀解说▶

　　大家是否已经理解了过拟合的概念，以及相关的解决方法了呢？有关归一化处理的详细内容和交叉验证法的实际运用，我们将在另外的章节中进行讲解。在本章中所涉及的内容，无一不是机器学习中不可或缺的部分，希望大家一定要牢记于心。

## 第 3 章

性能评价指标与 PR 曲线

3.1 ‖ 性能评价指标

3.1.1 理解混淆矩阵

当使用训练数据构建好模型之后，怎样才能知道模型的性能究竟如何呢？在本章中，将对判断模型性能所使用的评价指标进行学习。

在正式开始介绍评估模型性能的指标之前，先了解一下混淆矩阵的相关概念。所谓混淆矩阵，是指将模型对各个测试数据的预测结果分为真阳性（True Positive）、真阴性（True Negative）、假阳性（False Positive）、假阴性（False Negative），并对符合各个观点的预测结果的数量进行统计的一种表格。

"真"或"假"表示的是预测结果是否正确，"阴性"或"阳性"则分别表示被预测的分类。具体定义如下。

● 真阳性是指预测结果为阳性分类，实际上也是阳性分类的样本数量。
● 真阴性是指预测结果为阴性分类，实际上也是阴性分类的样本数量。
● 假阳性是指预测结果为阳性分类，而实际上为阴性分类的样本数量。
● 假阴性是指预测结果为阴性分类，而实际上为阳性分类的样本数量。

真阳性和真阴性表示机器学习模型的回答是正确的；假阳性和假阴性则表示机器学习模型的回答是错误的（见图 3.1）。

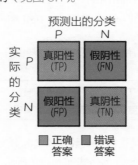

图 3.1　混淆矩阵

（习题）

请阅读下面的短文，并从下列选项中选择正确的答案。

A 先生去医院，医生告诉他确诊为癌症。但是，后来弄清楚了才知道 A 先生并没有患癌症，属于误诊。那么，请问医生的诊断结果应当属于图 3.1 中的混淆矩阵四个分类中的哪一类？（在这道习题中患上癌症称为"阳性"，没有患上称为"阴性"）。

- 真阳性
- 假阳性
- 假阴性
- 真阴性

提示

在这种情况下，如果真的患上了癌症而且诊断结果也是患上了癌症就称为真阳性；如果没有患癌症但诊断结果为确诊，那么就称为假阳性；如果实际上患了癌症，但诊断结果为健康，则称为假阴性；如果没有患上癌症而且诊断结果也是健康，则称为真阴性。

参考答案

假阳性

3.1.2 编程实现混淆矩阵

在 3.1.1 小节中，我们对混淆矩阵的相关知识进行了学习。在本小节中将尝试使用 sklearn.metrics 模块中的 confusion_matrix() 函数对混淆矩阵中的数据进行观察。

confusion_matrix() 函数的使用方法如下。

```
from sklearn.metrics import confusion_matrix
confmat = confusion_matrix(y_true, y_pred)
```

其中，y_true 中保存的是正确答案数据的实际分类的数组；y_pred 中保存的是预测结果数组。产生的混淆矩阵的格式如图 3.2 所示。这也是 3.1.1 小节中曾介绍过的内容。

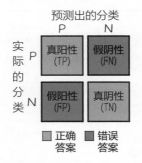

预测出的分类

图 3.2　混淆矩阵（使用 Scikit-Learn 产生的输出）

接下来，就让我们尝试解决实际的问题，并编程实现混淆矩阵。

（习题）

请将 y_true 和 y_pred 的混淆矩阵保存到变量 confmat 中（程序清单 3.1）。

```
In    # 在这里导入需要使用的模块
      import numpy
      from sklearn.metrics import confusion_matrix

      # 保存数据。在这里，0 表示阳性，1 表示阴性
      y_true = [0,0,0,1,1,1]
      y_pred = [1,0,0,1,1,1]

      # 请将 y_true 和 y_pred 的混淆矩阵保存到变量 confmat 中并输入下面的代码中

      # 输出结果
      print (confmat)
```

程序清单 3.1　习题

（提示）

可以使用 **confusion_matrix()** 函数来编写代码。

（参考答案）

```
In    # 在这里导入需要使用的模块
```

```
（略）
# 请将 y_true 和 y_pred 的混淆矩阵保存到变量 confmat 中并输入到下面的代码中
confmat = confusion_matrix(y_true, y_pred)
# 输出结果
print (confmat)
```

Out |
```
[[2 1]
 [0 3]]
```

程序清单 3.2　参考答案

3.1.3 准确率

在实际操作中，当构建好分类模型后，如何才能知道我们的模型与其他分类模型相比，性能究竟是更为优异，还是有差距呢？要回答这个问题就需要明确评估模型性能的判断基准。在本小节中，我们将根据 3.1.2 小节中所介绍的混淆矩阵中的数据来对计算模型的**性能评价指标**的方法进行讲解。

首先，让我们明确一下什么是"准确率"。所谓准确率，是指在所有的事件中，**预测结果与实际情况相符（被分类到 TP 和 TN 中）的事件所占的比例**。具体的计算公式如下。

$$准确率= \frac{TP + TN}{FP + FN + TP + TN}$$

由上式可以看到，这是一个非常简单的指标，直观且易于理解。接下来，让我们在实际的案例中计算准确率。

（习题）

请问混淆矩阵 $\begin{bmatrix} TP & FN \\ FP & TN \end{bmatrix} = \begin{bmatrix} 2 & 1 \\ 0 & 3 \end{bmatrix}$ 的准确率是下列选项中的哪一项？

- 50%
- 66.7%
- 83.3%
- 100%

提示

请参考上文中介绍的准确率计算公式。

46

◀参考答案▶

83.3%

3.1.4 F 值

接下来，让我们通过参考其他的示例来加深对准确率的理解。假设某医院对 10 000 名患者进行癌症诊断。10 000 名患者的诊断结果的混淆矩阵如表 3.1 所示。

表 3.1　10 000 名患者的诊断结果的混淆矩阵

实际的分类 预测的分类	是癌症	不是癌症
癌症患者	60	40
非癌症患者	140	9760

从直观上看，这个诊断的准确性似乎不尽人意。在 100 名癌症患者中，有 40% 都被误诊为"不是癌症"，而诊断为阳性（是癌症）的患者中，真正患了癌症的也只有 30% 左右。然而，如果计算准确率，却会得到如下结果。

$$准确率 = \frac{TP + TN}{FP + FN + TP + TN} = \frac{60 + 9760}{140 + 40 + 60 + 9760} = 98.2\%$$

结论是诊断的**准确率高达 98.2%**。根据这一结果，我们就会得出**绝大部分的癌症患者都没有患癌症**这一奇怪的结论。由此可见，如果数据中存在偏差的话，使用"准确率"这一指标来评估模型是非常危险的。因此，在机器学习中使用精确率（precision）、召回率（recall）、F 值等指标进行性能评估的案例比较多。接下来，我们将对这些指标分别进行讲解。

首先介绍精确率与召回率。精确率（precision）表示的是预测为阳性的数据中，实际上属于阳性的数据所占的比例；召回率则表示的是实际上属于阳性的数据中，被预测为阳性的数据所占的比例。

$$精确率 = \frac{TP}{FP + TP}$$

$$召回率 = \frac{TP}{FN + TP}$$

此外，F 值是**由精确率与召回率两者组合计算的值（调和平均）**。F 值可以使用下列公式进行计算。

$$F值 = \frac{2 \times 精确率 \times 召回率}{精确率 + 召回率}$$

精确率、召回率、F 值都是**使用 0 ~ 1 范围内的数值来表示的**，越是靠近 1 的值表示"性能越好"。那么，我们来计算一下上面癌症诊断案例中的精确率、召回率和 F 值。

$$精确率 = \frac{TP}{TP + FP} = \frac{60}{60 + 140} = 30\%$$

$$召回率 = \frac{TP}{TP + FN} = \frac{60}{60 + 40} = 60\%$$

$$F值 = \frac{2 \times 精确率 \times 召回率}{精确率 + 召回率} = \frac{2 \times 0.3 \times 0.6}{0.3 + 0.6} = 40\%$$

从上述结果中可以看到，无论精确率、召回率还是 F 值都不能算是很大的值（接近 100% 的值）。这样的结果就与我们的"直观感受"比较接近了。

（习题）

请问混淆矩阵 $\begin{bmatrix} TP & FN \\ FP & TN \end{bmatrix} = \begin{bmatrix} 2 & 1 \\ 0 & 3 \end{bmatrix}$ 的 F 值应当是下列选项中的哪一项？

- 51%
- 63%
- 71%
- 80%

（提示）

在计算 F 值之前，必须要先计算精确率和召回率。

由计算结果可知精确率为 **1（100%）**，召回率为 **0.67（67%）**。

（参考答案）

80%

3.1.5 性能评价指标的编程实现

在 3.1.4 小节中，我们对模型评价指标的计算公式进行了学习。在本小节中，我们将尝试使用 Scikit-Learn 中提供的性能评价指标来对我们的模型性能进行评估。首先，我们从 sklearn.metrics 模块中导入这个函数（程序清单 3.3）。

```
# 精确率、召回率、F 值 F1
from sklearn.metrics import precision_score
```

```
from sklearn.metrics import recall_score, f1_score

# 保存数据。在这里，0 表示阳性，1 表示阴性
y_true = [0,0,0,1,1,1]
y_pred = [1,0,0,1,1,1]

# 将正确答案标签传递给 y_true，将预测结果标签传递给 y_pred
print("Precision: %.3f" % precision_score(y_true, y_pred))
print("Recall: %.3f" % recall_score(y_true, y_pred))
print("F1: %.3f" % f1_score(y_true, y_pred))
```

程序清单 3.3　性能评价指标的编程实现

上述代码中的 %.3f 是在 6.4 节中将要学习的语法。对小数点后第 4 位进行四舍五入，显示小数点后 3 位的数字。

习题

请计算混淆矩阵 $\begin{bmatrix} TP & FN \\ FP & TN \end{bmatrix} = \begin{bmatrix} 2 & 1 \\ 0 & 3 \end{bmatrix}$ 的 F 值。请不要使用 f1_score() 函数，而是使用 precision_score() 函数和 recall_score() 函数进行计算。

In
```
# 精确率、召回率、F 值 F1
from sklearn.metrics import precision_score
from sklearn.metrics import recall_score, f1_score

# 保存数据。在这里，0 表示阴性，1 表示阳性
y_true = [1,1,1,0,0,0]
y_pred = [0,1,1,0,0,0]

# 预先计算好精确率和召回率
precision = precision_score(y_true, y_pred)
recall = recall_score(y_true, y_pred)

# 请在下行中输入 F1 分数的定义式
f1_score =

print("F1: %.3f" % f1_score)
```

程序清单 3.4　习题

可以使用 **precision_score()** 函数和 **recall_score()** 函数进行计算。

参考答案

In	
	# 精确率、召回率、F 值 F1
	（略）
	# 请在下行中输入 F1 分数的定义式
	f1_score =2 *(precision*recall) / (precision+recall)
	print("F1: %.3f" % f1_score)

Out	
	F1: 0.800

程序清单 3.5　参考答案

3.2 ‖ PR 曲线

3.2.1 召回率与精确率的关系

在 3.1 节中我们对各种性能评价指标进行了学习。在本小节中，我们将学习如何使用从数据中得到的召回率和精确率对模型的性能进行评估。

以下属于复习内容，让我们再次回顾一下 TP、FN、FP、TN 之间的关系，以及召回率和精确率的定义（见图 3.3）。

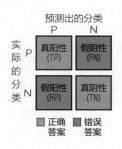

图 3.3　TP、FN、FP、TN 之间的关系

- 召回率：表示的是在确实属于阳性的样本中，被判断为属于阳性的比例是多少。
- 精确率：表示的是被判断为属于阳性的样本中，确实属于阳性的比例。

$$精确率 = \frac{TP}{FP + TP}$$

$$召回率 = \frac{TP}{FN + TP}$$

这两个性能评价指标之间的关系属于成反比关系。所谓成反比关系，是指当提升召回率时，精确率就会降低；而如果要提高精确率，召回率也会相应地降低。

例如，我们还是对某医院的癌症诊断案例进行分析。由于这家医院采取了比较保守的检查，因此出现了大量的阳性（确诊为癌症）患者。而由于诊断结果出现了大量的阳性患者，对于确实患有癌症患者的预测命中率就提高了，因此召回率也就提高了。然而，由于对稍微出现了一点癌症征兆的人也立即判断为阳性，那么诊断的精确率也就相应地下降了。

假如在第二次诊断中，诊断结果出现了大量的阴性（没有患癌症）。其实，在通常情况下，确实属于阴性患者的人数是占大多数的，因此大量诊断结果为阴性的话，诊断的精确率也就提高了。相反，召回率也就降低了。因此，这两个指标一个提高了，另一个也就会相应地降低（见图 3.4）。

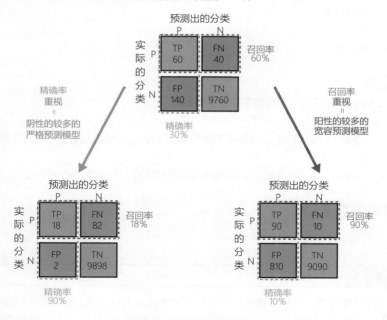

图 3.4　召回率与精确率

在上面分析的**癌症诊断**的案例中，**重视召回率应当是比较好的决定**。因为，"**不能漏过一个潜在的癌症患者**"这是人命关天的事情，所以尽量降低 FN（假阴性）的数量是非常有必要的。

相反，对于网络服务中的**商品推荐等应用，就应当重视精准率**。因为，如果"推荐自己不喜欢的商品"，就会导致客户对服务的信任度降低，品牌的号召力就会受到损害。即相对于"**无法推荐自己喜欢的商品（= 购物概率降低）**"，更应当尽量避免出现"**推荐了自己不喜欢的商品（= 信任度降低）**"的情况，也就是尽量减少 FP（假阳性）的数量。

对于不同于上述偏重性比较强的案例情况，可以通过**同时使用了召回率和精确率的 F 值进行评估**。

〔**习题**〕

请从下列选项中，选择正确的一项填入下文的"_____"中。

召回率和精确率属于"_____"关系。

- 相关
- 疑似相关
- 成反比
- 成正比

〔**提示**〕

让我们再次回顾一下召回率和精确率的含义。

- 召回率：表示的是在确实属于阳性的样本中，被判断为属于阳性的比例是多少。
- 精确率：表示的是被判断为属于阳性的样本中，确实属于阳性的比例。

〔**参考答案**〕

成反比

3.2.2 何谓 PR 曲线

所谓 PR 曲线，是指用横轴表示召回率，纵轴表示精确率，将数据绘制成图表的形式所得到的曲线。例如，假设在接受癌症诊断的 20 名患者中，确诊为阳性的患者有 10 名，而实际上患有癌症的患者为 5 名。这种情况下，精确率是指在所有确诊为阳性的患者中，确实患有癌症的患者所占的比例；而召回率则是指在确实患有癌症的患者中，确诊为癌症的患者所占的比例。对每个确诊为癌症的患者计算精确率和召回率，并依次绘制成图形，最终得到的就是 PR 曲线，如图 3.5 所示是整个绘制过程。其中，数据是按照患者患有癌症的概率进行降序排列的。

患者数=10
实际的癌症患者数=5

	患者编号	实际患癌	精确率	召回率	注释
精确率最大化的阈值	1	○	1÷1=1.00	1÷5=0.20	第一个正确答案
	2	×	1÷2=0.50	1÷5=0.20	
	3	○	2÷3=0.67	2÷5=0.40	第二个正确答案
F值最大化的阈值	4	○	3÷4=0.75	3÷5=0.60	第三个正确答案
	5	×	3÷5=0.60	3÷5=0.60	
	6	×	3÷6=0.50	3÷5=0.60	
	7	×	3÷7=0.42	3÷5=0.60	
召回率最大化的阈值	8	○	4÷8=0.50	4÷5=0.80	第四个正确答案
	9	○	5÷9=0.56	5÷5=1.00	第五个正确答案
	10	×	5÷10=0.50	5÷5=1.00	

(a)

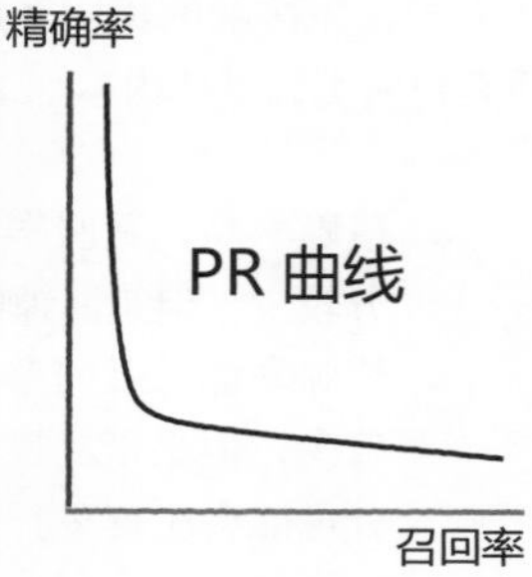

(b)

图 3.5　确诊患有癌症的患者数据与 PR 曲线

从图 3.5 中可以看出，召回率和精确率的确成反比关系。现在我们已经了解了 PR 曲线的原理，在 3.2.3 小节中我们将使用 PR 曲线对模型的性能进行评估。

【习题】

请从下列选项中，选择正确的一项填入 "＿＿" 中。

PR 曲线的横轴表示 "＿＿"，纵轴表示 "＿＿"。

- "召回率""准确率"
- "准确率""召回率"
- "召回率""精确率"
- "精确率""召回率"

（提示）

所谓 **PR 曲线**，是指用横轴表示召回率，纵轴表示精确率，将数据绘制成图表形式所得到的曲线。

3.2.3 基于 PR 曲线的模型评估

首先，让我们从不同的角度对精确率和召回率进行进一步的理解。如果将 3.2.2 小节中的癌症诊断的案例放到商业领域中，就变成了如何从所有的顾客中挑选应当优先接触的优质客户的问题。将优质客户分为优质客户的客户和真正的优质客户两类，具体内容如下。

- 精确率高，召回率低的状态。这种情况可以说是市场推广费用中浪费的部分较少，但是漏掉的优质客户会比较多，即存在损失商机的问题。
- 精确率低，召回率高的状态。这种情况下，虽然潜在优质客户流失的情况较少，但是市场推广中存在无的放矢的情况，即市场推广费用中浪费的部分可能会比较多。

理想的情况当然是精确率和召回率两者都很高。然而，由于它们是**成反比的关系，一个升高就会导致另一个降低**。不过，PR 曲线上存在精确率和召回率相同的点，这个点被称为**平衡点（Break Even Point，BEP）**。在这个点上，精确率和召回率之间达到最好的平衡状态，意味着成本和利润处于最优的状态，因此对于商业领域来说该点是非常重要的。我们在 3.1.4 小节中对 **F 值**进行了讲解，BEP 可以看作是与其类似的概念（见图 3.6）。

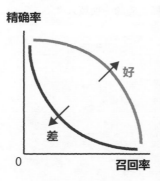

图 3.6 PR 曲线

现在，我们已经实现了 PR 曲线的绘制，接下来将使用 PR 曲线对模型的性能进行评估。PR 曲线对模型性能优劣的评估如图 3.7 所示。简单地说，就是 BEP 越接近右上方表示模型构建得越成功。这是因为 BEP 接近右上方就说明精确率和召回率同时都处于比较高的状态。

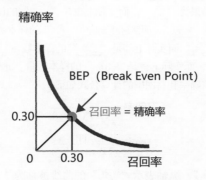

图 3.7　使用 PR 曲线评估模型的优劣

（习题）

请从下列选项中，选择正确的一项填入"＿＿＿"之中。

在 PR 曲线中，召回率与精确率达到一致的点被称为"＿＿＿"。

- Break Non-Even Point
- Break Even Point
- Joint Even Point
- Joint Non-Even Point

（提示）

平衡点简称为 **BEP**。

（参考答案）

Break Even Point

附加习题

接下来，将对本章中所学习的知识进行总结，并尝试解决下面的问题。请在下列 ① ~ ⑱ 内填入适当的内容。

● 混淆矩阵是由"①""②""③""④"四个元素构成的正方形矩阵。"①"表示的是预测结果为"⑤",而实际上也是"⑥"的样本数量。"②"表示的是预测结果为"⑦",而实际上却是"⑧"的样本数量。"③"表示的是预测结果为"⑨"而实际上却是"⑩"的样本数量。"④"表示的是预测结果为"⑪",而实际上也是"⑫"的样本数量。此外,作为非常重要的性能评价指标,精确率和召回率的计算公式如下。

$$召回率 = \frac{TP}{TP + (⑬)}$$

$$精确率 = \frac{TP}{TP + (⑭)}$$

● 横轴表示"⑮",纵轴表示"⑯"的曲线被称为"⑰"。另外,从商业角度分析,"⑰"中的利益与成本取得最佳平衡的点被称为"⑱"。

括号中需要填入的内容都是在本章中出现过的。如果不确定应当填什么,请对本章进行复习。

● 混淆矩阵是由"真阳性""假阳性""假阴性""真阴性"四个元素构成的正方形矩阵。"真阳性"表示的是预测结果为"阳性"而实际上也是"阳性"的样本数量。"假阳性"表示的是预测结果为"阳性",而实际上却是"阴性"的样本数量。"假阴性"表示的是预测结果为"阴性"而实际上却是"阳性"的样本数量。"真阴性"表示的是预测结果为"阴性",而实际上也是"阴性"的样本数量。此外,作为非常重要的性能评价指标,精确率和召回率的计算公式如下所示。

$$召回率 = \frac{TP}{TP + (\underline{FN})}$$

$$精确率 = \frac{TP}{TP + (\underline{FP})}$$

● 横轴表示"召回率",纵轴表示"精确率"的曲线被称为"PR 曲线"。另外,从商业角度分析,"PR 曲线"中的利益与成本取得最佳平衡的点被称为"Break Even Point(BEP)"。

综合附加习题

接下来，让我们将第 1 ~ 3 章中所学习的知识综合在一起，对机器学习的整体流程进行复习。

习题

程序清单 3.6 中的代码是实现机器学习的基本流程。请分别对编号为①~④的代码块的作用进行说明。

In
```python
import matplotlib.pyplot as plt
import numpy as np
import pandas as pd
from sklearn import datasets
from sklearn import svm
from sklearn.model_selection import train_test_split
from sklearn.metrics import accuracy_score

# ①
# 载入 iris 数据集中的数据
iris = datasets.load_iris()
# 将第 3,4 列的特征量提取处理
X = iris.data[:, [2,3]]
# 获取分类标签
y = iris.target

# ②
X_train, X_test, y_train, y_test = train_test_split(X, y,
test_size=0.3, random_state=0)

# ③
svc = svm.SVC(C=1, kernel='rbf', gamma=0.001)
svc.fit(X_train, y_train)

# ④
y_pred = svc.predict(X_test)
```

```
print ("Accuracy: %.2f"% accuracy_score(y_test, y_pred))
```

Out | `Accuracy: 0.60`

程序清单 3.6　习题

提示

　　最基本的机器学习流程是先准备好训练数据和测试数据，然后让模型使用机器学习算法开始学习训练数据，学习结束之后，再使用测试数据对机器学习算法的性能进行验证。

参考答案

　　① 准备监督数据。

　　② 将监督数据划分为训练数据和测试数据。

　　③ 应用机器学习的算法，使用训练数据对模型进行训练。

　　④ 使用测试数据对预测结果的正确与否进行确认，并对机器学习算法的性能进行评估。

解说

　　按照提示的内容应当可以看出代码是按照相同的流程实现的，即编程实现机器学习最基本的流程。最终模型的精度为 0.60，属于很低的精度。由于是简单地使用监督数据对机器学习算法进行训练，因此精度很低也是在所难免的。实际中，在使用监督数据对机器学习算法进行训练之前，我们经常会通过预处理对数据进行加工，以提高模型的训练精度。可以毫不夸张地说，机器学习的精度很大程度上取决于预处理的效果。有关预处理方面的知识，请参考第 15 章和第 16 章的内容。

第 4 章

Python 基础入门

4.1 ‖ Python 基础

4.1.1 Hello world

首先，让我们体验一下 **Python** 程序的执行。在此我们将学习如何实现输出 **Hello world** 信息。在 Python 中，可以使用 **print()** 来输出信息。需要注意的是，如果输出的信息是字符串，则必须使用 """" 或 """ 将字符串括起来。建议选择 """"
或 """ 中的一种使用，没必要同时混用。

在编写程序时，所有代码**都需要使用半角英文字符**书写，即包括空格、数字、符号在内的所有字符都必须使用半角字符。但是，类似 """ 啊哦呃咿呜吁 """ 这样使用引号 """" 括起来的部分则可以使用全角字符。

【习题】

请将程序清单 4.1 中的代码 **RUN**（执行）一下，并得到 "**Hello world**" 这一输出信息（程序清单 4.2）。

```
In   # 在 Python 中，如果一行的开头使用了 # 就会被作为注释处理
     # 请在屏幕上输出 "Hello world"
     print("Hello world")
```

程序清单 4.1　习题

【提示】

- **print(" 文字 ")**
- **print(' 文字 ')**

【参考答案】

```
Out   Hello world
```

程序清单 4.2　参考答案

4.1.2 Python 的用途

Python 是一种应用范围非常广泛的编程语言。而且，由于其代码具有编写

简单、易于理解等优点，是目前非常受欢迎的一种编程语言。利用 Python 可以编写 Web 应用，如 **Django**、**Flask** 等，都是非常有名的 Python 专用 Web 应用开发框架（框架是指可以使编程变得更为简便的一种编程工具）。

Python 作为**科学计算和数据分析等领域的专用语言**也是非常出名的。适用于数据分析的专用编程语言还有 **R**、**MATLAB** 等，但是在人工智能、机器学习等领域中，Python 则是应用最为广泛的。而且，在人才市场上的 AI 开发工程师的招聘信息中，Python 的编程经验基本是必需的。

在 Python 的综合开发环境中，有非常著名的 **PyCharm**。而作为文本编辑器的 **Atom** 和 **Sublime Text** 也非常受欢迎。此外，作为记事本应用的 Jupyter Notebook 的使用也非常广泛。Jupyter Notebook 在运行的过程中，会将数据保存在内存中，并将对数据进行加工的日志作为笔记保存下来，因此 Jupyter Notebook 在数据的预处理中经常会用到。

❬习题❭

请从下列选项中选出 Python 的 **Web 应用开发框架**。

- Django
- PyCharm
- Jupyter Notebook
- Atom

❬提示❭

Django 是用于编写 **Web** 应用的编程框架；**PyCharm** 是综合开发环境；**Jupyter Notebook** 是笔记本；**Atom** 是文本编辑器。

❬参考答案❭

Django

4.1.3 注释的输入

在实际编写程序代码的时候，通常会希望将自己所书写的**代码意图及其内容的概要**作为备注信息保存下来。这种情况下，我们就需要用到对程序的执行没有任何影响的"注释"功能。在 Python 中，只需要在文字前面插入"#"就可以将其作为注释信息保存下来。

通过插入"#"进行注释的操作被称为**添加注释**（comment out）。

在进行团队协作开发时，通过注释对代码的意图进行说明可以更顺利地推进开发工作的进行。

请在 **print(3 + 8)** 上方添加 "**# 请输出 3 + 8 的结果**" 这一注释信息（程序清单 4.3）。

```
In    # 请输出 5 + 2 的结果
      print(5 + 2)


      print(3 + 8)
```

程序清单 4.3　习题

（提示）

请注意半角和全角符号的区别。

（参考答案）

```
In    # 请输出 5 + 2 的结果
      print(5 + 2)

      # 请输出 3 + 8 的结果
      print(3 + 8)
```

```
Out   7
      11
```

程序清单 4.4　参考答案

4.1.4 数值与字符串

在上述程序中，我们成功地实现了字符串的输出，而对于数值的输出处理也是相同的。对数值进行输出的时候，不需要使用 ""或 ''将其括起来。此外，在"（ ）"中代入计算公式，就能得到计算结果的输出（程序清单 4.5 和程序清单 4.6）。

```
In    print(3 + 6)
```

| Out | 9 |

程序清单 4.5　代入的示例①

| In | `print("8 - 3")` |

| Out | 8 - 3 |

程序清单 4.6　代入的示例②

　　如果使用""""括起来的话（程序清单 4.6），Print 括号中的内容就会作为 str（字符串）类型输出；若不括起来（程序清单 4.5 的 In），其就会作为 int（整数）类型输出。关于类型的知识我们将在后面进行学习。

（习题）

- 请输出数值 **18**。
- 请计算 **2 + 6**，并对该计算结果进行输出。
- 请输出"**2 + 6**"这一字符串。
- 以上全部使用 **print()** 函数进行输出。

| In | ```
# 请输出数值 18

# 请计算 2+6，并对计算结果进行输出

# 请输出"2 + 6"这一字符串
``` |

程序清单 4.7　习题

（提示）

- 数值的输出，如 **print(5)**、**print(7 + 2)**。
- 字符串的输出，如 **print("7 + 2")**。

（参考答案）

| In | ```
# 请输出数值 18
print(18)
``` |

```
# 请计算 2 + 6，并对计算结果进行输出
print(2 + 6)

# 请输出 "2 + 6" 这一字符串
print("2 + 6")
```

Out	18
	8
	2 + 6

程序清单 4.8　参考答案

4.1.5　运算

在 Python 中，可以实现基本的数学计算，即不仅仅是简单的四则运算，幂乘（如 x^2）运算、除法的求余计算等都能够实现。"+"和"−"等符号被称为**算术运算符**。

在 Python 各种运算符中，有加法"+"、减法"−"、乘法"*"、除法"/"、求余计算"%"、幂乘"**"等。

（习题）

- 请输出 3 + 5 的结果。
- 请输出 3 − 5 的结果。
- 请输出 3 × 5 的结果。
- 请输出 3 ÷ 5 的结果。
- 请输出 3 除以 5 得到的余数。
- 请输出 3 和 5 幂乘的结果。
- 以上全部使用 print() 函数来实现输出。

In	# 3 + 5
	# 3 − 5
	# 3 × 5
	# 3 ÷ 5

```
# 3 除以 5 得到的余数

# 3 和 5 的幂乘
```

程序清单 4.9　习题

提示

- **print(2 + 5)**　　　# 输出结果 **7**
- **print(2 - 5)**　　　# 输出结果 **– 3**
- **print(2 * 5)**　　　# 输出结果 **10**
- **print(2 / 5)**　　　# 输出结果 **0.4**
- **print(2 % 5)**　　　# 输出结果 **2**
- **print(2 ** 5)**　　　# 输出结果 **32**

参考答案

In
```
# 3 + 5
print(3 + 5)


# 3 - 5
print(3 - 5)


# 3 × 5
print(3 * 5)


# 3 ÷ 5
print(3 / 5)


# 3 除以 5 得到的余数
print(3 % 5)


# 3 和 5 的幂乘
print(3 ** 5)
```

Out
```
8
```

```
-2
15
0.6
3
243
```

程序清单 4.10　参考答案

4.2 ‖ 变量

4.2.1　变量的定义

在程序中，我们有时候需要反复对一个数值进行输出操作。这时，如果我们一个个地去转换所有需要输出的数值是很费工夫的事情。在这种情况下，我们可以给数值取名，然后通过这个名字来使用对应的数值，这种实现机制被称为**变量**。

变量是通过"**变量名 = 数值**"这一方式进行定义的。此外，在编程语言中，"="与数学意义上的"相等"的含义是有所不同的，其在编程语言中的意思是，将右边的数值**代入（保存）**到左边的变量中（赋值）。在为变量取名字的时候，也请注意使用恰当的名称。例如，将字符串"**老大**"代入名为 **n** 的变量中，之后在自己修改代码，或者与团队其他成员合作编写代码时，就很容易引起误解。因此，变量使用 **name** 这样的名字会更合适。

此外，在对变量中的值进行输出时，与输出数值类似，不需要使用"""或"'"，即使变量中保存的是字符串（程序清单 4.11）。

| In | `n = " 汪星人 "`
`print(n)` |

| Out | 汪星人 |

程序清单 4.11　变量的示例①

为变量进行命名是需要遵守一定规则的，必须满足以下的条件。
- 变量名中允许使用的字符有以下 3 种。
  - 大写和小写的英文字母
  - 数字

◆ _（下划线）

- 变量名的首字符不可以使用数字。
- 不可以使用保留字、关键字（类似 if 和 for 这些在代码中有特殊含义的单词）为变量命名，https://docs.python.org/2/reference/lexical_analysis.html\#keywords 中所列举的单词都是被禁止使用的。
- 已经预先定义了的函数名（如 print 和 list 等）也是被禁止使用的。

如果在变量名中使用保留字、关键字和函数名，或许程序不会马上报错，但是一旦遇到使用相同名字的代码时，就会产生运行时错误（程序清单 4.12）。

```
In    # 如果将 print 作为变量名，在调用 print() 函数时就会报错
      print = "Hello"
      print(print) # TypeError: 'str' object is not callable
```

程序清单 4.12　变量的示例②

（习题）

- 请将"喵星人"代入变量 n 中。
- 请对变量 n 进行输出，并使用 print() 函数输出。
- 请输出"n"这一字符串，并使用 print() 函数输出。
- 请将 3 + 7 这一算式代入变量 n 中。
- 请对变量 n 进行输出。

```
In    # 请将"喵星人"代入变量 n 中

      # 请对变量 n 进行输出

      # 请输出"n"这一字符串

      # 请将 3 + 7 这一算式代入变量 n 中

      # 请对变量 n 进行输出
```

程序清单 4.13　习题

对变量进行输出时不需要使用""。

参考答案

| In | ```
# 请将"喵星人"代入变量 n 中
n = "喵星人"
# 请对变量 n 进行输出
print(n)
# 请输出"n"这一字符串
print("n")
# 请将 3 + 7 这一算式代入变量 n 中
n = 3 + 7
# 请对变量 n 进行输出
print(n)
``` |
|----|----|

| Out | ```
喵星人
n
10
``` |
|-----|----|

程序清单 4.14　参考答案

4.2.2 变量的更新

　　程序的代码通常都是自上而下被读取和执行的。因此，将新的数值代入变量中后，变量的值就会被新的值所覆盖。

　　接下来，请参考程序清单 4.15 中的示例，并确认变量的值是否成功地被更新了。

| In | ```
x = 1
print(x)
x = x + 1
print(x)
``` |
|----|----|

| Out | ```
1
2
``` |
|-----|----|

程序清单 4.15　变量更新的示例①

此外，还可以将 x = x + 1 这句代码用更简短的 x += 1 形式来编写。同样，x = x − 1 可以写成 x −= 1，x = x * 2 可以写成 x *= 2，而 x = x / 2 可以写成 x /= 2（程序清单 4.16）。

```
In    x = 5
      x *= 2
      print(x)
```

```
Out   10
```

程序清单 4.16　变量更新的示例②

【习题】

请用"汪星人"覆盖变量 m，并用 print() 函数输出变量的值（程序清单 4.17）。将变量 n 乘以 5，并用结果对其进行覆盖。

```
In    m= " 喵星人 "
      print(m)

      # 请用"汪星人"覆盖变量 m，并进行输出

      n = 14
      print(n)

      # 请将变量 n 乘以 5，并用结果对其进行覆盖

      print(n)
```

程序清单 4.17　习题

提示

覆盖变量的值时，使用与代入相同的方法即可。

这里，无论写成 n = n * 5，还是写成 n *= 5 都是可以的。

【参考答案】

```
In    m = " 喵星人 "
```

```
print(m)

# 请用"汪星人"覆盖变量 m, 并进行输出
m = "汪星人"
print(m)

n = 14
print(n)

# 请将变量 n 乘以 5, 并用结果对其进行覆盖。
n *= 5

print(n)
```

Out	喵星人
	汪星人
	14
	70

程序清单 4.18　参考答案

4.2.3 字符串的连接

"+"不仅可以用于数值计算,还可以用来对字符串进行连接。当然,它用于将变量和字符串,以及变量之间的连接也同样是可以的。对变量和字符串进行连接的操作见程序清单 4.19。注意 print 语句中请不要用" " "或" ' "将变量(m)括起来。

In	m = "太郎"
	print("我的名字是" + m + "哟")

Out	我的名字是太郎哟

程序清单 4.19　字符串连接的示例

习题

请将"北京"代入变量 p 中(程序清单 4.20),并使用变量 p 和 print() 函数输

出"我是北京人"文字信息。

In	# 请将"北京"代入变量 p 中
	# 使用变量 p 和 print() 函数输出"我是北京人"文字信息

程序清单 4.20　习题

(提示)

- 为变量赋值：

p = " 北京 " + " 海淀区 "

print(p)

输出结果

北京海淀区

- 字符串和变量：

print(p + " 人 ")

输出结果

北京海淀区人

参考答案

In	# 请将"北京"代入变量 p 中
	`p = " 北京 "`
	# 使用变量 p 和 print() 函数输出"我是北京人"文字信息
	`print(" 我是 " + p + " 人 ")`

Out	我是北京人

程序清单 4.21　参考答案

4.3 │ 类型

4.3.1 类型的种类

Python 的值中存在"类型"这一概念，而类型又可分为"**字符串类型（str 类型）**""**整数类型（int 类型）**""**小数类型（float 类型）**""**列表类型（list 类型）**"等。到目前为止，本书中我们接触过的是"字符串类型（str 类型）"和"整数类型（int 类型）"。

在进行类型的计算时，如果对不同类型的对象进行计算或连接，则会导致运行时发生错误。

例如，执行程序清单 4.22 中的代码，看上去似乎应当能得到"我的身高是177cm。"这串文字信息，但实际上会发生错误。

In
```
height = 177
print(" 我的身高是 " + height + "cm。")
# 会发生"TypeError: must be str, notint"这样的错误
```

程序清单 4.22　类型的示例①

暂且不谈对于这一错误应当如何解决，首先让我们看一下如何查看变量的类型。

当我们想知道一个变量的类型时，可以使用 type() 函数。在 () 内填入我们想要查看的变量名称即可（程序清单 4.23）。

In
```
height = 177
type(height) # 我们可以看到变量是 int 类型
```

Out
```
int
```

程序清单 4.23　类型的示例②

然而，需要注意的是，在 type() 的 () 中，一次只能填入一个变量。

习题

- 请将变量 h 和 w 的类型进行输出。
- 请将计算结果代入到变量 bmi 中，并对其值进行输出。这里的 bmi 表示肥胖程度的指数。
- 使用公式 bmi=$\frac{w}{h^2}$ 进行计算（即用体重 ÷ 身高的平方来计算，需要注意的是身高的单位为米）。
- 请输出变量 bmi 的类型。
- 以上全部使用 print() 函数进行输出。

In
```
h = 1.7
w = 60

# 请将变量 h 和 w 的类型进行输出

# 请将计算结果代入变量 bmi 中

# 请将变量 bmi 进行输出

# 请将变量 bmi 的类型进行输出
```

程序清单 4.24　习题

提示

print(type(需要确认类型的变量))

参考答案

In
```
h = 1.7
w = 60

# 请将变量 h 和 w 的类型进行输出
print(type(h))
print(type(w))
```

```
# 请将计算结果代入变量 bmi 中
bmi = w / h ** 2

# 请将变量 bmi 进行输出
print(bmi)

# 请将变量 bmi 的类型进行输出
print(type(bmi))
```

Out
```
<class 'float'>
<class 'int'>
20.761245674740486
<class 'float'>
```

程序清单 4.25　参考答案

4.3.2 类型的变换

正如在前面的 4.3.1 小节中所学到的，类型分为很多种。为了对不同类型的变量进行计算或连接处理，需要对变量进行**类型变换**处理。

如果要转换为整数类型，可以使用 **int()** 函数；如果要转换为包含小数点的数值类型，可以使用 **float()** 函数；如果要转换为字符串类型，可以使用 **str()** 函数。此外，**包含小数点的数值类型**又被称为"**浮动小数点类型（float 浮点型）**"。

备注：浮动小数点

　　浮动小数点的"浮点"表示的是符号、指数、尾数中的小数点，是计算机所特有的数字表示方法。在实际的软件编程中，大多数情况下都使用 float 类型来表示包含小数点的数值。

因此，对于 4.3.1 小节中会导致执行错误的代码（程序清单 4.22），如果用程序清单 4.26 中的方法去修正它，就可以成功得到"我的身高是 177cm。"这一输出信息。

```
In    h = 177
      print(" 我的身高是 " + str(h) + "cm。")
```

```
Out   我的身高是 177cm。
```

程序清单 4.26　类型变换的示例①

此外，严格地讲，"浮点型（float 型）"与"整数型（int 型）"虽然属于不同的类型，但由于它们都用于处理数值的类型，因此也可以像程序清单 4.27 中的代码那样，即使不对其进行类型变换，也同样可以将浮动小数类型（float 浮点型）和整数型（int 型）变量进行混合计算。

```
In    a = 35.4
      b = 10
      print(a + b)
```

```
Out   45.4
```

程序清单 4.27　类型变换的示例②

【习题】

请对程序清单 4.28 中会产生运行时错误的 print(" 您的 bmi 值为 " + bmi + " 哟。") 代码进行修正。

```
In    h = 1.7
      w = 60
      bmi = w / h ** 2

      # 请输出 "您的 bmi 值为____哟。" 这一信息
      print(" 您的 bmi 值为 " + bmi + " 哟。")
```

程序清单 4.28　习题

提示

将数值类型转换为字符串类型需要使用 str() 函数。

| In | （略）
请输出 "您的 bmi 值为_____哟。" 这一信息
print(" 您的 bmi 值为 " + str(bmi) + " 哟。") |

| Out | 您的 bmi 值为 20.761245674740486 哟。 |

程序清单 4.29　参考答案

4.3.3 对类型的理解与确认

在计算机编程中，类型是非常重要的概念。接下来，让我们继续对"类型"和"类型变换"的相关知识进行巩固学习。

需要注意的关键点是，不同类型的变量之间无法进行连接，使用字符串类型保存的数字是无法用于计算的。

此外，如果像程序清单 4.30 中的代码那样对字符串进行乘法计算，就会产生多个字符串并排连接的效果。

| In | greeting = " 嗨！"
print(greeting*2) |

| Out | 嗨！嗨！ |

程序清单 4.30　对类型的理解和确认的示例

习题

请从下列选项中选择执行如程序清单 4.31 中的代码时所产生的结果。

| In | n = "10"
print(n*3) |

程序清单 4.31　习题（请使用示例代码确认执行结果）

- 是 int 类型，结果为 30。
- 是 int 类型，结果为 101010。
- 是 str 类型，结果为 30。
- 是 str 类型，结果为 101010。

提示

变量 **n** 中所保存的值带有"""",这就表明它是一个 **str** 类型变量。

参考答案

是 str 类型，结果为 101010。

4.4 ‖if 语句

4.4.1 比较运算符

接下来，我们将对"**比较运算符**"进行讲解。所谓比较运算符，就是用来对将此运算符夹在中间的两个值之间的关系进行判断所使用的一种符号。

"=="用于判断左边与右边是否相等，"!="用于判断左右是否不相等。此外，不等号计算还可以使用">""<"">="""<="等符号，但是请注意不要使用"="。因为，在计算机编程中，"="是用来表示代入（赋值）的符号。

接下来，我们将介绍一个**新的类型"bool 型（布尔型）"**。所谓 bool 型，就是用来保存 True 或 False 这两个值的数据类型。如果将其转换成 int 类型，True 就会被转换成 1，而 False 就会被转换成 0（程序清单 4.32）。

In	`print(1 + 1 == 3)`

Out	`False`

程序清单 4.32　比较运算符的示例

习题

请使用"!="编写 4 + 6 与 –10 的关系式，并将 True 作为结果进行输出（程序清单 4.33）。请使用 print() 函数进行输出。

In	`# 请使用"!="编写 4 + 6 与 –10 的关系式，并将 True 作为结果进行输出`

程序清单 4.33　习题

可以在 **print()** 函数的 () 中使用比较运算符来编写关系式。

参考答案

In	`# 请使用 "!=" 编写 4 + 6 与 -10 的关系式，并将 True 作为结果进行输出` `print(4 + 6 != -10)`

Out	`True`

程序清单 4.34　参考答案

4.4.2　if 语句

if 语句的语法是"**if 条件表达式 :…**"，可以用于实现"如果条件成立，就执行……"这样的条件分支处理。所谓条件表达式，是指使用我们在 4.4.1"比较运算符"小节中所学习的比较运算符来实现的计算式，如果条件表达式成立，即为 **True** 时就执行后续的操作。此外，在**条件语句的结尾处的":"是必需的**。在我们还未习惯使用 Python 语法之前，千万要注意编程时不要忘记这一点。

此外，为了对条件成立时所执行的操作范围进行指定，在语句开头处还**必须添加缩进**。像这样使用缩进的方式来指定条件表达式成立时所执行语句的范围的做法，可以说是 Python 语言所独有的特征。**被缩进的代码部分会被作为 if 语句的内容**，条件为 **True** 时就会执行其中的操作。

在 Python 语言编程规范 PEP8 中，为了提醒程序员注意代码的可读性，推荐使用 **4 个空格作为缩进**。因此，我们在这里对代码进行缩进的时候，也使用 4 个空格（本书部分代码因为版面原因，缩进了两格，请读者知晓）。在 Jupyter Notebook 和 Aidemy 的 Web 应用中，如果在语句后添加了":"再换行，就会自动插入 4 个空格作为缩进。

Python 的条件表达式可以按照如程序清单 4.35 和程序清单 4.36 中的形式编写。

In	`n = 2`
	`if n == 2:`
	`    print("好遗憾! 您是第 " + str(n) + " 个到达的 ")`
	`    # 只有当 n 为 2 时才会被显示出来`

Out	好遗憾！您是第 2 个到达的

程序清单 4.35　if 语句的示例①

| In | ```
animal = "cat"
if animal == "cat":
    print("猫咪真的是好可爱啊 ")  # 只有当 animal 为 cat 时才会被显示出来
``` |
|---|---|

Out	猫咪真的是好可爱啊

程序清单 4.36　if 语句的示例②

【习题】

请使用 if 语句实现当变量 n 大于 15 时，输出"这是一个非常大的数字"文本
信息的程序（程序清单 4.37）。请使用 print() 函数进行输出。

| In | ```
n = 16
# 请使用 if 语句实现当变量 n 大于 15 时，输出"这是一个非常大的数字"的
# 文本信息
``` |
|---|---|

程序清单 4.37　习题

【提示】

● 要实现"比 15 大"可以使用"a > 15"这样的表达式。

● 不要忘记加 ":"。

【参考答案】

| In | ```
n = 16
# 请使用 if 语句实现当变量 n 大于 15 时，输出"这是一个非常大的数字"的
# 文本信息
if n > 15:
    print("这是一个非常大的数字 ")
``` |
|---|---|
```

| Out | 这是一个非常大的数字 |

程序清单 4.38　参考答案

4.4.3 else

在 4.4.2 小节中，我们学习了 if 语句的使用方法，如果使用 else 语句，就能实现"如果条件不成立，就执行……"这样更为细致的条件分支操作。其具体使用方法是在与"if"相同的缩进位置上添加"else:"语句。处理部分则与 if 相同，使用缩进来指定范围。

程序清单 4.39 和程序清单 4.40 中显示了 else 语句的使用方法示例。

| In |
```
n = 2
if n == 1:
    print("恭喜您获胜！") # 只有当 n 为 1 时才会被显示出来
else:
    print("好遗憾！您是第" + str(n) + "个到达的")
    # 当 n 不是 1 时才会被显示出来
```
|

| Out | 好遗憾！您是第 2 个到达的 |

程序清单 4.39　else 的示例①

| In |
```
animal = "cat"
if animal == "cat":
    print("猫咪真的是好可爱啊") # 只有当 animal 为 cat 时才会被显示出来
else:
    print("这不是猫咪呀") # 当 animal 不是 cat 时才会被显示出来
```
|

| Out | 猫咪真的是好可爱啊 |

程序清单 4.40　else 的示例②

习题

请使用 else 语句实现当 n 小于 15 时输出"这是一个很小的数字"文本信息（程序清单 4.41）。请使用 print() 函数进行输出。

```
In    n = 14
      if n > 15:
          print(" 这是一个非常大的数字 ")
      # 请使用 else 输出 "这是一个很小的数字"这一信息
```

程序清单 4.41　习题

提示

- 在编写 "**else:**" 语句时，需要与 **if** 语句的缩进对齐。
- 在编写 "**print(**" 这是一个很小的数字 ")**" 语句时，需要增加缩进。

参考答案

```
In    n = 14
      if n > 15:
          print(" 这是一个非常大的数字 ")
      # 请使用 else 输出 "这是一个很小的数字"这一信息
      else:
          print(" 这是一个很小的数字 ")
```

```
Out   这是一个很小的数字
```

程序清单 4.42　参考答案

4.4.4　elif

当 if 语句中的条件不成立时，如果我们想继续定义不同条件的处理，可以使用 elif 语句，并且同时也可以设置多个 elif 语句。具体的方法就是使其保持与 if 语句具有相同的缩进。关于 elif 的使用方法可以参考程序清单 4.43 和程序清单 4.44 中的示例。

elif 语句的执行方式：当 if 所指定的条件不成立时，按照从上到下的顺序判断其他所指定的条件是否成立。

```
In    number = 2
      if number == 1:
```

```
        print(" 金牌!")
elif number == 2:
        print(" 银牌!")
elif number == 3:
        print(" 铜牌!")
else:
        print(" 很遗憾! 您是第 " + str(number) + " 位到达终点的选手 ")
```

Out | 银牌!

程序清单 4.43　elif 的示例①

In
```
animal = "cat"
if animal == "cat":
    print(" 猫咪真的是好可爱啊 ")
elif animal == "dog":
    print(" 狗狗很酷呢 ")
elif animal == "elephant":
    print(" 大象好大个子哇 ")
else:
    print(" 不是猫咪不是狗狗也不是大象呀 ")
```

Out | 猫咪真的是好可爱啊

程序清单 4.44　elif 的示例②

习题

请在程序清单 4.45 的代码中, 使用 elif 语句实现当 "n 大于 11 且小于 15" 时, 输出 "这是一个不大不小的数字" 的功能。

In
```
n = 14
if n > 15:
    print(" 这是一个非常大的数字 ")
# 请使用 elif 语句实现当 n 大于 11 且小于 15 时, 输出 "这是一个不大不小的数字"



else:
```

82

```
        print(" 这是一个很小的数字 ")
```

程序清单 4.45　习题

提示

elif 语句的缩进应当与 **if** 和 **else** 的缩进位置对齐。

参考答案

```
In    n = 14
      （略）
      # 请使用 elif 语句实现当 n 大于 11 且小于 15 时,输出"这是一个不大不小的数字"
      elif n >= 11:
          print(" 这是一个不大不小的数字 ")
      else:
          print(" 这是一个很小的数字 ")
```

```
Out   这是一个不大不小的数字
```

程序清单 4.46　参考答案

4.4.5　and、not、or

与在 4.4.1 ~ 4.4.4 小节中所学习的比较运算符相对，and、not、or 被称为布尔运算符，是在编写条件分支语句时使用的运算符。其中，and 与 or 是在条件表达式的中间使用的，and 是当多个条件表达式的计算结果全部为 True 时，返回 True。而 or 则是当多个条件表达式中的任意计算结果为 True 时,就返回 True。此外，not 是放在条件表达式的前面的，当条件表达式的计算结果为 True 时就返回 False，当条件表达式的计算结果为 False 时则返回 True。

布尔运算符的使用方法如下。

- 条件表达式 and 条件表达式。
- 条件表达式 or 条件表达式。
- not 条件表达式。

习题

- 请将"变量 n_1 比 8 大，且比 14 小"编写成条件表达式，并对其计算结果

False 使用 print() 函数进行输出。

● 请将"变量 n_1 的平方比变量 n_2 的 5 倍小"编写成条件表达式，用 not 对结果进行反转，并使用 print() 函数输出最终的计算结果 True。

● 请使用 print() 函数实现上述数据的输出。

```
In    n_1 = 14
      n_2 = 28
      # 请将 "n_1 比 8 大, 且比 14 小" 编写成条件表达式, 并用 and 进行输出
      print()
      # 请将 "n_1 的平方比 n_2 的 5 倍小" 编写成条件表达式, 并用 not 进行输出
      print()
```

程序清单 4.47 习题

提示

● "变量 n_1 比 8 大" and "变量 n_1 比 14 小"。

● not "变量 n_1 的平方比变量 n_2 的 5 倍小"。

参考答案

```
In    (略)
      # 请将 "n_1 比 8 大, 且比 14 小" 编写成条件表达式, 并用 and 进行输出
      print(n_1 > 8 and n_1 < 14)

      # 请将 "n_1 的平方比 n_2 的 5 倍小" 编写成条件表达式, 并用 not 进行输出
      print(not n_1 ** 2 < n_2 * 5)
```

```
Out   False
      True
```

程序清单 4.48 参考答案

附加习题

请编写一个可以用于判断某个年份是否为闰年的程序。

习题

① 阳历年份用 400 无法整除，但是用 100 可以整除就是平年。

② 当①不成立时，阳历年份用 4 可以整除的就是闰年。

③ 除此之外的年份都是平年。

④ 如果是闰年，请输出"** 年是闰年"文本信息。

⑤ 如果是平年，请输出"** 年是平年"文本信息。

| In | `# 请将阳历年份输入变量 year 中`

`# 使用 if 语句进行条件分支判断某个年份是闰年还是平年` |

程序清单 4.49　习题

(提示)

整除是指余数为 0，可以使用"**%**"来编写类似"**year % 100 == 0**"这样的条件表达式。

(参考答案)

| In | ```
# 请将阳历年份输入变量 year 中
year = 2000

# 使用 if 语句进行条件分支判断某个年份是闰年还是平年
if year % 100 == 0 and year % 400 != 0:
    print (str(year) + " 年是平年 ")
elif year % 4 == 0:
    print (str(year) + " 年是闰年 ")
else:
    print (str(year) + " 年是平年 ")
``` |

| Out | 2000 年是闰年 |

程序清单 4.50　参考答案

(解说)

用 400 不能整除可以写成"**year % 400 != 0**"这样的表达式。另外，请不要忘记将数值类型变量转换成字符串类型。
```

## 第 5 章

Python 的基本语法

5.1 ‖ 列表类型

5.1.1 列表类型 1

在第 4 章中，我们学习了如何将一个数值代入到变量中。接下来，本章将对可以一次性代入多个数值到变量中的 **"list 型（列表类型）"** 变量进行讲解。

列表类型属于可以将数值或字符串等多个数据进行集中保存的数据类型，语法为 [元素 1, 元素 2, …]。此外，通常我们将保存在列表中的每个值称为**元素**或者**对象**。

如果读者接触过其他编程语言，也可以将元素看作是数组：[" 大象 "," 长颈鹿 "," 熊猫 "]、[1, 5, 2, 4]。

〖习题〗

- 请将 "red" "blue" "yellow" 这三个字符串代入变量 c 中。
- 请使用 print() 函数对变量 c 的类型进行输出。

| In | ```
# 请将 "red" "blue" "yellow" 这三个字符串代入变量 c 中


print(c)

# 请输出变量 c 的类型

``` |

程序清单 5.1　习题

〖提示〗

- 列表也是一个值，因此可以将其代入变量中。
- 请如 **animal = [" 大象 "," 长颈鹿 "," 熊猫 "]**、**storages = [1, 5, 2, 4]** 这样生成列表类型。
- 数据类型的输出可以使用 **print(type())** 函数
- 关于数据类型的输出，可以参考 **4.3** 节的内容。
```

| In | ```
# 请将 "red" "blue" "yellow" 这三个字符串代入变量 c 中
c = ["red", "blue", "yellow"]

print(c)

# 请输出变量 c 的类型
print(type(c))
``` |

| Out | ```
['red', 'blue', 'yellow']
<class 'list'>
``` |

程序清单 5.2　参考答案

5.1.2 列表类型 2

在 5.1.1 小节中，虽然列表型变量保存的每一个元素的类型都是相同的，实际上每一个元素的类型不同也是可以的。此外，还可以像程序清单 5.3 那样，将变量保存到列表中。

| In | ```
n = 3
print(["苹果", n, "大猩猩"])
``` |

| Out | ```
['苹果', 3, '大猩猩']
``` |

程序清单 5.3　列表类型②的示例

习题

请将 apple、grape、banana 三个变量作为元素保存到 fruits 的列表中。

| In | ```
apple = 4
grape = 3
banana = 6
# 请将 apple、grape、banana 三个变量作为元素依次保存到变量名为 fruits
# 的列表中
``` |
```

```
print(fruits)
```

程序清单 5.4 习题

(提示)

需要注意变量保存的顺序。

(参考答案)

In	（略）

```
# 请将 apple、grape、banana 三个变量作为元素依次保存到变量名为 fruits
# 的列表中
fruits = [apple, grape, banana]

print(fruits)
```

Out	`[4, 3, 6]`

程序清单 5.5 参考答案

5.1.3 嵌套列表

我们也可以在列表中包含列表，即创建具有嵌套结构的列表（程序清单 5.6）。

In	`print([[1, 2], [3, 4], [5, 6]])`

Out	`[[1, 2], [3, 4], [5, 6]]`

程序清单 5.6 嵌套列表的示例

(习题)

● 变量 fruits 是将"水果名字"与"水果的个数（变量）"变量作为元素的列表。
● 请将变量代入 fruits 中，使其输出结果为 [[" 苹果 ", 2], [" 橘子 ", 10]]。

In	

```
fruits_name_1 = " 苹果 "
fruits_num_1 = 2
fruits_name_2 = " 橘子 "
```

```
fruits_num_2 = 10
# 请将变量代入 fruits 中，使其输出结果为 [[" 苹果 ", 2], [" 橘子 ",
# 10]]

# 进行输出
print(fruits)
```

程序清单 5.7　习题

提示

- 包含变量的列表也同样可以保存到列表中。
- 保存变量时不需要使用""。

参考答案

In
```
（略）
# 请将变量代入 fruits 中，使其输出结果为 [[" 苹果 ", 2], [" 橘子 ", 10]]
fruits = [[fruits_name_1,fruits_num_1],[fruits_name_2, fruits_
         num_2]]
（略）
```

Out
```
[[' 苹果 ', 2], [' 橘子 ', 10]]
```

程序清单 5.8　参考答案

5.1.4 使用列表中的值

保存在列表中的元素会按从前往后的顺序被自动分配 "**0, 1, 2, 3, …**" 这样的编号，这些编号被称为**索引编号**。需要注意的是，这里**最开始的元素的编号是** "**第 0 个**"。此外，列表中的元素也可以按照从后往前的顺序指定编号。

另外，还可以指定最后一个元素为 "第 –1 个"、倒数第 2 个元素为 "第 –2 个"，以此类推。这种情况下，列表中的每个元素都可以通过**列表 [索引编号]** 来读取（程序清单 5.9）。

In
```
a = [1, 2, 3, 4]
print(a[1])
print(a[-2])
```

Out	2
	3

程序清单 5.9　使用列表中的值的示例

（习题）

- 请对变量 fruits 中的第 2 个元素进行输出。
- 请对变量 fruits 中的最后一个元素进行输出。
- 请使用 print() 函数进行输出。

In	`fruits = ["apple", 2, "orange", 4, "grape", 3, "banana", 1]`
	`# 请对变量 fruits 中的第 2 个元素进行输出`
	`# 请对变量 fruits 中的最后一个元素进行输出`

程序清单 5.10　习题

（提示）

- 索引编号是从 0 开始的，第 2 个元素的索引编号为 1。
- 最后一个元素使用索引编号 −1 进行索引更为简便。

（参考答案）

In	（略）
	`# 请对变量 fruits 中的第 2 个元素进行输出`
	`print(fruits[1]) # print(fruits[-7]) 也是正确的`
	`# 请对变量 fruits 中的最后一个元素进行输出`
	`print(fruits[7]) # print(fruits[-1]) 也是正确的`

Out	2
	1

程序清单 5.11　参考答案

5.1.5 从列表中取出列表（切片）

我们还可以从列表中提取出新的列表，这种操作被称为**切片**。

切片的语法为**列表 [start:end]**，意思是将列表中从索引编号 **start** 开始，到索引编号为 **end - 1** 为止的元素取出并组成新的列表。

程序清单 5.12 中的代码演示了如何使用切片语法。

```
In    alphabet = ["a", "b", "c", "d", "e", "f", "g", "h", "i", "j"]
      print(alphabet[1:5])
      print(alphabet[1:-5])
      print(alphabet[:5])
      print(alphabet[6:])
      print(alphabet[0:20])
```

```
Out   ['b', 'c', 'd', 'e']
      ['b', 'c', 'd', 'e']
      ['a', 'b', 'c', 'd', 'e']
      ['g', 'h', 'i', 'j']
      ['a', 'b', 'c', 'd', 'e', 'f', 'g', 'h', 'i', 'j']
```

程序清单 5.12　切片的示例

从程序清单 5.12 的代码中可以看到，我们可以指定从列表开头到索引编号 4、索引编号 6 到列表结尾这样的形式进行切片。

（习题）

- 请从列表 chaos 中取出下面的列表，并将其代入变量 fruits 中。

["apple", 2, "orange", 4, "grape", 3, "banana", 1]

- 请使用 print() 函数对变量 fruits 进行输出。

```
In    chaos = ["cat", "apple", 2, "orange", 4, "grape", 3,
              "banana", 1,"elephant", "dog"]


      #  请从列表 chaos 中取出 ["apple", 2, "orange", 4, "grape", 3,
      #  "banana", 1] 列表，并将其代入变量 fruits 中
```

```
# 对变量 fruits 进行输出
print(fruits)
```

程序清单 5.13　习题

提示

可以通过 **chaos[start:end]** 从 **chaos** 中取出 **start** 到 **end** −**1** 索引编号的列表。

参考答案

In	（略）

```
# 请从列表 chaos 中取出 ["apple", 2, "orange", 4, "grape", 3,
#"banana", 1] 的列表，并将其代入变量 fruits 中
fruits = chaos[1:9] # 写成 chaos[1:-2] 也可以
```

（略）

Out	['apple', 2, 'orange', 4, 'grape', 3, 'banana', 1]

程序清单 5.14　参考答案

5.1.6　列表中元素的更新与追加

我们还可以对列表中的元素（对象）进行更新或添加操作。可以通过**列表 [索引编号] = 值**来指定索引编号对元素进行更新。当然，也可以通过切片的方式来对值进行更新（程序清单 5.15）。

此外，如果要添加新的元素到列表中，还可以使用 "+" 将列表与列表进行连接，且同时指定多个列表进行连接也是可以的，也可以通过**列表名 .append(追加的元素)** 的方式进行元素的追加。不过，如果**使用 append() 方法，不能同时对多个元素进行追加**操作。

In

```
alphabet = ["a", "b", "c", "d", "e"]
alphabet[0] = "A"
alphabet[1:3] = ["B", "C"]
print(alphabet)
```

```
alphabet = alphabet + ["f"]
alphabet += ["g","h"]
alphabet.append("i")
print(alphabet)
```

Out
```
['A', 'B', 'C', 'd', 'e']
['A', 'B', 'C', 'd', 'e', 'f', 'g', 'h', 'i']
```

程序清单 5.15　列表中元素的更新与追加的示例

（习题）

● 请将列表 c 中第一个元素更新为"red"。
● 请在列表的末尾追加"green"字符串。

In
```
c = ["dog", "blue", "yellow"]

# 请将列表 c 中第一个元素更新为"red"

print(c)

# 请在列表的末尾追加"green"字符串

print(c)
```

程序清单 5.16　习题

（提示）

列表 [索引编号] = 值。
如果不使用 **append()** 函数，就属于对列表进行连接，必须要用 [] 括起来。

（参考答案）

In
```
c = ["dog", "blue", "yellow"]

# 请将列表 c 中第一个元素更新为"red"
c[0] = "red"
print(c)
```

```
# 请在列表的末尾追加 "green" 字符串
c = c + ["green"] # c.append("green") 也可以
print(c)
```

Out
```
['red', 'blue', 'yellow']
['red', 'blue', 'yellow', 'green']
```

程序清单 5.17　参考答案

5.1.7 列表中元素的删除

在前面的小节中我们已经对列表中元素的追加与更新的方法进行了学习，在本小节中我们将对删除列表中元素的方法进行学习。

如果对列表中的元素进行删除，需要使用 **del 列表 [索引编号]** 语句。这样，参数中的索引编号所指定的元素就会被删除。此外，索引编号还可以通过切片的方式指定（程序清单 5.18）。

In
```
alphabet = ["a", "b", "c", "d", "e"]
del alphabet[3:]
del alphabet[0]
print(alphabet)
```

Out
```
['b', 'c']
```

程序清单 5.18　删除列表中元素的示例

习题

请将变量 c 中第一个元素删除。

In
```
c = ["dog", "blue", "yellow"]
print(c)

# 请将变量 c 中第一个元素删除

print(c)
```

程序清单 5.19　习题

del 列表 [索引编号]。

参考答案

| In | ```
（略）
# 请将变量 c 中第一个元素删除
del c[0]
print(c)
``` |

| Out | ```
['dog', 'blue', 'yellow']
['blue', 'yellow']
``` |

程序清单 5.20　参考答案

5.1.8 使用列表类型的注意事项

首先，让我们看一下程序清单 5.21 的代码。

| In | ```
alphabet = ["a", "b", "c"]
alphabet_copy = alphabet
alphabet_copy[0] = "A"
print(alphabet)
``` |

| Out | ```
['A', 'b', 'c']
``` |

程序清单 5.21　列表类型的示例①

在使用列表类型时需要注意：当将列表变量直接代入其他变量中时，如果该变量的值发生变化，原先列表变量的值也会随之发生变化。为了防止这种情况发生，可以不将代码写成"y = x"，而是写成"y = x[:]"或者"y =list(x)"的形式。接下来，通过程序清单 5.22 对这一做法进行学习。

| In | ```
alphabet = ["a", "b", "c"]
alphabet_copy = alphabet[:]
alphabet_copy[0] = "A"
``` |
```

```
print(alphabet)
```

Out
```
['a', 'b', 'c']
```

程序清单 5.22　列表类型的示例②

（习题）

为了确保变量 c 中的元素不会发生变化，请对"c_copy = c"代码进行改正。

In
```
c = ["red", "blue", "yellow"]


# 请进行适当的改正，确保变量 c 中的值不会发生变化
c_copy = c



c_copy[1] = "green"
print(c)
```

程序清单 5.23　习题

（提示）

- **y = x[:]**。
- **y = list(x)**。

（参考答案）

In
```
（略）
# 请进行适当的改正，确保变量 c 中的值不会发生变化
c_copy = list(c)  # 写成 c[:] 也是正确的
（略）
```

Out
```
['red', 'blue', 'yellow']
```

程序清单 5.24　参考答案

5.2 ‖ 字典类型

5.2.1 字典类型的定义

字典类型与列表类型类似，都是在同时处理多个数据时所使用的类型。与列表类型不同的是，字典类型不是通过索引编号来获取其中的元素，而是通过为其中的值（**value**）取一个被称为键的名字来将二者进行绑定。如果读者接触过其他编程语言，可以简单地将其理解成类似 JSON 的数据格式。

定义字典的语法为 **{ 键名 1: 值 1, 键名 2: 值 2, …}**。如果使用的是字符串，还需要使用 """" 将字符串括起来（程序清单 5.25）。

```
In   dic ={"Japan": "Tokyo", "Korea": "Seoul"}
     print(dic)
```

```
Out  {'Japan': 'Tokyo', 'Korea': 'Seoul'}
```

程序清单 5.25　字典类型的示例

习题

- 创建拥有下列键名与值的字典并将其代入变量 town 中。
- 键名 1：Aichi、值 1：Nagoya，键名 2：Kanagawa、值 2：Yokohama。

```
In   # 请将字典代入变量 town 中


     # 对 town 进行输出
     print(town)
     # 对类型进行输出
     print(type(town))
```

程序清单 5.26　习题

提示

字典是如 {**"yellow"**: **"banana"**, **"red"**: **"tomato"**, **"purple"**: **"grape"**} 具有 {" 键名 ":" 值 ", …} 格式的数据。

〔参考答案〕

```
In   # 请将字典代入变量 town 中
     town = {"Aichi": "Nagoya", "Kanagawa": "Yokohama"}
     （略）
```

```
Out  {'Aichi': 'Nagoya', 'Kanagawa': 'Yokohama'}
     <class 'dict'>
```

程序清单 5.27　参考答案

5.2.2　使用字典中的元素

从字典中取出元素时，需要使用与其绑定的键名来指定想要取出的值，即写成**字典名 [" 键名 "]** 的形式（程序清单 5.28）。

```
In   dic ={"Japan": "Tokyo", "Korea": "Seoul"}
     print(dic["Japan"])
```

```
Out  Tokyo
```

程序清单 5.28　从字典中取出元素的示例

〔习题〕

- 请使用字典 town 中的值对 "Aichi 的县政府所在地是 Nagoya 市" 进行输出。
- 请使用字典 town 中的值对 "Kanagawa 的县政府所在地是 Yokohama 市" 进行输出。
- 请使用 print() 函数进行输出。

```
In   town = {"Aichi": "Nagoya", "Kanagawa": "Yokohama"}

     # 请对 "Aichi 的县政府所在地是 Nagoya 市" 进行输出



     # 请对 "Kanagawa 的县政府所在地是 Yokohama 市" 进行输出
```

程序清单 5.29　习题

town[" 想要取出的值的键名 "]。

参考答案

| In | （略）
# 请对 "Aichi 的县政府所在地是 Nagoya 市" 进行输出
print("Aichi 的县政府所在地是 " + town["Aichi"] + " 市 ")

请对 "Kanagawa 的县政府所在地是 Yokohama 市" 进行输出
print("Kanagawa 的县政府所在地是 " + town["Kanagawa"] + " 市 ") |

| Out | Aichi 的县政府所在地是 Nagoya 市
Kanagawa 的县政府所在地是 Yokohama 市 |

程序清单 5.30　参考答案

5.2.3 字典的更新与追加

如果要对字典中元素的值进行更新，需要使用**字典名 [" 需要更新的值的键名 "] = 值**语句。

此外，如果要添加新的元素到字典中，需要使用**字典名 [" 需要添加的键名 "] = 值**语句（程序清单 5.31）。

| In | ```
dic ={"Japan":"Tokyo","Korea":"Seoul"}
dic["Japan"] = "Osaka"
dic["China"] = "Beijing"

print(dic)
``` |

| Out | {'Japan': 'Osaka', 'Korea': 'Seoul', 'China': 'Beijing'} |

程序清单 5.31　字典的更新与追加的示例

习题

- 请将键名为 "Hokkaido"、值为 "Sapporo" 的元素添加到字典中，并输出结果。
```

- 请将键名为"Aichi"的值更新为"Nagoya"，并输出结果。

```
In
town = {"Aichi": "aichi", "Kanagawa": "Yokohama"}

# 请将键名为"Hokkaido"、值为"Sapporo"的元素添加到字典中，并输出结果

print(town)

# 请将键名为"Aichi"的值更新为"Nagoya"，并输出结果

print(town)
```

程序清单 5.32　习题

提示

- 字典名 [" 需要更新的值的键名 "] = 值。
- 字典名 [" 需要追加的键名 "] = 值。

参考答案

```
In
（略）
# 请将键名为"Hokkaido"、值为"Sapporo"的元素添加到字典中，并输出结果
town["Hokkaido"] = "Sapporo"
print(town)

# 请将键名为"Aichi"的值更新为"Nagoya"，并输出结果
town["Aichi"] = "Nagoya"
print(town)
```

```
Out
{'Aichi': 'aichi', 'Kanagawa': 'Yokohama', 'Hokkaido': 'Sapporo'}
{'Aichi': 'Nagoya', 'Kanagawa': 'Yokohama', 'Hokkaido': 'Sapporo'}
```

程序清单 5.33　参考答案

5.2.4 字典中元素的删除

对字典中的元素进行删除时，需要使用 **del 字典名 [" 需要删除的键名 "]** 语句（程序清单 5.34）。

```
In    dic ={"Japan": "Tokyo", "Korea": "Seoul", "China": "Beijing"}
      del dic["China"]
      print(dic)
```

```
Out   {'Japan': 'Tokyo', 'Korea': 'Seoul'}
```

程序清单 5.34　删除字典中元素的示例

(习题)

请对键名为"Aichi"的元素进行删除。

```
In    town = {"Aichi": "aichi", "Kanagawa": "Yokohama", "Hokkaido": "Sapporo"}

      # 请将键名为"Aichi"的元素删除

      print(town)
```

程序清单 5.35　习题

提示

del 字典名 [" 需要删除的键名 "]。

(参考答案)

```
In    （略）
      # 请将键名为"Aichi"的元素删除
      del town["Aichi"]
      print(town)
```

```
Out   {'Kanagawa': 'Yokohama', 'Hokkaido': 'Sapporo'}
```

程序清单 5.36　参考答案

5.3 ‖ while 语句

5.3.1 while 语句 1

使用 while 语句，可以对其中的处理不断地重复执行，直到所指定的条件表达式变成 **False** 为止。

与第 4 章中学习过的 if 语句类似，while 语句的格式为 "while 条件表达式：…"。当条件表达式的计算结果为 True 时，while 语句内的处理就会被反复执行。此外，while 语句内的处理部分也与 if 语句类似，是通过添加缩进来指明需要进行循环处理的。对于缩进处理，一般使用 4 个空格（程序清单 5.37）。

```
In    n = 2
      while n >0:
          print(n)
          n -= 1
```

```
Out   2
      1
```

程序清单 5.37　while 语句 1 的示例

习题

请问在执行了程序清单 5.38 中的代码后，其中的 print("Aidemy") 语句总共会被执行几次？

```
In    x = 5
      while x > 0:
          print("Aidemy")
          x -= 2
```

程序清单 5.38　习题

- 1 次
- 2 次
- 3 次
- 4 次

- x 的值每循环一次就会减少 **2**。
- 当 **x** 比 **0** 大时，循环就会持续下去。

Out	Aidemy
	Aidemy
	Aidemy

程序清单 5.39　参考答案

3 次

5.3.2　while 语句 2

由于 while 语句是 Python 中使用较为频繁的功能之一，因此，接下来通过练习来巩固对其的理解。

如果忘记更新条件表达式中变量的值，或者编写的条件表达式永远成立，就会导致代码无限地循环执行。**请注意编程时不要写出会导致无限循环的代码。**

- 请使用 while 语句使程序在变量 x 不为 0 时进行循环。
- 其中，while 循环语句每执行一次变量 x 就减 1，并在减去 1 之后对 x 的值进行输出。
- 请使用 print() 函数进行输出。
- 请确保程序最后产生如下的输出结果。

4
3
2
1
0

```
In   x = 5

     # 请使用 while 语句使程序在变量 x 不为 0 时进行循环

     # 在 while 语句中每执行一次循环变量 x 就减 1，输出变量的值
```

程序清单 5.40　习题

提示

- "不为 **0**"用"**x != 0**"来表示。
- **while** 条件表达式 : … 。

参考答案

```
In   （略）
     # 请使用 while 语句使程序在变量 x 不为 0 时进行循环
     while x != 0:
         # 在 while 语句中每执行一次循环变量 x 就减 1，输出变量的值
         x -= 1
         print(x)
```

```
Out  4
     3
     2
     1
     0
```

程序清单 5.41　参考答案

5.3.3　while 与 if

在本小节中将使用在第 4 章中学过的 if 语句，以及 5.3.1 小节和 5.3.2 小节中学过的 while 语句来对习题进行解答。

习题

- 请尝试对 5.3.2 小节习题中的代码进行改进。
- 请使用 if 语句，对这个代码进行改进，并使其产生如下输出。

Python 的基本语法

```
4
3
2
1
Bang
```

```
In    x = 5

      # 请使用 while 语句使程序在变量 x 不为 0 时进行循环

         # 在 while 语句中每循环一次，变量 x 减 1，并对处理后的值进行输出

         print(x)
```

程序清单 5.42　习题

提示

- 请使用 **if** 语句实现对 **print(x)** 和 **print("Bang")** 语句进行条件分支处理。
- 按照 **x != 0** 和 **x = 0** 这两种情况分别进行处理即可。

参考答案

```
In    （略）
      # 请使用 while 语句使程序在变量 x 不为 0 时进行循环
      while x != 0:
          # 在 while 语句中每循环一次，变量 x 减 1，并对处理后的值进行输出
          x -= 1
          if x != 0:
              print(x)
          else:
              print("Bang")
```

```
Out   4
      3
      2
      1
      Bang
```

程序清单 5.43　参考答案

5.4 ‖for、break 和 continue 语句

5.4.1 for 语句

当需要对列表的所有元素进行输出时，常用的是 **for 语句**，即使用"**for 变量 in 数据集合：**"形式语句，可以根据数据集合中的元素数量进行循环处理。

所谓**数据集合**，是指类似列表型和字典型的变量，包含多个元素的数据类型。在本小节中将对 for 语句中的列表型变量的使用方法进行讲解，而对于字典类型的相关处理将在 5.5.3 小节中进行讲解。

在这里请不要忘记在 **for 语句**的后面加上冒号。

for 与之前学过的 **if** 和 **while** 类似，也需要通过缩进来指明需要进行处理的范围。在这里也推荐使用 4 个空格作为缩进（程序清单 5.44）。

```
In    animals = ["tiger", "dog", "elephant"]
      for animal in animals:
          print(animal)
```

```
Out   tiger
      dog
      elephant
```

程序清单 5.44　for 语句的示例

〔习题〕

- 请使用 for 语句对变量 storages 中的每个元素分别进行输出。
- 请使用 print() 函数进行输出。

- for 关键字后面可以使用任意变量。

In
```
storages = [1, 2, 3, 4]

# 请使用 for 语句对变量 storages 中的每个元素分别进行输出
```

程序清单 5.45　习题

（提示）

请不要忘记在 **for** 语句的末尾加上冒号（:）。

（参考答案）

In
```
（略）
# 请使用 for 语句对变量 storages 中的每个元素分别进行输出
for n in storages:
    print(n)
```

Out
```
1
2
3
4
```

程序清单 5.46　参考答案

5.4.2 break 语句

可以使用 break 语句来终止循环语句的执行。break 语句常常与 if 语句搭配使用（程序清单 5.47）。

In
```
storages = [1, 2, 3, 4, 5, 6, 7, 8, 9, 10]
for n in storages:
    print(n)
    if n >= 5:
        print(" 其余数字待续 ")
        break
```

Out	1
	2
	3
	4
	5
	其余数字待续

程序清单 5.47　break 的示例

（习题）

请编程实现当变量 n 的值为 4 时，终止程序中的循环处理。

| In | ```
storages = [1, 2, 3, 4, 5, 6]
for n in storages:
    print(n)
    # 请在变量 n 的值为 4 时结束处理
``` |
|---|---|

程序清单 5.48　习题

（提示）

- 请不要使用数学中的等号 "=" ，而是用 "==" 来编写条件表达式。
- 注意不要忘记添加缩进。

（参考答案）

| In | ```
（略）
for n in storages:
    print(n)
    # 请在变量 n 的值为 4 时结束处理
    if n == 4:
        break
``` |
|---|---|

Out	1
	2
	3
	4

程序清单 5.49　参考答案

5.4.3 continue 语句

continue 语句与 break 语句不同，它是只在特定条件下，跳过一次对循环部分的处理，而不是结束整个循环。continue 语句同样也是与 if 语句结合使用（程序清单 5.50）。

```
In    storages = [1, 2, 3]
      for n in storages:
          if n == 2:
              continue
          print(n)
```

```
Out   1
      3
```

程序清单 5.50　continue 语句的示例

习题

请使用 continue 语句来实现当变量 n 的值为 2 的倍数时跳过循环处理。

```
In    storages = [1, 2, 3, 4, 5, 6]

      for n in storages:
          # 当变量 n 的值为 2 的倍数时跳过循环处理


          print(n)
```

程序清单 5.51　习题

提示

- 判断变量是否为 2 的倍数，也就是判断"变量除以 2 之后的余数是否为 0"。
- 求余运算的算术运算符是"%"。

参考答案

```
In   （略）
     #  当变量 n 的值为 2 的倍数时跳过循环处理
     if n % 2 == 0:
         continue
     print(n)
```

```
Out  1
     3
     5
```

程序清单 5.52　参考答案

5.5 ║ 附录

5.5.1 使用 for 语句表示 index

在使用 for 语句编写循环处理的代码时，有可能需要同时用到列表的索引，即通过使用 enumerate() 函数就可以获得附带索引的元素，基本语法如下。关于函数的知识将在第 6 章中进行讲解。

for x, y in enumerate(" 列表类型 "):

其中，x、y 是用于获取索引和元素的变量，即 x 为整数型的索引，y 为包含在列表类型中的元素。从程序清单 5.53 的代码中可以看到，对于这两个变量可以任意地为其指定变量名。

```
In   list = ["a", "b"]
     for index, value in enumerate(list):
         print(index, value)
```

Out	0 a
	1 b

程序清单 5.53　使用 for 语句表示 index 的示例

【习题】

- 请使用 for 语句和 enumerate() 函数编写产生如下输出的程序。
- 请使用 print() 函数进行输出。

index:0 tiger

index:1 dog

index:2 elephant

In	`animals = ["tiger", "dog", "elephant"]`
	`# 请使用 enumerate() 函数进行输出`

程序清单 5.54　习题

【提示】

- **for** 关键字后面可以使用任意变量。
- **print(a, b)** 语句表示输出结果为 **a** 和 **b**。

【参考答案】

In	（略）
	`# 请使用 enumerate() 函数进行输出`
	`for index, animal in enumerate(animals):`
	`    print("index:" + str(index), animal)`

Out	index:0 tiger
	index:1 dog
	index:2 elephant

程序清单 5.55　参考答案

5.5.2 嵌套列表的循环

当列表中的元素也是列表类型时，也可以使用 for 语句对元素中列表的元素进行读取。此时，代码需要写成"**for a, b, c, … in 变量（list 类型）**"的形式。而且 a, b, c, …的个数必须要与**嵌套列表中元素的个数相等**（程序清单 5.56）。

In	

```
list = [[1, 2, 3],
        [4, 5, 6]]
for a, b, c in list:
    print(a, b, c)
```

Out	

```
1 2 3
4 5 6
```

程序清单 5.56　嵌套列表循环的示例

〔习题〕

- 请使用 for 语句来编写产生如下输出的程序。
- 请使用 print() 函数进行输出。

strawberry is red
peach is pink
banana is yellow

In	

```
fruits = [["strawberry", "red"],
          ["peach", "pink"],
          ["banana", "yellow"]]

# 请使用 for 语句进行输出
```

程序清单 5.57　习题

〔提示〕

for 关键字后面可以使用任意变量。例如，可以写成 **for fruit, color in fruits:** 的形式。

```
In   （略）
     # 请使用 for 语句进行输出
     for fruit, color in fruits:
         print(fruit + " is " + color)
```

```
Out  strawberry is red
     peach is pink
     banana is yellow
```

程序清单 5.58　参考答案

5.5.3　字典类型的循环

在字典类型的循环中，可以将键名与值作为变量来进行循环处理。可以使用 items() 方法，即写成 "**for key 的变量名 , value 的变量名 in 变量（字典类型）.items()：**" 的形式（程序清单 5.59）。

```
In   fruits = {"strawberry": "red", "peach": "pink", "banana": "yellow"}
     for fruit, color in fruits.items():
         print(fruit + " is " + color)
```

```
Out  strawberry is red
     peach is pink
     banana is yellow
```

程序清单 5.59　字典类型的循环示例

习题

- 请使用 for 语句来编写产生如下输出的程序。
- 请使用 print() 函数进行输出。

Aichi Nagoya
Kanagawa Yokohama
Hokkaido Sapporo

```
In    town = {"Aichi":"Nagoya","Kanagawa":"Yokohama",
      "Hokkaido":"Sapporo"}
      # 请使用 for 语句进行输出
```

程序清单 5.60 习题

提示

for 关键字后面可以使用任意变量，例如，**for key, value in town.items():**。

参考答案

```
In    （略）
      # 请使用 for 语句进行输出
      for prefecture, capital in town.items():
          print(prefecture, capital)
```

```
Out   Aichi Nagoya
      Kanagawa Yokohama
      Hokkaido Sapporo
```

程序清单 5.61 参考答案

附加习题

请编写一个可以表示商品的价格和数量，并针对付款金额显示找零金额的程序。

习题

- 请使用 for 语句对变量 items 进行循环（变量名为 item ）。
- for 语句中的处理。
  - 请输出 "＊＊是 1 个＊＊日元，购买＊＊个" 信息。
  - 请将价格与个数相乘并代入变量 total_price 中。
- 请输出 "支付金额为＊＊日元" 信息。
- 请将随机值代入变量 money 中。
- 当 money > total_price 时，请输出 "找零为＊＊日元" 信息。

- 当 money == total_price 时，请输出"不需要找零"信息。
- 当 money < total_price 时，请输出"支付金额不足"信息。
- 请用 print() 函数进行输出。

```
items = {"eraser" : [100, 2], "pen" : [200, 3], "notebook" : [400,5]}
total_price = 0

# 请使用 for 语句对变量 items 进行循环


  # 请输出"＊＊是 1 个＊＊日元，购买＊＊个"信息

  # 请将价格与个数相乘并代入变量 total_price 中


# 请输出"支付金额为＊＊日元"信息

# 请将随机值代入变量 money 中


# 当 money > total_price 时，请输出"找零为＊＊日元"信息


# 当 money == total_price 时，请输出"不需要找零"信息


# 当 money < total_price 时，请输出"支付金额不足"信息
```

程序清单 5.62　习题

提示

- 对需要使用 **for** 语句进行循环的部分使用缩进表示。
- 将数值类型转换成字符串类型时需要使用 **str()** 函数。
- 当字典类型的值为列表时，可以用第 **2** 个 **[]** 对需要访问的元素进行指定。
- 将字符串类型转换成数值类型时需要使用 **int()** 函数。

- 请灵活运用 **if**、**elif**、**else** 语句。

（参考答案）

In
```python
items = {"eraser" : [100, 2], "pen" : [200, 3], "notebook" : [400,5]}
total_price = 0

# 请使用 for 语句对变量 items 进行循环
for item in items:

    # 请输出 "＊＊是 1 个＊＊日元，购买＊＊个" 信息
    print(item + "是 1 个 " + str(items[item][0]) + " 日元，购
        买 "+ str(items[item][1]) + " 个 ")
    # 请将价格与个数相乘并代入变量 total_price 中
    total_price += items[item][0] * items[item][1]

# 请输出 "支付金额为＊＊日元" 信息
print(" 支付金额为 " + str(total_price) + " 日元 ")
# 请将随机值代入变量 money 中
money = 4000
# 当 money > total_price 时，请输出 "找零为＊＊日元" 信息
if money > total_price:
    print(" 找零为 " + str(money - total_price) + " 日元 ")
# 当 money == total_price 时，请输出 "不需要找零" 信息
elif money == total_price:
    print(" 不需要找零 ")
# 当 money < total_price 时，请输出 "支付金额不足" 信息
else:
    print(" 支付金额不足 ")
```

Out
```
eraser 是 1 个 100 日元，购买 2 个
pen 是 1 个 200 日元，购买 3 个
notebook 是 1 个 400 日元，购买 5 个
支付金额为 2800 日元
找零为 1200 日元
```

程序清单 5.63　参考答案

| In | ```
items = {"eraser" : [100, 2], "pen" : [200, 3], "notebook" : [400, 5]}
print(items["pen"][1])
``` |

| Out | ```
3
``` |

程序清单 5.64　解说的示例

可以通过 **items["键名"]** 的形式获取字典的值为列表类型的数据内容。也就是说，可以通过 **items["键名"]["index 编号"]** 的形式取出列表中的元素。

因此，习题中商品的价格和个数可以使用 **items[item][0] 与 items [item][1]** 的形式进行获取。

此外，也可以在 **str()** 函数的 **()** 中使用运算符。

## 第 6 章

函数的基础

6.1 ‖ 内嵌函数与方法

6.1.1 函数的基础与内嵌函数

所谓**函数**，简单来说就是指**将处理集中在一起的程序**。函数既可以由开发者自己定义，也有很多集成大量开发好的函数的软件包，用户直接使用即可，这些软件包又被称为软件库或者框架。

所谓**内嵌函数**，是指已经预先在 **Python** 中定义的函数，其中最具代表性的函数之一就是 print() 函数。

除了 print() 函数，Python 还提供了各种各样方便用户使用的函数，我们可以通过这些函数非常高效地编写程序。例如，之前学习过的 print()、type()、int()，以及 str() 等都是内嵌函数。

接下来，我们将对常用的内嵌函数 len() 进行学习。len() 函数用于返回指定**对象的长度或元素的数量**。

所谓对象，是指可以代入变量中的元素。关于对象的详细内容我们将在 6.3.1 小节中讲解。像这样可以被代入的值，我们将其称为"**参数**"（parameter）。

每一个函数中参数的变量类型（在第 4 章中已经进行讲解）都是固定的。在本小节中将要讲解的 len() 函数，可以将如 str 类型（字符串型）、list 类型（列表型）的变量作为参数，但是却不能将 int 类型（整数型）、float 类型（浮点型）、bool 类型（布尔型）的变量作为参数。请在**学习函数的使用方法时，确认哪种数据类型可以作为函数的参数**。

如果不确定函数参数的定义，可以查阅 Python 官方的函数手册。

- 执行时不会报错的例子

len("tomato") # 6
len([1,2,3]) # 3

- 执行时会报错的例子

len(3) # TypeError: object of type 'int' has no len()
len(2.1) # TypeError: object of type 'float' has no len()
len(True) # TypeError: object of type 'bool' has no len()

在 Python 中，函数和变量都可以看作对象。

基于这种设计思想，在 Python 中，保留字和内嵌函数是不受保护的。如果将保留字和内嵌函数的名称直接作为变量名使用，保留字和内嵌函数的作用范围就会被覆盖，导致程序无法正确地执行。在 4.2.1 小节中说明的禁止使用保留字、关键字（类似 if 和 for 这些在代码中有特殊含义的单词）与已经预先定义了的函数名（类似 print 和 list）作为变量名也是基于这个原因。

（习题）

- 请使用 len() 函数和 print() 函数实现对变量 vege 的对象长度的输出。
- 请使用 len() 函数和 print() 函数实现对变量 n 的对象长度的输出。
- 请使用 print() 函数进行输出。

函数的基础

```
In  vege = "potato"
    n = [4, 5, 2, 7, 6]

    # 请对变量 vege 的对象长度进行输出


    # 请对变量 n 的对象长度进行输出
```

程序清单 6.1 习题

提示

- **len([2, 4, 5]) # 输出结果 3**
- **len("hello") # 输出结果 5**

（参考答案）

```
In  （略）
    # 请对变量 vege 的对象长度进行输出
    print(len(vege))

    # 请对变量 n 的对象长度进行输出
    print(len(n))
```

```
Out   6
      5
```

程序清单 6.2　参考答案

6.1.2 函数与方法

　　所谓**方法**，是指针对某个值进行的处理。调用方法的语法为**值 . 方法名 ()**，其作用与函数类似。但是需要记住的是，在函数中，是将需要处理的值写入 () 中，而方法是**在需要处理的值后面加上" . "进行处理**的。与函数一样，根据值类型的不同可以使用的方法也不同。

　　例如，在第 5 章中学习的 append() 是可以用于列表类型的方法（程序清单 6.3）。

```
In    # 复习 append 的操作
      alphabet = ["a","b","c","d","e"]
      alphabet.append("f")
      print(alphabet)
```

```
Out   ['a', 'b', 'c', 'd', 'e', 'f']
```

程序清单 6.3　append() 方法的示例

　　实际上，在某些场合中，要实现同样的处理，既可以使用内嵌函数，也可以使用方法。例如"内嵌函数 sorted()"和"方法 sort()"（程序清单 6.4 与程序清单 6.5），这两段代码都是用于排序的函数 / 方法，实现的是完全相同的处理。

```
In    # sorted 的操作
      number = [1,5,3,4,2]
      print(sorted(number))
      print(number)
```

```
Out   [1, 2, 3, 4, 5]
      [1, 5, 3, 4, 2]
```

程序清单 6.4　函数与方法的示例①

```
In   # sort 的操作
     number = [1,5,3,4,2]
     number.sort()
     print(number)
```

```
Out  [1, 2, 3, 4, 5]
```

程序清单 6.5　函数与方法的示例②

在程序清单 6.4 与程序清单 6.5 中，虽然进行的是同样的排序处理，但在执行 print(number) 语句时，结果是不同的。

即变量的内容本身不会发生变化的是 **sorted()**，会发生变化的是 **sort()**，但是，并不是说所有的内嵌函数与方法之间的这种关系都是成立的。

像这样，使原先列表的内容本身发生变化的 **sort()** 方法，在编程中有时还被称为**破坏性方法**。

（习题）

请从下面的选项中选出代码执行之后的结果。

```
习题1  alphabet = ["b", "a", "e", "c", "d"]
       sorted(alphabet)
       print(alphabet)
```

```
习题2  alphabet = ["b", "a", "e", "c", "d"]
       alphabet.sort()
       print(alphabet)
```

- 习题 1：["a", "b", "c", "d", "e"]，习题 2：["a", "b", "c", "d", "e"]
- 习题 1：["a", "b", "c", "d", "e"]，习题 2：["b", "a", "e", "c", "d"]
- 习题 1：["b", "a", "e", "c", "d"]，习题 2：["a", "b", "c", "d", "e"]
- 习题 1：["b", "a", "e", "c", "d"]，习题 2：["b", "a", "e", "c", "d"]

请仔细确认"内嵌函数 sorted()"和"方法 sort()"的区别。

参考答案

习题 1：["b", "a", "e", "c", "d"]，习题 2：["a", "b", "c", "d", "e"]。

6.1.3 字符串型的方法 (upper/count)

在 6.1.2 小节中已经学习了函数与方法的区别，在本小节中将学习**字符串对象中所包含的方法**。

在这里我们将对 **upper()** 方法与 **count()** 方法进行讲解。

upper() 方法是将整个字符串变成大写并返回的方法；而 **count()** 方法是返回字符串中包含多少个元素的方法。

这两个方法是通过将它们分别写成**变量 .upper()、变量 .count("** 需要进行计算的对象 **")** 的形式来使用的（程序清单 6.6）。

```
In    # 方法的操作示例
      city = "Tokyo"
      print(city.upper())
      print(city.count("o"))
```

```
Out   TOKYO
      2
```

程序清单 6.6   upper() 方法、count() 方法的示例

习题

- 请将保存在变量 animal 中的字符串变成大写并将其代入变量 animal_big 中。
- 请对变量 animal 中包含多少个 e 的数量进行输出。
- 请使用 print() 函数进行输出。

```
In    animal = "elephant"

      # 请将保存在变量 animal 中的字符串变成大写并将其代入变量 animal_big 中
```

```
print(animal)
print(animal_big)

# 请对变量 animal 中包含多少个 e 的数量进行输出
```

程序清单 6.7　习题

提示

- **color = "red"**
- **color.upper()**
- **color.count("r")**

参考答案

In | （略）
```
# 请将保存在变量 animal 中的字符串变成大写并将其代入变量 animal_big 中
animal_big = animal.upper()
print(animal)
print(animal_big)

# 请对变量 animal 中包含多少个 e 的数量进行输出
print(animal.count("e"))
```

Out |
```
elephant
ELEPHANT
2
```

程序清单 6.8　参考答案

6.1.4 字符串型的方法 (format)

　　字符串型的方法常用的还有 **format()** 方法。**format() 方法是在字符串中代入该方法任意的值并生成新字符串**的方法，即将变量嵌入字符串时常用的方法，特征是使用时需要在字符串中加上 **{}**，而在这个 **{}** 中允许嵌入任意值（程序清单 6.9）。

In	`print(" 我在 {} 出生，在 {} 长大 ".format(" 东京 ", " 埼玉 "))`

Out	我在东京出生，在埼玉长大

程序清单 6.9　format() 方法的示例

（习题）

- 请使用 format() 方法对 "banana 是 yellow 的" 进行输出。
- 请使用 print() 函数进行输出。

In	`fruit = "banana"`
	`color = "yellow"`
	
	`# 请对 "banana 是 yellow 的" 进行输出`

程序清单 6.10　习题

（提示）

print(" 我在 {} 出生，在 {} 长大 ".format(" 东京 ", " 埼玉 "))。

（参考答案）

In	（略）
	`# 请对 "banana 是 yellow 的" 进行输出`
	`print("{} 是 {} 的 ".format(fruit, color))`

Out	`banana 是 yellow 的`

程序清单 6.11　参考答案

6.1.5 列表型的方法（index）

在第 5 章学习过，列表类型中存在索引编号这一概念。**所谓索引编号，是指将列表中的内容从 0 开始按顺序排列时所使用的编号。可以使用 index() 方法来寻找目标对象存在于哪个索引编号中。**

此外，在列表类型中也可以使用刚才讲过的 count() 方法（程序清单 6.12）。

```
In    alphabet = ["a", "b", "c", "d", "d"]
      print(alphabet.index("a"))
      print(alphabet.count("d"))
```

```
Out   0
      2
```

程序清单 6.12　index() 方法的示例

（习题）

- 请对 2 的索引编号进行输出。
- 请对变量 n 中包含多少个 6 的数量进行输出。
- 请使用 print() 函数进行输出。

```
In    n = [3, 6, 8, 6, 3, 2, 4, 6]

      # 请对 2 的索引编号进行输出


      # 请对变量 n 中包含多少个 6 的数量进行输出

```

程序清单 6.13　习题

（提示）

需要使用 **print()** 函数，参数分别为 **n.index(2)**、**n.count(6)**。

（参考答案）

```
In    （略）
      # 请对 2 的索引编号进行输出
      print(n.index(2))

      # 请对变量 n 中包含多少个 6 的数量进行输出
      print(n.count(6))
```

数的基础

Out	5
	3

程序清单 6.14　参考答案

6.1.6 列表型的方法（sort）

　　列表类型中常用的方法有在 6.1.2 小节中讲过的 **sort()** 方法，**sort()** 方法是将列表中的元素按从小到大的顺序进行排序（程序清单 6.15）。而使用 **reverse()** 方法，可以将列表中元素的顺序进行颠倒（程序清单 6.16）。

　　如果使用 **sort()** 方法，列表中元素的顺序将会被更改。然而，如果只是单纯地想要引用排序后的列表，使用内嵌函数 **sorted()** 就可以了。

| In | ```
# sort() 的使用示例
list = [1, 10, 2, 20]
list.sort()
print(list)
``` |
| --- | --- |

Out	[1, 2, 10, 20]

程序清单 6.15　sort() 方法的示例

| In | ```
# reverse() 的使用示例
list = [" 啊 ", " 哦 ", " 呃 ", " 咿 ", " 呜 "]
list.reverse()
print(list)
``` |
| --- | --- |

Out	[' 呜 ', ' 咿 ', ' 呃 ', ' 哦 ', ' 啊 ']

程序清单 6.16　reverse() 方法的示例

习题

- 请对变量 n 进行排序，将数字按照从小到大的顺序进行输出。
- 请使用 n.reverse() 将按照从小到大排序后的变量 n 中的元素的顺序进行颠倒，即将数字按从大到小的顺序进行输出。

- 请使用 print() 函数进行输出。

```
In    n = [53, 26, 37, 69, 24, 2]

      # 请对变量 n 进行排序，将数字按从小到大的顺序进行输出

      print(n)

      # 请将按从小到大排序后的变量 n 中的元素的顺序进行颠倒，即将数字按从大到小的
      # 顺序进行输出

      print(n)
```

程序清单 6.17　习题

提示

- 列表 .**sort()**。
- 列表 .**reverse()**。
- 可以直接替换列表中的内容。

参考答案

```
In    （略）
      # 请对变量 n 进行排序，将数字按从小到大的顺序进行输出
      n.sort()
      print(n)

      # 请将按从小到大排序后的变量 n 中的元素的顺序进行颠倒，即将数字按从大到小的
      # 顺序进行输出
      n.reverse()
      print(n)
```

```
Out   [2, 24, 26, 37, 53, 69]
      [69, 53, 37, 26, 24, 2]
```

程序清单 6.18　参考答案

函数的基础

129

6.2 ║ 函数

6.2.1 函数的创建

所谓**函数**，是指将多个处理集中在一起的程序。

确切地说，函数接收参数，并将处理结果作为返回值返回。通过函数的运用，可以使程序的整体处理变得容易理解，不仅如此，它还具有同样的代码不需要多次重新进行编写的优点。

函数的创建方法是"**def 函数名 (参数):**"。所谓参数，是指传递给该函数的值，参数有时可能为空。**函数的处理范围是通过缩进进行指定的。**

对函数进行调用时，需要使用"**函数名 ()**"。而函数只有在被定义了之后才能被调用。

下面的代码定义了参数为空的函数。请对下列代码中函数的编写方法和调用方法进行确认（程序清单 6.19）。

In
```
def sing():
    print ("唱歌! ")


sing()
```

Out | 唱歌!

程序清单 6.19　函数创建的示例

（习题）

- 请创建可以对"我是 Yamada "进行输出的 introduce() 函数。
- 请使用 print() 函数进行输出。

In
```
# 请创建可以对"我是 Yamada"进行输出的 introduce() 函数


# 调用函数
introduce()
```

程序清单 6.20　习题

（提示）

def introduce():

（习题）

| In | ```
# 请创建可以对 "我是 Yamada" 进行输出的 introduce() 函数
def introduce():
    print("我是 Yamada")
（略）
``` |

| Out | 我是 Yamada |

程序清单 6.21　参考答案

6.2.2　参数

在 6.2.1 小节中已经讲解过，将传递给函数的值称为**参数**。将参数传递给函数之后，就可以在函数中使用这个值。

可以使用"**def 函数名（参数）:**"语句对参数进行指定。在使用"**函数名（参数）**"语句对函数进行调用时，这个参数会被代入由参数指定的变量中，这样就可以达到仅通过改变参数就能改变输出内容的目的。但是需要注意的是，在参数和函数中定义的变量，只能在该函数内部使用。

下面的代码定义了带有一个参数的函数。请对下列代码中函数的编写方法与调用方法进行确认（程序清单 6.22）。

| In | ```
def introduce(n):
    print("我是 " + n )


introduce("Yamada")
``` |

| Out | 我是 Yamada |

程序清单 6.22　参数的示例

（习题）

请使用参数 n，创建显示参数的三次方的值的函数 cube_cal（程序清单 6.23）。

```
In    # 请使用参数 n，创建显示参数的三次方的值的函数 cube_cal


      # 调用函数
      cube_cal(4)
```

程序清单 6.23　习题

提示

● **def cube_cal(n)**。

● 对幂乘进行计算的算术运算符为 ******。

〔参考答案〕

```
In    # 请使用参数 n，创建表示参数的三次方的值的函数 cube_cal
      def cube_cal(n):
          print(n ** 3)
      (略)
```

```
Out   64
```

程序清单 6.24　参考答案

6.2.3 多个参数

可以同时将**多个参数传递**给函数。在传递多个参数时，需要使用逗号将参数隔开并对其进行定义。

下面的代码定义了带有两个参数的函数。请对代码中函数的编写方法和调用方法进行确认（程序清单 6.25）。

```
In    def introduce(first,second):
          print("我姓 "+ first + "，名叫 "+ second + "。")


      introduce("Yamada","taro")
```

```
Out   我姓 Yamada，名叫 taro。
```

程序清单 6.25　多个参数的示例

习题

- 请使用第 1 个参数为 n、第 2 个参数为 age ，创建可以输出"我叫＊＊。今年＊＊岁。"的 introduce 函数。
- 请将 "Yamada" "18" 作为参数传递给 introduce() 函数并调用函数。
- 请将 "Yamada" 作为字符串，"18" 作为整数。

| In | ```
# 请创建 introduce() 函数


# 请调用函数
``` |

程序清单 6.26　习题

提示

- **def introduce(n, age)**。
- 请将数值类型转换为字符串类型。
- **introduce("Yamada", 18)**。

参考答案

| In | ```
# 请创建 introduce() 函数
def introduce(n, age):
    print(" 我叫 " + n + "。" + " 今年 " + str(age) + " 岁。")

# 请调用函数
introduce("Yamada", 18)
``` |

| Out | 我叫 Yamada。今年 18 岁。 |

程序清单 6.27　参考答案

6.2.4 参数的初始值

参数可以设定**初始值**。通过设定初始值，在使用"**函数名（参数）**"调用函数时，可以省略参数而将初始值作为替代的值来使用。初始值的设定只需要使用"**参数 =**

初始值"语句即可。

下面的代码设置了带有参数初始值的函数。请对下列代码中函数的编写方法和调用方法进行确认（程序清单 6.28）。

```
In   def introduce(first = "Yamada",second = "Taro"):
         print("我姓" + first + ",名叫" + second + "。")

     introduce("Suzuki")
```

```
Out  我姓 Suzuki, 名叫 Taro。
```

程序清单 6.28　参数初始值的示例①

但是，需要注意的是，在设定了初始值的参数后面，不能添加没有设定初始值的参数。也就是说，程序清单 6.29 中定义函数的方式是允许的，但程序清单 6.30 中定义函数的方式则是不允许的（运行时会出现 **non-default argument follows default argument** 这样的错误）。

```
In   def introduce(first = "Yamada",second = "Taro"):
         print("我姓" + first + ",名叫" + second + "。")

     introduce("Suzuki")
```

```
Out  我姓 Suzuki, 名叫 Taro。
```

程序清单 6.29　参数初始值的示例②

执行上面的代码时，通常不会出现错误。

```
In   def introduce(first = "Suzuki",second):
         print("我姓" + first + ",名叫" + second + "。")
```

```
Out  File "<ipython-input-25-c947e91503d3>", line 1
       def introduce(first = "Suzuki",second):
                      ^
     SyntaxError: non-default argument follows default argument
```

程序清单 6.30　参数初始值的示例③

（习题）

- 请将参数 n 的初始值设定为 "Yamada"。
- 请在调用函数时只指定 "18" 作为参数。

In | # 请设定初始值
```
def introduce(age, n):
    print("我叫 " + n + "。" + "今年 " + str(age) + "岁。")


# 调用函数
```

程序清单 6.31　习题

（提示）

- 在对函数进行定义时需要指定参数 = 初始值。
- 在指定了初始值的参数后面，不能使用没有指定初始值的参数。

（参考答案）

In | # 请设定初始值
```
def introduce(age, n = "Yamada"):
    print("我叫 " + n + "。" + "今年 " + str(age) + "岁。")


# 调用函数
introduce(18)
```

Out | 我叫 Yamada。今年 18 岁。

程序清单 6.32　参考答案

6.2.5 函数的返回（return）

在函数内部设置返回值，就可以把返回值返回到调用函数的地方。返回语句的语法为 "**return 返回值**"。

可以在 return 后面设置需要返回的值（程序清单 6.33）。

```
In    def introduce(first = "Yamada",second = "Taro"):
          return "我姓 "+ first + ",名叫 "+ second + "。"

      print(introduce("Suzuki"))
```

```
Out   我姓 Suzuki,名叫 Taro。
```

程序清单 6.33 return 的示例①

如果直接在 return 的后面设置字符,函数的阅读性会变差,所以我们还可以定义变量返回(程序清单 6.34)。

```
In    def introduce(first = "Yamada",second = "Taro"):
          comment = "我姓 " + first + ",名叫 " + second + "。"
          return comment

      print(introduce("Suzuki"))
```

```
Out   我姓 Suzuki,名叫 Taro。
```

程序清单 6.34 return 的示例②

【习题】

- 请创建计算 bmi 的函数,并将 bmi 的值作为返回值。

- 可以通过 $bmi = \dfrac{weight}{height^2}$ 进行计算。

- 请使用 weight、height 这两个变量。

```
In    # 请创建计算 bmi 的函数,并将 bmi 的值作为返回值

      print(bmi(1.65, 65))
```

程序清单 6.35 习题

提示

可以将 **weight / height**2** 的计算结果返回。

参考答案

In	# 请创建计算 bmi 的函数，并将 bmi 的值作为返回值 def bmi(height, weight): return weight / height**2 （略）

Out	23.875114784205696

程序清单 6.36　参考答案

6.2.6 函数的导入（import）

在 Python 中，除了可以使用自己创建的函数外，还有大量的**公开函数**可以使用，而这些具有相似用途的函数是成套提供的，我们将这类成套的函数称为**软件包**，将软件包中的各个函数称为**模块**（见图 6.1）。接下来，将 time 作为一个具体的示例进行讲解。

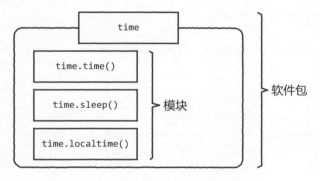

图 6.1　软件包和模块

当前执行时间的输出、程序的停止等与时间相关的函数都是由名为 time 的软件包提供的。此外，在 time 的软件包中还包含可以在程序中使用的多个模块。在图 6.1 中，我们只列举了 3 个模块，而实际上里面包含几十个模块。

软件包可以通过 **import**（导入）这一操作来使用。如果需要使用软件包中的模块，可以通过**软件包名 . 模块名**的形式来调用函数。作为示例，我们将使用 time 软件包对当前的时间进行输出（程序清单 6.37）。

函数的基础

```
In    # 导入 time 软件包
      import time

      # 使用 time() 模块，将当前的时间代入 now_time 中
      now_time = time.time()

      # 使用 print() 进行输出
      print(now_time)
```

```
Out   1529386894.4015388
```

程序清单 6.37　函数的 import（导入）①

导入模块的时候也可以省略软件包名。接下来将使用 **from 软件包名 import 模块名**来导入模块，并对当前时间进行输出（程序清单 6.38）。

```
In    # 使用 from 仅导入 time 模块
      from time import time

      # 因为使用了 from 导入模块，所以可以将软件包名省略
      now_time = time()

      print(now_time)
```

```
Out   1529386934.0317435
```

程序清单 6.38　函数的 import（导入）②

那么，软件包有哪些种类呢？

在 Python 中，PyPI 是 Python 的软件包管理系统，如果使用这个管理系统对公开发行的软件包进行安装，就可以直接使用这些软件包。

安装时，通常都是使用 pip 软件包管理工具来进行的。在计算机的命令行窗口中（Windows 以外的系统是在终端窗口中）输入 **pip install 软件包名**的命令就可以完成安装。在自己的计算机上进行编程时需要执行这一操作。

〔习题〕

- 请使用 from 导入 time 软件包中的 time 模块。
- 请使用 time() 对当前时间进行输出。

```
In    # 请使用 from 导入 time 模块
      from        import

      # 请将当前时间代入 now_time 中
      now_time =

      print(now_time)
```

程序清单 6.39　习题

〔提示〕

- 当前时间可以使用 **time** 软件包中的 **time** 模块进行输出。
- 因为是直接导入模块，所以即使使用 **time.time()** 进行调用也是会报错的。

〔参考答案〕

```
In    # 请使用 from 导入 time 模块
      from time import time

      # 请将当前时间代入 now_time 中
      now_time = time()
      （略）
```

```
Out   1529387046.641908
```

程序清单 6.40　参考答案

6.3 ║ 类

6.3.1 对象

在 6.1.1 小节中已经简单介绍过对象，由于 Python 是一种面向对象的语言，因此此前讲解过的字符串和数组等都是**对象**。突然听到"对象"这一抽象的概念，大家可能会感到有些困惑，但是它的英文 Object，直译就是"物体、对象"。而在编程语言中，对象是指由**变量（成员）及函数（方法）**组成的"物体"。

例如，虽然 list 类型的对象（参考 5.1.1 小节）是作为数组来使用的，但是也可以根据实际情况改变其行为（程序清单 6.41）。

```
In    # 可以将值直接进行保存
      mylist = [1, 10, 2, 20]

      # 可以对保存的值进行排序处理
      mylist.sort()

      # 还可以将其交给函数并对处理之后的值的结果进行显示
      print(mylist)
```

```
Out   [1, 2, 10, 20]
```

程序清单 6.41　类的示例

这是因为 mylist 内部包含变量与函数，并且根据实际情况改变了其行为才得以实现的。程序员如果使用对象，就不需要有意识地对函数与变量进行区分，只需要向对象下达"请记住这个数""请将之前的数排序"命令就可以了，这样就可以减轻开发者的负担。

如果只是使用现有的对象，我们就像之前一样并不需要在意它是否是对象，但是，如果将来需要创建新的对象或需要对现有的对象进行改进，那么，记住如表 6.1 所列举的面向对象的概念和术语是有帮助的。虽然其中有很多陌生的单词，但是这些单词在 Java、Ruby 等其他面向对象语言中也是存在的，而且概念都是相同的。在 Aidemy 平台的"区块链基础讲座"等课程中都是以学员能够创建对象为前提的。如果联想具体的场景去记忆，也不会很难，希望大家能够用心记住。

表6.1　面向对象（术语和联想的具体使用场景）

术　　语	具体的使用场景
类	汽车的设计图
构造器（函数）	汽车工厂
成员（变量）	汽油的容量、当前的行驶速度等
方法（函数）	刹车、油门、方向盘等
Instance（实例）	工厂中生产的实际的汽车

如果做成图解，如图6.2所示。

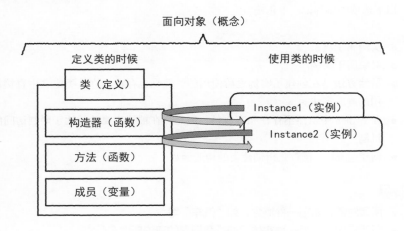

图6.2　面向对象（概念）

在设计新类时，需要对以下三点进行定义。

● 构造函数：这是一种在创建类的实例时自动被调用的特殊函数。在 Python 中，需要将其名称写成 __init__ 的形式，而且这个函数一定会自动地接收代表对象自身的特殊变量 **self** 作为第 1 个参数。

● 方法：类本身所支持的处理，也就是函数。其中包括针对实例进行处理的实例方法、针对类的整体进行处理的类方法、没有实例也可以进行处理的静态方法。

● 成员：类本身自带的值，也就是成员变量。在其他的面向对象编程语言中，大多会提供对"私有成员（从类的外部不能进行访问）"和"公有成员（可以从类的外部进行访问）"这两种类型成员的支持。但是在 Python 语言中，所有成员都是作为公有成员来处理的。不过 Python 支持使用属性功能来限制对成员的访问。

在使用类时，通常需要先调用构造函数，并且在成功地创建了实例之后再进行使用。

实际上，对象和类与 6.2.6 小节中讲解的软件包和模块是相似的，并没有非常严格的区分规则，即当只使用一个时用模块比较好，当使用多个时用类比较好。例如，使用 time 模块计算时间，在程序中只需要有一个就够了。如果是汽车，那么就会有私家车、公司用车等这样不同的实体，也就是可能会出现需要创建实例的情况，这个时候使用类来实现就是比较可取的方法。

(习题)

以下选项中哪种说法不正确？

- 实例属于对象。
- 对象属于实例。
- 虽然方法是在创建了实例之后使用的，但是也存在允许从类定义中直接调用的静态方法。
- 在 Python 中虽然不存在私有成员，但是存在被称为属性的用于限制访问的机制。
- 创建 __init__ 函数是指创建类的构造函数。

(提示)
- 所谓对象，是指一种概念，如"汽车"等。
- 所谓实例，是指一种实体，如"我拥有的普锐斯汽车"。
- 在 **Python** 中存在三种不同的方法。
- 虽然 **Python** 中的所有成员都是公有的，但是也提供了限制访问的机制。
- **Python** 中构造函数的名称必须是 __init__。

(参考答案)

对象属于实例。

6.3.2 类（成员与构造函数）

不同的对象包含什么样的值，可以进行什么样的处理都是事先确定的。想要对这类信息进行设置，就需要有可以决定对象构造的**设计图**，而这种设计图被称为**类**。例如，list 对象的设计是由 List 类决定的，可以执行事先设置好的处理。

接下来，我们将对拥有如下结构的对象进行讲解。

- 对象的内容
  商品

- 成员
  - 商品名称 : name
  - 价格 : price
  - 库存 : stock
  - 销量 : sales

如果要对这个商品对象进行定义，可以使用程序清单 6.42 中的代码。

```
In    # 对 MyProduct 类进行定义
      class MyProduct:
          # 对构造函数进行定义
          def __init__(self, name, price):
              # 将参数保存到成员中
              self.name = name
              self.price = price
              self.stock = 0
              self.sales = 0
```

程序清单 6.42　类的示例①

定义好的类只是设计图而已，而创建对象需要对类进行调用（程序清单 6.43）。

```
In    # 调用 MyProduct，并创建对象 product1
      product1 = MyProduct("cake", 500)
```

程序清单 6.43　类的示例②

当类被调用时，执行相应处理的方法被称为**构造函数**。而在类的定义中，构造函数是在 __init__() 中进行定义的。

在类的内部，对于成员需要像 self.price 这样在变量名的前面加上 "self."。此外，构造函数需要将 self 指定为第 1 个参数。

在上面的示例中，MyProduct 被调用之后，参数 name = "cake"、price = 500 被传递给构造函数，然后构造函数根据指定的参数，对成员 name、price 等进行初始化操作。

当需要引用创建好的对象成员时，可以写成**对象 . 变量名**的形式来引用。如果是直接引用，还可以对成员进行变更。

（习题）

请对 MyProduct 类的构造函数进行修正，使其在对类进行调用时可以指定 name、price、stock 的初始值。请将参数名设置为如下形式。

- 商品名称 : name
- 价格 : price
- 库存 : stock

请直接引用 product_1 的 stock 并对其进行输出。

In

```
# 对 MyProduct 类进行定义
class MyProduct:
    # 请修正构造函数
    def __init__():
        # 请将参数保存到成员中



# 调用 MyProduct 并创建对象 product_1
product_1 = MyProduct("cake", 500, 20)



# 请对 product_1 的 stock 进行输出
print()
```

程序清单 6.44　习题

（提示）

- 需要注意的是，方法的第 **1** 个参数是 **self**。
- 在对成员进行定义时，变量名的前面需要加上 "**self.**"。

参考答案

```
In   （略）
     # 请修正构造函数
     def __init__(self, name, price, stock):
         # 请将参数保存到成员中
         self.name = name
         self.price = price
         self.stock = stock
         self.sales = 0
     （略）
     # 请对 product_1 的 stock 进行输出
     print(product_1.stock)
```

```
Out   20
```

程序清单 6.45　参考答案

6.3.3 类（方法）

在刚才所定义的类中没有类方法。因此，接下来将对 MyProduct 类的方法进行如下定义。

● 采购 n 个商品，更新库存：buy_up(n)。
● 售出 n 个商品，更新库存与销量：sell(n)。
● 对商品的概要进行输出：summary()。

如将上述方法的定义添加到刚才的类中，可以得到如下代码（程序清单 6.46）。

```
In   # 对 MyProduct 类进行定义
     class MyProduct:
         def __init__(self, name, price, stock):
             self.name = name
             self.price = price
```

```
        self.stock = stock
        self.sales = 0
    # 采购方法
    def buy_up(self, n):
        self.stock += n
    # 售出方法
    def sell(self, n):
        self.stock -= n
        self.sales += n*self.price
    # 概要方法
    def summary(self):
        message = "called summary().\n name: " + self.name + \
        "\n price: " + str(self.price) + \
        "\n stock: " + str(self.stock) + \
        "\n sales: " + str(self.sales)
        print(message)
```

程序清单 6.46　类（方法）的示例

　　方法的定义与构造函数类似，需要在成员的前面加上"**self.**"，并将 **self** 指定为第 1 个参数。除此之外，其他部分的定义方法与定义普通的函数是一样的。

　　调用方法时需要按照**对象 . 方法名**的形式进行调用。

　　虽然类的成员是可以直接引用的，但是从面向对象的角度来看是不太好的做法。因为，将成员创建成不易被更改是设计一个优秀类的基本前提，因此在进行面向对象编程时应尽量遵循这一原则。所以，比较好的做法是在需要对成员进行引用或变更时提供专用的方法完成相应的操作。

【习题】

　　请在 MyProduct 类中添加下面的方法。

● 获取 name 的值并将其返回：get_name()。
● 从 price 中减去 n：discount(n)。

　　请从生成的 **product_2** 中用 **price** 减去 5000，并使用 **summary()** 方法对其概要进行输出。

```
In    # 对MyProduct类进行定义
      class MyProduct:
          def __init__(self, name, price, stock):
              self.name = name
              self.price = price
              self.stock = stock
              self.sales = 0
          # 概要方法
          # 将字符串与"对象自身的方法"及"对象自身的成员"连接起来并对其进行输出
          def summary(self):
              message = "called summary()." + \
              "\n name: " + self.get_name() + \
              "\n price: " + str(self.price) + \
              "\n stock: " + str(self.stock) + \
              "\n sales: " + str(self.sales)
              print(message)
          # 请创建返回name的get_name()
          def get_name():


          # 请创建从price中减去参数所指定差价的discount()
          def discount():


      product_2 = MyProduct("phone", 30000, 100)

      # 请执行5000的discount


      # 请对product_2中的summary进行输出

```

程序清单 6.47　习题

提示

- 请注意方法的第 1 个参数。
- 与普通的函数定义一样，可以使用 **return** 来指定返回值。

函数的基础

In | （略）

```
      # 请创建返回 name 的 get_name()
      def get_name(self):
          return self.name
      # 请创建从 price 中减去参数所指定差价的 discount()
      def discount(self, n):
          self.price -= n

product_2 = MyProduct("phone", 30000, 100)
# 请执行 5000 的 discount
product_2.discount(5000)
# 请对 product_2 中的 summary 进行输出
product_2.summary()
```

Out |
```
called summary().
name: phone
price: 25000
stock: 100
sales: 0
```

程序清单 6.48　参考答案

6.3.4 类（继承、覆盖、父类）

如果想要在其他人所创建的类中添加某些功能，应当如何进行操作呢？

虽然也可以直接对类的定义进行变更，但是如果这样做，也许会给其他正在使用这个类的程序带来影响。当然也可以通过复制源代码来创建新的类，但是如果这样做，就会存在两个同样的程序，如果需要对其进行修正，就可能需要同时修改两个程序的代码。

针对这种情况，面向对象编程语言提供了被称为继承（Inheritance）的这一灵活机制。允许开发人员在现有类的基础上添加新的成员和方法，或者只对原有类的一部分进行更改，就可以创建出一个全新的类。

作为基础的类被称为"父类""基类""超类"，新创建的类则被称为"子类""派生类",而子类可以执行如下操作。

- 子类可以直接使用父类的方法 / 成员。
- 子类可以覆盖父类的方法 / 成员（override）。
- 子类可以对自身的方法 / 成员进行任意的添加。
- 子类可以对父类的方法 / 成员进行调用（super）。

接下来将对在 6.3.3 小节中创建的 MyProduct 进行继承，创建能够处理 10% 消费税的新类 MyProductSalesTax。实现步骤如程序清单 6.49 所示。

In
```python
# 继承 MyProduct 类，并对 MyProductSalesTax 进行定义
class MyProductSalesTax(MyProduct):

    # 在 MyProductSalesTax 类中，构造函数的第 4 个参数用于接收消费税税率
    def __init__(self, name, price, stock, tax_rate):
        # 使用 super() 可以对父类的方法进行调用
        # 在这里调用了 MyProduct 类的构造函数
        super().__init__(name, price, stock)
        self.tax_rate = tax_rate

    # 在 MyProductSalesTax 中，对 MyProduct 的 get_name 进行覆盖（重写）
    def get_name(self):
        return self.name + "（含税）"

    # 在 MyProductSalesTax 中添加新成员方法 get_price_with_tax
    def get_price_with_tax(self):
        return int(self.price * (1 + self.tax_rate))
```

程序清单 6.49　类的继承的示例

将这个程序执行之后，其结果如程序清单 6.50 所示。

In
```python
product_3 = MyProductSalesTax("phone", 30000, 100, 0.1)
print(product_3.get_name())
print(product_3.get_price_with_tax())
# MyProductSalesTax 类虽然没有对 summary() 方法进行定义，但是因为继
```

```
# 承了 MyProduct, 所以可以对 MyProduct 的 summary() 方法进行调用
product_3.summary()
```

```
phone(含税) ——————————— 符合预期的输出
33000 ———————————————— 符合预期的输出
called summary().———— price 为不含税价格!
name: phone(含税)
price: 30000
stock: 100
sales: 0
```

程序清单 6.50　类的继承的示例

从程序清单 6.50 中可以看出，开始的两行结果都是符合预期的输出，而使用 summary() 方法调用的结果返回的 price 却是不含税价格。也就是说，添加了新成员 get_name() 方法与 get_price_with_tax() 方法执行了符合预期的操作，而从 MyProduct 继承的 summary() 方法却使用了错误的处理方式（bug），返回的是不含税的价格。

（习题）

请对 MyProduct 的 summary() 方法进行覆盖，使 summary() 可以输出含税价格。

```
In  class MyProduct:
        def __init__(self, name, price, stock):
            self.name = name
            self.price = price
            self.stock = stock
            self.sales = 0


        def summary(self):
            message = "called summary().\n name: " + self.get_name() + \
                      "\n price: " + str(self.price) + \
                      "\n stock: " + str(self.stock) + \
                .     "\n sales: " + str(self.sales)
            print(message)
```

```
    def get_name(self):
        return self.name

    def discount(self, n):
        self.price -= n


class MyProductSalesTax(MyProduct):
    # 在 MyProductSalesTax 中的第 4 个参数中接收消费税税率
    def __init__(self, name, price, stock, tax_rate):
        # 使用 super() 可以对父类的方法进行调用
        # 在这里调用了 MyProduct 类的构造函数
        super().__init__(name, price, stock)
        self.tax_rate = tax_rate

    # 在 MyProductSalesTax 中，对 MyProduct 的 get_name 进行覆盖（重写）
    def get_name(self):
        return self.name + "（含税）"

    # 在 MyProductSalesTax 中添加新成员方法 get_price_with_tax
    def get_price_with_tax(self):
        return int(self.price * (1 + self.tax_rate))

    # 请将 MyProduct 的 summary() 方法进行覆盖，使 summary() 可以输出含税价格


product_3 = MyProductSalesTax("phone", 30000, 100, 0.1)
print(product_3.get_name())
print(product_3.get_price_with_tax())
product_3.summary()
```

程序清单 6.51 习题

可以在方法的内部对方法进行调用。

In	（略）
	# 请将 MyProduct 的 summary() 方法进行覆盖，使 summary() 可以输出含税价格
	<pre>def summary(self):
	    message = "called summary().\n name: " + self.get_name() + \
	              "\n price: " + str(self.get_price_with_tax()+0) + \
	              "\n stock: " + str(self.stock) + \
	              "\n sales: " + str(self.sales)
	    print(message)</pre>（略）

Out	phone（含税） 33000 called summary(). name: phone（含税） price: 33000 stock: 100 sales: 0

程序清单 6.52　参考答案

6.4 ‖ 附录

在 6.1.4 小节中，已经使用 format() 方法为字符串指定了格式，而在 Python 中，还存在其他指定字符串格式的方法。那就是使用 "%" 运算符的方法。我们可以通过在双引号和单引号括起来的字符串中写入 "%"，**将放在字符串后面的对象传递进来**（程序清单 6.53）。

- %d：显示为整数。
- %f：显示为小数。
- %.2f：显示为包含小数点后两位的小数。
- %s：作为字符串显示。

```
In   pai = 3.141592
     print("圆周率为%f" % pai)
     print("圆周率为%.2f" % pai)
```

```
Out   圆周率为 3.141592
      圆周率为 3.14
```

程序清单 6.53　指定字符串格式的示例

（习题）

- 请将下列代码中的 __ 补充完整，实现输出 "bmi 为＊＊" 信息，并确保结果精确到小数点后第 4 位。
- 身高和体重的值可以为任意值。

```
In   def bmi(height, weight):
       return weight / height**2

     # 请输出 "bmi 为＊＊" 信息
     print("bmi 为___ " % _____)
```

程序清单 6.54　习题

（提示）

可以使用 **%.4f** 来确保结果精确到小数点后第 4 位。

（参考答案）

```
In   def bmi(height, weight):
       return weight / height**2

     # 请输出 "bmi 为＊＊" 信息
     print("bmi 为%.4f " % bmi(1.65, 65))
```

```
Out   bmi 为 23.8751
```

程序清单 6.55　参考答案

接下来，我们通过本章中学习的内容对习题进行解答。

习题

- 请创建可以计算出 object 中包含多少个 character 元素数量的函数。
- 请创建将 object、character 作为参数的函数 check_character。
- 请使用 count() 方法来获取字符串和列表中元素的数量并将其返回。

```
check_character([1, 2 ,4 ,5 ,5 ,3], 5) # 输出结果 2
```

- 请向 check_character 函数输入被查找的字符串或列表，以及需要统计数量的元素。

In
```
# 请创建函数 check_character

# 请对函数 check_character 进行输入
```

程序清单 6.56　习题

提示

变量 .count(character)

参考答案

In
```
# 请创建函数 check_character
def check_character(object, character):
    return object.count(character)

# 请对函数 check_character 进行输入
print(check_character([1, 3, 4, 5, 6, 4, 3, 2, 1, 3, 3, 4, 3], 3))
print(check_character("asdgaoirnoiafvnwoeo", "d"))
```

Out
```
5
```

```
1
```

程序清单 6.57　参考答案

【解说】

通过使用 count() 方法可以获取字符串或列表中的某个元素或字符的数量。

综合附加习题

接下来我们将使用二分查找算法（Binary Search）来实现用于查找的程序。所谓算法，是指解答问题的步骤。当查找的数据越大，与线性搜索算法（从开始按顺序进行搜索的方法）相比，二分查找算法是一种能够极大地缩短查找时间的算法。二分查找算法的实现步骤如下。

（1）获取数据的中位数。

（2）对获取的数据进行比较，确认其是否为想要查找的目标数据，如果是，则结束查找。

（3）如果中位数比目标数据小，就需要将中位数加上 1 的值作为查找范围中的最小值；如果中位数比目标数据大，就需要将中位数减去 1 的值作为查找范围中的最大值。

【习题】

- 请在函数 binary_search 中，编程实现使用二分查找算法从列表 numbers 中查找 target_number 的程序。
- 请在函数执行后输出 "11 在第 10 位上" 信息。
- 请对变量 target_number 进行变更，并确认自己的程序是否可以正确运行。

提示

- 需要注意的是，我们最开始获取的中位数是列表的 **index**。
- 获取中位数时，建议不要使用 "/"（带余数除法），而是使用 "//"（取整除法）比较好。

In

```
# 请将函数 binary_search 的代码补充完整
def binary_search(numbers, target_number):

# 被查找的数据
numbers = [1, 2, 3, 4, 5, 6, 7, 8, 9, 10, 11, 12, 13]
# 需要查找的值
```

函数的基础

```
target_number = 11
# 执行二分查找算法
binary_search(numbers, target_number)
```

程序清单 6.58　习题

◖参考答案◗

In
```
# 请将函数 binary_search 的代码补充完整
def binary_search(numbers, target_number):
    # 对最小值进行假设
    low = 0
    # 范围内的最大值
    high = len(numbers)
    # 循环执行直至找到目的地为止
    while low <= high:
        # 计算中位数 (index)
        middle = (low + high) // 2
        # 当中位数的 numbers 的值与 target_number 相等时
        if numbers[middle] == target_number:
            # 输出结果
            print("{1} 在第 {0} 位上 ".format(middle, target_number))
            # 结束操作
            break
        # 当中位数的 numbers 的值小于 target_number 时
        elif numbers[middle] < target_number:
            low = middle + 1
        # 当中位数的 numbers 的值大于 target_number 时
        else:
            high = middle - 1

# 被查找的数据
numbers = [1, 2, 3, 4, 5, 6, 7, 8, 9, 10, 11, 12, 13]
（略）
```

程序清单 6.59　参考答案

◀解说▶

　　基本上我们只需要按照二分查找算法的步骤编写代码即可。

　　一般二分查找算法存在"上限"和"下限"，查找的时候是将这两者作为两端对数值进行查找。通过逐渐缩小上限和下限的值来找到目标数据。那么，我们应该如何将范围进行缩小呢？做出这一决策的是 middle，即通过 middle 来获取上限与下限的中间值。当正中间值比目标数据大时，为了使整体偏向于更小的值，需要将上限更新为 middle − 1；当中间值比目标数据小时，为了使整体偏向于更大的值，需要将下限更新为 middle + 1。

　　通过反复地执行这个操作，对 target_num 位置所在的范围进行压缩。

　　当然，如果感兴趣，还可以对上述代码进行改进，对 target_number 不存在于 numbers 中的情况进行处理，显示要查找的对象没有找到这一信息。

函数的基础

NumPy 的基础

7.1 NumPy 概要

7.1.1 何谓 NumPy

NumPy 是 Python 中专门用于对向量和矩阵进行高性能计算的基础第三方软件库。

所谓**软件库**，是指从外部读取的 **Python** 代码的集合。Python 之所以被广泛地应用于机器学习领域，正是因为 Python 拥有以 NumPy 为首的用于科学计算的数量丰富的软件库。软件库中包含有大量的模块，而模块则可以看作是大量函数的集合（见图 7.1）。

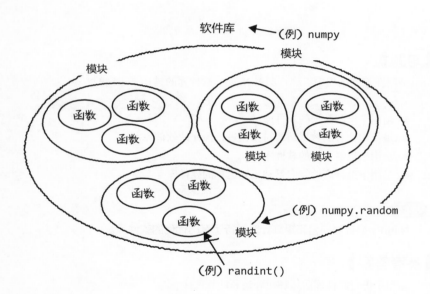

图 7.1 软件库

在 Python 中经常用到的软件库还包括 **SciPy**、**Pandas**、**Scikit-Learn**、**Matplotlib** 等。我们将包含这些软件库和开发环境的整个 Python 环境称为生态系统。如图 7.2 所示是 Python 生态系统的概要，靠近下方的是提供基本功能的 Python 基础软件库，而其中的 NumPy 又与其他软件库息息相关，因而扮演着非常基础性角色的作用。

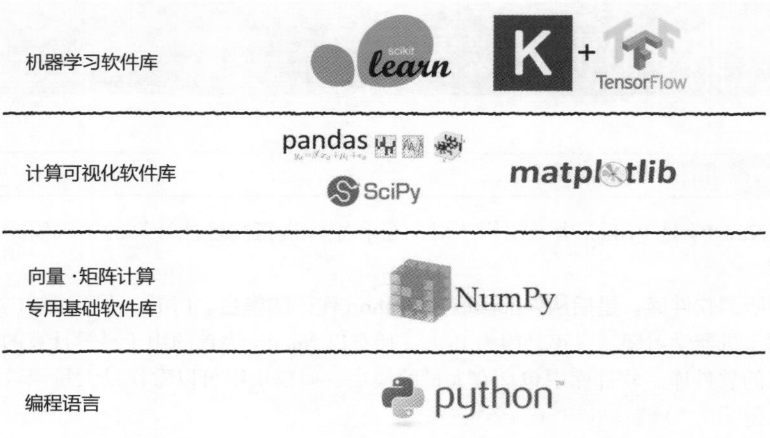

机器学习软件库	
计算可视化软件库	
向量·矩阵计算 专用基础软件库	NumPy
编程语言	python

图 7.2　Python 生态系统的概要

(习题)

请问在下列选项中，哪一项对 NumPy 软件库的描述是正确的？

- 是用于绘制数据的软件库。
- 是使用独有的数据结构对数据进行操作的软件库。
- 是用于机器学习的软件库。
- 是用于进行高性能向量和矩阵运算的软件库。

(提示)

NumPy 是针对向量和矩阵计算进行了专门优化的软件库。

(参考答案)

是用于进行高性能向量和矩阵运算的软件库。

7.1.2 体验 NumPy 的高性能处理

我们刚刚已经讲解过，Python 语言对于向量和矩阵运算的处理速度是比较慢的，而 NumPy 正是为了弥补这一点而出现的库。那么，接下来将通过执行实际的矩阵运算来确认 NumPy 是否真的能提高矩阵的运算速度。

关于代码的详细内容将在后续的小节中进行讲解，这里只单纯地尝试执行习题中的代码，并对 NumPy 矩阵运算的速度进行确认。

习题

请执行程序清单 7.1 中的矩阵计算程序，并确认 NumPy 是否可以成功地加快代码执行速度。

```
In    # 对必要的软件库进行导入
      import numpy as np
      import time
      from numpy.random import rand

      # 行和列的大小
      N = 150

      # 对矩阵进行初始化
      matA = np.array(rand(N, N))
      matB = np.array(rand(N, N))
      matC = np.array([[0] * N for _ in range(N)])

      # 使用 Python 的列表进行计算

      # 获取开始时间
      start = time.time()

      # 通过 for 语句实现矩阵的乘法运算
      for i in range(N):
          for j in range(N):
              for k in range(N):
                  matC[i][j] = matA[i][k] * matB[k][j]

      print("只用 Python 的基本功能进行计算的结果：%.2f[sec]" %
          float(time.time() - start))
      # 使用 NumPy 进行计算

      # 获得开始时间
      start = time.time()
```

```
# 使用 NumPy 执行矩阵的乘法运算
matC = np.dot(matA, matB)

# 由于舍去了小数点后 2 位数之后的部分，因此 NumPy 显示为 0.00[sec]
print(" 通过 NumPy 进行加速运算的结果：%.2f[sec]" % float(time.
    time() - start))
```

程序清单 7.1　习题

提示

　　即使因为舍去了小数点后 **2** 位数之后的部分，导致 **NumPy** 将结果显示为 **0.00 [sec]**，那也不等于它完全就是 **0**。

参考答案

Out	只用 Python 的基本功能进行计算的结果：2.94[sec]
	通过 NumPy 进行加速运算的结果：0.62[sec]

程序清单 7.2　参考答案（实际的秒数根据其执行的环境会大有不同）

7.2 ‖NumPy 一维数组

7.2.1 import

　　从本小节开始将正式学习使用 NumPy 进行编程。

　　在导入 NumPy 时，需要使用 **import numpy** 语句。对载入后的 NumPy 进行使用，需要写成 **numpy. 模块名**的形式。如果写成 **import numpy as np** 的形式，使用 **as** 关键字所构成的 **import ＿＿ as ＿** 语句，可以对代码中所使用的软件库的名称进行变更，然后就可以使用 **np. 模块名**的形式对模块进行调用。在 Python 语言中，对经常使用的模块的命名有一些习惯性的用法，如将 **numpy** 的名称定义为 **np**（在本书的后续章节中，也将使用 **np** 来表示 **numpy** 模块）。

习题

请导入 NumPy 库，并使用 **np** 这一名称对其进行定义（程序清单 7.3）。

```
In   # 请导入 NumPy 库
```

程序清单 7.3　习题

提示

import __ as __

参考答案

```
In   # 请导入 NumPy 库
     import numpy as np
```

程序清单 7.4　参考答案

7.2.2　一维数组

NumPy 软件库提供了用于对数组进行高速处理的 **ndarray** 类。生成 **ndarray** 类实例的方法之一是使用 NumPy 的 **np.array()** 函数，使用 **np.array**（列表）语句，通过传入的列表创建 **ndarray** 实例，如下。

np.array([1,2,3])

除此之外，还可以使用 **np.arange()** 函数。写成 **np.arange(X)** 的形式，创建由 X 个等间隔数列元素所构成的实例，如下。

np.arange(4) # 输出结果 **[0 1 2 3]**

当 **ndarray** 包含一维数据时被称为**向量**，包含二维数据时被称为**数组**，包含三维以上的数据时被称为**张量**。张量虽然属于数学范畴的概念，但是我们在机器学习中只需要简单地将其理解成对数组进行扩展而成的概念即可。创建一维、二维、三维的 **np.array()** 的示例分别如下。

- 一维的 ndarray 类 v

  array_1d = np.array([1,2,3,4,5,6,7,8])
- 二维的 ndarray 类

  array_2d = np.array([[1,2,3,4],[5,6,7,8]])
- 三维的 ndarray 类

  array_3d = np.array([[[1,2],[3,4]],[[5,6],[7,8]]])

习题

- 请使用变量 **storages** 生成 **ndarray** 数组，并将其代入变量 **np_storages** 中。
- 请对变量 **np_storages** 的类型进行输出。

In
```
import numpy as np

storages = [24, 3, 4, 23, 10, 12]
print(storages)


# 请生成 ndarray 数组，并将其代入变量 np_storages 中


# 请对变量 np_storages 的类型进行输出
print()
```

程序清单 7.5　习题

提示

- **np.array(列表)。**
- 对类型进行输出的函数是 **type(任意的变量等)。**

参考答案

In
```
（略）
# 请生成 ndarray 数组，并将其代入变量 np_storages 中
np_storages = np.array(storages)


# 请对变量 np_storages 的类型进行输出
print(type(np_storages))
```

| Out | `[24, 3, 4, 23, 10, 12]`
`<class 'numpy.ndarray'>` |

程序清单 7.6　参考答案

7.2.3　一维数组的计算

如果要对列表中的每一个元素进行计算，需要**使用循环语句，将其中的元素逐个取出再对其进行计算**，而使用 **ndarray**，就不需要再使用循环语句了。如果对不同 **ndarray** 对象之间进行算术运算，则在处于相同位置上的元素之间进行运算（程序清单 7.7 和程序清单 7.8）。

| In | `# 在不使用 NumPy 的条件下实现`
`storages = [1, 2, 3, 4]`
`new_storages = []`
`for n in storages:`
`  n += n`
`  new_storages.append(n)`
`print(new_storages)` |

| Out | `[2, 4, 6, 8]` |

程序清单 7.7　一维数组的计算示例①

| In | `# 使用 NumPy 实现`
`import numpy as np`
`storages = np.array([1, 2, 3, 4])`
`storages += storages`
`print(storages)` |

| Out | `[2 4 6 8]` |

程序清单 7.8　一维数组的计算示例②

〖习题〗

● 请对变量 **arr** 之间相加的结果进行输出。

- 请对变量 arr 之间相减的结果进行输出。
- 请对变量 arr 的三次方进行输出。
- 请对 1 除以变量 arr 的值进行输出。
- 请使用 print() 函数进行输出。

In
```
import numpy as np

arr = np.array([2, 5, 3, 4, 8])

# arr + arr
print()

# arr - arr
print()

# arr ** 3
print()

# 1 / arr
print()
```

程序清单 7.9 习题

提示

像计算普通变量那样计算即可。

参考答案

In
```
import numpy as np

arr = np.array([2, 5, 3, 4, 8])

# arr + arr
print('arr + arr')
print(arr + arr)
```

```
# arr - arr
print('arr - arr')
print(arr - arr)

# arr ** 3
print('arr ** 3')
print(arr ** 3)

# 1 / arr
print('1 / arr')
print(1 / arr)
```

Out
```
arr + arr
[ 4 10  6  8 16]

arr - arr
[0 0 0 0 0]

arr ** 3
[  8 125  27  64 512]

1 / arr
[0.5 0.2 0.33333333 0.25 0.125 ]
```

程序清单 7.10　参考答案

7.2.4 索引引用与切片

　　与列表类型类似，**NumPy** 也可以使用索引进行引用或者切片操作。关于索引引用在 5.1.4 小节中已进行了讲解，切片也同样在 5.1.5 小节中进行了讲解。索引引用和切片的操作方法与我们在操作列表时所使用的方法是一样的。因为一维数组是向量，所以通过索引引用得到的对象是标量值（通常为整数或小数等）。

- 从列表中取出单独的值（参考 5.1.4 小节）。
- 从列表中取出列表（切片）（参考 5.1.5 小节）。

当我们需要对切片的值进行更改时，可以写成 **arr[start:end]** = 需要更改的值的形式。不过需要注意的是，当执行 **arr[start:end]** 时，创建得到的是从 **start** 到 **(end-1)** 的列表（程序清单 7.11 和程序清单 7.12）。

```
In    arr = np.arange(10)
      print(arr)
```

```
Out   [0 1 2 3 4 5 6 7 8 9]
```

程序清单 7.11　切片的示例①

```
In    arr = np.arange(10)
      arr[0:3] = 1
      print(arr)
```

```
Out   [1 1 1 3 4 5 6 7 8 9]
```

程序清单 7.12　切片的示例②

（习题）

- 请将变量 arr 中的 3、4、5 这几个元素单独进行输出。
- 请将变量 arr 中的元素 3、4、5 更改为 24。

```
In    import numpy as np

      arr = np.arange(10)
      print(arr)

      # 请将变量 arr 中的 3、4、5 这几个元素单独进行输出
      print()

      # 请将变量 arr 中的元素 3、4、5 更改为 24

      print(arr)
```

程序清单 7.13　习题

- 当执行 **arr[start:end]** 时，创建得到的是从 **start** 到 **(end-1)** 的列表。
- **arr[start:end]** = 需要更改的值。

◀参考答案▶

In	（略） ＃ 请将变量 arr 中的 3、4、5 这几个元素单独进行输出 print(arr[3:6]) ＃ 请将变量 arr 中的元素 3、4、5 更改为 24 arr[3:6] = 24 print(arr)

Out	[0 1 2 3 4 5 6 7 8 9] [3 4 5] [0 1 2 24 24 24 6 7 8 9]

程序清单 7.14 　参考答案

7.2.5 使用 ndarray 的注意事项

ndarray 与 Python 的列表一样，如果对代入其他变量之后的值进行更改，原始的 **ndarray** 数组中的值也会被一同更改。因此，如果要将 **ndarray** 复制成两个独立的变量，就需要使用 **copy()** 方法。实现这一操作的语句可以写成需要复制的数组 **.copy()** 的形式。

◀习题▶

请实现程序清单 7.15 中的代码，并对其进行确认。

In	import numpy as np ＃ 观察将 ndarray 直接代入其他变量时的变化 arr1 = np.array([1, 2, 3, 4, 5])

```
print(arr1)

arr2 = arr1
arr2[0] = 100

# 更改了其他变量之后，原始的变量也受到了影响
print(arr1)

# 观察使用 copy() 后，将 ndarray 代入其他变量时的变化
arr1 = np.array([1, 2, 3, 4, 5])
print(arr1)

arr2 = arr1.copy()
arr2[0] = 100

# 更改了其他变量之后，原始的变量没有受到影响
print(arr1)
```

程序清单 7.15　习题

提示

　　需要注意的是，如果将某个变量直接代入其他变量中，原始变量所在的位置就会被代入，结果就会导致原始数据与代入其他变量的数据是同一份数据。

参考答案

```
Out   [1 2 3 4 5]
      [100 2 3 4 5]
      [1 2 3 4 5]
      [1 2 3 4 5]
```

程序清单 7.16　参考答案

7.2.6　view 与 copy

　　Python 的列表与 **ndarray** 的区别是，**ndarray** 的切片操作不是对数组进行复制而是使用 **view**。

所谓 **view**，是指其指向的数据与原始数组中的数据是同一份，即 **ndarray** 的切片操作是对原始 **ndarray** 对象进行更改。正如 7.2.5 小节中我们讲解过的，如果要将切片操作当作复制进行处理，则需要写成 **arr[:].copy()** 的形式。

❪习题❫

请执行程序清单 7.17 中的代码，并确认 Python 的列表与 NumPy 的 **ndarray** 切片有什么不同之处。

```
In   import numpy as np

     # 观察在 Python 列表中使用切片时程序的行为
     arr_List = [x for x in range(10)]
     print(" 列表类型的数据 ")
     print("arr_List:",arr_List)

     print()
     arr_List_copy = arr_List[:]
     arr_List_copy[0] = 100

     print(" 因为列表的切片是对数据进行复制而成的，所以在 arr_List 中不会反
           映出 arr_List_copy 中的变化 ")
     print("arr_List:",arr_List)
     print()

     # 观察在 NumPy 的 ndarray 中使用切片时程序的行为
     arr_NumPy = np.arange(10)
     print("NumPy 的 ndarray 数据 ")
     print("arr_NumPy:",arr_NumPy)
     print()

     arr_NumPy_view = arr_NumPy[:]
     arr_NumPy_view[0] = 100

     print("NumPy 的切片会将 view( 保存数据的地址信息 ) 代入，对
           arr_NumPy_view 的变更将在 arr_NumPy 中被反映出来 ")
```

7

NumPy 的基础

171

```
print("arr_NumPy:",arr_NumPy)
print()

# 观察在 NumPy 的 ndarray 中使用 copy() 时程序的行为
arr_NumPy = np.arange(10)
print('在 NumPy 的 ndarray 中使用 copy() 的变化')
print("arr_NumPy:",arr_NumPy)
print()
arr_NumPy_copy = arr_NumPy[:].copy()
arr_NumPy_copy[0] = 100

print(" 使用 copy() 会生成备份，arr_NumPy_copy 不会对 arr_NumPy 造成
      影响 ")
print("arr_NumPy:",arr_NumPy)
```

程序清单 7.17　习题

提示

需要注意，**Python** 的列表与 **NumPy** 的 **ndarray** 在进行切片操作时的行为是不一样的。

参考答案

Out | 列表类型的数据
arr_List: [0, 1, 2, 3, 4, 5, 6, 7, 8, 9]

因为列表的切片是对数据进行复制而成的，所以在 arr_List 中不会反映出 arr_List_copy 中的变化
arr_List: [0, 1, 2, 3, 4, 5, 6, 7, 8, 9]

NumPy 的 ndarray 数据
arr_NumPy: [0 1 2 3 4 5 6 7 8 9]

NumPy 的切片会将 view（保存数据的地址信息）代入，对 arr_NumPy_view 的变更将在 arr_NumPy 中被反映出来
arr_NumPy: [100 1 2 3 4 5 6 7 8 9]

```
在 NumPy 的 ndarray 中使用 copy() 的变化
arr_NumPy: [0 1 2 3 4 5 6 7 8 9]


使用 copy() 会生成备份，arr_NumPy_copy 不会对 arr_NumPy 造成影响
arr_NumPy: [0 1 2 3 4 5 6 7 8 9]
```

程序清单 7.18　参考答案

7.2.7 布尔索引的引用

所谓**布尔索引的引用**，是指在 [] 中使用**逻辑值（True/False）数组将元素取出的方法**。写成 **arr[ndarray 的逻辑值数组]** 的形式，就会创建由逻辑值数组中为 **True** 的位置所对应的元素所组成的 **ndarray**，并将其返回（程序清单 7.19）。

| In |
```
arr = np.array([2, 4, 6, 7])
print(arr[np.array([True, True, True, False])])
```

| Out |
```
[2 4 6]
```

程序清单 7.19　布尔索引引用的示例①

应用这种方法，就可以将 **ndarray** 的元素取出（程序清单 7.20）。

即将除以 3 之后余数为 1 的元素作为 **True** 进行返回，对除以 3 之后有余数的元素进行输出。

| In |
```
arr = np.array([2, 4, 6, 7])
print(arr[arr % 3 == 1])
```

| Out |
```
[4 7]
```

程序清单 7.20　布尔索引引用的示例②

（习题）

- 请对表示变量 arr 的各个元素是否能被 2 整除的布尔值的数组进行输出。
- 请对变量 arr 各个元素中能被 2 整除的元素所组成的数组进行输出。

In

```
import numpy as np

arr = np.array([2, 3, 4, 5, 6, 7])

# 请对表示变量 arr 的各个元素是否能被 2 整除的布尔值的数组进行输出
print()

# 请对变量 arr 各个元素中能被 2 整除的元素所组成的数组进行输出
print()
```

程序清单 7.21　习题

(提示)

- 能否被 **2** 整除可以使用 **arr % 2 == 0** 进行判断。
- 可以使用 **print(** 条件 **)** 对布尔值的数组进行输出。
- 元素的数组可以使用 **arr[ndarray** 的逻辑值数组 **]** 来表示。

(参考答案)

In

```
（略）
# 请对表示变量 arr 的各个元素是否能被 2 整除的布尔值的数组进行输出
print(arr % 2 == 0)

# 请对变量 arr 各个元素中能被 2 整除的元素所组成的数组进行输出
print(arr[arr % 2 == 0])
```

Out

```
[ True False True False True False]
[2 4 6]
```

程序清单 7.22　参考答案

7.2.8 通用函数

所谓**通用函数**，是指对 **ndarray** 数组中的各个元素进行运算并返回计算结果的函数。由于是对每一个元素进行运算，因此也可以用于多维数组。通用函数分为带有一个或两个参数的函数。

只有一个参数的函数中包括 **np.abs()** 函数（返回元素绝对值）、**np.exp()** 函数［返回元素 e（自然对数的底）幂运算结果］，以及 **np.sqrt()** 函数（返回元素平方根）等。

带有两个参数的函数包括 **np.add()** 函数（返回元素间的和）、**np.subtract()** 函数（返回元素间的差），以及 **np.maximum()** 函数（返回保存元素间最大值的数组）等。

【习题】

● 请将变量 arr 中的各个元素转换成绝对值并代入变量 arr_abs 中。
● 请对变量 arr_abs 的各个元素的 e 的幂和平方根进行输出。

```
In    import numpy as np

      arr = np.array([4, -9, 16, -4, 20])
      print(arr)

      # 请将变量 arr 中的各个元素转换成绝对值并代入变量 arr_abs 中
      arr_abs =
      print(arr_abs)

      # 请对变量 arr_abs 的各个元素的 e 的幂和平方根进行输出
      print()
      print()
```

程序清单 7.23　习题

提示

请不要忘记为各个函数加上"**np.**"。

```
In    （略）
      # 请将变量 arr 中的各个元素转换成绝对值并代入变量 arr_abs 中
      arr_abs = np.abs(arr)
      print(arr_abs)

      # 请对变量 arr_abs 的各个元素的 e 的幂和平方根进行输出
      print(np.exp(arr_abs))
      print(np.sqrt(arr_abs))
```

NumPy 的基础

```
[ 4 -9 16 -4 20]
[ 4  9 16  4 20]
[ 5.45981500e+01 8.10308393e+03 8.88611052e+06 5.45981500e+01
  4.85165195e+08]
[ 2.    3.    4.    2.    4.47213595]
```

程序清单 7.24　参考答案

7.2.9 集合函数

所谓集合函数，是指进行数学中的集合运算的函数。其只支持对一维数组的处理。

其中具有代表性的函数包括 **np.unique()** 函数（将数组元素中重复的元素删除并返回排序后的结果）、**np.union1d(x, y)** 函数（并集）（将至少存在于数组 x 与 y 中的其中一个数组中的元素取出并排序）、**np.intersect1d(x, y)** 函数（交集）（将数组 x 与 y 共同存在的元素取出并排序），以及 **np.setdiff1d(x, y)** 函数（差集）（将数组 x 与数组 y 共同的元素从数组 x 中排除并排序）等。

习题

- 请使用 np.unique() 函数将变量 arr1 中重复的元素去除之后的数组代入变量 new_arr1 中。
- 请对变量 new_arr1 和变量 arr2 的并集进行输出。
- 请对变量 new_arr1 和变量 arr2 的交集进行输出。
- 请对从变量 new_arr1 中减去变量 arr2 的差集进行输出。

In
```
import numpy as np

arr1 = [2, 5, 7, 9, 5, 2]
arr2 = [2, 5, 8, 3, 1]

# 请使用 np.unique() 函数将变量 arr1 中重复的元素去除之后的数组代入变
# 量 new_arr1 中
new_arr1 =
print(new_arr1)

# 请对变量 new_arr1 和变量 arr2 的并集进行输出
```

```
print()

# 请对变量 new_arr1 和变量 arr2 的交集进行输出
print()

# 请对从变量 new_arr1 中减去变量 arr2 的差集进行输出
print()
```

程序清单 7.25　习题

提示

请不要忘记为各个函数加上"**np.**"（这里讲解的函数中使用的字符是数字 **1**）。

参考答案

In

```
（略）
# 请使用 np.unique() 函数将变量 arr1 中重复的元素去除之后的数组代入变量
# new_arr1 中
new_arr1 = np.unique(arr1)
print(new_arr1)

# 请对变量 new_arr1 和变量 arr2 的并集进行输出
print(np.union1d(new_arr1, arr2))

# 请对变量 new_arr1 和变量 arr2 的交集进行输出
print(np.intersect1d(new_arr1, arr2))

# 请对从变量 new_arr1 中减去变量 arr2 的差集进行输出
print(np.setdiff1d(new_arr1, arr2))
```

Out

```
[2 5 7 9]
[1 2 3 5 7 8 9]
[2 5]
[7 9]
```

程序清单 7.26　参考答案

在 NumPy 软件库中可以使用 np.random 模块生成随机数。其中具有代表性的 **np.random()** 函数包括 **np.random.rand()** 函数（生成大于 **0** 小于 **1** 且均匀分布的随机数）、**np.random. randint (x, y, z)** 函数（生成 **z** 个大于 **x** 小于 **y** 的整数），以及 **np.random.normal ()** 函数（生成服从高斯分布的随机数）等。

np.random.rand() 函数通过在 () 中指定整数，可以生成指定数量的随机数。需要注意的是，**np.random.randint(x, y, z)** 函数是生成大于 **x** 小于 **y** 的整数。而且，在 **z** 中可以指定 **(2,3)** 等参数，这样就可以生成 **2×3** 的矩阵。

通常在使用这些函数时，需要写成 **np.random.randint()** 形式，但是反复输入 **np.random** 比较麻烦。因此，如果在程序的开头使用 **from numpy.random import randint** 进行导入，之后只需要输入 **randint()** 就可以使用了。这个语句的通用形式为"**from 模块名 import 该模块中的函数名**"。

〔习题〕

- 请在不需要添加 np.random 的方式下导入 randint() 函数。
- 请将各元素大于 0 小于 10 的整数的矩阵 (5 × 2) 代入变量 arr1 中。
- 请生成 3 个大于 0 小于 1 且均匀分布的随机数，并将它们代入变量 arr2 中。

```
In    import numpy as np

      # 请在不需要添加 np.random 的方式下导入 randint() 函数

      # 请将各元素大于 0 小于 10 的整数的矩阵 (5 × 2) 代入变量 arr1 中
      arr1 =
      print(arr1)

      # 请将 3 个 0~1 均匀分布的随机数代入变量 arr2 中
      arr2 =
      print(arr2)
```

程序清单 7.27　习题

（提示）

- 在进行 **import**（导入）时，不要使用 **np.random**，而是使用 **numpy.random**。
- 在 **randint(x, y, z)** 函数的 z 值中，也可以指定如 **(1, 3)** 这样的参数。
- 需要注意的是，**randint(x, y, z)** 函数是生成大于 **x** 小于 **y** 的整数。

参考答案

In	（略）

```
# 请在不需要添加 np.random 的方式下导入 randint() 函数
from numpy.random import randint

# 请将各元素大于 0 小于 10 的整数的矩阵 (5 × 2) 代入变量 arr1 中
arr1 = randint(0, 11, (5, 2))
print(arr1)

# 请将 3 个 0~1 均匀分布的随机数代入变量 arr2 中
arr2 = np.random.rand(3)
print(arr2)
```

Out	

```
[[2 9]
 [8 2]
 [1 4]
 [9 2]
 [1 4]]
[0.32407232 0.34071192 0.1996319]
```

程序清单 7.28　参考答案

7.3 ‖NumPy 二维数组

7.3.1 二维数组

正如在 7.2.2 小节中讲解过的那样，二维数组相当于矩阵。可以使用 **np.array** **([列表 , 列表])** 语句来创建二维数组（见图 7.3）。

ndarray 数组的内部包含名为 **shape** 的变量，可以使用 **ndarray 数组 .shape** 对各个维度的元素数量进行返回。使用 **ndarray 数组 .reshape(a,b)** 语句可以将 ndarray 变换为与指定参数相同形状的矩阵。即使不指定 **ndarray** 的变量，直接指定 **ndarray** 数组，返回的也是相同的内容。

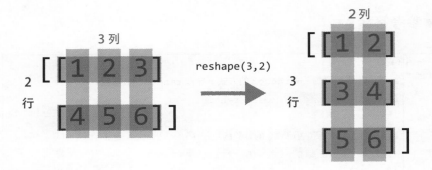

图 7.3 二维数组

【习题】

- 请将列表 [[1, 2, 3, 4], [5, 6, 7, 8]] 转换成二维数组，并将其代入变量 arr 中。
- 请对 arr 的矩阵中各个维度的元素数量使用 print() 函数进行输出。
- 请将变量 arr 转换成 4 行 2 列的矩阵。

```
In    import numpy as np

      # 请将二维数组代入变量 arr 中
      arr =
      print(arr)

      # 请对变量 arr 的矩阵中的各个维度的元素数量进行输出
      print()

      # 请将变量 arr 转换成 4 行 2 列的矩阵
      print()
```

程序清单 7.29 习题

提示

arr.reshape(x, y) 中的 **x** 表示行，**y** 表示列。

参考答案

```
In  （略）
    # 请将二维数组代入变量 arr 中
    arr = np.array([[1, 2, 3, 4], [5, 6, 7, 8]])
    print(arr)

    # 请对变量 arr 的矩阵中的各个维度的元素数量进行输出
    print(arr.shape)

    # 请将变量 arr 转换成 4 行 2 列的矩阵
    print(arr.reshape(4, 2))
```

```
Out [[1 2 3 4]
     [5 6 7 8]]
    (2, 4)
    [[1 2]
     [3 4]
     [5 6]
     [7 8]]
```

程序清单 7.30　参考答案

7.3.2 索引引用与切片

在二维数组中，只指定一个索引时，就可以取得任意一行数据的数组（程序清单 7.31）。

```
In  arr = np.array([[1, 2 ,3], [4, 5, 6]])
    print(arr[1])
```

```
Out [4 5 6]
```

程序清单 7.31　索引引用的示例①

如果要取得各个元素，也就是标量值，则需要指定两个索引。也就是说，需要写成 **arr[1][2]** 或者 **arr[1, 2]** 的形式进行访问。使用 **arr[1][2]** 访问的是使用 **arr[1]** 所取出的数组中的第 3 个元素，而使用 **arr[1, 2]** 则是通过对二维数组中的各个坐标轴进行指定来实现对元素的访问（程序清单 7.32）。

```
In   arr = np.array([[1, 2 ,3], [4, 5, 6]])
     print(arr[1,2])
```

```
Out  6
```

程序清单 7.32　索引引用的示例②

还可以使用切片对二维数组进行引用。切片的内容已经在 5.1.5 小节中进行了讲解。使用切片时，如程序清单 7.33 那样进行指定即可。例如，程序清单 7.33 中的代码实现了将 "第 1 行" "第 1 列之后的行" 中的数据进行取出的操作（见图 7.4）。

```
In   arr = np.array([[1, 2 ,3], [4, 5, 6]])
     print(arr[1,1:])
```

```
Out  [5 6]
```

程序清单 7.33　切片的示例

图 7.4　二维数组的示例

（习题）

- 假设现有二维数组 arr $\begin{bmatrix} 1 & 2 & 3 \\ 4 & 5 & 6 \\ 7 & 8 & 9 \end{bmatrix}$。

- 请对变量 arr 中的元素 3 进行输出。
- 请从变量 arr 中取出下面的数组并进行输出。

[[4 5]

[7 8]]

```
In    import numpy as np

      arr = np.array([[1, 2, 3], [4, 5, 6], [7, 8, 9]])
      print(arr)

      # 请对变量 arr 中的元素 3 进行输出
      print()

      # 请从变量 arr 中取出指定的数组并进行输出
      print()
```

程序清单 7.34　习题

（提示）

- 请对 "：" 进行灵活的运用。
- 取出 "第 1 行之后的行" 可以使用 "1:" 进行指定，取出 "到第 2 列为止" 可以使用 ":2" 进行指定。

（参考答案）

```
In    （略）
      # 请对变量 arr 中的元素 3 进行输出
      print(arr[0, 2])

      # 请从变量 arr 中取出指定的数组并进行输出
      # 下面取出的是 "第 1 行之后的行" 和 "到第 2 列为止" 的数组
```

```
print(arr[1:, :2])
```

Out
```
[[1 2 3]
 [4 5 6]
 [7 8 9]]
3
[[4 5]
 [7 8]]
```

程序清单 7.35　参考答案

7.3.3 axis

在二维数组中，**axis** 这一概念是非常重要的。**axis** 类似于坐标轴，而且经常会被作为 NumPy 函数的参数进行设置。在二维数组中，**axis** 可以按如图 7.5 所示的那样进行设置。对以列为单位进行处理的轴是 **axis = 0**，而以行为单位进行处理的轴是 **axis = 1**。

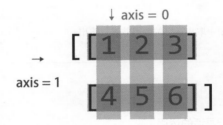

图 7.5　axis 的示例

例如，假设在这里使用 **ndarray** 数组的 **sum()** 方法，那么就可以使用 **ndarray.sum()** 对元素进行求和运算（程序清单 7.36）。

In
```
arr = np.array([[1, 2 ,3], [4, 5, 6]])

print(arr.sum())
print(arr.sum(axis=0))
print(arr.sum(axis=1))
```

Out	21
	[5 7 9]
	[6 15]

程序清单 7.36　axis 的示例

从上面的示例中可以看出，如果不指定 **sum()** 方法中的参数，结果就是单纯地表示合计值的标量（整数和小数等）；如果将 **sum()** 方法中的参数指定为 **axis=0**，将在纵轴方向上进行加法运算，结果就是一个包含三个元素的一维数组；而如果将 **sum()** 方法中的参数指定为 **axis=1**，将在横轴方向上进行加法运算，结果就是一个包含两个元素的一维数组。

（习题）

请对 arr 的行的合计值进行求解，并返回以下数组。

[6 21 57]

| In | ```
import numpy as np

arr = np.array([[1, 2, 3], [4, 5, 12], [15, 20, 22]])

# 请对 arr 的行的合计值进行求解，并返回如习题中所示的数组
print()
``` |
| --- | --- |

程序清单 7.37　习题

（提示）

可以使用 **sum()** 方法。因为需要将行保留，只对每一列进行处理，所以轴的设定为 **axis=1**。

（参考答案）

| In | ```
（略）
# 请对 arr 的行的合计值进行求解，并返回如习题中所示的数组
print(arr.sum(axis=1))
``` |
| --- | --- |

`[6 21 57]`

程序清单 7.38　参考答案

7.3.4 花式索引引用

　　所谓**花式索引**（**Fancy Indexing**）引用，是指在进行索引引用时，使用索引的数组进行引用的方法。如果要从某个 **ndarray** 数组中按某种特定的顺序将行数据取出，则只需要将**表示该顺序的数组**指定为索引进行引用即可。

　　与切片不同，花式索引引用通常是返回原始数据的副本，生成新的元素（程序清单 7.39）。

In
```
arr = np.array([[1, 2], [3, 4], [5, 6], [7, 8]])

# 按照第 3 行、第 2 行、第 0 行的顺序将行数据取出，并生成新的元素
# 索引编号从 0 开始
print(arr[[3, 2, 0]])
```

Out
```
[[7 8]
 [5 6]
 [1 2]]
```

程序清单 7.39　花式索引引用的示例

【习题】

　　请使用花式索引引用将变量 **arr** 中的数组按照第 2 行、第 4 行、第 1 行的顺序进行输出。然而，**我们在这里说的行与索引编号不同，它是指从第 1 行开始计数的那个行**（程序清单 7.40）。

In
```
import numpy as np

arr = np.arange(25).reshape(5, 5)

# 请对变量 arr 中的行的顺序进行更改并输出结果
print()
```

程序清单 7.40　习题

- 需要注意的是，不要使用 **arr[3, 2, 0]** 而应当使用 **arr[[3, 2, 0]]**。
- 索引编号从第 **0** 号开始。

参考答案

In	（略）
	# 请对变量 arr 中的行的顺序进行更改并输出结果
	print(arr[[1, 3, 0]])

Out	[[5 6 7 8 9]
	[15 16 17 18 19]
	[0 1 2 3 4]]

程序清单 7.41 参考答案

7.3.5 转置矩阵

在矩阵中，我们将行与列相互切换的操作称为**转置**。转置矩阵有时还可以通过计算矩阵的内积得出。对 **ndarray** 进行转置的方法有调用 **np.transpose()** 函数和使用 ".T" 这两种（见图 7.6）。

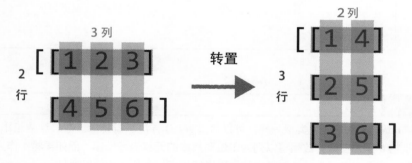

图 7.6 转置矩阵的示例

习题

请将变量 **arr** 进行转置，并对其进行输出。

```
In     import numpy as np

       arr = np.arange(10).reshape(2, 5)

       # 请将变量 arr 进行转置
       print()
```

程序清单 7.42　习题

提示

- 在使用 **transpose()** 函数时，请不要忘记使用 "**np.**"。
- 使用 **arr.T** 进行转置也是可以的。

参考答案

```
In     (略)
       # 请将变量 arr 进行转置
       print(arr.T)
```

```
Out    [[0 5]
        [1 6]
        [2 7]
        [3 8]
        [4 9]]
```

程序清单 7.43　参考答案

7.3.6　排序

　　ndarray 也与列表类型一样，可以通过 **sort()** 方法进行排序。在二维数组中，如果将 **0** 作为参数，数组将以列为单位对其中的元素进行排序；而如果将 **1** 作为参数，数组将以行为单位对其中的元素进行排序。此外，还可以通过 **np.sort()** 函数来实现排序。与 **sort()** 方法不同的地方在于，**np.sort()** 函数是对排序后的数组的副本进行返回的函数。

　　另外，在实际机器学习过程中，常用的函数还有 **argsort()** 方法，谈方法返回经过排序后的数组的索引（程序清单 7.44）。

```
In    arr = np.array([15, 30, 5])
      arr.argsort()
```

```
Out   array([2, 0, 1], dtype=int64)
```

程序清单 7.44　排序的示例

从程序清单 7.44 中可以看出，执行 **arr.argsort()** 之后，得到的结果是 [5 15 30]，原始数组中"**第 2 位**"的**元素 5** 变成第 0 位元素；原始数组中"**第 0 位**"的**元素 15** 变成第 1 位元素；原始数组中"**第 1 位**"的**元素 30** 变成了第 2 位元素。因此，**[15, 30, 5]** 通过使用 **argsort()** 方法排序后，数组就变成了"第 2 位、第 0 位、第 1 位"，因此返回的值就是 **[2　0　1]**。

（习题）

- 请使用 argsort() 方法对变量 arr 进行排序并对结果进行输出。
- 请使用 np.sort() 函数对变量 arr 进行排序并对结果进行输出。
- 请使用 sort() 方法将变量 arr 按行进行排序。

```
In    import numpy as np

      arr = np.array([[8, 4, 2], [3, 5, 1]])

      # 请使用 argsort() 方法对变量 arr 进行排序并对结果进行输出
      print()

      # 请使用 np.sort() 函数对变量 arr 进行排序并对结果进行输出
      print()

      # 请使用 sort() 方法将变量 arr 按行进行排序

      print(arr)
```

程序清单 7.45　习题

（提示）

按列进行排序时将参数指定为 **0**；按行进行排序时将参数指定为 **1**。

| In | ```
import numpy as np

arr = np.array([[8, 4, 2], [3, 5, 1]])

# 请使用 argsort() 方法对变量 arr 进行排序并对结果进行输出
print(arr.argsort())

# 请使用 np.sort() 函数对变量 arr 进行排序并对结果进行输出
print(np.sort(arr))

# 请使用 sort() 方法将变量 arr 按行进行排序
arr.sort(1)
print(arr)
``` |
|---|---|

| Out | ```
[[2 1 0]
 [2 0 1]]
[[2 4 8]
 [1 3 5]]
[[2 4 8]
 [1 3 5]]
``` |
|---|---|

程序清单 7.46　参考答案

7.3.7 矩阵计算

对矩阵进行计算的函数包括返回两个矩阵乘积的 **np.dot (a,b)** 函数和返回范数的 **np.linalg.norm(a)** 函数。

所谓矩阵乘积，是指创建一个新的矩阵，将其中某个行向量与列向量的内积作为元素的矩阵。关于矩阵计算我们在这里不会进行深入的讲解。

np.dot(a,b) 函数可以对行向量 a 和列向量 b 的矩阵乘积进行输出（见图 7.7）。

$$\begin{bmatrix} 1 & 2 \\ 3 & 4 \end{bmatrix} \times \begin{bmatrix} 1 & 2 \\ 3 & 4 \end{bmatrix} = \begin{bmatrix} 1 \times 1 + 2 \times 3 & 1 \times 2 + 2 \times 4 \\ 1 \times 3 + 3 \times 4 & 3 \times 2 + 4 \times 4 \end{bmatrix} = \begin{bmatrix} 7 & 10 \\ 15 & 22 \end{bmatrix}$$

图 7.7 矩阵乘积

所谓**范数**，是指返回向量长度的函数，是将元素的二次方的值相加，再开根号的函数。关于范数，在这里也不会进行深入的讲解，其计算方式如图 7.8 所示。

np.linalg.norm(a) 函数也同样可以对向量 a 和向量 b 的范数进行输出。

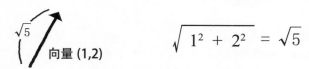

图 7.8 范数的示例

NumPy 的基础

（习题）

- 请对变量 arr 与 arr 的矩阵乘积进行输出。
- 请对变量 vec 的范数进行输出。

```
In

import numpy as np

# 对 arr 进行定义
arr = np.arange(9).reshape(3, 3)

# 请对变量 arr 与 arr 的矩阵乘积进行输出
print()

# 对 vec 进行定义
vec = arr.reshape(9)

# 请对变量 vec 的范数进行输出
print()
```

程序清单 7.47　习题

参考答案

| In | ```
（略）
# 请对变量 arr 与 arr 的矩阵乘积进行输出
print(np.dot(arr, arr))

# 对 vec 进行定义
vec = arr.reshape(9)

# 请对变量 vec 的范数进行输出
print(np.linalg.norm(vec))
``` |

| Out | ```
[[15  18  21]
 [42  54  66]
 [69  90 111]]
14.2828568570857
``` |

程序清单 7.48　参考答案

7.3.8　统计函数

所谓统计函数，是指对整个 **ndarray** 数组或者以特定的轴为中心进行数学运算的函数或方法。我们已经学习过的统计函数包括在 7.3.3 小节中讲解过的 **sum()** 方法（返回数组的和）等。

常用的方法包括返回数组中元素平均值的 **mean()** 方法和 **np.average()** 方法，返回最大值、最小值的 **np.max()** 方法、**np.min()** 方法等。此外，还有返回元素最大值、最小值的索引编号的 **np.argmax()**、**np.argmin()** 方法。

此外，在统计领域中常用的还有返回"均方差"和"方差"的 **np.std()** 方法和 **np.var()** 方法等。关于"均方差"和"方差"的计算方法，在这里我们不会进行深入讲解，这些方法都是用于**表示数据偏差的指标**。

就像 **sum()** 方法中通过指定 **axis** 的值来决定以哪一个轴为中心进行处理一样，

在 **mean()** 方法中也同样可以对轴进行指定。如果是 **argmax()** 方法和 **argmin()** 方法，可以返回 axis 指定的轴中的最大值或最小值的索引。如图 7.5 所示，**以列为单位进行处理的轴为 axis = 0**；以行为单位进行处理的轴为 **axis = 1**。

【习题】

- 请对变量 arr 中每一列的平均值进行输出。
- 请对变量 arr 中行的合计值进行输出。
- 请对变量 arr 的最小值进行输出。
- 请对变量 arr 每一列中最大值的索引编号进行输出。
- 请使用 print() 函数进行输出。

```
In    import numpy as np

      arr = np.arange(15).reshape(3, 5)

      # 请对变量 arr 中每一列的平均值进行输出
      print()

      # 请对变量 arr 中行的合计值进行输出
      print()

      # 请对变量 arr 的最小值进行输出
      print()

      # 请对变量 arr 每一列中最大值的索引编号进行输出
      print()
```

程序清单 7.49　习题

提示

对 **axis** 指定的一侧进行计算。

【参考答案】

```
In    （略）
      # 请对变量 arr 中每一列的平均值进行输出
      print(arr.mean(axis=0))
```

```
# 请对变量 arr 中行的合计值进行输出
print(arr.sum(axis=1))

# 请对变量 arr 的最小值进行输出
print(arr.min())

# 请对变量 arr 每一列中最大值的索引编号进行输出
print(arr.argmax(axis=0))
```

Out
```
[5. 6. 7. 8. 9.]
[10 35 60]
0
[2 2 2 2 2]
```

程序清单 7.50　参考答案

7.3.9　广播

在尺寸不同的 NumPy 数组（以下简称 ndarray）之间进行运算时，可以通过广播机制自动地进行处理。在对**两个 ndarray** 进行运算时，广播会自动地将尺寸较小数组的行和列与尺寸较大的数组进行对齐。当两个数组的行数不同时，行数少的数组向行数多的数组对齐，对于不够的行，通过对现有的行进行复制的方式进行补充。当两个数组的列数不同时也是进行同样的处理。虽然不是所有的数组都可以使用广播机制，但是需要对**所有的元素同时进行处理时**可以通过广播机制来实现，如图 7.9 所示。

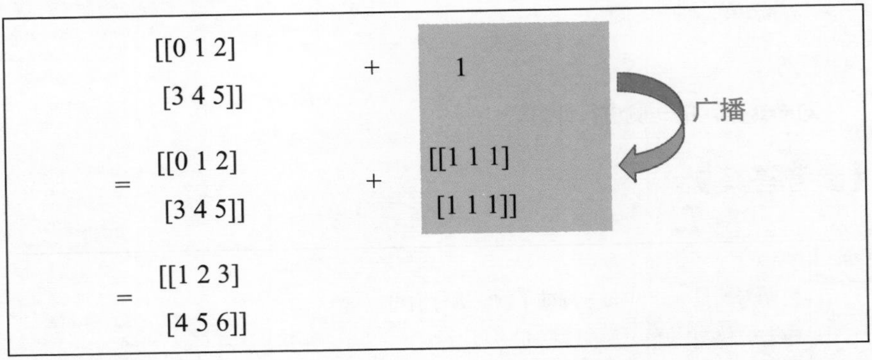

图 7.9　广播

对于图 7.9 这种情况用程序来实现（程序清单 7.51）。

```
In    x = np.arange(6).reshape(2, 3)
      print(x + 1)
```

```
Out   [[1 2 3]
       [4 5 6]]
```

程序清单 7.51　广播的示例

(习题)

请使用包含从 0 到 4 的整数值的一维 **ndarray** 数组 y，从数组 x 的各元素中减去列的索引编号（程序清单 7.52）。请将左边最开始的列作为第 0 列。

```
In    import numpy as np

      # 请生成包含从 0 到 14 的整数值的 3×5 的 ndarray 数组 x
      x = np.arange(15).reshape(3,5)

      # 请生成包含从 0 到 4 的整数值的 1×5 的 ndarray 数组 y
      y = np.array([np.arange(5)])

      # 请从数组 x 的第 n 个列的所有行中减去 n
      z =

      # 对 z 进行输出
      print(z)
```

程序清单 7.52　习题

NumPy 的基础

(提示)

- 广播在对两个 **ndarray** 进行运算时会自动地将尺寸较小数组的行和列与尺寸较大的数组进行对齐。
- 输出结果如下：

  [[0 0 0 0 0]

  [5 5 5 5 5]

  [10 10 10 10 10]]。

In	（略）
	# 请从数组 x 的第 n 个列的所有行中减去 n
	z = x - y
	（略）

Out	[[0 0 0 0 0] [5 5 5 5 5] [10 10 10 10 10]]

程序清单 7.53　参考答案

附加习题

接下来将运用在此之前学习过的知识对 NumPy 的基本用法进行确认。

习题

- 请将各元素为 0 ~ 30 的整数的矩阵（5×3）代入变量 arr 中。
- 请对变量 arr 进行转置。
- 请将变量 arr 的 2、3、4 列中的矩阵（3×3）代入变量 arr1 中。
- 请使用行对变量 arr1 进行排序。
- 请对每一列的平均值进行输出。

| In | ```
import numpy as np

np.random.seed(100)

# 请将各元素为 0~30 的整数的矩阵 (5 × 3) 代入变量 arr 中

print(arr)

# 请对变量 arr 进行转置
``` |
| --- | --- |
```

```
print(arr)

# 请将变量 arr 的 2、3、4 列中的矩阵 (3×3) 代入变量 arr1 中

print(arr1)

# 请使用行对变量 arr1 进行排序

print(arr1)

# 请对每一列的平均值进行输出
```

程序清单 7.54　习题

提示

- **np.random.randint()**
- **arr.T**
- **arr[:, 2:]**
- 请不要使用 **np.sort()** 函数，而应当使用 **sort()** 方法。
- 请注意 **axis** 的设置。

参考答案

In | （略）
```
# 请将各元素为 0~30 的整数的矩阵 (5×3) 代入变量 arr 中
arr = np.random.randint(0, 31, (5, 3))
print(arr)


# 请对变量 arr 进行转置
arr = arr.T
print(arr)


# 请将变量 arr 的 2、3、4 列中的矩阵 (3×3) 代入变量 arr1 中
arr1 = arr[:, 1:4]
print(arr1)
```

```
# 请使用行对变量 arr1 进行排序
arr1.sort(0)
print(arr1)

# 请对每一列的平均值进行输出
print(arr1.mean(axis = 0))
```

Out
```
[[ 8 24  3]
 [ 7 23 15]
 [16 10 30]
 [20  2 21]
 [ 2  2 14]]
[[ 8  7 16 20  2]
 [24 23 10  2  2]
 [ 3 15 30 21 14]]
[[ 7 16 20]
 [23 10  2]
 [15 30 21]]
[[ 7 10  2]
 [15 16 20]
 [23 30 21]]
[15. 18.66666667 14.33333333]
```

程序清单 7.55　参考答案

◀解说▶

　　产生随机数的 **np.random.randint(x, y, z)** 函数生成的是 z 个 x ~（y-1）的整数值。如果要产生 0 ~ 30 之间的随机数，需要指定为 **np.random.randint(0, 31, 个数)** 的形式。

　　通过切片功能将一部分数据提取出来，并使用 **mean()** 方法来计算平均值。计算平均值时指定 **axis=0** 来设置坐标轴。

　　综合附加习题

　　在综合习题中，将运用 NumPy 的知识对两幅图像的差分进行计算并求解。为了简化，将 **0 ~ 5** 中的任意一个整数作为颜色。由于图像为二维数据，所以可以使用矩阵对其进行表示，因此也可以使用 NumPy 数组对其进行处理。尺寸相同的图像之间的差分是由相同位置上的像素之间的差值所组成的矩阵，因此也可以将其看作是图像。

(习题)

- 请实现可以使用随机数生成指定尺寸的图像的函数 **make_image()**。
- 请实现可以使用随机数更改其所接收的矩阵中的一部分内容的函数 **change_matrix()**。
- 请对所生成的 **image1** 和 **image2** 中的各个元素的差分的绝对值进行计算，并将结果代入 **image3** 中。

```
In   import numpy as np

     # 对随机数进行初始化处理
     np.random.seed(0)

     # 根据所指定的宽度和高度使用随机数来生成图像的函数
     def make_image(m, n):

         # 请对 n×m 数组的各个元素使用 0~5 的随机值进行填充



         return image



     # 对指定的矩阵的一部分内容进行变更的函数
     def change_little(matrix):
         # 请获取所指定矩阵的形状，并将其代入 shape 中



         # 对于矩阵中的各个元素，随机地决定是否对其进行变更
         # 如果进行变更，请对 0~5 中的任意一个整数进行随机的替换
```

```
  return matrix

# 随机地生成图像
image1 = make_image(3, 3)
print(image1)
print()

# 随机地应用变更
image2 = change_little(np.copy(image1))
print(image2)
print()

# 请计算 image1 和 image2 的差分，并将结果代入 image3 中

print(image3)
print()

# 请计算 image3 中各元素的绝对值，并将其再次代入 image3 中


# 对 image3 进行输出
print(image3)
```

程序清单 7.56　习题

提示

- 相同形状的 **NumPy** 数组之间的加法运算和减法运算是在同一位置上的元素之间进行的计算。
- 使用 **numpy.random.randint(x, y, z)** 语句可以随机地生成 z 个 x ~（y-1）范围内的整数。

参考答案

In	（略）

```
    # 请对 n×m 数组的各个元素使用 0~5 的随机值进行填充
    image = np.random.randint(0, 6, (m, n))
（略）
    # 请获取所指定矩阵的形状，并将其代入 shape 中
    shape = matrix.shape
# 对于矩阵中的各个元素，随机地决定是否对其进行变更
# 如果进行变更，请对 0~5 中的任意一个整数进行随机的替换
for i in range(shape[0]):
    for j in range(shape[1]):
        if np.random.randint(0, 2)==1:
            matrix[i][j] = np.random.randint(0, 6, 1)
    return matrix
（略）
# 请计算 image1 和 image2 的差分，并将结果代入 image3 中
image3 = image2 - image1
（略）
# 请计算 image3 中各元素的绝对值，并将其再次代入 image3 中
image3 = np.abs(image3)
（略）
```

Out
```
[[4 5 0]
 [3 3 3]
 [1 3 5]]

[[4 5 0]
 [3 3 3]
 [0 5 5]]

[[ 0 0 0]
 [ 0 0 0]
 [-1 2 0]]

[[0 0 0]
 [0 0 0]
```

```
[1 2 0]]
```

程序清单 7.57　参考答案

◀解说▶

  需要产生随机数时使用 NumPy 的功能会比较方便。

  使用 NumPy 的广播机制对两个二维数组进行计算。

Pandas 的基础

8.1 ║Pandas 概要

8.1.1 何谓 Pandas

Pandas 与 NumPy 类似，也是用于处理数据集合的软件库。NumPy 可以将数据转化为数学中的矩阵进行处理，是专门针对科学计算的软件库；而 Pandas 可以对常用的数据库中的数据进行操作，除了数值以外，还可以很方便地对姓名、住址等字符串数据进行处理。在进行数据分析时，正确地使用 NumPy 和 Pandas 可以起到事半功倍的效果。

在 Pandas 中使用的数据结构包括 **Series** 和 **DataFrame** 两种。其中常用的数据结构是如表 8.1 所示的二维表格 **DataFrame**。横向的数据被称为行，纵向的数据被称为列。针对每行和每列数据，都存在与之关联的标签，行标签被称为**索引**，列标签被称为**列**。**Series** 结构则是一维数组，如表 8.2 所示，其可以作为 DataFrame 的行或者列数据，其中的各个元素也包含相应的标签。

表 8.1　DataFrame 的标签信息

	Prefecture	Area	Population	Region
0	Tokyo	2190	13636	Kanto
1	Kanagawa	2415	9145	Kanto
2	Osaka	1904	8837	Kinki
3	Kyoto	4610	2605	Kinki
4	Aichi	5172	7505	Chubu

DataFrame 的标签信息。索引：**[0, 1, 2, 3, 4]**；列：**["Prefecture", "Area", "Population", "Region"]**。

表 8.2　Series 的标签信息

0	Tokyo
1	Kanagawa
2	Osaka
3	Kyoto
4	Aichi

（习题）

请问下列选项中，哪一项对应的是表 8.1 中的 DataFrame 列？

- **"Prefecture", "Area", "Population", "Region"**
- **0, 1, 2, 3, 4**

（提示）

列是每列数据的标签，也就是每列纵向的数据所对应的标签。

（参考答案）

"Prefecture", "Area", "Population", "Region"

8.1.2 Series 与 DataFrame 数据的确认

前面已经介绍过，在 Pandas 中存在 **Series** 和 **DataFrame** 两种数据结构。现在让我们看一下在实际中这些数据是如何组织在一起的。**Series** 对传递过来的字典型数据会按照字典的键值对数据进行升序排列（程序清单 8.1 和程序清单 8.2）。

In
```python
# 将 Pandas 库 import 为 pd
import pandas as pd
# 下面是 Series 类型的数据
fruits = {"orange": 2, "banana": 3}
print(pd.Series(fruits))
```

Out
```
banana        3
orange        2
dtype: int64
```

程序清单 8.1　Series 和 DataFrame 数据的示例①

In
```python
# 将 Pandas 库 import 为 pd
import pandas as pd
```

```
# 下面是 DataFrame 类型的数据
data = {"fruits": ["apple", "orange", "banana",
"strawberry","kiwifruit"],
        "year": [2001, 2002, 2001, 2008, 2006],
        "time": [1, 4, 5, 6, 3]}
df = pd.DataFrame(data)
print(df)
```

Out		fruits	time	year
	0	apple	1	2001
	1	orange	4	2002
	2	banana	5	2001
	3	strawberry	6	2008
	4	kiwifruit	3	2006

程序清单 8.2　Series 和 DataFrame 数据的示例②

【习题】

请执行程序清单 8.3 中的程序，并对 Series 和 DataFrame 具体是什么类型的数据进行确认。

关于如何创建 Series 和 DataFrame 类型的数据，将在 8.2 节和 8.3 节中介绍，目前我们只需要将 Series 看作是带有标签的一维数组，将 DataFrame 看作是一堆二维数组即可。

```
In  # 将 Pandas 库 import 为 pd
    import pandas as pd

    # 创建 Series 数据使用的标签（索引）
    index = ["apple", "orange", "banana", "strawberry",
    "kiwifruit"]

    # 代入 Series 数据所使用的数值
    data = [10, 5, 8, 12, 3]

    # 创建 Series
    series = pd.Series(data, index=index)
```

```
# 使用字典对象创建 DataFrame 所使用的数据
data = {"fruits": ["apple", "orange", "banana",
"strawberry","kiwifruit"],
        "year": [2001, 2002, 2001, 2008, 2006],
        "time": [1, 4, 5, 6, 3]}

# 创建 DataFrame
df = pd.DataFrame(data)

print("Series 数据 ")
print(series)
print("\n")
print("DataFrame 数据 ")
print(df)
```

程序清单 8.3　习题

提示

- 在程序清单 **8.3** 中，创建 **Series** 时指定了索引。如果不指定，会自动生成从 **0** 开始的升序编号。
- 在 **DataFrame** 的行索引中，自动设置了从 **0** 开始的升序编号。

```
Out  Series 数据
     apple        10
     orange        5
     banana        8
     strawberry   12
     kiwifruit     3
     dtype: int64


     DataFrame 数据
                 fruits      time    year
     0           apple         1    2001
```

1	orange	4	2002
2	banana	5	2001
3	strawberry	6	2008
4	kiwifruit	3	2006

程序清单 8.4　参考答案

8.2 ‖Series

8.2.1 创建 Series

对于 Pandas 的数据结构之一的 Series 数据，可以像处理一维数组那样对其进行操作。先将 **pandas** 库 **import** 进来，然后像 **pandas.Series**（**字典类型的列表**）这样将字典类型的列表数据传递进去即可实现对 Series 数据的创建。此外，如果将导入库的语句写成 **import pandas as pd**，就可以将 **pandas.Series** 简写成 **pd.Series**（在本书后续内容中，我们将 **pandas** 全部简写为 **pd**）。

此外，也可以通过指定数据及与之相关联的索引来实现对 Series 数据的创建。使用 **pd.Series**（**数据数组，index= 索引数组**）语句也可以完成 Series 数据的创建（程序清单 8.5）。如果不指定索引，会自动添加从 0 开始升序排列的编号作为索引。此外，我们输出时指定的是 **dtype: int64**，即 Series 中所保存的数组是 **int64** 类型的数据。所谓 **dtype**，是指 **Data type**，即数据的类型（如果数据是整数，就是 int 型；如果带小数点，就是 **float** 型）。而 **int64** 是指字长为 64 位大小的整数，可以处理 $-2^{63} \sim 2^{63}-1$ 范围内的整数。在 **dtype** 中也存在如 **int32** 这样同为整数但是大小不同的数据类型，以及只用于表示 0 和 1 的 **bool** 类型数据。

| In | ```
# 将 Pandas 库 import 为 pd
import pandas as pd


fruits = {"banana": 3, "orange": 2}
print(pd.Series(fruits))
``` |

| Out | ```
banana      3
``` |

```
orange        2
dtype: int64
```

程序清单 8.5　创建 Series 的示例

（习题）

请对 **pandas** 库进行 **import**，并将 **data** 指定为数据，**index** 指定为索引来创建
Series 数据，并代入 **series** 变量中。

请注意，这里以大写字母开头的 Series 是数据类型的名称，而小写字母开头的
series 是变量名。

```
In   # 将 Pandas 库 import 为 pd


     index = ["apple", "orange", "banana", "strawberry",
              "kiwifruit"]
     data = [10, 5, 8, 12, 3]


     # 请创建包含 index 和 data 的 Series，并代入变量 series 中


     print(series)
```

程序清单 8.6　习题

（提示）

● 在导入了 **pandas** 库之后，就可以使用 **Series** 了。

● 通过指定 **pd.Series(** 数据数组 **, index=** 索引数组 **)** 就可以创建 **Series** 数据了。

（参考答案）

```
In   # 将 Pandas 库 import 为 pd
     import pandas as pd

     index = ["apple", "orange", "banana", "strawberry",
              "kiwifruit"]
```

```
data = [10, 5, 8, 12, 3]

# 请创建包含 index 和 data 的 Series，并代入变量 series 中
series = pd.Series(data, index=index)

print(series)
```

Out
```
apple          10
orange          5
banana          8
strawberry     12
kiwifruit       3
dtype: int64
```

程序清单 8.7　参考答案

8.2.2 数据的引用

在对 Series 中的元素进行引用时，既可以使用程序清单 8.8 中指定编号的方式，也可以使用程序清单 8.9 中指定索引值的方式。

在指定编号的情况下，可以像列表的切片操作那样，指定为如 **series[:3]** 的形式，来取出任意范围的数据。

在指定索引值的情况下，可以将需要使用的元素的索引值集中到一个列表对象中进行访问。如果指定的不是列表，而是一个整数值，则只会取出对应位置上的数据。

In
```
import pandas as pd
fruits = {"banana": 3, "orange": 4, "grape": 1, "peach": 5}
series = pd.Series(fruits)
print(series[0:2])
```

Out
```
banana     3
grape      1
dtype: int64
```

程序清单 8.8　数据引用的示例①

```
In   print(series[["orange", "peach"]])
```

```
Out  orange     4
     peach      5
     dtype: int64
```

程序清单 8.9　数据引用的示例②

〖习题〗

请使用指定索引编号的方式将 **series** 中的第 2 个至第 4 个元素（共 3 个）提取出来，并代入变量 **items1** 中。

请使用指定索引值的方式，将包含索引"**apple**""**banana**""**kiwifruit**"的元素提取出来，并代入变量 **items2** 中。

```
In   import pandas as pd

     index = ["apple", "orange", "banana", "strawberry",
              "kiwifruit"]
     data = [10, 5, 8, 12, 3]
     series = pd.Series(data, index=index)

     # 请使用指定索引编号的方式将 series 中的第 2 个至第 4 个元素( 共 3 个 )提取出来,
     # 并代入变量 items1 中

     # 请使用指定索引值的方式, 将包含索引"apple""banana""kiwifruit"
     # 的元素提取出来, 并代入变量 items2 中


     print(items1)
     print()
     print(items2)
```

程序清单 8.10　习题

- 在指定索引编号的情况下，可以使用类似列表的切片功能，使用 **series[:3]** 这样的形式来提取指定范围内的数据。
- 在指定索引值的情况下，可以将需要使用的元素的索引值集中到一个列表中，来实现对元素数据的访问。

参考答案

In	（略）
	# 请使用指定索引编号的方式将 series 中的第 2 个至第 4 个元素（共 3 个）提取出来，
	# 并代入变量 items1 中
	`items1 = series[1:4]`
	
	# 请使用指定索引值的方式，将包含索引 "apple" "banana" "kiwifruit"
	# 的元素提取出来，并代入变量 items2 中
	`items2 = series[["apple", "banana", "kiwifruit"]]`
	（略）

| Out | ```
orange       5
banana       8
strawberry  12
dtype: int64

apple       10
banana       8
kiwifruit    3
dtype: int64
``` |
|---|---|

程序清单 8.11　参考答案

8.2.3 数据与索引的读取

利用 Pandas，还可以对创建的 Series 的数据或索引分别进行单独的访问。对 Series 类型数据而言，调用 **series.values** 就可以获取数据的值，调用 **series.index** 就可以获取索引的值。
```

习题

- 请将 series 的数据代入变量 series_values 中。
- 请将 series 的索引代入变量 series_index 中。

```
In    import pandas as pd

      index = ["apple", "orange", "banana", "strawberry",
              "kiwifruit"]
      data = [10, 5, 8, 12, 3]
      series = pd.Series(data, index=index)

      # 请将 series 的数据代入变量 series_values 中


      # 请将 series 的索引代入变量 series_index 中



      print(series_values)
      print(series_index)
```

程序清单 8.12　习题

提示

对 **Series** 类型的数据 **series** 调用 **series.values** 就能得到数据的值，调用
series.index 就能得到索引的值。

参考答案

```
In    (略)
      # 请将 series 的数据代入变量 series_values 中
      series_values = series.values

      # 请将 series 的索引代入变量 series_index 中
      series_index = series.index
```

```
[10  5  8  12  3]
Index(['apple', 'orange', 'banana', 'strawberry', 'kiwifruit'],
      dtype='object')
```

程序清单 8.13　参考答案

8.2.4 元素的添加

在向 **Series** 中添加元素时，要添加的元素也必须是 **Series** 类型的数据。因此，我们需要事先将要添加的元素转换成 Series 类型，然后将其传递给添加 Series 类型数据的 **append()** 方法，这样就能实现新元素的添加操作（程序清单 8.14）。

```
fruits = {"banana": 3, "orange": 2}
series = pd.Series(fruits)
series = series.append(pd.Series([3], index=["grape"]))
```

程序清单 8.14　添加元素的示例

（习题）

请将索引为 pineapple、数据为 12 的元素添加到 series 中。

```
import pandas as pd

index = ["apple", "orange", "banana", "strawberry",
         "kiwifruit"]
data = [10, 5, 8, 12, 3]
series = pd.Series(data, index=index)

# 请将索引为 pineapple、数据为 12 的元素添加到 series 中


print(series)
```

程序清单 8.15　习题

【提示】

首先将要添加的元素转换成 Series 类型，然后将其传递给被添加的 Series 类型数据的 **append()** 方法就能实现添加操作。

【参考答案】

In	（略）
	# 请将索引为 pineapple、数据为 12 的元素添加到 series 中
	pineapple = pd.Series([12], index=["pineapple"])
	series = series.append(pineapple)
	# series = series.append(pd.Series({"pineapple":12})) 也是可以的
	（略）

```
(略)
# 请将索引为 pineapple、数据为 12 的元素添加到 series 中
pineapple = pd.Series([12], index=["pineapple"])
series = series.append(pineapple)
# series = series.append(pd.Series({"pineapple":12})) 也是可以的
(略)
```

```
Out    apple         10
       orange         5
       banana         8
       strawberry    12
       kiwifruit      3
       pineapple     12
       dtype:  int64
```

程序清单 8.16　参考答案

8.2.5 元素的删除

使用 Series 数据的索引可以实现元素的删除操作。在 Series 类型的变量 **series** 中，可以通过设置 **series.drop(" 索引 ")** 来删除具有指定索引的元素。

【习题】

请将 **series** 中索引为 **strawberry** 的元素删除，并将删除后的 Series 代入变量 **series** 中。

```
In     import pandas as pd

       index = ["apple", "orange", "banana", "strawberry", kiwifruit"]
```

```
data = [10, 5, 8, 12, 3]

# 创建包含 index 和 data 的 Series，并代入变量 series 中
series = pd.Series(data, index=index)

# 请删除索引为 strawberry 的元素，并将结果代入变量 series 中


print(series)
```

程序清单 8.17　习题

提示

对 **Series** 类型的变量 **series** 调用 **series.drop("索引")** 就能删除包含指定索引的元素。

参考答案

In	（略）
	# 请删除索引为 strawberry 的元素，并将结果代入变量 series 中
	series = series.drop("strawberry")
	（略）

Out	apple 10
	orange 5
	banana 8
	kiwifruit 3
	dtype: int64

程序清单 8.18　参考答案

8.2.6 过滤

在某些情况下，我们需要从 Series 类型的数据中单独取出符合特定条件的元素。在 Pandas 中，通过指定 **bool** 类型的序列，就能单独将值为 **True** 的元素提取出来（程序清单 8.19）。所谓序列，是指"连续""顺序"的数据。

In	index = ["apple", "orange", "banana", "strawberry", "kiwifruit"]

```
data = [10, 5, 8, 12, 3]
series = pd.Series(data, index=index)

conditions = [True, True, False, False, False]
print(series[conditions])
```

Out
```
apple       10
orange       5
dtype: int64
```

程序清单 8.19　过滤的示例①

在这个示例中，我们手动创建了 **bool** 类型的序列，实际上，在 Pandas 中可以使用 **Series** 或 **DataFrame** 生成条件表达式的方式来创建 **bool** 类型的序列。例如，对于 Series 类型的变量 **series**，我们可以通过指定 **series[series >= 5]** 来生成只包含数值在 5 以上元素所构成的 Series（程序清单 8.20）。此外，我们也可以使用类似 **series[][]** 这样的表达式，即通过添加多个 **[]** 的方式来指定更多的筛选条件。

In
```
print(series[series >= 5])
```

Out
```
apple        10
orange        5
banana        8
strawberry   12
dtype: int64
```

程序清单 8.20　过滤的示例②

（习题）

请从 **series** 内的元素中，选择数值大于等于 5 且小于 10 的元素保存到新创建的 Series 中，并再次将其代入变量 **series** 中。

In
```
import pandas as pd

index = ["apple", "orange", "banana", "strawberry", "kiwifruit"]
data = [10, 5, 8, 12, 3]
```

```
series = pd.Series(data, index=index)



# 请从 series 内的元素中，选择数值大于等于 5 且小于 10 的元素保存到新创建
# 的 Series 中，并再次将其代入变量 series 中



print(series)
```

程序清单 8.21　习题

提示

- 对 Series 类型的变量 series 指定 series[series >= 5] 表达式，就能得到由数值大于等于 5 的元素所构成的新的 Series。
- 如果需要同时指定多个筛选条件，可以使用类似 series[][] 的表达式。

参考答案

In
```
（略）
# 请从 series 内的元素中，选择数值大于等于 5 且小于 10 的元素保存到新创建
# 的 Series 中，并再次将其代入变量 series 中
series = series[series >= 5][series < 10]
（略）
```

Out
```
orange   5
banana   8
dtype: int64
```

程序清单 8.22　参考答案

8.2.7 排序

对于 Series 数据，可以使用按照索引排序和按照数据排序这两种不同的方式来实现对元素的排序操作。对于 Series 类型的变量 **series**，调用 **series.sort_index()** 就可以按索引对其进行排序，调用 **series.sort_values()** 就可以按数据对其进行排序。如果不明确指定，默认产生的数据是按升序排列的，当然也可以在参数中指定 **ascending=False** 来实现降序排列。

习题

- 请将 series 按照索引的字母升序排列后得到的 Series 代入 items1 中。
- 请将 series 按照数据值降序排列后得到的 Series 代入 items2 中。

```
In    import pandas as pd

      index = ["apple", "orange", "banana", "strawberry",
      "kiwifruit"]
      data = [10, 5, 8, 12, 3]
      series = pd.Series(data, index=index)

      # 请将 series 按照索引的字母升序排列后得到的 Series 代入 items1 中


      # 请将 series 按照数据值降序排列后得到的 Series 代入 items2 中


      print(items1)
      print()
      print(items2)
```

程序清单 8.23　习题

提示

如果对 **Series** 类型的变量 series 按索引排列，则需调用 **series. sort_index()**；按数据排列，则需调用 **series.sort_values()**。

参考答案

```
In    （略）
      # 请将 series 按照索引的字母升序排列后得到的 Series 代入 items1 中
      items1 = series.sort_index()

      # 请将 series 按照数据值降序排列后得到的 Series 代入 items2 中
      items2 = series.sort_values()
```

```
（略）
```

```
Out   apple        10
      banana        8
      kiwifruit     3
      orange        5
      strawberry   12
      dtype: int64

      kiwifruit     3
      orange        5
      banana        8
      apple        10
      strawberry   12
      dtype: int64
```

程序清单 8.24　参考答案

8.3 ‖DataFrame

8.3.1 DataFrame 的创建

DataFrame 就像是将多个 Series 数据捆绑在一起所组成的二维数据结构。将 Series 传递给 **pd.DataFrame()** 就能创建出 DataFrame 数据。每行数据会自动添加上从 0 开始的升序编号。

pd.DataFrame([Series, Series, ...])

此外，也可以使用将列表类型数据作为值的字典对象来创建。需要注意的是，所有列表类型数据的长度必须相同（程序清单 8.25）。

```
In    data = {"fruits": ["apple", "orange", "banana", "strawberry",
      "kiwifruit"],
```

```
    "year": [2001, 2002, 2001, 2008, 2006],
    "time": [1, 4, 5, 6, 3]}
df = pd.DataFrame(data)
print(df)
```

Out		fruits	time	year
0		apple	1	2001
1		orange	4	2002
2		banana	5	2001
3	strawberry		6	2008
4	kiwifruit		3	2006

程序清单 8.25　创建 DataFrame 的示例

（习题）

请用 series1、series2 创建 DataFrame 并代入 df 中。

```
In   import pandas as pd

     index = ["apple", "orange", "banana", "strawberry", "kiwifruit"]
     data1 = [10, 5, 8, 12, 3]
     data2 = [30, 25, 12, 10, 8]
     series1 = pd.Series(data1, index=index)
     series2 = pd.Series(data2, index=index)

     # 请用 series1、series2 创建 DataFrame 并代入 df 中


     # 输出结果
     print(df)
```

程序清单 8.26　习题

（提示）

pd.DataFrame([Series, Series, ...])

| In | （略）
# 请用 series1、series2 创建 DataFrame 并代入 df 中
df = pd.DataFrame([series1, series2])
（略） |

Out		apple	orange	banana	strawberry	kiwifruit
	0	10	5	8	12	3
	1	30	25	12	10	8

程序清单 8.27　参考答案

8.3.2 设置索引和列

在 DataFrame 中，行的名称被称为索引，而列的名称则被称为列。如果在创建 DataFrame 时不做特别指定，索引会被自动分配为从 0 开始的升序数字。而列则会被设为原先 Series 数据的索引，或者字典对象的键值。DataFrame 类型的变量 **df** 的索引，可以通过将长度与其行数相同的列表代入 **df.index** 中来实现。而 **df** 的列则可以通过将长度与其列数相同的列表代入 **df.columns** 中来实现。

df.index = ["name1", "name2"]

（习题）

请将 DataFrame 型变量 **df** 的索引指定为从 1 开始。

| In | ```python
import pandas as pd

index = ["apple", "orange", "banana", "strawberry",
"kiwifruit"]
data1 = [10, 5, 8, 12, 3]
data2 = [30, 25, 12, 10, 8]
series1 = pd.Series(data1, index=index)
series2 = pd.Series(data2, index=index)
df = pd.DataFrame([series1, series2])
``` |

222
```

```
# 请将 DataFrame 型变量 df 的索引指定为从 1 开始

# 输出结果
print(df)
```

程序清单 8.28　习题

提示

- **DataFrame** 类型的变量 **df** 的索引可以通过将长度与其行数相同的列表代入 **df.index** 中来实现。
- **df** 的列可以通过将长度与其列数相同的列表代入 **df.columns** 中来实现。

参考答案

In | （略）
```
# 请将 DataFrame 型变量 df 的索引指定为从 1 开始
df.index = [1, 2]
```
（略）

Out |

	apple	orange	banana	strawberry	kiwifruit
0	10	5	8	12	3
1	30	25	12	10	8

程序清单 8.29　参考答案

8.3.3 添加行

当我们得到新的观察数据、交易信息等数据时，可能需要将新的数据添加到现有的 DataFrame 中。对 **DataFrame** 类型的变量 **df** 调用 **df.append("Series 类型的数据 ", ignore_index = True)**，如果传递进去的 Series 类型数据的索引与 **df** 的列能对应上，包含了新添加的数据行的 DataFrame 就会被创建（程序清单 8.30）。但是，如果 **df** 的列与被添加到 **df** 中的 Series 类型数据的索引不一致，**df** 中就会被添加新的列，而没有对应值的那些元素就会被 **NaN** 填充。

In |
```
data = {"fruits": ["apple", "orange", "banana", "strawberry",
"kiwifruit"],
```

```
     "time": [1, 4, 5, 6, 3]}
df = pd.DataFrame(data)
series = pd.Series(["mango", 2008, 7], index=["fruits", "year",
"time"])

df = df.append(series, ignore_index=True)
print(df)
```

Out		fruits	time	year
0		apple	1	2001
1		orange	4	2002
2		banana	5	2001
3	strawberry		6	2008
4	kiwifruit		3	2006
5		mango	7	2008

程序清单 8.30　添加行的示例

习题

- 请将 **series3** 作为新的行添加到 DataFrame 类型的变量 **df** 中。
- 请对 DataFrame 的列与添加的 Series 的索引不一致时的结果进行确认。

```
In   import pandas as pd

     index = ["apple", "orange", "banana", "strawberry",
     "kiwifruit"]
     data1 = [10, 5, 8, 12, 3]
     data2 = [30, 25, 12, 10, 8]
     data3 = [30, 12, 10, 8, 25, 3]
     series1 = pd.Series(data1, index=index)
     series2 = pd.Series(data2, index=index)
     # 请将 series3 添加到 df 中，并再次代入到变量 df 中
     index.append("pineapple")
     series3 = pd.Series(data3, index=index)
     df = pd.DataFrame([series1, series2])
     # 请再次代入到变量 df 中
```

```

# 8

# 输出结果
# 请确认 df 与所添加的 Series 的索引不相同时的执行结果
print(df)
```

程序清单 8.31　习题

提示

对 **DataFrame** 类型的变量 **df** 调用 **df.append("Series 类型的数据", ignore_index = True)**，如果传递进去的 **Series** 类型数据的索引与 **df** 的列能对应上，则包含了新添加的数据行的 **DataFrame** 就会被创建。

In | （略）
```
# 请再次代入到变量 df 中
df = df.append(series3, ignore_index=True)
```
（略）

Out |

	apple	orange	banana	strawberry	kiwifruit	pineapple
0	10	5	8	12	3	NaN
1	30	25	12	10	8	NaN
2	30	12	10	8	25	3.0

程序清单 8.32　参考答案

8.3.4　添加列

当我们需要将新的属性添加到观测数据或交易信息中时，就可能需要添加新的列到 DataFrame 数据中。对 DataFrame 类型的变量 **df** 调用 **df[" 新的列 "]** 就可以将 Series 或者列表数据通过代入添加到新的列中。当代入的是列表时，会从第 1 行开始按顺序分配列表中的元素；当代入的是 Series 时，Series 的索引会与 **df** 的索引进行对应（程序清单 8.33）。

In |
```
data = {"fruits": ["apple", "orange", "banana", "strawberry", "kiwifruit"],
        "year": [2001, 2002, 2001, 2008, 2006],
        "time": [1, 4, 5, 6, 3]}
df = pd.DataFrame(data)
```

```
df["price"] = [150, 120, 100, 300, 150]
print(df)
```

Out		fruits	time	year	price
	0	apple	1	2001	150
	1	orange	4	2002	120
	2	banana	5	2001	100
	3	strawberry	6	2008	300
	4	kiwifruit	3	2006	150

程序清单 8.33　添加列的示例

〔习题〕

请将 **new_column** 的数据添加到 **df** 中名为 **mango** 的新列中。

```
In  import pandas as pd

    index = ["apple", "orange", "banana", "strawberry",
    "kiwifruit"]
    data1 = [10, 5, 8, 12, 3]
    data2 = [30, 25, 12, 10, 8]
    series1 = pd.Series(data1, index=index)
    series2 = pd.Series(data2, index=index)

    new_column = pd.Series([15, 7], index=[0, 1])

    # 使用 series1、series2 创建 DataFrame
    df = pd.DataFrame([series1, series2])

    # 请将 new_column 的数据添加到 df 中名为 mango 的新列中

    # 输出结果
    print(df)
```

程序清单 8.34　习题

- 对 **DataFrame** 类型变量 **df** 调用 **df["** 新的列 **"]** 就可以将 **Series** 或者列表通过代入添加到新列中。
- 当代入的是列表时，会从第 **1** 行开始按顺序分配列表中的元素；当代入的是 **Series** 时，**Series** 的索引会与 **df** 的索引进行对应。

◀ 参考答案 ▶

In	（略）
	# 请将 new_column 的数据添加到 df 中名为 mango 的新列中
	df["mango"] = new_column
	（略）

Out		apple	orange	banana	strawberry	kiwifruit	mango
	0	10	5	8	12	3	15
	1	30	25	12	10	8	7

程序清单 8.35　参考答案

8.3.5 数据的引用

　　DataFrame 中的数据可以通过指定行和列进行引用。根据指定行和列的方法不同，对数据进行引用的方式也会发生变化（见图 8.1）。可以使用的引用方法有几种，但是在本书中我们将只使用 loc 和 iloc 这两种。loc 是根据名称进行引用，而 iloc 是根据编号进行引用。

	fruits	time	year
0	apple	1	2001
1	orange	4	2002
2	banana	5	2001
3	strawberry	6	2008
4	kiwifruit	3	2006

指定行

	fruits	time	year
0	apple	1	2001
1	orange	4	2002
2	banana	5	2001
3	strawberry	6	2008
4	kiwifruit	3	2006

指定列

	fruits	time	year
0	apple	1	2001
1	orange	4	2002
2	banana	5	2001
3	strawberry	6	2008
4	kiwifruit	3	2006

指定行和列

图 8.1　指定行、指定列、指定行和列

如果要使用名称对 DataFrame 中的数据进行引用，应当选择下列哪一项？

- loc
- iloc

提示

loc 是根据名称进行引用；**iloc** 是根据编号进行引用。

参考答案

loc

8.3.6 按名称引用

根据 DataFrame 类型数据的名称，即按索引、列的名称对数据进行引用时，使用的是 **loc** 方法。通过对 DataFrame 类型的变量 **df** 调用 **df.loc["索引的列表","列的列表"]** 就能取得指定范围内的 DataFrame 数据。

对于程序清单 8.36 的场合，产生的结果如程序清单 8.37 所示。

```
In    data = {"fruits": ["apple", "orange", "banana", "strawberry",
      "kiwifruit"],
              "year": [2001, 2002, 2001, 2008, 2006],
              "time": [1, 4, 5, 6, 3]}
      df = pd.DataFrame(data)

      print(df)
```

```
Out       fruits      time    year
      0      apple         1    2001
      1     orange         4    2002
      2     banana         5    2001
      3 strawberry         6    2008
      4  kiwifruit         3    2006
```

程序清单 8.36　使用名称进行引用的示例①

```
In    df = df.loc[[1,2],["time","year"]]
      print(df)
```

```
Out        time    year
      1       4    2002
      2       5    2001
```

程序清单 8.37 使用名称进行引用的示例②

◖习题◗

请使用 **loc[]** 将 **df** 中从第 2 行开始至第 5 行为止的 4 行与包含"**banana**""**kiwifruit**"这两列的 DataFrame 代入 **df** 中。

索引是以 1 开头，按升序排列的整数。

```
In    import numpy as np
      import pandas as pd
      np.random.seed(0)
      columns = ["apple", "orange", "banana", "strawberry", "kiwifruit"]

      # 生成 DataFrame 并添加列
      df = pd.DataFrame()
      for column in columns:
          df[column] = np.random.choice(range(1, 11), 10)
      # range(开始行数，结束行数 -1)
      df.index = range(1, 11)


      # 请使用 loc[] 将 df 中从第 2 行开始至第 5 行为止的 4 行与包含"banana"
      # "kiwifruit"这两列的 DataFrame 代入 df 中
      # 索引是以 1 开头，按升序排列的整数


      print(df)
```

程序清单 8.38 习题

> **提示**
>
> 对 **DataFrame** 类型的变量 **df** 调用 **df.loc[" 索引的列表 "," 列的列表 "]** 就能取得指定范围内的 **DataFrame** 数据。

参考答案

| In | ```
（略）
# 索引是以 1 开头，按升序排列的整数
df = df.loc[range(2,6),["banana","kiwifruit"]]
（略）
``` |

Out		banana	kiwifruit
	2	10	10
	3	9	1
	4	10	5
	5	5	8

程序清单 8.39　参考答案

8.3.7 按编号引用

指定索引、列的编号对 DataFrame 类型的数据进行引用时，可以使用 iloc 方法。通过对 DataFrame 类型的变量 **df** 调用 **df.iloc[" 行编号列表 "," 列编号列表 "]** 就可以取得指定范围内的 DataFrame 数据。无论行号还是列号都是从 0 开始编号的。除了可以指定列表之外，还可以使用切片。

对于程序清单 8.40 的场合，产生的结果如程序清单 8.41 所示。

| In | ```
data = {"fruits": ["apple", "orange", "banana", "strawberry", "kiwifruit"],
        "year": [2001, 2002, 2001, 2008, 2006],
        "time": [1, 4, 5, 6, 3]}
df = pd.DataFrame(data)

print(df)
``` |

Out		fruits	time	year

```
0       apple    1    2001
1      orange    4    2002
2      banana    5    2001
3  strawberry    6    2008
4   kiwifruit    3    2006
```

程序清单 8.40　使用编号进行引用的示例①

In
```
df = df.iloc[[1, 3], [0, 2]]
print(df)
```

Out
```
     fruits     year
1    orange     2002
3 strawberry    2008
```

程序清单 8.41　使用编号进行引用的示例②

习题

　　请使用 **iloc[]** 将 **df** 中从第 2 行开始至第 5 行为止的 4 行与包含 "**banana**"
"**kiwifruit**" 这两列的 DataFrame 代入 **df** 中。

In
```
import numpy as np
import pandas as pd
np.random.seed(0)
columns = ["apple", "orange", "banana", "strawberry", "kiwifruit"]

# 生成 DataFrame 并添加列
df = pd.DataFrame()
for column in columns:
    df[column] = np.random.choice(range(1, 11), 10)
df.index = range(1, 11)

# 请使用 iloc[] 将 df 中从第 2 行开始至第 5 行为止的 4 行与包含 "banana"
# "kiwifruit" 这两列的 DataFrame 代入 df 中

```

```
print(df)
```

程序清单 8.42　习题

提示

- 对 DataFrame 类型的变量 **df** 调用 **df.iloc**[" 行编号列表 "," 列编号列表 "] 就可以取得指定范围内的 **DataFrame** 数据。
- 行号和列号都是从 **0** 开始编号的。
- 除了可以指定列表之外，还可以使用切片。

参考答案

In
```
（略）
# 请使用 iloc[] 将 df 中从第 2 行开始至第 5 行为止的 4 行与包含"banana"
# "kiwifruit"这两列的 DataFrame 代入 df 中
df = df.iloc[range(1,5),[2,4]]
# 使用切片的方式，即指定 df = df.iloc[1:5, [2,4]] 也是可以的
（略）
```

Out
```
      banana       kiwifruit
2         10              10
3          9               1
4         10               5
5          5               8
```

程序清单 8.43　参考答案

8.3.8 行和列的删除

在对 DataFrame 类型的变量 **df** 调用 **df.drop()** 时，指定索引或者列就可以生成删除所指定的行或列的 DataFrame 数据，也可以将索引或者列放到列表中，对其进行集中删除。此外，行和列是无法同时删除的。如果要删除列，第 2 个参数需要指定为 **axis=1**（程序清单 8.44）。

In
```
import pandas as pd
data = {"fruits": ["apple", "orange", "banana", "strawberry", "kiwifruit"],
```

```
    "time": [1, 4, 5, 6, 3],
    "year": [2001, 2002, 2001, 2008, 2006]}
df = pd.DataFrame(data)

# 使用 drop() 删除 df 的第 0 行和第 1 行
df_1 = df.drop(range(0, 2))

# 使用 drop() 删除 "year" 列
df_2 = df.drop("year", axis=1)

print(df_1)
print()
print(df_2)
```

Out
```
        fruits        time        year
2       banana           5        2001
3   strawberry           6        2008
4    kiwifruit           3        2006

        fruits        time
0        apple           1
1       orange           4
2       banana           5
3   strawberry           6
4    kiwifruit           3
```

程序清单 8.44 删除行或列的示例

(习题)

- 请使用 **drop()** 只对 **df** 中名称为奇数的行进行保留，其余行删除，并将结果代入 **df** 中。
- 请使用 **drop()** 将 **df** 中的列 **"strawberry"** 进行删除，并将结果代入 **df** 中。

In
```
import numpy as np
import pandas as pd
```

```
np.random.seed(0)
columns = ["apple", "orange", "banana", "strawberry",
"kiwifruit"]

# 生成 DataFrame 并添加列
df = pd.DataFrame()
for column in columns:
    df[column] = np.random.choice(range(1, 11), 10)
df.index = range(1, 11)

# 请使用 drop() 只对 df 中名称为奇数的行进行保留，其余行删除，并将结果代入 df 中


# 请使用 drop() 将 df 中的列 "strawberry" 进行删除，并将结果代入 df 中


print(df)
```

程序清单 8.45   习题

提示

- 在对 **DataFrame** 类型的变量 **df** 调用 **df.drop()** 时，指定索引或者列就可以
  生成删除了所指定的行或列的 **DataFrame** 数据。
- 行和列是无法同时删除的，如果要删除列，则需要将第 **2** 个参数指定为
  axis=1。
- 偶数数列可以在导入 **numpy** 库后，使用 **np.arange** 来创建。

参考答案

In (略)
```
# 请使用 drop() 只对 df 中名称为奇数的行进行保留，其余行删除，并将结果代入 df 中
df = df.drop(np.arange(2, 11, 2))
# np.arange(2, 11, 2) 生成的是大小在 2 到 10，差值为 2 的整数数列
# 这里得到的结果是 2、4、6、8、10
# 如果是 np.arange(2,11,3)，则生成大小在 2 到 10，差值为 3 的整数数列
```

```
# 请使用 drop() 将 df 中的列 "strawberry" 进行删除，并将结果代入 df 中
df = df.drop("strawberry", axis=1)
（略）
```

Out		apple	orange	banana	kiwifruit
	1	6	8	6	10
	3	4	9	9	1
	5	8	2	5	8
	7	4	8	1	3
	9	3	9	6	3

程序清单 8.46　参考答案

8.3.9 排序

如果对 DataFrame 类型的变量 **df** 调用 **df.sort_values(by=" 列或列的列表 ", ascending=True)**，就可以创建出列的值按照升序（由小到大）排列的 DataFrame 数据。如果指定 **ascending=False**，就会按照降序（由大到小）排列；如果不指定，则会按照 **ascending=True** 进行处理。在指定列的列表中，排在前面的列会被优先进行排序（程序清单 8.47）。

```
import pandas as pd
data = {"fruits": ["apple", "orange", "banana", "strawberry", "kiwifruit"],
        "time": [1, 4, 5, 6, 3],
        "year": [2001, 2002, 2001, 2008, 2006]}
df = pd.DataFrame(data)
print(df)
# 对数据进行升序排列（在参数中指定列）
df = df.sort_values(by="year", ascending = True)
print(df)


# 对数据进行升序排列（在参数中指定列的列表）
df = df.sort_values(by=["time", "year"] , ascending = True)
print(df)
```

Out	fruits	time	year

235

```
0      apple      1     2001
1     orange      4     2002
2     banana      5     2001
3 strawberry      6     2008
4  kiwifruit      3     2006


      fruits    time    year
0      apple      1     2001
2     banana      5     2001
1     orange      4     2002
4  kiwifruit      3     2006
3 strawberry      6     2008


      fruits    time    year
0      apple      1     2001
4  kiwifruit      3     2006
1     orange      4     2002
2     banana      5     2001
3 strawberry      6     2008
```

程序清单 8.47　排序的示例

习题

- 请将 **df** 按照"**apple**""**orange**""**banana**""**strawberry**""**kiwifruit**"的优先顺序进行升序排列。
- 请将排序所生成的 DataFrame 代入 **df** 中。

```
In │ import numpy as np
   │ import pandas as pd
   │ np.random.seed(0)
   │ columns = ["apple", "orange", "banana", "strawberry", "kiwifruit"]
   │
   │ # 生成 DataFrame 并添加列
   │ df = pd.DataFrame()
   │ for column in columns:
```

```
    df[column] = np.random.choice(range(1, 11), 10)
df.index = range(1, 11)

# 请将 df 按照 "apple" "orange" "banana" "strawberry" "kiwifruit" 的优
  先顺序进行升序排列
# 请将排序所生成的 DataFrame 代入 df 中。如果是第 1 个参数，则 by 可
# 以省略


print(df)
```

程序清单 8.48　习题

提示

- 对 **DataFrame** 类型的变量 **df** 调用 **df.sort_values(by=" 列或列的列表 ",ascending=True)**，就可以创建出列的值按照升序（由小到大）排列的 **Data-Frame** 数据。
- 在列表中排在前面的列会被优先排序。

参考答案

In
```
（略）
# 请将排序所生成的 DataFrame 代入 df 中。如果是第 1 个参数，则 by 可以省略
df = df.sort_values(by=columns)

print(df)
```

Out

	apple	orange	banana	strawberry	kiwifruit
2	1	7	10	4	10
9	3	9	6	1	3
7	4	8	1	4	3
3	4	9	9	9	1
4	4	9	10	2	5
10	5	2	1	2	1
8	6	8	4	8	8
1	6	8	6	3	10

| 5 | 8 | 2 | 5 | 4 | 8 |
| 6 | 10 | 7 | 4 | 4 | 4 |

程序清单 8.49　参考答案

8.3.10 过滤

与 Series 类似，对于 DataFrame 数据也可以通过指定 bool 型的序列，将为 **True** 的数据单独提取出来，以实现过滤操作。此外，与 Series 类似，我们也可以使用包含 DataFrame 的条件表达式来生成 bool 型的序列，并使用这个条件表达式来进行过滤操作。例如，我们在程序清单 8.50 所示的代码中，就实现了对偶数行的数据进行单独的提取。

```
In

data = {"fruits": ["apple", "orange", "banana", "strawberry", "kiwifruit"],
        "year": [2001, 2002, 2001, 2008, 2006],
        "time": [1, 4, 5, 6, 3]}
df = pd.DataFrame(data)
print(df.index % 2 == 0)
print()
print(df[df.index % 2 == 0])
```

```
Out

[    True       False      True     False       True]

            fruits    time    year
    0        apple       1    2001
    2       banana       5    2001
    4    kiwifruit       3    2006
```

程序清单 8.50　过滤的示例

例如，对 DataFrame 类型的变量 **df** 调用 **df.loc[包含 df[" 列 "] 的条件表达式]** 就能生成只包含与所指定条件一致的行数据的 DataFrame。

习题

请使用过滤功能将 **df** 中"**apple**"列大于等于 5 且"**kiwifruit**"列也大于等于 5 的行挑选出来，并代入 **df** 中。

```
In   import numpy as np
     import pandas as pd
     np.random.seed(0)
     columns = ["apple", "orange", "banana", "strawberry", "kiwifruit"]

     # 生成 DataFrame 并添加列
     df = pd.DataFrame()
     for column in columns:
         df[column] = np.random.choice(range(1, 11), 10)
     df.index = range(1, 11)

     # 请使用过滤功能将 df 中 "apple" 列大于等于 5 且 "kiwifruit" 列也
     # 大于等于 5 的行挑选出来，并代入 df 中


     print(df)
```

程序清单 8.51　习题

提示

对 **DataFrame** 类型的变量 **df** 调用 **df.loc[** 包含 **df[**" 列 "**]** 的条件表达式 **]** 就能生成只包含与所指定条件一致的行数据的 **DataFrame**。

参考答案

```
In   （略）
     # 请使用过滤功能将 df 中 "apple" 列大于等于 5，且 "kiwifruit" 列也
     # 大于等于 5 的行挑选出来，并代入 df 中
     df = df.loc[df["apple"] >= 5]
     df = df.loc[df["kiwifruit"] >= 5]
     #df = df.loc[df["apple"] >= 5][df["kiwifruit"] >= 5] 也可以
     （略）
```

```
Out      apple    orange    banana    strawberry    kiwifruit
     1     6         8         6           3              10
     5     8         2         5           4               8
```

8	6	8	4	8	8

程序清单 8.52　参考答案

请复习本章的内容。

习题

请解答程序清单 8.53 中注释内的问题。

```
In  import pandas as pd
    import numpy as np

    index = ["growth", "mission", "ishikawa", "pro"]
    data = [50, 7, 26, 1]
    # 请创建 Series
    series =

    # 请将按照索引的升序排列后的 series 代入变量 aidemy 中
    aidemy =

    # 请将索引为 "tutor"、数据为 30 的元素添加到 series 中
    aidemy1 =
    aidemy2 = series.append(aidemy1)

    print(aidemy)
    print()
    print(aidemy2)

    # 生成 DataFrame 并添加列
    df = pd.DataFrame()
    for index in index:
        df[index] = np.random.choice(range(1, 11), 10)
        # range(开始行数 , 结束行数 -1)
    df.index = range(1, 11)
```

```
# 使用 loc[] 将 df 中从第 2 行至第 5 行的共 4 行数据与包含 "ishikawa" 的
# DataFrame 代入 aidemy3 中
# 索引是以 1 开头，按升序排列的整数序列分配的
aidemy3 =
print()
print(aidemy3)
```

程序清单 8.53　习题

提示

- 请创建 **Series**。
- 请将 **series** 按照字母升序排列。
- 请将索引为 "**tutor**"、数据为 **30** 的元素添加到 **series** 中。

参考答案

In
```
（略）
# 请创建 Series
series = pd.Series(data, index=index)

# 请将按照索引的升序排列后的 series 代入变量 aidemy 中
aidemy = series.sort_index()

# 请将索引为 "tutor"、数据为 30 的元素添加到 series 中
aidemy1 = pd.Series([30], index=["tutor"])
aidemy2 = series.append(aidemy1)
（略）
# 使用 loc[] 将 df 中从第 2 行至第 5 行的共 4 行数据与包含 "ishikawa" 的
# DataFrame 代入 aidemy3 中
# 索引是以 1 开头，按升序排列的整数序列分配的
aidemy3 = df.loc[range(2,6),["ishikawa"]]
print()
print(aidemy3)
```

Out
```
growth        50
```

```
ishikawa      26
mission        7
pro            1
dtype: int64

growth        50
mission        7
ishikawa      26
pro            1
tutor         30
dtype: int64

ishikawa
2              8
3              1
4              9
5              5
```

程序清单 8.54　参考答案

第 9 章

Pandas 的应用

9.1 ▍DataFrame 连接和合并操作概要

在 Pandas 中可以对 DataFrame 进行**连接**或**合并**操作。将不同的 DataFrame 按照一定的方向直接连在一起的操作被称为**连接**（见表 9.1），而根据特定的 **Key** 进行结合的操作则被称为**合并**（见表 9.2）。

表 9.1　横向连接的示例

	apple	orange	banana
1	45	68	37
2	48	10	88
3	65	84	71
4	68	22	89

	apple	orange	banana
1	38	76	17
2	13	6	2
3	73	80	77
4	10	65	72

	apple	orange	banana	apple	orange	banana
1	45	68	37	38	76	17
2	48	10	88	13	6	2
3	65	84	71	73	80	77
4	68	22	89	10	65	72

表 9.2　将"fruits"作为 Key 进行连接的示例

	amount	fruits	year
0	1	apple	2001
1	4	orange	2002
2	5	banana	2001
3	6	strawberry	2008

	area	fruits	price
0	China	apple	150
1	Brazil	orange	120
2	india	banana	100
3	China	strawberry	250

	amount	fruits	year	area	price
0	1	apple	2001	China	150
1	4	orange	2002	Brazil	120
2	5	banana	2001	india	100
3	6	strawberry	2008	China	250

【习题】

请问如表 9.3 所示的操作是属于连接操作还是合并操作？

表 9.3　纵向连接的示例

	apple	orange	banana
1	45	68	37
2	48	10	88
3	65	84	71
4	68	22	89

	apple	orange	banana
1	38	76	17
2	13	6	2
3	73	80	77
4	10	65	72

	apple	orange	banana
1	45	68	37
2	48	10	88
3	65	84	71
4	68	22	89
1	38	76	17
2	13	6	2
3	73	80	77
4	10	65	72

- 连接
- 合并

【提示】
　　判断是连接还是合并，可以根据表之间是直接连接的，还是将某个标签作为基准（**Key**）进行连接的来判断。

【参考答案】
　　连接

9.2 ‖DataFrame 的连接

9.2.1 索引和列相同的 DataFrame 之间的连接

　　首先，让我们看一下对于索引或列相同的 DataFrame 之间进行连接的处理。使用 **pandas.concat("DataFrame 的列表 ", axis=0)** 语句可以将列表在纵向上从表头开始依次进行连接，指定 **axis=1** 就是按横向进行连接。进行纵向连接时，是将相同的列连接在一起；进行横向连接时，是将相同的索引连接在一起。位于连接方向上的列是被直接连接在一起的，因此有可能会出现重复的情况。

【习题】
　　请将 DataFrame 型变量 df_data1 和 df_data2 按纵向连接在一起，并代入 df1 中(程序清单 9.1)。
　　请将 DataFrame 型变量 df_data1 和 df_data2 按横向连接在一起，并代入 df2 中。

```
In   import numpy as np
     import pandas as pd

     # 根据指定的索引和列，使用随机数创建 DataFrame 的函数
     def make_random_df(index, columns, seed):
         np.random.seed(seed)
         df = pd.DataFrame()
         for column in columns:
```

```
        df[column] = np.random.choice(range(1, 101), len(index))
    df.index = index
    return df

# 创建索引和列保持一致的 DataFrame
columns = ["apple", "orange", "banana"]
df_data1 = make_random_df(range(1, 5), columns, 0)
df_data2 = make_random_df(range(1, 5), columns, 1)

# 请将 df_data1 和 df_data2 在纵向上进行连接，并代入 df1 中



# 请将 df_data1 和 df_data2 在横向上进行连接，并代入 df2 中



print(df1)
print(df2)
```

程序清单 9.1　习题

提示

- 可以使用 **pandas.concat("DataFrame 的列表 ", axis=0)** 语句将列表从表头开始在纵向上依次顺序连接在一起。
- 指定 **axis=1** 表示按照横向进行连接。

参考答案

In	(略)
	
	`# 请将 df_data1 和 df_data2 在纵向上进行连接，并代入 df1 中`
	`df1 = pd.concat([df_data1, df_data2], axis=0)`
	
	`# 请将 df_data1 和 df_data2 在横向上进行连接，并代入 df2 中`
	`df2 = pd.concat([df_data1, df_data2], axis=1)`
	(略)

Out		apple	orange	banana
	1	45	68	37
	2	48	10	88

			apple	orange	banana
3	65	84	71		
4	68	22	89		
1	38	76	17		
2	13	6	2		
3	73	80	77		
4	10	65	72		
	apple	orange	banana	apple	orange	banana
1	45	68	37	38	76	17
2	48	10	88	13	6	2
3	65	84	71	73	80	77
4	68	22	89	10	65	72

程序清单 9.2　参考答案

9.2.2 索引和列不同的 DataFrame 之间的连接

对索引或列不一致的 DataFrame 进行连接时,对于**不存在共同的索引或列的项,程序会自动插入值为 NaN 的单元项**。使用 **pandas. concat("DataFrame 的列表 ", axis=0)** 语句可以将列表从表头开始在纵向上依次连接在一起。如果指定 **axis=1**,就是按横向对列表进行连接。

（习题）

请对索引或列不相同的 DataFrame 进行连接的结果进行确认（程序清单 9.3）。

请将 DataFrame 类型的变量 **df_data1** 和 **df_data2** 按纵向进行连接并将结果代入 **df1** 中。将 DataFrame 类型的变量 **df_data1** 和 **df_data2** 在横向上进行连接,并将结果代入 **df2** 中。

```
import numpy as np
import pandas as pd

# 根据指定的索引和列，使用随机数创建 DataFrame 的函数
def make_random_df(index, columns, seed):
    np.random.seed(seed)
    df = pd.DataFrame()
    for column in columns:
```

```
            df[column] = np.random.choice(range(1, 101), len(index))
    df.index = index
    return df

columns1 = ["apple", "orange", "banana"]
columns2 = ["orange", "kiwifruit", "banana"]
# 创建索引为 1、2、3、4，列为 columns1 的 DataFrame
df_data1 = make_random_df(range(1, 5), columns1, 0)
# 创建索引为 1、3、5、7，列为 columns2 的 DataFrame
df_data2 = make_random_df(np.arange(1, 8, 2), columns2, 1)


# 请将 df_data1 和 df_data2 在纵向上进行连接，并代入 df1 中



# 请将 df_data1 和 df_data2 在横向上进行连接，并代入 df2 中


print(df1)
print(df2)
```

程序清单 9.3　习题

提示

无论指定 **axis=0** 还是 **axis=1**，对于不存在共同的索引或列的行和列，都会被自动插入 **NaN** 单元项。

参考答案

In	（略）

```
# 请将 df_data1 和 df_data2 在纵向上进行连接，并代入 df1 中
df1 = pd.concat([df_data1, df_data2], axis=0)

# 请将 df_data1 和 df_data2 在横向上进行连接，并代入 df2 中
df2 = pd.concat([df_data1, df_data2], axis=1)
```
（略）

Out	apple banana kiwifruit orange

248

1	45.0	37	NaN	68
2	48.0	88	NaN	10
3	65.0	71	NaN	84
4	68.0	89	NaN	22
1	NaN	17	76.0	38
3	NaN	2	6.0	13
5	NaN	77	80.0	73
7	NaN	72	65.0	10

	apple	orange	banana	orange	kiwifruit	banana
1	45.0	68.0	37.0	38.0	76.0	17.0
2	48.0	10.0	88.0	NaN	NaN	NaN
3	65.0	84.0	71.0	13.0	6.0	2.0
4	68.0	22.0	89.0	NaN	NaN	NaN
5	NaN	NaN	NaN	73.0	80.0	77.0
7	NaN	NaN	NaN	10.0	65.0	72.0

程序清单 9.4　参考答案

9.2.3 指定连接时的标签

连接操作是将 DataFrame 直接合并在一起，因此可能会出现标签重复的情况。例如，在示例 1（见表 9.4）的连接结果中，"**apple**""**orange**""**banana**"等标签就出现了重复。在这种情况下，可以通过在 **pd.concat()** 的 **keys** 中添加指定的标签来避免出现重复的标签。连接后的 DataFrame 中，多个标签就变成了 **MultiIndex**。在示例 2（见表 9.5）中，新的 "**X**" 列和 "**Y**" 列被添加到现有列的上方。在这种情况下，可以使用 **df["X"]** 对 "**X**" 标签所在的列进行引用，如果使用 **df["X", "apple"]**，就可以对 "**X**" 列中的 "**apple**" 列进行引用。

表 9.4　示例 1. concat_df=pd.concat([df_data1,df_data2],axis=1)

	apple	orange	banana
1	45	68	37
2	48	10	88
3	65	84	71
4	68	22	89

	apple	orange	banana
1	38	76	17
2	13	6	2
3	73	80	77
4	10	65	72

	apple	orange	banana	apple	orange	banana
1	46	68	37	38	76	17
2	48	10	88	13	6	2
3	65	84	71	73	80	77
4	68	22	89	10	65	72

	apple	orange	banana
1	45	68	37
2	48	10	88
3	65	84	71
4	68	22	89

	apple	orange	banana
1	38	76	17
2	13	6	2
3	73	80	77
4	10	65	72

	X			Y		
	apple	orange	banana	apple	orange	banana
1	45	68	37	38	76	17
2	48	10	88	13	6	2
3	65	84	71	73	80	77
4	68	22	89	10	65	72

【习题】

请将 DataFrame 型变量 **df_data1** 和 **df_data2** 进行横向连接，在参数 **keys** 中指定 "**X**" 和 "**Y**" 生成 MultiIndex，并代入 **df** 中（程序清单 9.5）。

请将 **df** 的 "**Y**" 标签的 "**banana**" 代入变量 **Y_banana** 中。

```
In   import numpy as np
     import pandas as pd

     # 根据指定的索引和列，使用随机数创建 DataFrame 的函数
     def make_random_df(index, columns, seed):
         np.random.seed(seed)
         df = pd.DataFrame()
         for column in columns:
             df[column] = np.random.choice(range(1, 101), len(index))
         df.index = index
         return df

     columns = ["apple", "orange", "banana"]
     df_data1 = make_random_df(range(1, 5), columns, 0)
     df_data2 = make_random_df(range(1, 5), columns, 1)

     # 请将 DataFrame 型变量 df_data1 和 df_data2 进行横向连接，并在参数
     # keys 中指定 "X" 和 "Y" 生成 MultiIndex，并代入 df 中



     # 请将 df 的 "Y" 标签的 "banana" 代入变量 Y_banana 中
```

```
print(df)
print()
print(Y_banana)
```

程序清单 9.5　习题

提示

可以使用 **pandas.concat()** 函数并通过 **keys** 参数指定新的标签列表。

参考答案

In

```
（略）
# 请将 DataFrame 型变量 df_data1 和 df_data2 进行横向连接，并在参数
# keys 中指定 "X" 和 "Y" 生成 MultiIndex，并代入 df 中
df = pd.concat([df_data1, df_data2], axis=1, keys=["X", "Y"])

# 请将 df 的 "Y" 标签的 "banana" 代入变量 Y_banana 中
Y_banana = df["Y", "banana"]
（略）
```

Out

	X			Y		
	apple	orange	banana	apple	orange	banana
1	45	68	37	38	76	17
2	48	10	88	13	6	2
3	65	84	71	73	80	77
4	68	22	89	10	65	72

```
1    17
2     2
3    77
4    72
Name: (Y, banana), dtype: int32
```

程序清单 9.6　参考答案

9.3 ||DataFrame 的合并

9.3.1 合并的种类

在完成了连接操作的学习后，接下来将对合并操作进行讲解。合并操作也称为 **merge**。进行合并操作时，需要指定被称为 **key** 的列，然后对两个数据库中 **Key** 的值相同的行进行横向的连接处理。

合并大致可以分为**内部合并**和**外部合并**两种方式。接下来通过具体的示例对这两种合并操作进行学习。

假设需要对如表 9.6 所示的两个 DataFrame 通过 **fruits** 列进行合并。

表 9.6　两个 DataFrame

	amount	fruits	year			fruits	price	year
0	1	apple	2001		0	apple	150	2001
1	4	orange	2002		1	orange	120	2002
2	5	banana	2001		2	banana	100	2001
3	6	strawberry	2008		3	strawberry	250	2008
4	3	kiwifruit	2006		4	mango	3000	2007

◀ **内部合并** ▶

在进行内部合并时，对于 Key 列中不存在相同值的行会被丢弃。另外，对于其他具有相同列但其中的值不相同的行进行保留，当然也可以指定为丢弃。从如表 9.7 所示的合并的结果中可以看到，两个 DataFrame 的"**fruits**"列的数据中，只有那些具有相同值的行被保留了下来。

表 9.7　内部合并

	amount	fruits	year_x	price	year_y
0	1	apple	2001	150	2001
1	4	orange	2002	120	2002
2	5	banana	2001	100	2001
3	6	strawberry	2008	250	2008

❨外部合并❩

在进行外部合并时，对于 Key 列中不存在相同值的行也会被保留下来。对于不存在相同值的列，会被自动插入 **NaN** 数据单元。从如表 9.8 所示的合并结果中可以看到，"**kiwifruit**" 和 "**mango**" 的行方向上被自动插入了 **NaN** 数据单元。

表 9.8　外部合并

	amount	fruits	year_x	price	year_y
0	1.0	apple	2001.0	150.0	2001.0
1	4.0	orange	2002.0	120.0	2002.0
2	5.0	banana	2001.0	100.0	2001.0
3	6.0	strawberry	2008.0	250.0	2008.0
4	3.0	kiwifruit	2006.0	NaN	NaN
5	NaN	mango	NaN	3000.0	2007.0

❨习题❩

请问在下列情况中，哪一种情况适合使用外部合并？

- 同一时间段内在两个不同地点进行观察所得到的时间序列数据，将时间作为 Key 进行合并。
- 购买记录和顾客 ID，将顾客 ID 作为 Key 进行合并。
- 购买记录和顾客 ID，将购买记录作为 Key 进行合并。
- 上述所有选项。

❨提示❩

对于合并结果中需要包含尽量多的信息的场合，比较适合采用外部合并的方式。

❨参考答案❩

同一时间段内在两个不同地点进行观察所得到的时间序列数据，将时间作为 Key 进行合并。

9.3.2 内部合并的基础

对 **df1** 和 **df2** 这两个 DataFrame，调用 **pandas.merge(df1, df2, on=** 作为 **Key** 的列，**how="inner")** 能够创建出由这两个 DataFrame 进行内部合并而成的 DataFrame。在合并结果中，**df1** 被放在左侧。Key 列中不存在相同值的行在合并过程中会被丢弃；对于 Key 列以外不存在相同值的列则会被保留，其中属于左侧的 DataFrame 的列的名称中会被加上 **_x** 后缀，而属于右侧的列的名称中则会被加上 **_y** 后缀。如果不做特别指定，DataFrame 的索引不会参与到合并处理的过程中。

【习题】

请对内部合并的处理方式进行确认（程序清单 9.7）。

请将 **fruits** 列作为 Key 对 DataFrame 型变量 **df1** 和 **df2** 进行内部合并，并将合并的结果保存到变量 **df3** 中。

```
In    import numpy as np
      import pandas as pd

      data1 = {"fruits": ["apple", "orange", "banana", "strawberry",
      "kiwifruit"],
              "year": [2001, 2002, 2001, 2008, 2006],
              "amount": [1, 4, 5, 6, 3]}
      df1 = pd.DataFrame(data1)

      data2 = {"fruits": ["apple", "orange", "banana", "strawberry",
      "mango"],
              "year": [2001, 2002, 2001, 2008, 2007],
              "price": [150, 120, 100, 250, 3000]}
      df2 = pd.DataFrame(data2)

      # 请确认 df1 和 df2 所包含内容
      print(df1)
      print()
      print(df2)
      print()

      # 请将 fruits 列作为 Key 对 DataFrame 型变量 df1 和 df2 进行内部
```

```
# 合并，并将合并的结果保存到变量 df3 中

# 输出结果
# 对内部合并的处理方式进行确认
print(df3)
```

程序清单 9.7　习题

提示

- 对 **df1** 和 **df2** 两个 DataFrame 调用 **pandas.merge(df1, df2, on=** 作为 **Key** 的列 **, how="inner")** 就能够创建出由这两个 DataFrame 进行内部合并而成的 **DataFrame**。
- 这两个 DataFrame 中都包含名为 **year** 的列，在合并结果中会被自动添加上不同的后缀进行区分。

参考答案

```
In   （略）
     # 请将 fruits 列作为 Key 对 DataFrame 型变量 df1 和 df2 进行内部
     # 合并，并将合并的结果保存到变量 df3 中
     df3 = pd.merge(df1, df2, on="fruits", how="inner")

     # 输出结果
     # 对内部合并的处理方式进行确认
     print(df3)
```

```
Out     amount        fruits   year
     0        1         apple   2001
     1        4        orange   2002
     2        5        banana   2001
     3        6    strawberry   2008
     4        3     kiwifruit   2006

            fruits   price   year
     0        apple     150   2001
     1       orange     120   2002
     2       banana     100   2001
     3   strawberry     250   2008
```

```
4          mango      3000   2007

   amount           fruits   year_x   price   year_y
0        1            apple     2001     150     2001
1        4           orange     2002     120     2002
2        5           banana     2001     100     2001
3        6       strawberry     2008     250     2008
```

程序清单 9.8　参考答案

9.3.3　外部合并的基础

对 **df1** 和 **df2** 两个 DataFrame 调用 **pandas.merge(df1, df2, on= 作为 Key 的列, how="outer")** 就能够创建出由这两个 DataFrame 进行外部合并而成的 DataFrame。在合并结果中，**df1** 被放在左侧。

Key 列中不存在相同值的行将被保留，并自动生成使用 **NaN** 填充的列。对于 Key 列以外不存在相同值的列也会被保留，其中属于左侧的 DataFrame 的列的名称中会被加上 **_x** 后缀，而属于右侧的列的名称中则会被加上 **_y** 后缀。如果不做特别指定，DataFrame 的索引不会参与到合并处理的过程中。

【习题】

请对外部合并的处理方式进行确认（程序清单 9.9）。

请将 **fruits** 列作为 Key 对 DataFrame 型变量 **df1** 和 **df2** 进行外部合并，并将合并的结果保存到变量 **df3** 中。

```
In   import numpy as np
     import pandas as pd

     data1 = {"fruits": ["apple", "orange", "banana", "strawberry", "kiwifruit"],
             "year": [2001, 2002, 2001, 2008, 2006],
             "amount": [1, 4, 5, 6, 3]}
     df1 = pd.DataFrame(data1)

     data2 = {"fruits": ["apple", "orange", "banana", "strawberry",
     "mango"],
             "year": [2001, 2002, 2001, 2008, 2007],
             "price": [150, 120, 100, 250, 3000]}
```

```
df2 = pd.DataFrame(data2)

# 请确认 df1 和 df2 所包含内容
print(df1)
print()
print(df2)
print()

# 请将 fruits 列作为 Key 对 DataFrame 型变量 df1 和 df2 进行外部
# 合并，并将合并的结果保存到变量 df3 中

# 输出结果
# 对外部合并的处理方式进行确认
print(df3)
```

程序清单 9.9　习题

（提示）

对 **df1** 和 **df2** 两个 **DataFrame** 调用 **pandas.merge(df1, df2, on=** 作为 Key 的列，**how="outer")** 就能够创建出由这两个 **DataFrame** 进行外部合并而成的 **DataFrame**。

（参考答案）

In	（略）

```
# 请将 fruits 列作为 Key 对 DataFrame 型变量 df1 和 df2 进行外部
# 合并，并将合并的结果保存到变量 df3 中
df3 = pd.merge(df1, df2, on="fruits", how="outer")
```
（略）

Out	amount	fruits	year
0	1	apple	2001
1	4	orange	2002
2	5	banana	2001
3	6	strawberry	2008
4	3	kiwifruit	2006

```
        fruits  price  year
0        apple    150  2001
1       orange    120  2002
2       banana    100  2001
3   strawberry    250  2008
4        mango   3000  2007


    amount       fruits  year_x   price  year_y
0      1.0        apple  2001.0   150.0  2001.0
1      4.0       orange  2002.0   120.0  2002.0
2      5.0       banana  2001.0   100.0  2001.0
3      6.0   strawberry  2008.0   250.0  2008.0
4      3.0     kiwifruit  2006.0     NaN     NaN
5      NaN        mango     NaN  3000.0  2007.0
```

程序清单 9.10　参考答案

9.3.4 以异名列为 Key 进行合并

如表 9.9 中所示的两个 DataFrame，其中一个表示的是订单信息 **order_df**（左）；另一个表示的是顾客信息 **customer_df**（右）。在订单信息中，下单顾客的 ID 是用 "**customer_id**" 列表示的；而在顾客信息中，顾客的 ID 是用 "**id**" 列表示的。如果要将顾客信息合并到订单信息中，可以将 "**customer_id**" 指定为 Key 进行合并，但是在 **customer_df** 中对应的列是 "**id**"，两个 DataFrame 中对应的列的名字不一致。对于这种情况，需要对不同 DataFrame 中的列分别进行指定。

使用 **pandas.merge**（左侧 **DF**, 右侧 **DF**, **left_on**=" 左侧 DF 的列 ", **right_on**=" 右侧 DF 的列 ", **how**=" 合并方式 "）语句就可以将不同 DF 中的列指定为合并时所使用的对应列（DF 为 DataFrame 的缩写）。

表 9.9　两个 DataFrame

	id	item_id	customer_id
0	1000	2546	103
1	1001	4352	101
2	1002	342	101

	id	name
0	101	Tanaka
1	102	Suzuki
2	103	Kato

（习题）

请将订单信息 **order_df** 与顾客信息 **customer_df** 进行合并（程序清单 9.11）。合并时，请将 **order_df** 中的 "**customer_id**" 与 **customer_df** 中的 "**id**" 进行对应。合并方式请使用内部合并。

In	

```
import pandas as pd

# 订单信息
order_df = pd.DataFrame([[1000, 2546, 103],
                         [1001, 4352, 101],
                         [1002, 342, 101]],
                        columns=["id", "item_id", "customer_id"])
# 顾客信息
customer_df = pd.DataFrame([[101, "Tanaka"],
                            [102, "Suzuki"],
                            [103, "Kato"]],
                           columns=["id", "name"])

# 请将 order_df 中的 "customer_id" 与 customer_df 中的 "id" 进行对应合并，
# 并将结果代入 order_df 中



print(order_df)
```

程序清单 9.11　习题

（提示）

使用 **pandas.merge(** 左侧 DF, 右侧 DF, left_on=" 左侧 DF 的列 ", right_on=" 右侧 DF 的列 ", how=" 合并方式 "**)** 语句就可以将不同 **DataFrame** 中的列指定为合并时所使用的对应列，按照指定的合并方式进行合并。

（参考答案）

In	（略）

```
# 请将 order_df 中的 "customer_id" 与 customer_df 中的 "id" 进行对应合并，
```

```
# 并将结果代入 order_df 中
order_df = pd.merge(order_df, customer_df, left_on="customer_
id", right_on="id", how="inner")
（略）
```

	id_x	item_id	customer_id	id_y	name
0	1000	2546	103	103	Kato
1	1001	4352	101	101	Tanaka
2	1002	342	101	101	Tanaka

程序清单 9.12　参考答案

9.3.5 以索引为 Key 进行合并

在对不同的 DataFrame 进行合并时所指定的 Key 是索引的情况下，将 9.3.4 小节中使用的 **left_on="左侧 DF 的列"** 与 **right_on="右侧 DF 的列"** 语句分别改成 **left_index=True** 与 **right_index=True** 即可。

(习题)

请将订单信息 **order_df** 与顾客信息 **customer_df** 进行合并（程序清单 9.13）。使用 **order_df** 中的"**customer_id**"与 **customer_df** 的索引进行对应。合并方式请使用内部合并。

In
```
import pandas as pd

# 订单信息
order_df = pd.DataFrame([[1000, 2546, 103],
                         [1001, 4352, 101],
                         [1002, 342, 101]],
                        columns=["id", "item_id", "customer_id"])
# 顾客信息
customer_df = pd.DataFrame([["Tanaka"],
                            ["Suzuki"],
                            ["Kato"]],
                           columns=["name"])
```

```
customer_df.index = [101, 102, 103]

# 请将 customer_df 中的 "name" 合并到 order_df，并将合并结果代入
# order_df 中


print(order_df)
```

程序清单 9.13　习题

(提示)

　　进行合并的时候，如果要将左侧的 DataFrame 的索引作为 Key，就指定 left_index=True；如果要将右侧的 DataFrame 的索引作为 Key，就指定 right_index=True。

(参考答案)

```
In    （略）
      # 请将 customer_df 中的 "name" 合并到 order_df，并将合并结果代入 order_df 中
      order_df = pd.merge(order_df, customer_df, left_on="customer_
      id", right_index=True, how="inner")
      （略）
```

```
Out        id   item_id   customer_id     name
      0  1000      2546           103     Kato
      1  1001      4352           101     Tanaka
      2  1002       342           101     Tanaka
```

程序清单 9.14　参考答案

9.4 利用 DataFrame 进行数据分析

9.4.1 提取一部分行

使用 Pandas 对庞大的数据集进行处理时，要在屏幕上显示出所有的结果是不太现实的。对 DataFrame 类型的变量 **df** 调用 **df.head()** 方法就可以返回只包含开头 **5 行数据的 DataFrame**。同样，调用 **df.tail()** 方法就可以返回只包含末尾 **5 行数据的 DataFrame**。另外，通过在参数中指定整数值，就可以从原有 DataFrame 的开头或末尾返回包含所指定行数数据的 DataFrame。**head()** 和 **tail()** 方法对于 Series 型变量也同样可以使用。

【习题】

请将 DataFrame 型变量 **df** 开头的 3 行数据提取出来，并代入 **df_head** 中（程序清单 9.15）。

请将 DataFrame 型变量 **df** 末尾的 3 行数据提取出来，并代入 **df_tail** 中。

```
In   import numpy as np
     import pandas as pd
     np.random.seed(0)
     columns = ["apple", "orange", "banana", "strawberry", "kiwifruit"]

     # 生成 DataFrame 并添加列数据
     df = pd.DataFrame()
     for column in columns:
         df[column] = np.random.choice(range(1, 11), 10)
     df.index = range(1, 11)

     # 请将 DataFrame 型变量 df 开头的 3 行数据提取出来，并代入 df_head 中


     # 请将 DataFrame 型变量 df 末尾的 3 行数据提取出来，并代入 df_tail 中

```

```
# 输出结果
print(df_head)
print(df_tail)
```

程序清单 9.15　习题

提示

- 对 **DataFrame** 类型的变量 **df** 调用 **df.head()** 方法就可以返回只包含开头 **3** 行数据的 **DataFrame**。
- 同样，调用 **df.tail()** 方法就可以返回只包含末尾 **3** 行数据的 **DataFrame**。另外，通过在参数中指定整数值，就可以从原有 **DataFrame** 的开头或末尾返回包含所指定行数数据的 **DataFrame**。

参考答案

In	（略）

```
# 请将 DataFrame 型变量 df 开头的 3 行数据提取出来，并代入 df_head 中
df_head = df.head(3)

# 请将 DataFrame 型变量 df 末尾的 3 行数据提取出来，并代入 df_tail 中
df_tail = df.tail(3)
```
（略）

Out		apple	orange	banana	strawberry	kiwifruit
	1	6	8	6	3	10
	2	1	7	10	4	10
	3	4	9	9	9	1
		apple	orange	banana	strawberry	kiwifruit
	8	6	8	4	8	8
	9	3	9	6	1	3
	10	5	2	1	2	1

程序清单 9.16　参考答案

9.4.2 调用计算处理

Pandas 与 NumPy 的兼容性非常好，开发者可以很方便地在这两个库之间灵活

地进行数据的传递操作。**将 NumPy 所提供的函数传递给 Series 或 DataFrame，就可以对其中所有的元素调用进行计算处理的函数**。将 DataFrame 变量传递给 NumPy 中可以接收数组参数的函数，就可以以列为单位对 **DataFrame 中的数据进行计算处理**。

此外，Pandas 也提供了类似 NumPy 中的广播机制的支持，因此我们也可以很方便地使用"+ − * /"实现不同 Pandas 数据之间或者 Pandas 数据与整数之间的计算操作。

（习题）

请将 **df** 中的每个元素乘以 2，并将结果代入 **double_df** 中（程序清单 9.17）。

请计算 **df** 中的每个元素的平方，并将结果代入 **square_df** 中。

请计算 **df** 中的每个元素的平方根，并将结果代入 **sqrt_df** 中。

```
In    import numpy as np
      import pandas as pd
      import math
      np.random.seed(0)
      columns = ["apple", "orange", "banana", "strawberry",
      "kiwifruit"]

      # 生成 DataFrame 并添加列数据
      df = pd.DataFrame()
      for column in columns:
          df[column] = np.random.choice(range(1, 11), 10)
      df.index = range(1, 11)

      # 请将 df 中的每个元素乘以 2，并将结果代入 double_df 中



      # 请计算 df 中的每个元素的平方，并将结果代入 square_df 中



      # 请计算 df 中的每个元素的平方根，并将结果代入 sqrt_df 中


```

```
# 输出结果
print(double_df)
print(square_df)
print(sqrt_df)
```

程序清单 9.17　习题

提示

　　Pandas 也提供了类似 NumPy 中的广播机制的支持，因此也可以很方便地使用 " + − * / " 实现不同 Pandas 数据之间或 Pandas 数据与整数之间的计算操作。

参考答案

In
```
（略）
# 请将 df 中的每个元素乘以 2，并将结果代入 double_df 中
double_df = df * 2   # 写成 double_df = df + df 也可以

# 请计算 df 中的每个元素的平方，并将结果代入 square_df 中
square_df = df * df   # 写成 square_df = df**2 也可以

# 请计算 df 中的每个元素的平方根，并将结果代入 sqrt_df 中
sqrt_df = np.sqrt(df)
（略）
```

Pandas 的应用

Out

	apple	orange	banana	strawberry	kiwifruit
1	12	16	12	6	20
2	2	14	20	8	20
3	8	18	18	18	2
4	8	18	20	4	10
5	16	4	10	8	16
6	20	14	8	8	8
7	8	16	2	8	6
8	12	16	8	16	16
9	6	18	12	2	6
10	10	4	2	4	2
	apple	orange	banana	strawberry	kiwifruit
1	36	64	36	9	100

2	1	49	100	16	100
3	16	81	81	81	1
4	16	81	100	4	25
5	64	4	25	16	64
6	100	49	16	16	16
7	16	64	1	16	9
8	36	64	16	64	64
9	9	81	36	1	9
10	25	4	1	4	1
	apple	orange	banana	strawberry	kiwifruit
1	2.449490	2.828427	2.449490	1.732051	3.162278
2	1.000000	2.645751	3.162278	2.000000	3.162278
3	2.000000	3.000000	3.000000	3.000000	1.000000
4	2.000000	3.000000	3.162278	1.414214	2.236068
5	2.828427	1.414214	2.236068	2.000000	2.828427
6	3.162278	2.645751	2.000000	2.000000	2.000000
7	2.000000	2.828427	1.000000	2.000000	1.732051
8	2.449490	2.828427	2.000000	2.828427	2.828427
9	1.732051	3.000000	2.449490	1.000000	1.732051
10	2.236068	1.414214	1.000000	1.414214	1.000000

程序清单 9.18　参考答案

9.4.3　计算概括统计量

对每列数据的平均值、最大值、最小值等统计信息进行汇总而成的数据被称为概括统计量。对 DataFrame 型变量 **df** 调用 **df.describe()** 方法，就可以得到包含 **df** 中每列数据的**数量、平均值、标准差、最小值、四分位数、最大值**的 DataFrame，得到的 DataFrame 使用统计量的名称作为索引。

(习题)

请对 DataFrame 型变量 **df** 的概括统计量中的 "**mean**" "**max**" "**min**" 进行计算，并将结果代入 **df_des** 中（程序清单 9.19）。

```
In    import numpy as np
      import pandas as pd
      np.random.seed(0)
```

```
columns = ["apple", "orange", "banana", "strawberry",
           "kiwifruit"]

# 生成 DataFrame 并添加列数据
df = pd.DataFrame()
for column in columns:
    df[column] = np.random.choice(range(1, 11), 10)
df.index = range(1, 11)

# 请对 DataFrame 型变量 df 的概括统计量中的 "mean" "max" "min" 进行计算，
# 并将结果代入 df_des 中


print(df_des)
```

程序清单 9.19　习题

(提示)

● 对 **DataFrame** 型变量 **df** 调用 **df.describe()** 方法就可以得到包含 **df** 中每列数据的数量、平均值、标准差、最小值、四分位数、最大值的 **DataFrame**。

● **df** 的索引引用可以使用 **df.loc["** 索引的列表 **"]**。

(参考答案)

In | （略）
```
# 请对 DataFrame 型变量 df 的概括统计量中的 "mean" "max" "min" 进行计算，
# 并将结果代入 df_des 中
df_des = df.describe().loc[["mean", "max", "min"]]
```
（略）

Out |

	apple	orange	banana	strawberry	kiwifruit
mean	5.1	6.9	5.6	4.1	5.3
max	10.0	9.0	10.0	9.0	10.0
min	1.0	2.0	1.0	1.0	1.0

程序清单 9.20　参考答案

计算行间差分的操作是在对时间序列的数据进行分析时经常用到的功能。对 DataFrame 型变量 **df** 调用 **df.diff("行或列的间隔", axis="方向")** 方法就可以对行间或列间数据的差分进行计算，并将结果保存到新生成的 DataFrame 中。其中，第 1 个参数为正数时，表示计算与位于前面的行之间的差分；第 1 个参数为负数时，表示计算与位于后面的行之间的差分。**axis** 为 **0** 时表示行方向，**axis** 为 **1** 时表示列方向。

习题

请对 DataFrame 型变量 **df** 中的各行数据计算其与两行之后的行之间的差分，并将计算得到的 DataFrame 代入 **df_diff** 中（程序清单 9.21）。

```
In   import numpy as np
     import pandas as pd
     np.random.seed(0)
     columns = ["apple", "orange", "banana", "strawberry", "kiwifruit"]

     # 生成 DataFrame 并添加列数据
     df = pd.DataFrame()
     for column in columns:
         df[column] = np.random.choice(range(1, 11), 10)
     df.index = range(1, 11)

     #  请对 df 中的每行数据计算其与两行之后的行之间的差分，并将计算得到的
     # DataFrame 代入 df_diff 中



     # 请对 df 和 df_diff 的内容进行比较，并对处理内容进行确认
     print(df)
     print(df_diff)
```

程序清单 9.21　习题

提示

- 对 **DataFrame** 型变量 **df** 调用 **df.diff("行或列的间隔", axis="方向")** 方法就可以对行间或列间的差分进行计算，并将结果保存到新生成的 **DataFrame** 中。
- 第 1 个参数为正数时，表示计算与位于前面的行之间的差分；第 1 个参数

为负数时，表示计算与位于后面的行之间的差分。

- **axis 为 0 时表示行方向，axis 为 1 时表示列方向。**

〔参考答案〕

In
（略）
# 请对 df 中的每行数据计算其与两行之后的行之间的差分，并将计算得到的
# DataFrame 代入 df_diff 中
df_diff = df.diff(-2, axis=0)
（略）

Out

	apple	orange	banana	strawberry	kiwifruit
1	6	8	6	3	10
2	1	7	10	4	10
3	4	9	9	9	1
4	4	9	10	2	5
5	8	2	5	4	8
6	10	7	4	4	4
7	4	8	1	4	3
8	6	8	4	8	8
9	3	9	6	1	3
10	5	2	1	2	1
	apple	orange	banana	strawberry	kiwifruit
1	2.0	-1.0	-3.0	-6.0	9.0
2	-3.0	-2.0	0.0	2.0	5.0
3	-4.0	7.0	4.0	5.0	-7.0
4	-6.0	2.0	6.0	-2.0	1.0
5	4.0	-6.0	4.0	0.0	5.0
6	4.0	-1.0	0.0	-4.0	-4.0
7	1.0	-1.0	-5.0	3.0	0.0
8	1.0	6.0	3.0	6.0	7.0
9	NaN	NaN	NaN	NaN	NaN
10	NaN	NaN	NaN	NaN	NaN

程序清单 9.22　参考答案

9.4.5 分组化

在数据库和 DataFrame 中,对某个特定的列中具有相同值的行进行聚合的处理被称为**分组化**。对 DataFrame 型变量 **df** 调用 **df.groupby(" 列 ")** 方法就可以对指定的列中的数据进行分组化处理。虽然处理结束后,会返回 GroupBy 对象,但是**分组化的结果是无法直接显示出来的**。

我们可以使用 **mean()** 计算 GroupBy 对象中各个分组的平均值,使用 **sum()** 对数据进行求和运算。

（习题）

创建 DataFrame 型变量 **prefecture_df**,其中包含一部分行政区的名称、面积（整数值）、人口（整数值）、所属地区等信息（程序清单 9.23）。

请对 **prefecture_df** 按照地域（Region）进行分组化处理,并将结果代入 **grouped_region** 中。

请计算 **prefecture_df** 中每个地域的面积（Area）和人口（Population）的平均值,并将结果代入 **mean_df** 中。

```
In   import pandas as pd

     # 创建包含一部分行政区域信息的 DataFrame
     prefecture_df = pd.DataFrame([["Tokyo", 2190, 13636, "Kanto"],
                                   ["Kanagawa", 2415, 9145, "Kanto"],
                                   ["Osaka", 1904, 8837, "Kinki"],
                                   ["Kyoto", 4610, 2605, "Kinki"],
                                   ["Aichi", 5172, 7505, "Chubu"]],
                                   columns=["Prefecture", "Area",
                                            "Population", "Region"])

     # 输出结果
     print(prefecture_df)

     # 将 prefecture_df 按照地域（Region）进行分组化处理, 并将结果代入
     # grouped_region 中


     # 计算 prefecture_df 中每个地域的面积（Area）和人口（Population）的平均值,
```

```
# 并将结果代入 mean_df 中



# 输出结果
print(mean_df)
```

程序清单 9.23　习题

提示

- 通过对 DataFrame 类型的变量 df 指定 df.groupby(" 列名 ")，就可以实现根据指定的列对数据进行分组化处理。此时，程序返回的结果是一个 GroupBy 对象。
- 可以对 GroupBy 对象进行像 mean() 这样求取各个分组的平均值的计算，以及像 sum() 这样的求和运算等处理。

参考答案

In
（略）
```
# 将 prefecture_df 按照地域（Region）进行分组化处理，并将结果代入
# grouped_region 中
grouped_region = prefecture_df.groupby("Region")

# 计算 prefecture_df 中每个地域的面积（Area）和人口（Population）的平均值，
# 并将结果代入 mean_df 中
mean_df = grouped_region.mean()
```
（略）

Out

	Prefecture	Area	Population	Region
0	Tokyo	2190	13636	Kanto
1	Kanagawa	2415	9145	Kanto
2	Osaka	1904	8837	Kinki
3	Kyoto	4610	2605	Kinki
4	Aichi	5172	7505	Chubu

```
        Area  Population
Region
Chubu  5172.0      7505.0
```

| Kanto | 2302.5 | 11390.5 |
| Kinki | 3257.0 | 5721.0 |

程序清单 9.24　参考答案

附加习题

接下来，让我们运用在本章中所学习的 Pandas 的相关技术对基本的数据处理问题进行挑战。

习题

变量 **df1** 和 **df2** 是分别包含蔬菜和水果数据的 **DataFrame** 对象。其中，"**Name**" "**Type**" "**Price**"分别表示名称、类型（蔬菜或水果）、价格信息。

假设你现在需要分别购买三种蔬菜和水果，为了能够以最低的价格完成采购，请按照以下步骤对最低费用进行计算（程序清单 9.25）。

（1）对 **df1** 和 **df2** 进行纵向连接。

（2）将蔬菜和水果信息分别提取出来，并按照"**Price**"进行排序。

（3）从蔬菜和水果信息中，分别选择价格最便宜的三项，计算合计金额并输出结果。

```
In    import pandas as pd

      # 对两个 DataFrame 分别进行定义
      df1 = pd.DataFrame([["apple", "Fruit", 120],
                          ["orange", "Fruit", 60],
                          ["banana", "Fruit", 100],
                          ["pumpkin", "Vegetable", 150],
                          ["potato", "Vegetable", 80]],
                          columns=["Name", "Type", "Price"])

      df2 = pd.DataFrame([["onion", "Vegetable", 60],
                          ["carrot", "Vegetable", 50],
                          ["beans", "Vegetable", 100],
                          ["grape", "Fruit", 160],
                          ["kiwifruit", "Fruit", 80]],
                          columns=["Name", "Type", "Price"])
```

```
# 请在此处输入答案
```

程序清单 9.25　习题

提示

- 对 **DataFrame** 型变量调用 **df.sort_value(by=" 列的名称 ")** 方法就可以根据指定列中的数据进行排序。
- 使用 **sum(df[a:b]["Price"])** 可以对 **df[a]** ~ **df[b-1]** 之间的 "**Price**" 计算总和。

参考答案

In

```
（略）
# 请在此处输入答案
# 进行连接
df3 = pd.concat([df1, df2], axis=0)

# 将水果信息单独提取出来，并按照 Price 排序
df_fruit = df3.loc[df3["Type"] == "Fruit"]
df_fruit = df_fruit.sort_values(by="Price")

# 将蔬菜信息单独提取出来，并按照 Price 排序
df_veg = df3.loc[df3["Type"] == "Vegetable"]
df_veg = df_veg.sort_values(by="Price")

# 分别对其中的三项元素的 Price 计算合计金额
print(sum(df_fruit[:3]["Price"]) + sum(df_veg[:3]["Price"]))
```

Out

```
430
```

程序清单 9.26　参考答案

解说

在解决这个问题的过程中，我们使用了 DataFrame 的 "连接" "排序" "引用" 等功能。如果对 DataFrame 的使用方法还不是很明确，建议复习本章中的内容。

参考答案的最后一行代码也可以使用 **df_fruit[指定行][指定列].sum**() 来实现对合计金额的计算。请尝试使用这一方法对上述代码进行修改。

◀综合附加习题▶

接下来，我们将对第 8 章和第 9 章中所学习的内容进行总复习。

◀习题▶

请对程序清单 9.27 中有关 DataFrame 的代码注释部分做出相应的处理。

```
In    import pandas as pd

      index = ["taro", "mike", "kana", "jun", "sachi"]
      columns = ["语文", "数学", "社会", "理科", "英语"]
      data = [[30, 45, 12, 45, 87], [65, 47, 83, 17, 58], [64, 63,
      86, 57, 46,], [38, 47, 62, 91, 63], [65, 36, 85, 94, 36]]
      df = pd.DataFrame(data, index=index, columns=columns)

      # 请向 df 中新的列 "体育" 中添加 pe_column 的数据
      pe_column = pd.Series([56, 43, 73, 82, 62], index=["taro",
      "mike", "kana", "jun", "sachi"])
      df
      print(df)
      print()


      # 请将数学按升序进行排列
      df1 =
      print(df1)
      print()


      # 请对 df1 中的每个元素加 5 分
      df2 =
      print(df2)
      print()


      # 请对 df 的概括统计量中的 "mean" "max" "min" 进行输出
```

```
print()
```

程序清单 9.27　习题

可以使用 **append()** 和 **df** ['列的名称'] = **Series** 来实现对 **DataFrame** 进行添加操作。

参考答案

In
```
（略）
# 请向 df 中新的列 "体育" 中添加 pe_column 的数据
pe_column = pd.Series([56, 43, 73, 82, 62], index=["taro",
"mike", "kana", "jun", "sachi"])
df["体育"] = pe_column
print(df)
print()


# 请将数学按升序进行排列
df1 = df.sort_values(by="数学", ascending=True)
print(df1)
print()


# 请对 df1 中的每个元素加 5 分
df2 = df1 + 5
print(df2)
print()


# 请对 df 的概括统计量中的 "mean" "max" "min" 进行输出
print(df2.describe().loc[["mean", "max", "min"]])
```

Out

	语文	数学	社会	理科	英语	体育
taro	30	45	12	45	87	56
mike	65	47	83	17	58	43
kana	64	63	86	57	46	73
jun	38	47	62	91	63	82
sachi	65	36	85	94	36	62

Pandas 的应用

	语文	数学	社会	理科	英语	体育
sachi	65	36	85	94	36	62
taro	30	45	12	45	87	56
mike	65	47	83	17	58	43
jun	38	47	62	91	63	82
kana	64	63	86	57	46	73

	语文	数学	社会	理科	英语	体育
sachi	70	41	90	99	41	67
taro	35	50	17	50	92	61
mike	70	52	88	22	63	48
jun	43	52	67	96	68	87
kana	69	68	91	62	51	78

	语文	数学	社会	理科	英语	体育
mean	57.4	52.6	70.6	65.8	63.0	68.2
max	70.0	68.0	91.0	99.0	92.0	87.0
min	35.0	41.0	17.0	22.0	41.0	48.0

程序清单 9.28　参考答案

第 10 章

数据可视化的准备

    10.1.1 折线图
    10.1.2 条形图
    10.1.3 直方图
    10.1.4 散点图
    10.1.5 饼形图
10.2 随机数的生成
    10.2.1 设置种子
    10.2.2 生成服从正态分布的随机数
    10.2.3 生成服从二项分布的随机数
    10.2.4 列表数据的随机选择
10.3 时间序列数据
    10.3.1 datetime 类型
    10.3.2 timedelta 类型
    10.3.3 datetime 与 timedelta 型数据的运算
    10.3.4 从表示时间的字符串中创建 datetime 对象
10.4 数据的操作
    10.4.1 字符串型到数值型的转换
    10.4.2 生成间距相等的序列 1
    10.4.3 生成间距相等的序列 2

10.1 ‖ 各种各样的图表

10.1.1 折线图

在平面上对数据进行绘制，并将所绘制的数据用直线连接起来的图被称为**折线图**。

折线图适合用于对随着时间、位置（距离）的推移而变化的数据进行可视化。例如，用横轴（x 轴）表示时间，纵轴（y 轴）表示某商品的销量，就可以很直观地实现对商品销量变化的可视化处理。

如图 10.1 所示的折线图显示的是加拿大魁北克省在 20 世纪 60 年代汽车销量的变化趋势。

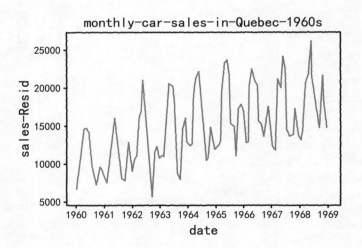

图 10.1　汽车销量的变化（20 世纪 60 年代加拿大魁北克省）

来源 引自 "Monthly car sales in Quebec 1960—1968"

URL https://datamarket.com/data/set/22n4/monthly–car–sales–in–quebec–1960–1968 #!ds=22n4&display=line

（习题）

请问在下列数据中，哪一项适合使用折线图来进行绘制？

- 每月的销售额。
- 动物的人气投票结果。
- 某次考试中全体学生的分数。
- 上述全部选项。

提示

适合使用折线图绘制的数据通常是依赖于时间、距离等连续的量的数据组合。

参考答案

每月的销售额。

10.1.2 条形图

将数据的条目排列在横轴上，并将相应条目的取值通过不同长度的矩形进行表示的图表被称为**条形图**。

条形图适合用于对包含**两个以上条目的数据进行可视化对比**。例如，对参加选举的每位候选人的得票数进行可视化处理时，使用条形图就非常适合。

如果某个数据适合用条形图来进行可视化，那么在某些情况下用饼形图进行可视化也可能同样适合。如图 10.2 所示的条形图显示的是不同国家的人口数量的对比。

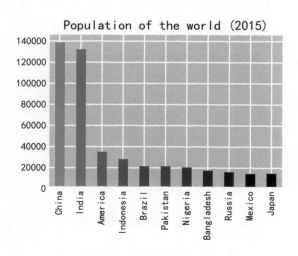

图 10.2 不同国家人口的对比

请问在下列数据中，哪一项适合使用条形图来进行绘制？

- 表示每月销售额的时间序列数据。
- 动物的人气投票结果。
- 马拉松比赛中起点到终点的海拔高度差。
- 上述全部选项。

提示

条形图适用于对两个以上数据条目进行比较时的可视化处理。

参考答案

动物的人气投票结果。

10.1.3 直方图

将数据划分成不同的阶段，并将每个阶段内的频数（同一阶段中所包含数据的数量）表示为高度的图被称为**直方图**。

直方图又称**频数分布图**。直方图是**最适合用于对一维数据**（例如，将某个产品的长度进行了多次测试的数据等）**的分布进行可视化**的一种处理方法。

如图 10.3 所示的直方图显示的是日本男性（成人）身高的分布。

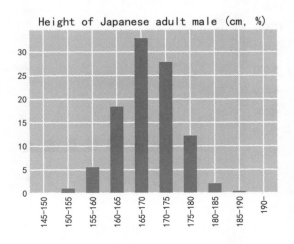

图 10.3　日本男性（成人）身高的分布

(习题)

请问在下列数据中，哪一项适合使用直方图来进行绘制？

- 动物的人气投票结果。
- 某次考试中全体学生的分数。
- 马拉松比赛中起点到终点的海拔高度差。
- 上述全部选项。

(提示)

直方图最适合用于对一维数据的分布进行可视化处理。

(参考答案)

某次考试中全体学生的分数。

10.1.4 散点图

将某个数据中的两个条目与平面上的 x 轴与 y 轴进行对应，并将点作为标记的图被称为**散点图**。

散点图还可以灵活地运用点的颜色或者大小的变化，将**总计三个条目**的数据在平面上进行可视化处理。

如图 10.4 所示的散点图显示的是 Iris（鸢尾花）花瓣的长度与宽度的分布情况。

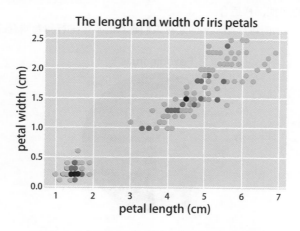

图 10.4 鸢尾花的花瓣的长度与宽度的分布情况

请问在下列数据中，哪一项适合使用散点图来进行绘制？

- 跳远的助跑距离与腾空距离。
- 一天中脂肪的平均摄入量与血压值。
- 最高气温与当日售出的刨冰数量。
- 上述全部选项。

（提示）

将某个数据中的两个条目与平面上的 x 轴与 y 轴进行对应，并将点作为标记的图被称为散点图。

（参考答案）

上述全部选项。

10.1.5 饼形图

在圆形中，根据数据所占整体的比例从中心按照一定的角度对圆进行划分而成的图形被称为**饼形图**。

饼形图是**最适合用于对某个条目所占的比例与整体数据进行比较**的可视化处理的方法。如果某个数据适合用饼形图来进行可视化，那么在某些情况下用条形图进行可视化也可能同样适合。

如图 10.5 所示的饼形图显示的是对人们喜欢的水果进行问卷调查的结果。

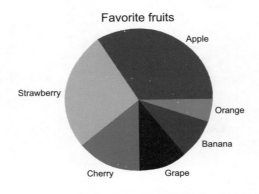

图 10.5 问卷调查结果

(习题)

请问在下列数据中，哪一项适合使用**饼形图**来进行绘制？

- 某产品在不同国家的市场占有率。
- 某产品每月的销售数量。
- 最高气温与当日售出的刨冰数量。
- 上述全部选项。

(提示)

饼形图是最适合用于对某个条目所占的比例与整体数据进行比较的可视化处理的方法。

(参考答案)

某产品在不同国家的市场占有率。

10.2 ‖ 随机数的生成

10.2.1 设置种子

在本小节中将对各种不同类型的随机数的生成方法进行讲解。计算机是根据被称为"种子（seed）"的数据来生成随机数的。

所谓**种子**，是指在生成随机数的过程中所使用的初始值。如果种子的值固定不变，生成的**随机数序列**也是不变的。通过使用相同的随机数序列，在同样的条件下，即使是使用了随机得到的计算结果也是可重现的。

如果不对种子进行设置，计算机就会使用当前的时间作为种子的初始值，因此每次执行代码都会输出不同的随机数。

可以通过将种子（整数）传递给 **numpy.random.seed()** 来对种子的数值进行设置。

(习题)

请对**设置种子/不设置种子**的前后变化进行确认。

请执行程序清单 10.1 中的代码并对结果进行输出。

```
In    import numpy as np

      # 确认不进行初始化设置时产生的随机数是否会一致
      # 分别在 X、Y 中保存 5 个随机数
      X = np.random.randn(5)
      Y = np.random.randn(5)
      # 对 X、Y 的值进行输出
      print(" 不对种子进行设置时 ")
      print("X:",X)
      print("Y:",Y)


      # 请对种子进行设置
      np.random.seed(0)
      # 将随机数序列代入变量中
      x = np.random.randn(5)
      # 请传入相同的种子值进行初始化设置
      np.random.seed(0)
      # 再次创建随机数序列并将其代入其他的变量中
      y = np.random.randn(5)
      # 对 x、y 的值进行输出，并确认其是否一致
      print(" 对种子进行设置后 ")
      print("x:",x)
      print("y:",y)
      # 请直接输出结果
```

程序清单 10.1　习题

提示

可以通过将种子（整数）传递给 **np.random.seed()** 来对其数值进行设置。

参考答案

```
Out   不对种子进行设置时
      X: [-1.05645152 1.01360078 0.41959289 -0.3357276 -0.39779698]
```

```
Y: [-0.89117927 -0.68139104 -1.05897887 1.3074623 1.23857217]
对种子进行设置后
x: [1.76405235 0.40015721 0.97873798 2.2408932 1.86755799]
y: [1.76405235 0.40015721 0.97873798 2.2408932 1.86755799]
```

程序清单 10.2　参考答案

10.2.2　生成服从正态分布的随机数

对使用 **numpy.random.randn()** 生成的随机数进行绘制后得到的直方图与被称为**正态分布**公式的曲线图形状接近。

如果将整数传递给 **numpy.random.randn()**，就可以返回服从**正态分布**的随机数传递的数值的数量。

（习题）

请将种子的值设置为 **0**（程序清单 10.3）。

请生成 **10000** 个服从正态分布的随机数，并将它们代入变量 **x** 中。

```
In │ import numpy as np
   │ import matplotlib.pyplot as plt
   │ %matplotlib inline
   │
   │ # 请将种子的值设置为 0
   │
   │ # 请生成 10000 个服从正态分布的随机数，并将它们代入变量 x 中
   │ x =
   │
   │ # 进行可视化处理
   │ plt.hist(x, bins='auto')
   │ plt.show()
```

程序清单 10.3　习题

（提示）

将整数传递给 **np.random.randn()**，就可以返回服从正态分布的随机数传递的数值的数量。

In	（略）

```
# 请将种子的值设置为 0
np.random.seed(0)
# 请生成 10000 个服从正态分布的随机数，并将它们代入变量 x 中
x = np.random.randn(10000)
```

（略）

Out	

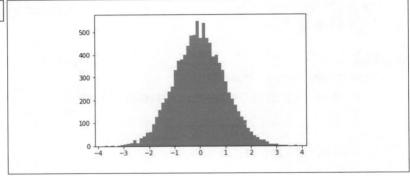

程序清单 10.4　参考答案

10.2.3　生成服从二项分布的随机数

使用 **numpy.random.binomial()** 可以返回某次尝试的结果，无论其结果是成功还是失败。例如，抛硬币时得到的结果只可能是正面或者反面。

此外，无论结果是成功还是失败，其概率都是 0.5。如果将整数 **n** 和大于 0 小于 1 的实数 **p** 传递给 **numpy.random.binomial()**，程序将对成功率 **p** 进行 **n** 次尝试，并在最后对成功的次数进行返回。如果将"**size= 整数值**"传递给第 3 个参数，程序将返回所指定数量的 n 次尝试的成功次数。

例如，抛 100 次硬币，对结果为正面的次数进行输出时，可以使用如下代码实现。

numpy.random.binomial(100,0.5)

(习题)

请对在成功概率为 0.5 的条件下尝试 100 次得到的成功次数进行 10000 次的求解，并将结果代入变量 **nums** 中（程序清单 10.5）。

请根据 **nums** 中的成功次数计算成功率的平均值并输出。

In	
| | ```
import numpy as np

# 请对种子进行设置
np.random.seed(0)
# 请对在成功概率为 0.5 的条件下尝试 100 次得到的成功次数进行 10000 次的求解，
# 并将结果代入变量 nums 中
nums =

# 请对成功率的平均值进行输出
``` |

程序清单 10.5　习题

(提示)

- 如果将整数 n 和大于 0 小于 1 的实数 p 传递给 **numpy.random.binomial()**，程序将对成功率 p 进行 n 次尝试，并在最后对成功的次数进行返回。
- 如果将"**size= 整数值**"传递给第 3 个参数，程序将返回所指定数量的 n 次尝试的成功次数。

(参考答案)

In	
| | ```
（略）
# 请对在成功概率为 0.5 的条件下尝试 100 次得到的成功次数进行 10000 次的求解，
# 并将结果代入变量 nums 中
nums = np.random.binomial(100, 0.5, size=10000)

# 请对成功率的平均值进行输出
print(nums.mean()/100)
``` |

| Out | 0.49832 |

程序清单 10.6　参考答案

列表数据的随机选择

将列表型数据 **x** 与整数值 **n** 传递给 **numpy.random.choice()**，可以将从列表型数据中随机选择 **n** 个元素组成新的列表并返回，代码如下。

numpy.random.choice(x, n)

（习题）

请从**列表 x** 中随机选择 5 个元素，并将结果代入变量 **y** 中（程序清单 10.7）。

| In | ```
import numpy as np

x=['Apple','Orange','Banana','Pineapple', 'Kiwifruit', 'Strawberry']

# 对种子进行设置
np.random.seed(0)
# 请从列表 x 中随机选择 5 个元素，并将结果代入变量 y 中
y = 

print(y)
``` |

程序清单 10.7　习题

（提示）

将列表型数据 **x** 与整数值 **n** 传递给 **numpy.random. choice()**，可以将从列表型数据中随机选择 **n** 个元素组成新的列表并返回。

（参考答案）

| In | ```
（略）
# 请从列表 x 中随机选择 5 个元素，并将结果代入变量 y 中
y = np.random.choice(x, 5)
``` |

```
（略）
```

Out | `['Kiwifruit' 'Strawberry' 'Apple' 'Pineapple' 'Pineapple']`

程序清单 10.8　参考答案

10.3 ‖ 时间序列数据

10.3.1 datetime 类型

对时间序列数据进行处理时，**需要使用表示时间的方法**。在 Python 中提供了 **datetime** 数据类型来对日期和时间进行处理。指定 **datetime. datetime（年，月，日，时，分，秒，毫秒）**，将返回包含所指定数据的 **datetime** 对象。在指定参数时，顺序可以是任意的，也可以只指定 **day = 日**而不对年或月进行指定。

（习题）

请创建表示 1992 年 10 月 22 日的 **datetime** 对象，并将其代入 **x** 中（程序清单 10.9）。

In |
```
import datetime as dt

# 请创建表示 1992 年 10 月 22 日的 datetime 对象，并将其代入 x 中
x =

# 输出结果
print(x)
```

程序清单 10.9　习题

（提示）

使用 **dt.datetime(年,月,日)** 可以创建表示指定日期的 **datetime** 对象。

| In | （略）
# 请创建表示 1992 年 10 月 22 日的 datetime 对象，并将其代入 x 中
x = dt.datetime(1992, 10, 22)
（略） |

| Out | 1992-10-22 00:00:00 |

程序清单 10.10　参考答案

10.3.2　timedelta 类型

datetime.timedelta 类型是用于表示时间长度的数据类型。通过按顺序对 **datetime.timedelta**(日，秒) 进行指定，程序就会返回指定时间的 **timedelta** 对象。可以通过如 **hours=4**、**minutes=10** 的方式来指定小时或分钟的单位。

（习题）

请创建表示 1.5 小时的 **timedelta** 对象，并将其代入 **x 中**（程序清单 10.11 ）。

| In | ```
import datetime as dt

# 请创建表示 1.5 小时的 timedelta 对象，并将其代入 x 中
x =

# 输出结果
print(x)
``` |

程序清单 10.11　习题

（提示）

通过按顺序对 **dt.timedelta**(日，秒) 进行指定，程序就会返回所指定时间的 **timedelta** 对象。可以通过如 **hours=4**、**minutes=10** 的方式来指定小时或分钟的单位。
```

参考答案

In	（略）
	# 请创建表示 1.5 小时的 timedelta 对象，并将其代入 x 中
	x = `dt.timedelta(hours=1, minutes=30)`
	（略）

Out	1:30:00

程序清单 10.12　参考答案

10.3.3　datetime 与 timedelta 型数据的运算

我们可以在 **datetime** 对象与 **timedelta** 对象之间进行加法或减法等运算，可以将 **timedelta** 类型数据乘以整数倍，也可以在 **timedelta** 类型数据之间进行计算。

习题

请创建表示 1992 年 10 月 22 日的 **datetime** 对象，并将其代入 **x** 中（程序清单 10.13），然后在变量 **x** 基础上创建表示一天后的 **datetime** 对象并代入 **y** 中。

| In | ```
import datetime as dt


# 请创建表示 1992 年 10 月 22 日的 datetime 对象，并将其代入 x 中
x =

# 请在变量 x 基础上创建表示一天后的 datetime 对象并代入 y 中
y =

# 输出结果
print(y)
``` |
|---|---|

程序清单 10.13　习题

提示

● 我们可以在 **datetime** 对象与 **timedelta** 对象之间进行加法或减法等运算。
```

- 使用 **dt.timedelta(1)** 可以创建长度为一天的 **timedelta** 对象。

```
In  （略）
    # 请创建表示 1992 年 10 月 22 日的 datetime 对象，并将其代入 x 中
    x = dt.datetime(1992, 10, 22)

    # 请在变量 x 基础上创建表示一天后的 datetime 对象并代入 y 中
    y = x + dt.timedelta(1)
    （略）
```

```
Out  1992-10-23 00:00:00
```

程序清单 10.14　参考答案

10.3.4 从表示时间的字符串中创建 datetime 对象

使用 **datetime** 可以从指定格式的字符串中生成 **datetime** 对象。例如，当字符串 s 为 "年 - 月 - 日 \quad 点 - 分 - 秒" 的格式时，可以使用 **datetime.datetime. strptime (s, "%Y-%m-%d %H-%M-%S")** 语句生成 **datetime** 对象并将其返回。

习题

请将表示 1992 年 10 月 22 日的字符串以 "年 - 月 - 日" 的格式代入 s 中（程序清单 10.15），然后对 s 进行转换，将表示 1992 年 10 月 22 日的 datetime 对象代入 **x** 中。

```
In  import datetime as dt

    # 请将表示 1992 年 10 月 22 日的字符串以 " 年 - 月 - 日 " 的格式代入 s 中
    s =
    # 请对 s 进行转换，将表示 1992 年 10 月 22 日的 datetime 对象代入 x 中
    x =

    # 输出结果
    print(x)
```

程序清单 10.15　习题

例如，当字符串 **s** 为"年 - 月 - 日 \quad 点 - 分 - 秒"的格式时，可以使用 **dt.datetime.strptime(s, "%Y-%m-%d-%H-%M-%S")** 语句生成 **datetime** 对象并将其返回。

参考答案

In	（略）
	# 请将表示 1992 年 10 月 22 日的字符串以"年 - 月 - 日"的格式代入 s 中
	s = `"1992-10-22"`
	# 请对 s 进行转换，将表示 1992 年 10 月 22 日的 datetime 对象代入 x 中
	x = `dt.datetime.strptime(s, "%Y-%m-%d")`
	（略）

Out	1992-10-22 00:00:00

程序清单 10.16　参考答案

10.4 ‖ 数据的操作

10.4.1 字符串型到数值型的转换

在本小节中将对**数据的整型**进行学习，如对从多个数据源得到的数据进行合并及数据的运用方法等。对数据进行整理的详细内容请参考第 14 章"基于 DataFrame 的数据整理"部分，在这里我们只对最基本的内容进行学习。

如果要将从文件中读取的数值用于计算，所读取的数据的类型必须是 int 型或 float 型等有效的数据类型。将只包含数字的字符串传递给 **int()** 或 **float()**，可以将字符串型转换成数值型。

习题

请将包含数字字符串的**变量 x、y** 通过 **int()** 进行转换，然后将其数值的和代入 **z** 中并对其进行输出（程序清单 10.17）。

```
In    # 代入字符串类型
      x = '64'
      y = '16'

      # 请将变量 x、y 通过 int() 进行转换，并将其数值的和代入 z 中
      z =

      # 对 z 的值进行输出
      print(z)
```

程序清单 10.17　习题

提示

将只包含数字的字符串传递给 **int()** 或 **float()**，可以将字符串型转换成数值型。

参考答案

```
In    （略）
      # 请将变量 x、y 通过 int() 进行转换，并将其数值的和代入 z 中
      z = int(x) + int(y)
      （略）
```

```
Out   80
```

程序清单 10.18　参考答案

10.4.2　生成间距相等的序列 1

当需要对列表中的元素进行排序或需要使用偶数数列 (0, 2, 4, …) 时，使用 **numpy.arange()** 语句比较方便。通过使用 **numpy.arange(开始的值 , 结束的值 , 间隔的值)** 可以将从起始到结束之前的数值按照指定的间隔进行返回。

例如，假设需要使用从 0 到 4 的偶数数列时，可以使用 **np.arange(0, 5, 2)**。在这里需要注意的是，需要生成的是**到结束之前的数值**，如果使用 **np.arange(0, 4, 2)**，就生成从 0 到 2 的偶数数列了。

（习题）

请使用 **np.arange()** 将从 **0** 到 **10** 的偶数数列代入 **x** 中（程序清单 10.19）。

```
In    import numpy as np

      # 请将从 0 到 10 的偶数数列代入 x 中，结束的值为 12 也是正确的
      x =

      # 输出结果
      print(x)
```

程序清单 10.19　习题

（提示）

- 如将开始、结束、间隔的值传递给 **np.arange()**，就可以将从开始到结束之前的数值按照指定的间隔进行返回。
- 在指定结束之前的值时请注意。

（参考答案）

```
In    （略）
      # 请将从 0 到 10 的偶数数列代入 x 中，结束的值为 12 也是正确的
      x = np.arange(0, 11, 2)
      （略）
```

```
Out   [0  2  4  6  8  10]
```

程序清单 10.20　参考答案

10.4.3 生成间距相等的序列 2

当我们需要将指定的范围进行任意的划分时，**numpy.linspace()** 方法是比较方便的。

将开始、结束、需要划分的个数依次传递给 **numpy.linspace()**，程序就会返回所指定个数的分割点。

例如，当我们需要将从 0 到 15 的范围内按相同间隔划分的 4 个点（**0、5、10、**

15）进行输出，可以使用 **np.linspace(0, 15, 4)** 语句。

【习题】

请使用 **np.linspace()** 将从 **0** 到 **10** 的范围内按相同间隔进行划分的 **5** 个点代入 **x** 中（程序清单 10.21）。

| In | ```
import numpy as np

# 请将从 0 到 10 的范围内按相同间隔进行划分的 5 个点代入 x 中
x =

# 输出结果
print(x)
``` |

程序清单 10.21　习题

【提示】

将开始、结束、需要划分的个数按顺序依次传递给 **numpy.linspace()**，程序就会返回所指定的分割点。

np.linspace(0, 15, 4)

【参考答案】

| In | （略）
请将从 0 到 10 的范围内按相同间隔进行划分的 5 个点代入 x 中
`x = np.linspace(0, 10, 5)`
（略） |

| Out | `[ 0.  2.5 5.  7.5 10. ]` |

程序清单 10.22　参考答案

附加习题

接下来，使用 matplotlib 软件库对直方图进行绘制。
```

（ 习题 ）

请分别生成 10000 个从 0 到 1 均匀分布的随机数、服从正态分布的随机数，以及服从二项分布的随机数，并通过直方图对它们的形状依次进行确认。请将各个直方图的 **bins** 指定为 **50**。

In

```
import matplotlib.pyplot as plt
import numpy as np

np.random.seed(100)

# 请生成 10000 个均匀分布的随机数，并将其代入 random_number_1 中

# 请生成 10000 个服从正态分布的随机数，并将其代入 random_number_2 中

# 请生成 10000 个服从二项分布的随机数，并将其代入 random_number_3 中，
# 请将成功概率设置为 0.5


plt.figure(figsize=(5,5))
# 请使用直方图对均匀分布的随机数进行显示。请将 bins 指定为 50

plt.title('uniform_distribution')
plt.grid(True)
plt.show()


plt.figure(figsize=(5,5))
# 请使用直方图对服从正态分布的随机数进行显示。请将 bins 指定为 50
plt.title('normal_distribution')
plt.grid(True)
plt.show()


plt.figure(figsize=(5,5))
# 请使用直方图对服从二项分布的随机数进行显示。请将 bins 指定为 50
```

```
plt.title('binomial_distribution')
plt.grid(True)
plt.show()
```

程序清单 10.23　习题

（提示）

均匀分布的随机数、服从正态分布的随机数，以及服从二项分布的随机数分别可以使用 **np.random.rand()**、**np.random.randn()**、**np.random.binomial()** 语句生成。

（参考答案）

In

（略）

```
# 请生成 10000 个均匀分布的随机数，并将其代入 random_number_1 中
random_number_1 = np.random.rand(10000)
# 请生成 10000 个服从正态分布的随机数，并将其代入 random_number_2 中
random_number_2 = np.random.randn(10000)
# 请生成 10000 个服从二项分布的随机数，并将其代入 random_number_3 中，
# 请将成功概率设置为 0.5
random_number_3 = np.random.binomial(100, 0.5, size=(10000))
```

（略）

```
plt.figure(figsize=(5,5))
# 请使用直方图对均匀分布的随机数进行显示。请将 bins 指定为 50
plt.hist(random_number_1, bins=50)
```

（略）

```
# 请使用直方图对服从正态分布的随机数进行显示。请将 bins 指定为 50
plt.hist(random_number_2, bins=50)
```

（略）

```
# 请使用直方图对服从二项分布的随机数进行显示。请将 bins 指定为 50
plt.hist(random_number_3, bins=50)
```

（略）

Out

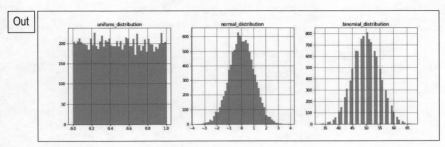

程序清单 10.24 参考答案（横向排列）

第 11 章

matplotlib 的使用方法

11.1 ║ 单一数据的可视化处理

11.1.1 在图表中绘制数据

对数据进行可视化处理是分析数据过程中非常有效的分析手段之一。而 matplotlib 软件库提供了功能极为丰富的数据可视化处理函数。使用 **matplotlib. pyplot.plot(** 对应 x 轴的数据，对应 y 轴的数据 **)** 可以将数据非常简单地映射到图表中的 x 轴（横轴）和 y 轴（纵轴）上来实现图表的绘制。之后，再使用 **matplotlib. pyplot.show()** 就可以将图表显示在屏幕上。那么，接下来让我们试着操作一下吧！

◀习题▶

首先请将 **matplotlib.pyplot** 作为 **plt** 进行导入（程序清单 11.1）。

然后请使用 **plt.plot()** 将变量 **x** 的数据对应到 **x** 轴，变量 **y** 的数据对应到 **y** 轴。

```
In   # 请将matplotlib.pyplot作为plt进行导入
     import
     import numpy as np
     %matplotlib inline


     # np.pi 表示圆周率
     x = np.linspace(0, 2*np.pi)
     y = np.sin(x)


     # 请将数据x、y绘制到图表中并对图表进行显示



     plt.show()
```

程序清单 11.1　习题

提示

● 可以使用 **plt.plot(** 对应 x 轴的数据，对应 y 轴的数据 **)** 绘制图表。

- 如果是在 **Jupyter Notebook** 中，可以使用 **%matplotlib inline** 将可视化处理的输出结果可见（仅适用于 **Jupyter Notebook**）。
- 使用 **plt.pyplot.show()** 进行显示。

（参考答案）

| In | ```
# 请将 matplotlib.pyplot 作为 plt 进行导入
import matplotlib.pyplot as plt
（略）
# 请将数据 x、y 绘制到图表中并对图表进行显示
plt.plot(x,y)
（略）
``` |
| --- | --- |

Out	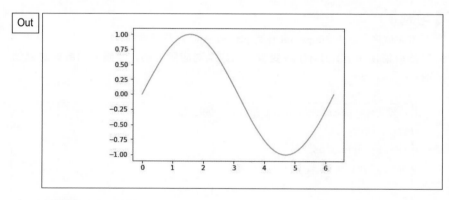

程序清单 11.2　参考答案

11.1.2　设置图表的显示范围

使用 **matplotlib.pyplot** 绘制图表时，自动设置图表的显示范围。

分配到各个轴上的数据（列表）中的 **min()** 与 **max()** 分别为显示范围的最小值和最大值，因此所有的数据都会被自动地可视化处理。

然而，有些时候我们只想让其显示一部分。这时可以使用 **matplotlib.pyplot. xlim([0,10])** 来指定图表的显示范围。在这里使用的 **xlim** 是指定 x 轴显示范围的函数。
```

〔习题〕

请使用 **plt.plot()** 将变量 **x** 的数据对应到 **x** 轴上,变量 **y** 的数据对应到 **y** 轴上(程序清单 11.3)。之后, 请将 **y** 轴的显示范围设定为 **[0,1]**。

```
In   # 将 matplotlib.pyplot 作为 plt 进行导入
     import matplotlib.pyplot as plt
     import numpy as np

     %matplotlib inline

     # np.pi 表示圆周率
     x = np.linspace(0, 2*np.pi)
     y = np.sin(x)

     # 请将 y 轴的显示范围设定为 [0,1]



     # 将数据 x、y 绘制到图表中并对图表进行显示
     plt.plot(x, y)
     plt.show()
```

程序清单 11.3　习题

〔提示〕

y 轴的显示范围可以通过 **plot.ylim("** 范围 **")** 来指定。

〔参考答案〕

```
In   (略)
     # 请将 y 轴的显示范围设定为 [0,1]
     plt.ylim([0, 1])
     (略)
```

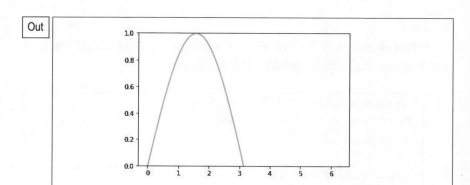

Out

程序清单 11.4　参考答案

11.1.3 设置图表元素的名称

简单易懂的图表中一般会显示标题，再加入对每个轴上的内容进行说明的文字等。使用 **matplotlib.pyplot** 中的方法可以为图表中的各种元素设置名称。

例如，图表的标题可以使用 **matplotlib.pyplot.title(" 标题 ")** 进行设置，图表中 x 轴的名称可以使用 **matplotlib.pyplot.xlabel("x 轴的名称 ")** 进行设置。

【习题】

请将图表的标题设置为 "y=sin(x)（0< y<1)"（程序清单 11.5）。

请将图表中 x 轴的名称设置为 "x-axis"、y 轴的名称设置为 "y-axis"。

In

```
# 将 matplotlib.pyplot 作为 plt 进行导入
import matplotlib.pyplot as plt
import numpy as np


%matplotlib inline


x = np.linspace(0, 2*np.pi)
y = np.sin(x)


# 请设置图表的标题
```

```
# 请设置图表中 x 轴与 y 轴的名称


# y 轴的显示范围指定为 [0,1]
plt.ylim([0, 1])
# 将数据 x、y 绘制到图表中并对图表进行显示
plt.plot(x, y)
plt.show()
```

程序清单 11.5　习题

提示

- 使用 **plt.title**(" 标题 ") 来设置图表标题。
- 使用 **plt.xlabel**("x 轴的名称 ") 来设置 x 轴的名称。
- 使用 **plt.ylabel**("y 轴的名称 ") 来设置 y 轴的名称。

参考答案

In
```
（略）
# 请设置图表的标题
plt.title("y=sin(x)(0<y<1)")
# 请设置图表中 x 轴与 y 轴的名称
plt.xlabel("x-axis")
plt.ylabel("y-axis")
（略）
```

Out

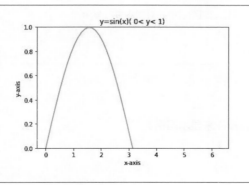

程序清单 11.6　参考答案

11.1.4 在图表中显示网格

可以在图表中简单地绘制 **grid**（**网格**）。默认设置是不会显示网格的。可以使用 **matplotlib.pyplot.grid(True)** 来显示网格。

 习题

请在图表中显示网格（程序清单 11.7）。

```
In   # 将 matplotlib.pyplot 作为 plt 进行导入
     import matplotlib.pyplot as plt
     import numpy as np

     %matplotlib inline

     x = np.linspace(0, 2*np.pi)
     y = np.sin(x)

     # 设置图表的标题
     plt.title("y=sin(x)")
     # 设置图表中 x 轴与 y 轴的名称
     plt.xlabel("x-axis")
     plt.ylabel("y-axis")
     # 请在图表中显示网格



     # 将数据 x、y 绘制到图表中并对图表进行显示
     plt.plot(x, y)
     plt.show()
```

程序清单 11.7　习题

提示

使用 **plt.grid(True)** 来显示网格。

（参考答案**）**

| In | （略）
请在图表中显示网格
`plt.grid(True)`
（略） |

| Out | 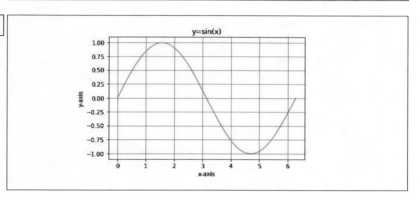 |

程序清单 11.8　参考答案

11.1.5　在图表的轴上设置刻度

在使用 matplotlib 创建图表时，**x 轴与 y 轴**会自动地添加刻度。

通常，每个轴上的刻度断点会在恰当的位置上，然而根据数据种类的不同，有些时候刻度断点的位置并不会那么美观。所以，插入 x 轴上的刻度可以使用下面的方法进行设置。

matplotlib.pyplot.xticks(刻度插入的位置 **,** 插入的刻度 **)**

（习题**）**

请设置图表中 x 轴的刻度（程序清单 11.9）。刻度插入的位置在 **positions** 中，刻度在 **labels** 中。

| In | # 将 `matplotlib.pyplot` 作为 `plt` 进行导入 |

```
import matplotlib.pyplot as plt
import numpy as np

%matplotlib inline

x = np.linspace(0, 2*np.pi)
y = np.sin(x)
# 设置图表的标题
plt.title("y=sin(x)")
# 设置图表中 x 轴与 y 轴的名称
plt.xlabel("x-axis")
plt.ylabel("y-axis")
# 在图表中显示网格
plt.grid(True)
# 设置 positions 和 labels
positions = [0, np.pi/2, np.pi, np.pi*3/2, np.pi*2]
labels = ["0° ", "90° ", "180° ", "270° ", "360° "]
# 请设置图表中 x 轴上的刻度


# 将数据 x、y 绘制到图表中并对图表进行显示
plt.plot(x,y)
plt.show()
```

程序清单 11.9　习题

提示

使用 **plt.xticks(** 刻度插入的位置 **,** 插入的刻度 **)** 进行设置。

参考答案

In	（略）
	# 请设置图表中 x 轴上的刻度
	plt.xticks(positions, labels)
	（略）

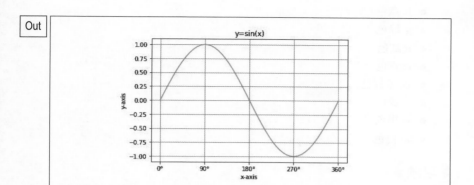

程序清单 11.10　参考答案

11.2 ┃ 多个数据的可视化处理 1

11.2.1　同一图表中绘制两种数据

某些时候当需要在同一个图表中显示多个数据时，就需要对图表中不同种类的数据进行区分。

使用下列代码，就可以在图表中绘制数据时指定颜色。

matplotlib.pyplot.plot(x, y, color=" 颜色指定 ")

此外，将多个不同的变量传递给 **matplotlib.pyplot.plot()** 并一次性执行，其结果就会被绘制在图表上。绘制的颜色可以通过 **HTML 颜色码**指定。所谓 **HTML 颜色码**，是指如 **#0000ff**，通过在 # 后面加上 6 位的十六进制数字（0 ~ 9、A ~ F）来表示颜色的代码。

例如，红色可以用 **#AA0000** 来表示。另外，也可以用如下的字符进行指定。

> **注意：关于颜色**
>
> 　由于本书采用双色印刷，因此无法显示除黑色和蓝色之外的颜色。关于其他的颜色，请在示例代码中通过修改指定的颜色进行确认。

- b: 蓝色
- g: 绿色
- r: 红色
- c: 青色
- m: 紫红色
- y: 黄色
- k: 黑色
- w: 白色

（习题）

请使用 **plt.plot()** 将变量 **x** 的数据对应到 **x** 轴上、变量 **y1** 的数据对应到 **y** 轴上，并使用黑色进行绘制（程序清单 11.11）。

请使用 **plt.plot()** 将变量 **x** 的数据对应到 **x** 轴上、变量 **y2** 的数据对应到 **y** 轴上，并使用蓝色进行绘制。

使用 **k** 指定黑色，使用 **b** 指定蓝色。

```
In  # 将 matplotlib.pyplot 作为 plt 进行导入
    import matplotlib.pyplot as plt
    import numpy as np


    %matplotlib inline


    x = np.linspace(0, 2*np.pi)
    y1 = np.sin(x)
    y2 = np.cos(x)
    labels = ["90° ", "180° ", "270° ", "360° "]
    positions = [np.pi/2, np.pi, np.pi*3/2, np.pi*2]
    # 设置图表的标题
    plt.title("graphs of trigonometric functions")
    # 设置图表中 x 轴与 y 轴的名称
    plt.xlabel("x-axis")
    plt.ylabel("y-axis")
    # 在图表中显示网格
    plt.grid(True)
    # 设置图表中 x 轴上的标签
```

```
plt.xticks(positions, labels)
# 请将数据 x、y1 绘制到图表中，并用黑色对其进行显示


# 请将数据 x、y2 绘制到图表中，并用蓝色对其进行显示


plt.show()
```

程序清单 11.11　习题

提示

- 可以使用 **plt.plot(x, y, color=" 颜色 ")** 指定颜色进行绘制。使用多行代码对不同的数据进行绘制，最终结果也会显示在同一个图表中。
- 可以使用 **k** 指定黑色，使用 **b** 指定蓝色。

参考答案

matplotlib 的使用方法

In （略）

```
# 请将数据 x、y1 绘制到图表中，并用黑色对其进行显示
plt.plot(x, y1, color="k")

# 请将数据 x、y2 绘制到图表中，并用蓝色对其进行显示
plt.plot(x, y2, color="b")
```
（略）

Out

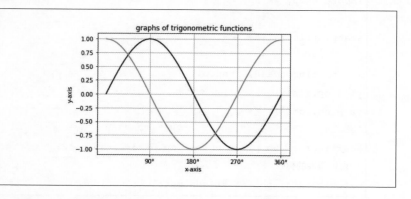

程序清单 11.12　参考答案

11.2.2 设置序列标签

即使可以在同一个图表中显示多个序列的数据并用不同的颜色进行区分，但如果我们不知道每个序列表示的是什么，那么将多个序列的数据集中在同一个图表中就变得毫无意义。

那么，这个时候我们可以使用 **matplotlib.pyplot.legend**(["标签名 1","标签名 2", ...]) 来设置图表中的序列标签，使图表更易于理解。

（习题）

请使用 **plt.plot()** 将变量 x 的数据对应到 x 轴上，将变量 **y1** 的数据对应到 y 轴上。使用 "**y=sin(x)**" 添加标签并使用黑色进行绘制（程序清单 11.13）。

请使用 **plt.plot()** 将变量 x 的数据对应到 x 轴上，将变量 **y2** 的数据对应到 y 轴上。使用 "**y=cos(x)**" 添加标签并使用蓝色进行绘制。

请使用 **plt.legend()** 来设置序列标签。

```
In  # 将 matplotlib.pyplot 作为 plt 进行导入
    import matplotlib.pyplot as plt
    import numpy as np


    %matplotlib inline


    x = np.linspace(0, 2*np.pi)
    y1 = np.sin(x)
    y2 = np.cos(x)
    labels = ["90° ", "180° ", "270° ", "360° "]
    positions = [np.pi/2, np.pi, np.pi*3/2, np.pi*2]
    # 设置图表的标题
    plt.title("graphs of trigonometric functions")
```

```
# 设置图表中 x 轴与 y 轴的名称
plt.xlabel("x-axis")
plt.ylabel("y-axis")
# 在图表中显示网格
plt.grid(True)
# 设置图表中 x 轴上的标签
plt.xticks(positions, labels)
# 请将数据 x、y1 绘制到图表中，使用"y=sin(x)"添加标签并使用黑色显示


# 请将数据 x、y2 绘制到图表中，使用"y=cos(x)"添加标签并使用蓝色显示


# 请设置序列标签



plt.show()
```

程序清单 11.13　习题

提示

可以使用 **matplotlib.pyplot.legend**(["标签名 1", "标签名 2", ...]) 来设置标签。

参考答案

In
```
（略）
# 请将数据 x、y1 绘制到图表中，使用"y=sin(x)"添加标签并使用黑色显示
plt.plot(x, y1, color="k", label="y=sin(x)")
# 请将数据 x、y2 绘制到图表中，使用"y=cos(x)"添加标签并使用蓝色显示
plt.plot(x, y2, color="b", label="y=cos(x)")
# 请设置序列标签
plt.legend(["y=sin(x)", "y=cos(x)"])
（略）
```

Out

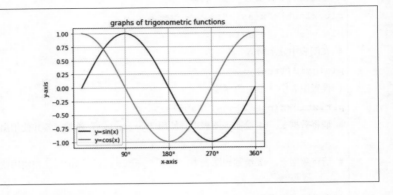

程序清单 11.14　参考答案

11.3 ‖ 多个数据的可视化处理 2

11.3.1 设置图的尺寸

在本小节中将学习绘制多个图表，并对图表进行编辑的方法。

matplotlib 是在被称为图的区域内对图表进行绘制的。首先我们来学习对**图的尺寸**进行指定的方法。

通过灵活地使用 **matplotlib.pyplot.figure()** 可以在图的显示区域内实现任意的操作。

可以使用 **matplotlib.pyplot.figure(figsize=(横向大小 , 纵向大小))** 指定图的尺寸。指定尺寸时所使用的单位为**英寸**（1 英寸= 2.54 厘米）。

（习题）

请将图的显示区域的尺寸**设置为 4 英寸 × 4 英寸**（程序清单 11.15）。

In
```
# 将 matplotlib.pyplot 作为 plt 进行导入
import matplotlib.pyplot as plt
import numpy as np

%matplotlib inline
```

```
x = np.linspace(0, 2*np.pi)
y = np.sin(x)


# 请设置图的尺寸



# 将数据 x、y 绘制到图表中并对图表进行显示
plt.plot(x, y)
plt.show()
```

程序清单 11.15 习题

提示

可以使用 **plt.figure(figsize=(横向大小,纵向大小))** 指定图的尺寸,单位为英寸。

◖参考答案◗

In
```
(略)
# 请设置图的尺寸
plt.figure(figsize=(4, 4))
(略)
```

Out
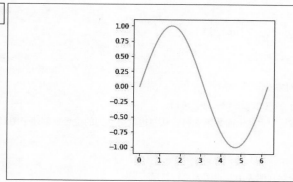

程序清单 11.16 参考答案

11.3.2 创建子图

使用 matplotlib 可以将比图的尺寸更小的子图作为单位对图表的绘制区域进行控制。

创建子图时，可以对图进行分割的布局方式，以及其中显示子图的位置进行设置。

例如，假设图的尺寸大小为 4 英寸×4 英寸，将图分割为 2×3 的布局，如果想要将子图插在从上面数第 2 行、从左边数第 2 列的位置，可以采用如下的方式对其进行指定。

fig = matplotlib.pyplot.figure(4, 4)
fig.add_subplot(2, 3, 5)

【习题】

请在布局为 **2×3** 的图中，将图表插在从上面数第 **2** 行，从左边数第 **2** 列的位置（程序清单 11.17）。请使用现有的**变量 fig** 创建子图，并将其代入**变量 ax** 中。

```
# 将 matplotlib.pyplot 作为 plt 进行导入
import matplotlib.pyplot as plt
import numpy as np


%matplotlib inline


x = np.linspace(0, 2*np.pi)
y = np.sin(x)


# 创建 figure 对象
fig = plt.figure(figsize=(9, 6))
# 请在 2×3 的布局中，从上面数第 2 行，从左边数第 2 列的位置处创建子图对象
ax =

# 将数据 x、y 绘制到图表中并对图表进行显示
ax.plot(x,y)


# 为了方便确认将图表插入哪个位置，在空白部分填入其他子图
```

```
axi = []
for i in range(6):
    if i==4:
        continue
    fig.add_subplot(2, 3, i+1)
plt.show()
```

程序清单 11.17 习题

提示

- 将图分割为"子图的纵向数量"ד子图的横向数量"个子图，并从左上方开始指定位置。
- 从上起第 2 行，从左起第 2 列处是从左上方开始的第 5 个位置。

参考答案

In
```
（略）
# 请在 2×3 的布局中，从上面数第 2 行，从左边数第 2 列的位置处创建子图对象
ax = fig.add_subplot(2, 3, 5)
（略）
```

Out

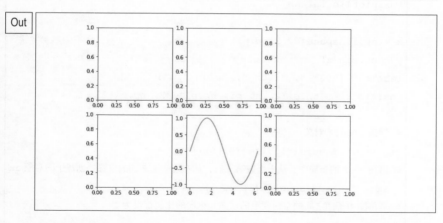

程序清单 11.18 参考答案

11.3.3 调整子图周围的空白部分

如果在图中将子图彼此相邻放置，在设置轴的名称和标题时，子图之间可能会产生干扰。这种情况下，可以通过调整子图周围的空白部分的大小来防止它们之间的相互干扰。

matplotlib.pyplot.subplots_adjust(wspace= 横向间隔的比例 **, hspace=** 纵向间隔的比例 **)**

使用上述代码可以对子图之间的空白间距进行设置。

【习题】

请在 2×3 布局的图中，将子图之间的空白间距的横向和纵向的比例都设为 1（程序清单 11.19）。

```
In    # 将 matplotlib.pyplot 作为 plt 进行导入
      import matplotlib.pyplot as plt
      import numpy as np


      %matplotlib inline


      x = np.linspace(0, 2*np.pi)
      y = np.sin(x)
      labels = ["90° ", "180° ", "270° ", "360° "]
      positions = [np.pi/2, np.pi, np.pi*3/2, np.pi*2]


      # 创建 figure 对象
      fig = plt.figure(figsize=(9, 6))
      # 请在 2×3 的布局中，从上面数第 2 行，从左边数第 2 列的位置处创建子图对象 ax
        ax = fig.add_subplot(2, 3, 5)
      # 请将图中子图之间的空白间距的横向和纵向的比例都设为 1



      # 将数据 x、y 绘制到图表中并对图表进行显示
      ax.plot(x, y)
```

```
# 将子图填入空白部分
axi = []
for i in range(6):
    if i==4:
        continue
    fig.add_subplot(2, 3, i+1)
plt.show()
```

程序清单 11.19　习题

提示

可以使用 **plt.subplots_adjust(wspace=** 横向间隔的比例 **, hspace=** 纵向间隔的比例 **)** 对子图之间的空白间距进行设置。

参考答案

In | （略）
请将图中子图之间的空白间距的横向和纵向的比例都设为 1
```
plt.subplots_adjust(wspace=1, hspace=1)
```
（略）

Out

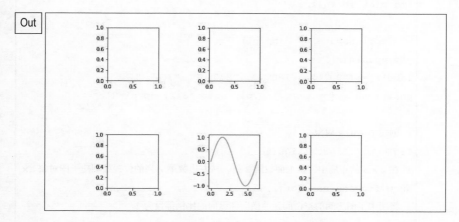

程序清单 11.20　参考答案

matplotlib 的使用方法

11.3.4 设置子图内图表的显示范围

我们在图中绘制图表时，可以**设置图表的显示范围**。可以分别对 x 轴、y 轴的显示范围进行设置。在子图内设置显示范围的方法如下，其中 **ax** 是子图对象。

- 设置 x 轴的显示范围：**ax.set_xlim(范围)**。
- 设置 y 轴的显示范围：**ax.set_ylim(范围)**。

例如，将 x 轴的显示范围设置为 0 到 1 时，可以做如下的设置。

ax.set_xlim([0, 1])

习题

子图 **ax** 已经预先定义好了（程序清单 11.21），请将 **ax** 中图表的 **y** 轴的显示范围设置为 **[0, 1]**。

```
In    # 将 matplotlib.pyplot 作为 plt 进行导入
      import matplotlib.pyplot as plt
      import numpy as np


      %matplotlib inline


      x = np.linspace(0, 2*np.pi)
      y = np.sin(x)
      labels = ["90° ", "180° ", "270° ", "360° "]
      positions = [np.pi/2, np.pi, np.pi*3/2, np.pi*2]


      # 创建 figure 对象
      fig = plt.figure(figsize=(9, 6))
      # 在 2×3 的布局中，从上面数第 2 行，从左边数第 2 列的位置处创建子图对象 ax
      ax = fig.add_subplot(2, 3, 5)
      # 将图中子图之间的空白间距的横向和纵向的比例都设为 1
      plt.subplots_adjust(wspace=1, hspace=1)
      # 请将子图 ax 中图表的 y 轴的显示范围设置为 [0, 1]
```

```
# 将数据 x、y 绘制到图表中并对图表进行显示
ax.plot(x,y)
# 将子图填入空白部分
axi = []
for i in range(6):
    if i==4:
        continue
    fig.add_subplot(2, 3, i+1)
plt.show()
```

程序清单 11.21　习题

提示

例如，要将子图 **ax** 中 **x** 轴的显示范围设置为 **0** 到 **1**，可以使用 **ax.set_xlim([0, 1])**，对于 **y** 轴也可以采用同样的操作方法。

◀参考答案▶

In｜（略）
```
# 请将子图 ax 中图表的 y 轴的显示范围设置为 [0, 1]
ax.set_ylim([0, 1])
```
（略）

Out

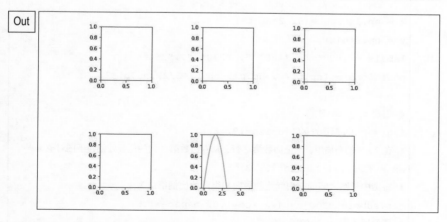

程序清单 11.22　参考答案

设置子图内图表元素的名称

我们可以在图中显示的多个子图中对其中**各个图表的标题和标签等元素**进行
设置。

对于每个子图，我们可以采用 11.1.3 小节中所讲解的方法对图表元素的名称
进行设置，但是如果要对子图元素的名称进行设置，使用的方法与 11.1.3 小节中
介绍的有所不同，在编写代码的时候需要注意。

设置子图中图表元素名称的方法如下，其中 **ax** 是子图对象。

- 设置图表的标题：**ax.set_title(" 标题 ")**。
- 设置 x 轴的名称：**ax.set_xlabel("x 轴的名称 ")**。
- 设置 y 轴的名称：**ax.set_ylabel("y 轴的名称 ")**。

(习题)

子图 **ax** 已经预先定义好了（程序清单 11.23）。

请将 **ax** 中图表的标题设置为 "**y=sin(x)**"。

请分别将 **ax** 中图表的 x 轴的名称设置为 "**x-axis**"、y 轴的名称设置为 "**y-axis**"。

```
In    # 将 matplotlib.pyplot 作为 plt 进行导入
      import matplotlib.pyplot as plt
      import numpy as np


      %matplotlib inline


      x = np.linspace(0, 2*np.pi)
      y = np.sin(x)
      labels = ["90° ", "180° ", "270° ", "360° "]
      positions = [np.pi/2, np.pi, np.pi*3/2, np.pi*2]


      # 创建 figure 对象
      fig = plt.figure(figsize=(9, 6))
      # 在 2×3 的布局中，从上面数第 2 行，从左边数第 2 列的位置处创建子图对象 ax
      ax = fig.add_subplot(2, 3, 5)
      # 将图中子图之间的空白间距的横向和纵向的比例都设为 1
      plt.subplots_adjust(wspace=1.0, hspace=1.0)
      # 请设置子图 ax 中的图表标题
```

```
# 请设置子图 ax 中图表的 x 轴、y 轴的名称


# 将数据 x、y 绘制到图表中并对图表进行显示
ax.plot(x,y)

# 将子图填入空白部分
axi = []
for i in range(6):
    if i==4:
        continue
    fig.add_subplot(2, 3, i+1)
plt.show()
```

程序清单 11.23　习题

（提示）

- 与 11.1.3 小节中的设置方法有所不同。
- 设置图表的标题：**ax.set_title(" 标题 ")**。
- 设置 x 轴的名称：**ax.set_xlabel("x 轴的名称 ")**。
- 设置 y 轴的名称：**ax.set_ylabel("y 轴的名称 ")**。

（参考答案）

In

```
（略）
# 请设置子图 ax 中的图表标题
ax.set_title("y=sin(x)")

# 请设置子图 ax 中图表的 x 轴、y 轴的名称
ax.set_xlabel("x-axis")
ax.set_ylabel("y-axis")
（略）
```

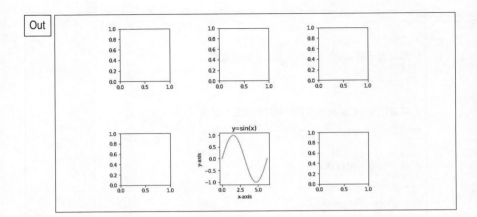

程序清单 11.24　参考答案

11.3.6　在子图内的图表中显示网格

正如在 11.1.4 小节所学习的在图表中显示网格一样，我们也可以在每个子图中对网格进行显示。

而在子图 **ax** 的图表中显示网格，需要使用 **ax.grid(True)** 命令。

【习题】

子图 **ax** 已经预先定义好了（程序清单 11.25）。

请在 **ax** 的图表中显示网格。

```
In      # 将 matplotlib.pyplot 作为 plt 进行导入
        import matplotlib.pyplot as plt
        import numpy as np

        %matplotlib inline

        x = np.linspace(0, 2*np.pi)
        y = np.sin(x)

        # 创建 figure 对象
        fig = plt.figure(figsize=(9, 6))
        # 在 2×3 的布局中，从上面数第 2 行，从左边数第 2 列的位置处创建子图对象 ax
```

```
ax = fig.add_subplot(2, 3, 5)
# 将图中子图之间的空白间距的横向和纵向的比例都设为 1.0
plt.subplots_adjust(wspace=1.0, hspace=1.0)
# 请在子图 ax 的图表中设置网格




# 设置子图 ax 的图表标题
ax.set_title("y=sin(x)")
# 设置子图 ax 中图表的 x 轴、y 轴的名称
ax.set_xlabel("x-axis")
ax.set_ylabel("y-axis")
# 将数据 x、y 绘制到图表中并对图表进行显示
ax.plot(x,y)
# 将子图填入空白部分
axi = []
for i in range(6):
    if i==4:
        continue
    fig.add_subplot(2, 3, i+1)
plt.show()
```

程序清单 11.25　习题

提示

要在子图 **ax** 的图表中显示网格，需要使用 **ax.grid(True)** 命令。

参考答案

```
In  （略）
    # 请在子图 ax 的图表中设置网格
    ax.grid(True)
    （略）
```

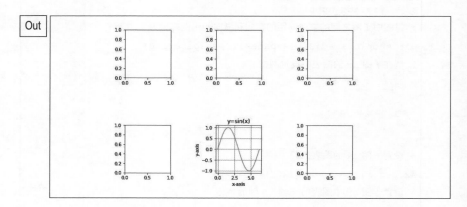

程序清单 11.26　参考答案

11.3.7 设置子图内图表的坐标轴刻度

正如在 11.1.5 小节中所学的一样，也可以在子图的坐标轴上设置刻度。但是，需要注意这里的设置与 11.1.5 小节中的设置方法有所不同。

在子图 **ax** 的 x 轴上插入刻度的位置可以使用 **ax.set_xticks(" 插入位置的列表 ")** 来指定。插入的标签可以使用 **ax.set_xticklabels(" 刻度的列表 ")** 来指定。

〔习题〕

子图 **ax** 已经预先定义好了（程序清单 11.27）。

请设置 **ax** 中 x 轴的刻度。其中，插入刻度的位置保存在 **positions** 中、刻度保存在 **labels** 中。

```
In    # 将 matplotlib.pyplot 作为 plt 进行导入
      import matplotlib.pyplot as plt
      import numpy as np


      %matplotlib inline


      x = np.linspace(0, 2*np.pi)
      y = np.sin(x)
      positions = [0, np.pi/2, np.pi, np.pi*3/2, np.pi*2]
```

```
labels = ["0° ", "90° ", "180° ", "270° ", "360° "]

# 创建 figure 对象
fig = plt.figure(figsize=(9, 6))
# 在 2×3 的布局中，从上面数第 2 行，从左边数第 2 列的位置处创建子图对象 ax
ax = fig.add_subplot(2, 3, 5)
# 将图中子图之间的空白间距的横向和纵向的比例都设为 1
plt.subplots_adjust(wspace=1, hspace=1)
# 在子图 ax 的图表中显示网格
ax.grid(True)
# 设置子图 ax 图表的标题
ax.set_title("y=sin(x)")
# 设置子图 ax 中图表的 x 轴、y 轴的名称
ax.set_xlabel("x-axis")
ax.set_ylabel("y-axis")
# 请设置子图 ax 中图表的 x 轴的刻度



# 将数据 x、y 绘制到图表中并对图表进行显示
ax.plot(x,y)
# 将子图填入空白部分
axi = []
for i in range(6):
    if i==4:
        continue
    fig.add_subplot(2, 3, i+1)
plt.show()
```

程序清单 11.27　习题

提示

　　子图 **ax** 的 x 轴上插入刻度的位置可以使用 **ax.set_xticks(**" 插入位置的列表 "**)** 来指定；插入的标签可以使用 **ax.set_xticklabels(**" 刻度的列表 "**)** 来指定。

In （略）

请设置子图 ax 中图表的 x 轴的刻度
```
ax.set_xticks(positions)
ax.set_xticklabels(labels)
```
（略）

Out

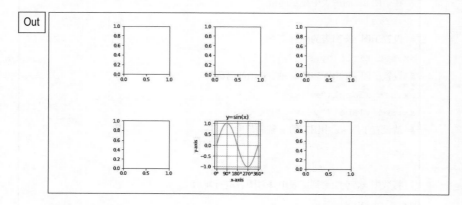

程序清单 11.28　参考答案

附加习题

通过增加子图对象可以实现对多个图表同时进行显示。接下来，让我们一起挑战如何使用 matplotlib 来输出多个图表。

习题

- 请创建 3×2 布局的图表，在上侧从左开始绘制 $y=x^1$、$y=x^2$、$y=x^3$ 的图表，在下侧从左开始绘制 $y=\sin(x)$、$y=\cos(x)$、$y=\tan(x)$ 的图表。
- 请对每个子图添加合适的标签，并显示网格。
- 对于上侧的行请使用带 **_upper** 后缀的变量；对于下侧的行请使用带 **_lower** 后缀的变量。
- 只有 $y=\tan(x)$ 的范围是不一样的，所以请使用带 **_tan** 后缀的变量。

> 提示
> - x^2、x^3 可以使用 **Python** 的运算符来实现。
> - **sin**(*x*)、**cos**(*x*)、**tan**(*x*) 等函数的实现，全部都在 **numpy** 模块中。
> - 要将图表的标题显示为 x^2 或 x^3，可以使用 **ax.set_title("*x²*")** 代码。

In
```python
# 将 matplotlib.pyplot 作为 plt 进行导入
import matplotlib.pyplot as plt
import numpy as np

%matplotlib inline

x_upper = np.linspace(0, 5)
x_lower = np.linspace(0, 2 * np.pi)
x_tan = np.linspace(-np.pi / 2, np.pi / 2)
positions_upper = [i for i in range(5)]
positions_lower = [0, np.pi / 2, np.pi, np.pi * 3 / 2, np.pi * 2]
positions_tan = [-np.pi / 2, 0, np.pi / 2]
labels_upper = [i for i in range(5)]
labels_lower = ["0° ", "90° ", "180° ", "270° ", "360° "]
labels_tan = ["-90° ", "0° ", "90° "]

# 创建 figure 对象
fig = plt.figure(figsize=(9, 6))

# 请绘制布局为 3×2 的多个函数的图表



plt.show()
```

程序清单 11.29　习题

参考答案

In
```
（略）
# 请绘制布局为 3×2 的多个函数的图表
```

matplotlib 的使用方法

```python
# 请设置子图并注意不要将它们重叠
plt.subplots_adjust(wspace=0.4, hspace=0.4)


# 创建上侧的子图
for i in range(3):
    y_upper = x_upper ** (i + 1)
    ax = fig.add_subplot(2, 3, i + 1)
    # 在子图 ax 的图表中显示网格
    ax.grid(True)
    # 设置子图 ax 的图表标题
    ax.set_title("$y=x^%i$" % (i + 1))
    # 设置子图 ax 中图表的 x 轴、y 轴的名称
    ax.set_xlabel("x-axis")
    ax.set_ylabel("y-axis")
    # 设置子图 ax 中图表的 x 轴的标签
    ax.set_xticks(positions_upper)
    ax.set_xticklabels(labels_upper)
    # 将数据 x、y 绘制到图表中并对图表进行显示
    ax.plot(x_upper, y_upper)


# 创建下侧的子图
# 如果预先将所使用的函数和标题保存到列表中，就可以使用 for 语句进行处理
y_lower_list = [np.sin(x_lower), np.cos(x_lower)]
title_list = ["$y=sin(x)$", "$y=cos(x)$"]
for i in range(2):
    y_lower = y_lower_list[i]
    ax = fig.add_subplot(2, 3, i + 4)
    # 在子图 ax 的图表中显示网格
    ax.grid(True)
    # 设置子图 ax 的图表标题
    ax.set_title(title_list[i])
    # 设置子图 ax 中图表的 x 轴、y 轴的名称
    ax.set_xlabel("x-axis")
    ax.set_ylabel("y-axis")
    # 设置子图 ax 中图表的 x 轴的标签
```

```
    ax.set_xticks(positions_lower)
    ax.set_xticklabels(labels_lower)
    # 将数据 x、y 绘制到图表中并对图表进行显示
    ax.plot(x_lower, y_lower)

# 绘制 y=tan(x) 的图表
ax = fig.add_subplot(2, 3, 6)
# 在子图 ax 的图表中显示网格
ax.grid(True)
# 设置子图 ax 的图表标题
ax.set_title("$y=tan(x)$")
# 设置子图 ax 中图表的 x 轴、y 轴的名称
ax.set_xlabel("x-axis")
ax.set_ylabel("y-axis")
# 设置子图 ax 中图表的 x 轴的标签
ax.set_xticks(positions_tan)
ax.set_xticklabels(labels_tan)
# 设置子图 ax 中图表的 y 轴的显示范围
ax.set_ylim(-1, 1)
# 将数据 x、y 绘制到图表中并对图表进行显示
ax.plot(x_tan, np.tan(x_tan))

plt.show()
```

Out

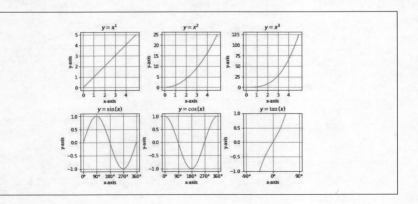

程序清单 11.30　参考答案

第 12 章

制作各式各样的图表

12.1 ‖ 折线图

12.1.1 设置标识的类型和颜色

使用 **matplotlib.pyplot.plot()** 语句可以绘制**折线图**。

通过对数据和 **marker=" 标识符 "** 一同进行指定，就可以**设置标识的类型**。

此外，通过指定 **markerfacecolor=" 标识符 "**，就可以像我们在 11.2.1 小节中学过的一样，对**标识的颜色**进行设置。下面是可以用于指定标识的类型和颜色的一部分标识符。

标识
- "o": 圆形
- "s": 正方形
- "p": 五角形
- "*": 星形
- "+": 正号
- "D": 菱形

颜色
- "b": 蓝色
- "g": 绿色
- "r": 红色
- "c": 青色
- "m": 紫红色
- "y": 黄色
- "k": 黑色
- "w": 白色

> **注意：关于颜色**
>
> 由于本书采用双色印刷，因此无法显示除黑色和蓝色之外的颜色。关于其他的颜色，请在示例代码中通过修改指定的颜色进行确认。

（习题）

请使用黑色的圆圈来标识生成的折线图（程序清单 12.1）。对应到 x 轴的数据为 **days**；对应到 y 轴的数据为 **weight**。

请使用 **"k"** 指定黑色。

```
In
import numpy as np
import matplotlib.pyplot as plt
%matplotlib inline

days = np.arange(1, 11)
weight = np.array([10, 14, 18, 20, 18, 16, 17, 18, 20, 17])
# 对显示进行设置
plt.ylim([0, weight.max()+1])
plt.xlabel("days")
```

```
plt.ylabel("weight")

# 请使用黑色的圆圈标识绘制并生成折线图
plt.plot(days, weight, marker= , markerfacecolor= )

plt.show()
```

程序清单 12.1　习题

提示

通过指定 **marker="** 标识符 **"** 与 **markerfacecolor="** 颜色标识 **"** 可以对标识的类型和颜色进行设置。

参考答案

In
（略）
```
# 请使用黑色的圆圈标识绘制并生成折线图
plt.plot(days, weight, marker="o", markerfacecolor="k")
```
（略）

Out

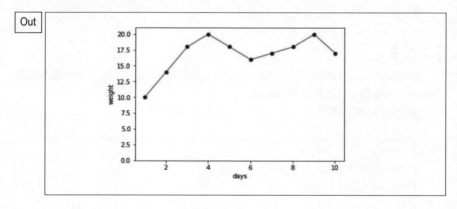

程序清单 12.2　参考答案

12.1.2 设置线条的样式和颜色

通过在 **matplotlib.pyplot.plot()** 中将数据和 **linestyle="** 标识符 **"** 一同进行指定，可以对线条的样式进行设置。

此外，通过指定 **color="标识符"**，就可以和在 11.2.1 小节中学习的一样，对线条的颜色进行设置。下面是可以用于指定线条的样式和颜色的一部分标识符。

线条样式

- "–": 实线
- "––": 虚线
- "–.": 虚线（带点）
- "···": 点线

颜色

- "b": 蓝色
- "g": 绿色
- "r": 红色
- "c": 青色
- "m": 紫红色
- "y": 黄色
- "k": 黑色
- "w": 白色

习题

请使用黑色圆圈标识绘制并生成蓝色虚线的折线图（程序清单 12.3）。

对应到 x 轴的数据为变量 **days**；对应到 y 轴的数据为变量 **weight**。

```
In   import numpy as np
     import matplotlib.pyplot as plt
     %matplotlib inline

     days = np.arange(1, 11)
     weight = np.array([10, 14, 18, 20, 18, 16, 17, 18, 20, 17])
     # 对显示进行设置
     plt.ylim([0, weight.max()+1])
     plt.xlabel("days")
     plt.ylabel("weight")

     # 请使用黑色圆圈标识绘制并生成蓝色虚线的折线图
     plt.plot(days, weight, linestyle=    , color=    , marker="o",
     markerfacecolor="k")

     plt.show()
```

程序清单 12.3　习题

通过使用 **linestyle="标识符"** 与 **color="标识符"** 可以对线条的类型和颜色进行设置。

参考答案

In	（略） # 请使用黑色圆圈标识绘制并生成蓝色虚线的折线图 `plt.plot(days, weight, linestyle="--", color="b", marker="o",markerfacecolor="k")` （略）

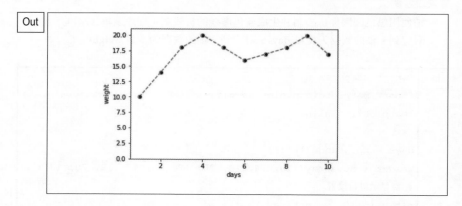

程序清单 12.4　参考答案

12.2 ‖ 条形图

12.2.1 生成条形图

可以通过将横轴的值和与之对应的纵轴的数据传递给 **matplotlib.pyplot.bar()** 来生成条形图。

习题

请生成横轴为 x，纵轴为 y 的条形图（程序清单 12.5）。

In
```
import numpy as np
import matplotlib.pyplot as plt
%matplotlib inline

x = [1, 2, 3, 4, 5, 6]
y = [12, 41, 32, 36, 21, 17]


# 请生成条形图


plt.show()
```

程序清单 12.5　习题

提示

可以通过将横轴的值和与之对应的纵轴的数据传递给 **plt.bar()** 来生成条形图。

参考答案

In
```
（略）
# 请生成条形图
plt.bar(x, y)
（略）
```

Out

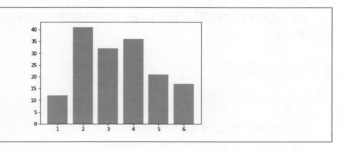

程序清单 12.6　参考答案

12.2.2 设置横轴标签

设置条形图中横轴标签的方法与折线图和其他的图表的设置方法有所不同，其需要通过将包含标签的列表作为 **tick_label** 参数传递给 **matplotlib.pyplot. bar()** 来设置标签。

习题

请生成横轴对应 **x** 的数据，纵轴对应 **y** 的数据的条形图，并为横轴设置标签（程序清单 12.7）。标签的列表保存在 **labels** 中。

```
In   import numpy as np
     import matplotlib.pyplot as plt
     %matplotlib inline

     x = [1, 2, 3, 4, 5, 6]
     y = [12, 41, 32, 36, 21, 17]
     labels = ["Apple", "Orange", "Banana", "Pineapple",
     "Kiwifruit","Strawberry"]

     # 请生成条形图，并设置横轴的标签
     plt.bar(x, y, tick_label=    )

     plt.show()
```

程序清单 12.7　习题

提示

请将包含标签的列表以 **"tick_label= 标签的列表名 "** 的形式传递给 **plt.bar()** 对标签进行设置。

参考答案

```
In   （略）
     # 请生成条形图，并设置横轴的标签
     plt.bar(x, y, tick_label= labels)
     （略）
```

Out

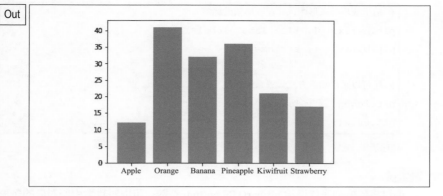

程序清单 12.8　参考答案

12.2.3 生成堆叠条形图

将两个或多个数据堆叠在同一个条目上的图表被称为**堆叠条形图**。

通过将数据列表传递给 **matplotlib.pyplot.bar()** 的 **bottom** 参数，可以对其索引对应的条形图下半部分的空白间距进行设置，也就是说，在进行第二次绘制时，将合计的数据传递给 **bottom** 就可以实现堆叠条形图的绘制。此外，还可以使用 **plt.legend(("y1", "y2"))** 语句来指定系统标签。

(习题)

请生成横轴对应 **x** 的数据，纵轴对应 **y1**、**y2** 数据的堆叠条形图，并设置横轴的标签（程序清单 12.9）。标签保存在 **labels** 中。

In
```
import numpy as np
import matplotlib.pyplot as plt
%matplotlib inline

x = [1, 2, 3, 4, 5, 6]
y1 = [12, 41, 32, 36, 21, 17]
y2 = [43, 1, 6, 17, 17, 9]
labels = ["Apple", "Orange", "Banana", "Pineapple", "Kiwifruit",
"Strawberry"]
```

```
# 请生成堆叠条形图，并设置横轴的标签
plt.bar(x, y1, tick_label=labels)
plt.bar(x,    , bottom=y1)

# 还可以采用如下方式设置系统标签
plt.legend(("y1", "y2"))
plt.show()
```

程序清单 12.9　习题

提示

通过将数据列表传递给 **plt.bar()** 的 **bottom** 参数，可以对其索引所对应的条形图下半部分的空白间距进行设置。

参考答案

In

```
（略）
# 请生成堆叠条形图，并设置横轴的标签
plt.bar(x, y1, tick_label=labels)
plt.bar(x, y2, bottom=y1)
（略）
```

Out

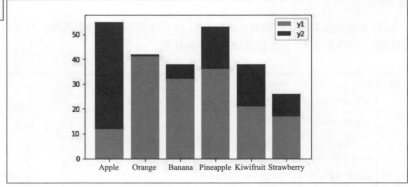

程序清单 12.10　参考答案

12.3 ‖ 直方图

12.3.1 生成直方图

可以通过将列表型数据传递给 **matplotlib.pyplot.hist()** 来生成直方图。

（习题）

请使用 matplotlib 对 **data** 中所保存的数据的直方图进行绘制（程序清单 12.11）。

```
In    import numpy as np
      import matplotlib.pyplot as plt
      %matplotlib inline

      np.random.seed(0)
      data = np.random.randn(10000)

      # 请使用 data 生成直方图


      plt.show()
```

程序清单 12.11　习题

（提示）

可以通过将列表型数据传递给 **plt.hist()** 来生成直方图。

（参考答案）

```
In    （略）
      # 请使用 data 生成直方图
      plt.hist(data)
      （略）
```

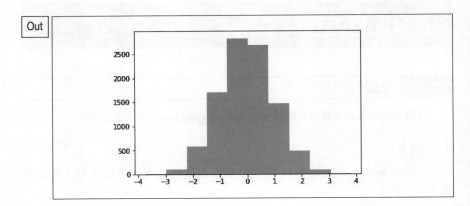

Out

程序清单 12.12　参考答案

12.3.2 设置 bins 的数量

生成直方图时，需要将**数据划分为多少个阶段**是非常重要的。将数据传递给 **matplotlib. pyplot. hist()** 生成直方图时，通过指定 **bins** 可以将其划分为任意数量的大小相等的阶段。使用 **bins="auto"** 可以实现 bins 数量的自动设置。

【习题】

请使用 matplotlib 和数据列表 **data** 来生成 bins 的数量为 100 的直方图（程序清单 12.13）。

In

```
import numpy as np
import matplotlib.pyplot as plt
%matplotlib inline

np.random.seed(0)
data = np.random.randn(10000)

# 请生成 bins 的数量为 100 的直方图
plt.hist(data, bins=    )

plt.show()
```

程序清单 12.13　习题

通过将数据列表和指定的 **bins** 传递给 **plt.hist()** 可以设置 **bins** 的数量。

（参考答案）

In	（略）

	`# 请生成 bins 的数量为 100 的直方图`
	`plt.hist(data, bins=100)`
	（略）

Out	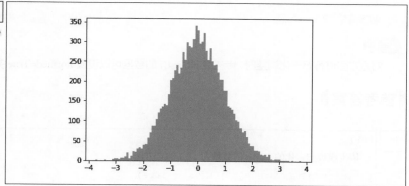

程序清单 12.14　参考答案

12.3.3 归一化处理

如果假设直方图的分布为正态分布，为了使合计值变成 1 而对直方图进行的调整被称为**归一化**。

对直方图进行调整时，传递给 **matplotlib.pyplot.hist()** 的数据可以指定参数：**normed=True**。

（习题）

请使用 matplotlib 和数据列表 **data** 生成经过归一化处理的 bins 数量为 100 的直方图（程序清单 12.15）。

```
import numpy as np
import matplotlib.pyplot as plt
%matplotlib inline

np.random.seed(0)
data = np.random.randn(10000)

# 请生成经过归一化处理的 bins 的数量为 100 的直方图


plt.show()
```

程序清单 12.15　习题

（提示）

对直方图进行归一化调整时，传递给 **plt.hist()** 的数据可以设置 **normed=True** 参数。

（参考答案）

In
```
（略）
# 请生成被归一化的 bins 的数量为 100 的直方图
plt.hist(data, bins=100, normed=True)
（略）
```

Out
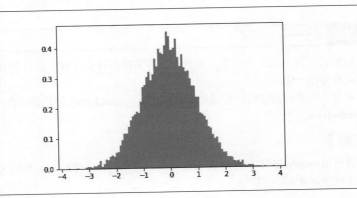

程序清单 12.16　参考答案

12.3.4 生成累积直方图

从直方图的最低阶段开始，随着阶段的上升，数量也随之累加的直方图称为**累积直方图**。

累积直方图可以通过在 **matplotlib.pyplot.hist()** 中指定 **cumulative=True** 来生成。

（习题）

请使用 matplotlib 和数据列表 **data** 生成经过归一化处理的 bins 的数量为 100 的累积直方图（程序清单 12.17）。

```
In   import numpy as np
     import matplotlib.pyplot as plt
     %matplotlib inline

     np.random.seed(0)
     data = np.random.randn(10000)

     # 请生成经过归一化处理的 bins 的数量为 100 的累积直方图


     plt.show()
```

程序清单 12.17　习题

（提示）

累积直方图可以通过在 **plt.hist()** 中指定 **cumulative=True** 来生成。

（参考答案）

```
In   （略）
     # 请生成经过归一化处理的 bins 的数量为 100 的累积直方图
     plt.hist(data, bins=100, normed=True, cumulative=True)
     （略）
```

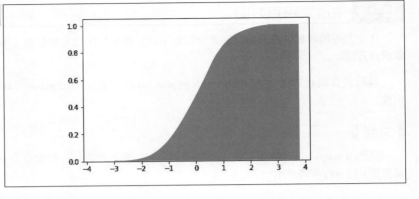

程序清单 12.18　参考答案

12.4 ║ 散点图

12.4.1 生成散点图

可以通过将对应到 x 轴和 y 轴的数据分别传递给 **matplotlib.pyplot.scatter()** 来生成散点图。

习题

请创建将列表型的变量 x、y 的数据分别与平面上的 x 轴、y 轴相对应的散点图（程序清单 12.19）。

```
In    import numpy as np
      import matplotlib.pyplot as plt
      %matplotlib inline


      np.random.seed(0)
      x = np.random.choice(np.arange(100), 100)
      y = np.random.choice(np.arange(100), 100)


      # 请生成散点图
```

```
plt.show()
```

程序清单 12.19　习题

(提示)

可以通过将对应到 x 轴和 y 轴的数据分别传递给 **plt.scatter()** 来生成散点图。

(参考答案)

程序清单 12.20　参考答案

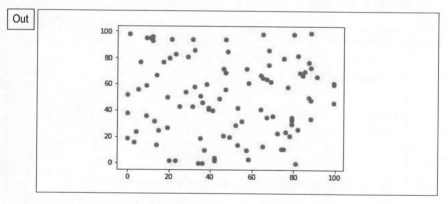

12.4.2 设置标识的类型和颜色

　　我们可以通过指定数据和 **marker="标识符"** 参数对标识的类型进行设置。此外，通过指定 **color="标识符"** 就可以像我们学过的指定颜色的方法那样，对标识的颜色进行设置。下面是可以用于指定标识的类型和颜色的一部分标识符。

标识	颜色
● "o": 圆形	● "b": 蓝色
● "s": 正方形	● "g": 绿色
● "p": 五角形	● "r": 红色
● "*": 星形	● "c": 青色
● "+": 正号	● "m": 紫红色
● "D": 菱形	● "y": 黄色
	● "k": 黑色
	● "w": 白色

【习题】

请生成将列表型的变量 x、y 中的数据分别对应到平面上的 x 轴、y 轴上的散点图（程序清单 12.21）。

请将图表标识的类型设置为正方形，颜色设置为黑色。

请使用 **"k"** 指定黑色。

```
In   import numpy as np
     import matplotlib.pyplot as plt
     %matplotlib inline

     np.random.seed(0)
     x = np.random.choice(np.arange(100), 100)
     y = np.random.choice(np.arange(100), 100)

     # 请将散点图标识的类型设置为正方形，颜色设置为黑色
     plt.scatter(x, y, marker=    , color=    )
     plt.show()
```

程序清单 12.21 习题

提示

- 可以通过指定数据和 **marker**=" 标识符 " 参数对标识的类型进行设置。
- 通过指定 **color**=" 标识符 " 对标识的颜色进行设置。

〔参考答案〕

| In | （略）
＃ 请将散点图标识的类型设置为正方形，颜色设置为黑色
`plt.scatter(x, y, marker="s", color="k")`
（略） |

| Out | 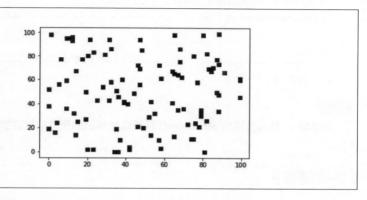 |

程序清单 12.22　参考答案

12.4.3 根据数据值的变化设置标识的尺寸

在使用 **matplotlib.pyplot.scatter()** 绘制图表时，可以让标识自身对数据进行映射。

在传递 x 轴和 y 轴所对应的数据给 **matplotlib.pyplot.scatter()** 的同时，将对应顺序的列表型数据使用 **s= 数据**参数一同设置，就可以实现根据数据值的变化设置不同尺寸的标识。

通过这种方式进行设置，就可以在散点图中同时对 x 轴、y 轴、标识自身三种数据进行显示。

〔习题〕

请在完成对变量 **x**、**y** 的绘制之后，再根据 **z** 中数值值的变化对标识的尺寸进行设置（程序清单 12.23）。

```
In    import numpy as np
      import matplotlib.pyplot as plt
      %matplotlib inline

      np.random.seed(0)
      x = np.random.choice(np.arange(100), 100)
      y = np.random.choice(np.arange(100), 100)
      z = np.random.choice(np.arange(100), 100)

      # 请根据 z 中数据值的变化绘制不同大小的标识
      plt.scatter(x, y, s=    )

      plt.show()
```

程序清单 12.23　习题

提示

通过将 **s=** 数据传递给 **plt.scatter()** 就可以使标识的尺寸根据数据值的大小产生变化。

参考答案

```
In    （略）
      # 请根据 z 中数据值的变化绘制不同大小的标识
      plt.scatter(x, y, s=z)
      （略）
```

Out

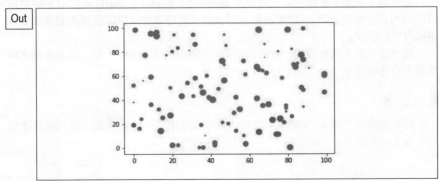

程序清单 12.24　参考答案

12.4.4 根据数据值的变化设置标识的颜色浓度

有时根据数据值的变化来改变标识的尺寸，可能看起来比较杂乱，在这种情况下，根据数据值的变化来改变标识颜色的浓度是比较推荐的做法。通过将与 x 轴、y 轴相对应的数据和 **c=** 与浓度相对应的数据（列表等）一同传递给 **matplotlib.pyplot.scatter()**，就可以根据所传递数据的大小进行设置，以表示相应数据的标识的浓度。而通过指定 **cmap=" 色系 "** 参数就可以对所使用的色系进行设置。下面是可以使用的一部分色系标识符。

色系标识符
- "Reds": 红色
- "Blues": 蓝色
- "Greens": 绿色
- "Purples": 紫色

习题

请在完成了对变量 **x**、**y** 的绘制之后，再根据 **z** 中数据值的变化，使用蓝色系对标识的浓度进行设置（程序清单 12.25）。

```
import numpy as np
import matplotlib.pyplot as plt
%matplotlib inline

np.random.seed(0)
x = np.random.choice(np.arange(100), 100)
y = np.random.choice(np.arange(100), 100)
z = np.random.choice(np.arange(100), 100)

# 请根据 z 中数据值的变化绘制不同浓度的蓝色系标识
plt.scatter(x, y, c=      , cmap="     ")

plt.show()
```

程序清单 12.25　习题

- 通过将与 x 轴、y 轴相对应的数据和 **c=** 与浓度相对应的数据（列表等）一同传递给 **plt.scatter()**，就可以根据所传递数据的大小进行设置，以表示相应数据的标识的浓度，而通过指定 **cmap=" 色系 "** 参数就可以对所使用的色系进行设置。
- 使用 " **Blues** " 将色系指定为蓝色。

参考答案

In	（略）

```
# 请根据 z 中数据值的变化绘制不同浓度的蓝色系标识
plt.scatter(x, y, c=z, cmap="Blues")
```
（略）

Out	

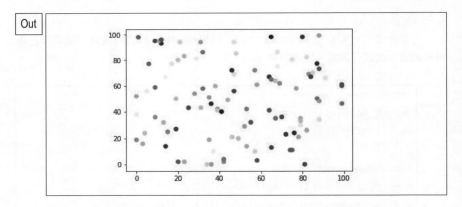

程序清单 12.26　参考答案

12.4.5　显示颜色栏

如果仅仅是通过数据值的变化来对标识上色，是很难对值的大小进行目测估算的。这种情况下，可以通过显示颜色栏来掌握浓度的大概值，而颜色栏可以使用 **matplotlib.pyplot.colorbar()** 进行显示。

◀习题▶

　　请在完成了变量 x、y 的绘制之后，再根据 z 中的数据值的变化使用蓝色系设置标识的浓度，并显示颜色栏（程序清单 12.27）。

```
In    import numpy as np
      import matplotlib.pyplot as plt
      %matplotlib inline


      np.random.seed(0)
      x = np.random.choice(np.arange(100), 100)
      y = np.random.choice(np.arange(100), 100)
      z = np.random.choice(np.arange(100), 100)


      # 请根据 z 中数据值的变化绘制不同浓度的蓝色系标识


      # 请显示颜色栏



      plt.show()
```

程序清单 12.27　习题

◀提示▶

可以使用 **plt.colorbar()** 来显示颜色栏。

◀参考答案▶

```
In    （略）
      # 请根据 z 中数据值的变化绘制不同浓度的蓝色系标识
      plt.scatter(x, y, c=z, cmap="Blues")
      # 请显示颜色栏
      plt.colorbar()
      （略）
```

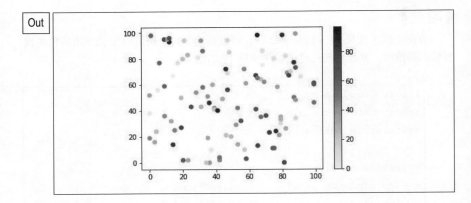

程序清单 12.28　参考答案

12.5 ‖ 饼形图

12.5.1 生成饼形图

　　将列表型数据传递给 **matplotlib.pyplot.pie()** 可以生成**饼形图**。要使饼形图变成圆形，可以使用 **matplotlib.pyplot.axis("equal")** 语句进行设置。如果没有使用这句代码，结果就会显示为椭圆形。

【习题】

　　请使用饼形图对变量 **data** 进行可视化处理（程序清单 12.29）。

In
```
import matplotlib.pyplot as plt
%matplotlib inline

data = [60, 20, 10, 5, 3, 2]

# 请使用饼形图对变量 data 进行可视化处理
```

```
#  请将饼形图从椭圆形变成圆形


plt.show()
```

程序清单 12.29　习题

【提示】

　　将列表型数据传递给 **plt.pie()** 可以生成饼形图。要使饼形图变成圆形，可以使用 **plt.axis("equal")** 语句进行设置。

【参考答案】

In	（略）
	# 请使用饼形图对变量 data 进行可视化处理
	`plt.pie(data)`
	
	# 请将饼形图从椭圆形变成圆形
	`plt.axis("equal")`
	（略）

Out	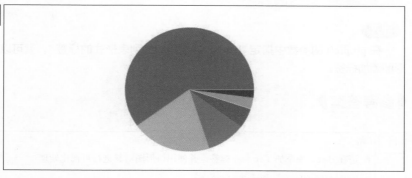

程序清单 12.30　参考答案

12.5.2 设置饼形图的标签

　　可以使用 **matplotlib.pyplot.pie(** 被传递的数据 **, labels=** 用于标签的列表 **)** 语

句将需要显示的饼形图的标签列表传递给 **pie()** 的参数 **labels**，来为饼形图添加标签。

（习题）

请使用饼形图对变量 **data** 进行可视化处理（程序清单 12.31）。
请对保存在 **labels** 中的标签进行设置。

```
In    import matplotlib.pyplot as plt
      %matplotlib inline

      data = [60, 20, 10, 5, 3, 2]
      labels = ["Apple", "Orange", "Banana", "Pineapple",
      "Kiwifruit","Strawberry"]

      # 请在 data 中添加 labels 标签，并使用饼形图对其进行可视化处理



      plt.axis("equal")
      plt.show()
```

程序清单 12.31　习题

（提示）

在 **plt.pie()** 的参数中指定 **"labels=** 需要添加的列表形式的标签 **"**，就可以为饼形图添加标签。

（参考答案）

```
In    （略）
      # 请在 data 中添加 labels 标签，并使用饼形图对其进行可视化处理
      plt.pie(data, labels=labels)
      （略）
```

Out

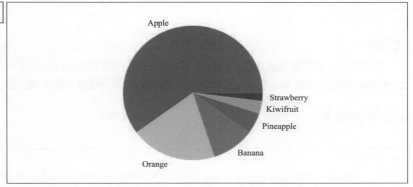

程序清单 12.32　参考答案

12.5.3 突出显示特定的元素

有时我们需要将饼形图中某些特定的元素分离开使其显得更为醒目，通过将"突出程度（从 0 到 1 的值）"按照所显示数据的顺序排列而成的列表作为 **explode** 参数传递给 **matplotlib.pyplot.pie()**，就可以实现对任意元素的突出显示。

习题

请使用饼形图对变量 **data** 进行可视化处理（程序清单 12.33）。

请对保存在 **labels** 中的标签进行设置。

请使用保存在 **explode** 中的"突出程度"进行显示。

In
```
import matplotlib.pyplot as plt
%matplotlib inline

data = [60, 20, 10, 5, 3, 2]
labels = ["Apple", "Orange", "Banana", "Pineapple", "Kiwifruit",
"Strawberry"]
explode = [0, 0, 0.1, 0, 0, 0]

# 请在 data 中添加 labels 的标签，并对突出显示 Banana 的饼形图进行可视化处理

plt.axis("equal")
```

```
plt.show()
```

程序清单 12.33 习题

提示

通过将"突出程度(从 0 到 1 的值)"按照所显示数据的顺序排列而成的列表作为 **explode** 参数传递给 **matplotlib.pyplot.pie()**,就可以实现对任意元素的突出显示。

参考答案

In | (略)
```
# 请在 data 中添加 labels 的标签,并对突出显示 Banana 的饼形图进行可视化处理
plt.pie(data, labels=labels, explode=explode)
```
(略)

Out |

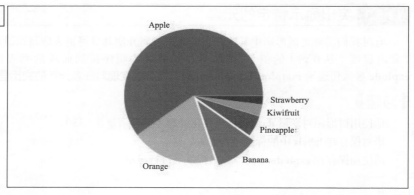

程序清单 12.34 参考答案

12.6 ║3D 图表

12.6.1 生成 3D Axes

在本小节中将学习如何绘制 3D 图表。

为了绘制 3D 图表,必须首先生成具有 3D 绘制功能的子图。生成子图可以使用

```
matplotlib.figure().add_subplot(1,1,1,projection="3d")
```

来指定 **projection="3d"** 参数，即可**生成具有 3D 绘制功能的子图**。

〖习题〗

请使用已经定义的变量 **fig**，生成具有 **3D** 绘制功能的子图 **ax**。但是，请不要对图进行分割（程序清单 12.35）。

```
In   import numpy as np
     import matplotlib.pyplot as plt
     # 导入进行 3D 绘制时必须使用的软件库
     from mpl_toolkits.mplot3d import Axes3D
     %matplotlib inline

     t = np.linspace(-2*np.pi, 2*np.pi)
     X, Y = np.meshgrid(t, t)
     R = np.sqrt(X**2 + Y**2)
     Z = np.sin(R)

     # 创建 figure 对象
     fig = plt.figure(figsize=(6,6))
     # 请生成子图 ax
     ax =

     # 绘制并显示结果
     ax.plot_surface(X, Y, Z)
     plt.show()
```

程序清单 12.35　习题

〖提示〗

支持 **3D** 绘制的子图可以通过将 **projection="3d"** 参数传递给 **add_subplot()** 来生成。

```
In   （略）
     # 请生成子图 ax
     ax = fig.add_subplot(1, 1, 1, projection="3d" )
     （略）
```

Out

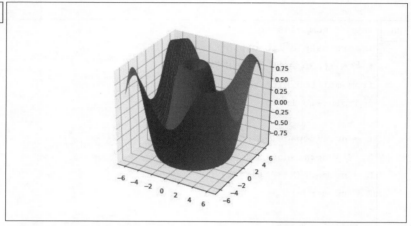

程序清单 12.36　参考答案

12.6.2 创建曲面

当需要对离散的数据进行可视化处理时，有时需要对值进行补充使生成的图像更为平滑。

如果已经定义好了子图 **ax**，可以使用 **ax.plot_surface(X,Y,Z)** 语句，即通过设置 x 轴、y 轴、z 轴所对应的数据来实现对**曲面的绘制**。

可以使用 **matplotlib.pyplot.show()** 将绘制的结果输出到屏幕上。

习题

请将变量 **X**、**Y**、**Z** 的数据分别对应到 x 轴、y 轴、z 轴上，并对曲面进行可视化处理（程序清单 12.37 ）。

```
In    import numpy as np
      import matplotlib.pyplot as plt
      # 导入进行 3D 绘制时必须使用的软件库
      from mpl_toolkits.mplot3d import Axes3D
      %matplotlib inline

      x = y = np.linspace(-5, 5)
      X, Y = np.meshgrid(x, y)
      Z = np.exp(-(X**2 + Y**2)/2) / (2*np.pi)

      # 创建 figure 对象
      fig = plt.figure(figsize=(6, 6))
      # 请生成子图 ax
      ax = fig.add_subplot(1, 1, 1, projection="3d")
      # 绘制曲面并显示结果




      plt.show()
```

程序清单 12.37　习题

【提示】

使用子图 **ax** 将数据传递给 **ax.plot_surface()** 来实现曲面的绘制。

【参考答案】

```
In    （略）
      # 绘制曲面并显示结果
      ax.plot_surface(X, Y, Z)
      （略）
```

Out

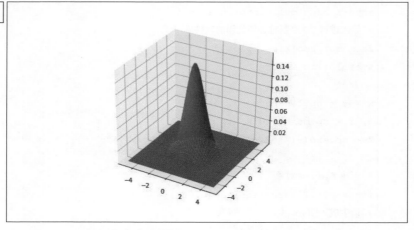

程序清单 12.38　参考答案

12.6.3 创建 3D 直方图

当我们需要对数据集中的两个元素之间的关系进行分析时，可以将各个元素分别对应到 x 轴和 y 轴上，并在 z 轴方向往上堆叠，在某些情况下这种方法是比较有效的。使用 **bar3d(xpos, ypos, zpos, dx, dy, dz)** 语句来指定 x 轴、y 轴、z 轴的位置和对应变化量的数据，即可**创建三维直方图或条形图**。

（习题）

请创建 3D 直方图。将与 x 轴、y 轴、z 轴相对应的数据分别保存在 **xpos**、**ypos**、**zpos** 中，此外，将 **x**、**y**、**z** 的变化量分别保存在 **dx**、**dy**、**dz** 中（程序清单 12.39）。

```
In   import matplotlib.pyplot as plt
     import numpy as np
     # 导入进行 3D 绘制时必须使用的软件库
     from mpl_toolkits.mplot3d import Axes3D
     %matplotlib inline

     # 创建 figure 对象
     fig = plt.figure(figsize=(5, 5))
```

362

```
# 创建子图 ax
ax = fig.add_subplot(111, projection="3d")

# 确定 x、y、z 的位置
xpos = [i for i in range(10)]
ypos = [i for i in range(10)]
zpos = np.zeros(10)

# 确定 x、y、z 的变化量
dx = np.ones(10)
dy = np.ones(10)
dz = [i for i in range(10)]

# 请创建 3D 直方图




plt.show()
```

程序清单 12.39　习题

提示

　　使用子图 **ax** 将轴的信息与数据传递给 **ax.bar3d()** 即可创建 3D 直方图。

参考答案

| In | （略）
请创建 3D 直方图
`ax.bar3d(xpos, ypos, zpos, dx, dy, dz)`
（略） |

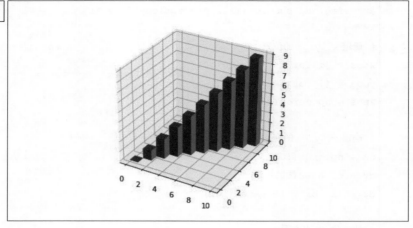

程序清单 12.40　参考答案

12.6.4 创建 3D 散点图

当需要对相互之间具有关联性（或者认为有关联）的三种数据进行分析时，如果将这些数据绘制到三维空间中，就可以从视觉上对数据的变化趋势进行推测。将与 x 轴、y 轴、z 轴相对应的数据传递给 **scatter3D()** 即可创建三维的散点图。

但是，指定的数据必须是一维数组，因此在某些情况下必须首先使用 **np.ravel()** 对数据进行转换。

◖习题▶

变量 X、Y、Z 已经事先经过 np.ravel() 的处理，被转换成了一维数组并保存到 x、y、z 中（程序清单 12.41）。

请创建 3D 散点图。对应于 x 轴、y 轴、z 轴的数据分别为 x、y、z。

In
```
import numpy as np
import matplotlib.pyplot as plt
# 导入进行 3D 绘制时必须使用的软件库
from mpl_toolkits.mplot3d import Axes3D
np.random.seed(0)
%matplotlib inline
```

```
X = np.random.randn(1000)

Y = np.random.randn(1000)

Z = np.random.randn(1000)


# 创建 figure 对象

fig = plt.figure(figsize=(6, 6))
# 创建子图 ax
ax = fig.add_subplot(1, 1, 1, projection="3d")
# 将 X、Y、Z 转换成一维数组
x = np.ravel(X)

y = np.ravel(Y)

z = np.ravel(Z)
# 请创建 3D 散点图




plt.show()
```

程序清单 12.41 习题

提示

使用子图 **ax** 将数据传递给 **ax.scatter3D()** 即可创建 3D 散点图。

参考答案

In	（略） # 请创建 3D 散点图 `ax.scatter3D(x, y, z)` （略）

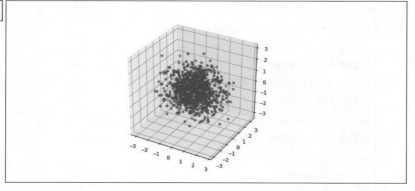

程序清单 12.42 参考答案

12.6.5 在 3D 图表中使用色系

使用较为单调的颜色显示 3D 图形时，对于高低不平的部位可能会有难以分辨的问题，而 **matplotlib** 提供了根据图中各个点的坐标使显示颜色进行变化的功能。

从 **matplotlib** 中导入 **cm** 后，在绘制传递数据的同时指定 **cmap=cm.coolwarm** 参数，就可以在第 **3** 个参数中对色系进行设置。

（习题）

请在 **Z 值**的绘制中使用色系（程序清单 12.43）。

```
In     import numpy as np
       import matplotlib.pyplot as plt
       # 导入显示色系时需要使用的软件库
       from matplotlib import cm
       # 导入进行 3D 绘制时必须使用的软件库
       from mpl_toolkits.mplot3d import Axes3D
       %matplotlib inline


       t = np.linspace(-2*np.pi, 2*np.pi)
       X, Y = np.meshgrid(t, t)
       R = np.sqrt(X**2 + Y**2)
```

```
Z = np.sin(R)

# 创建 figure 对象
fig = plt.figure(figsize=(6, 6))
# 创建子图 ax
ax = fig.add_subplot(1,1,1, projection="3d")
# 请修改下列代码，将色系应用到 Z 值中
ax.plot_surface(X, Y, Z, cmap=    )


plt.show()
```

程序清单 12.43　习题

（提示）

在进行绘制时指定 **cmap=cm.coolwarm** 参数即可应用色系。

（参考答案）

In	（略）

请修改下列代码，将色系应用到 Z 值中
```
ax.plot_surface(X, Y, Z, cmap=cm.coolwarm)
```
（略）

Out

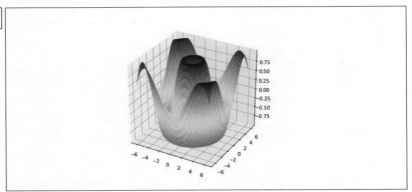

程序清单 12.44　参考答案

在本附加习题中，将使用山鸢尾（setosa）、变色鸢尾（versicolor）、弗吉尼亚鸢尾（virginica）三个种类鸢尾花的五个测试数据（花萼长度"sepal length"、花萼宽度"sepal width"、花瓣长度"petal length"、花瓣宽度"petal width"、品种"class"）。

获取数据时需要使用下面的代码。

```
import pandas as pd
# 从 url 获取 iris 数据
df_iris = pd.read_csv("http://archive.ics.uci.edu/ml/
            machinelearning-databases/iris/iris.data", header=None)
df_iris.columns = ["sepal length", "sepal width", "petal
                    length","petal width", "class"]
```

df_iris 由 150 行和 5 列的数据所组成，其中第 0 行至第 50 行为山鸢尾，第 51 行至第 100 行为变色鸢尾，第 101 行至第 150 行为弗吉尼亚鸢尾。

习题

请读取 iris 数据，将变量 x、y 的值分别作为 **sepal length**、**sepal width** 进行绘制（程序清单 12.45）。请分别对 **setosa**、**versicolor**、**virginica** 执行该项操作。关于绘制的颜色，请将 **setosa** 绘制为黑色；将 **versicolor** 绘制为蓝色；将 **virginica** 绘制为绿色，并分别为它们添加标签。请按照程序中注释内的说明对图形进行修饰。

```
In   import matplotlib.pyplot as plt
     import pandas as pd
     # 获取 iris 数据
     df_iris = pd.read_csv("http://archive.ics.uci.edu/ml/machine-
     learningdatabases/iris/iris.data", header=None)
     df_iris.columns = ["sepal length", "sepal width", "petal
     length", "petal width", "class"]

     fig = plt.figure(figsize=(10,10))
     # 请绘制 setosa 的 sepal length - sepal width 之间的关系图
     # 请将标签指定为 setosa, 颜色指定为 black
```

```
# 请绘制 versicolor 的 sepal length - sepal width 之间的关系图
# 请将标签指定为 versicolor, 颜色指定为 blue


# 请绘制 virginica 的 sepal length - sepal width 之间的关系图
# 请将标签指定为 virginica, 颜色指定为 green


# 请将 x 轴名设置为 sepal length


# 请将 y 轴名设置为 sepal width


# 显示图表
plt.legend(loc="best")
plt.grid(True)
plt.show()
```

程序清单 12.45　习题

(提示)

例如，需要将 **setosa** 的 **sepal length** 和 **sepal width** 的数据单独提取出来时，使用 **df_iris.iloc[:50,0]**、**df_iris.iloc[:50,1]** 即可。

(参考答案)

```
In   （略）
     # 请绘制 setosa 的 sepal length - sepal width 之间的关系图
     # 请将标签指定为 setosa, 颜色指定为 black
     plt.scatter(df_iris.iloc[:50,0], df_iris.iloc[:50,1],
     label="setosa",color="k")
     # 请绘制 versicolor 的 sepal length - sepal width 之间的关系图
     # 请将标签指定为 versicolor, 颜色指定为 blue
     plt.scatter(df_iris.iloc[50:100,0], df_iris.iloc[50:100,1],
     label="versicolor", color="b")
     # 请绘制 virginica 的 sepal length - sepal width 之间的关系图
     # 请将标签指定为 virginica, 颜色指定为 green
     plt.scatter(df_iris.iloc[100:150,0], df_iris.iloc[100:150,1],
     label="virginica", color="g")
```

```
# 请将 x 轴名设置为 sepal length
plt.xlabel("sepal length")
# 请将 y 轴名设置为 sepal width
plt.ylabel("sepal width")
（略）
```

Out

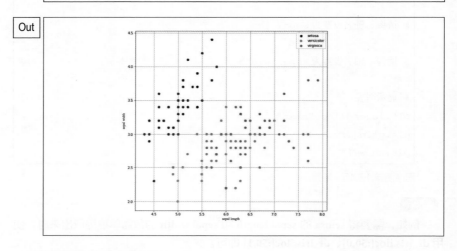

程序清单 12.46　参考答案

综合附加习题

在本次的综合附加习题中，将使用蒙特卡罗法对圆周率进行推算。

首先让我们对蒙特卡罗法进行简要的介绍。所谓蒙特卡罗法，是指"使用随机数对某种值进行估算的方法"。由于使用了随机数，所以有时会输出正确的答案，与之相反，有时会输出不那么令人满意的结果。作为蒙特卡罗法应用的代表示例，计算圆周率的近似值的算法就是其中之一。

在 1 × 1 的正方形内随机地对点进行绘制。如果距离原点（见图 12.1 左下的顶点）的距离小于 1，就添加 1 个点；如果大于 1，就添加 0 个点。对上述操作重复 N 次（自己设置重复操作的次数）。当获得的点的总数为 X 时，圆周率的近似值则为 4X/N。由此可知，通过蒙特卡罗法就可以推算出圆周率。

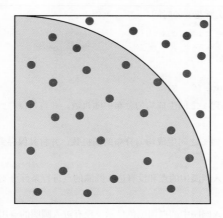

图 12.1 使用蒙特卡罗法推算圆周率

(习题)

请对程序清单 12.47 中的代码进行补充，使用蒙特卡罗法来推算圆周率。

请对程序清单 12.47 代码中 N 的值进行适当的变动，以观察推算得到的圆周率会如何变化。

```
In    import matplotlib.pyplot as plt
      import numpy as np
      import math
      import time
      %matplotlib inline

      np.random.seed(100)
      X = 0 # 满足条件的次数
      # 请设置尝试执行次数 N

      # 绘制四分之一圆的边界方程 [y= √ (1-x^2) (0<=x<=1)]
      circle_x = np.arange(0, 1, 0.001)
      circle_y = np.sqrt(1- circle_x * circle_x)
      plt.figure(figsize=(5,5))
      plt.plot(circle_x, circle_y)
```

```
# 统计执行 N 次所花费的时间
start_time = time.clock()

# 执行 N 次
for i in range(0, N):
    # 请在 0 到 1 之间生成均匀分布的随机数，并将其保存到变量 score_x 中

    # 请在 0 到 1 之间生成均匀分布的随机数，并将其保存到变量 score_y 中

    # 请对进入圆圈中的点和没有进入圆圈的点进行条件分支处理

    # 请将进入圆圈中的点用黑色显示，没有进入圆圈的点用蓝色显示

    # 如果点进入了圆圈中，请在上面定义的变量 X 中加上 1 个点


# 请在此处计算 pi 的近似值

# 计算蒙特卡罗法的执行时间
end_time = time.clock()
time = end_time - start_time

# 请显示圆周率的计算结果

print(" 执行时间 :%f" % (time))

# 显示结果
plt.grid(True)
plt.xlabel('X')
plt.ylabel('Y')
plt.show()
```

程序清单 12.47　习题

提示

- 由于已经将点的坐标定义为 (score_x, score_y)，根据勾股定理，如果 $x^2+y^2 < 1$ 成立，点就会进入圆圈中。
- π 的近似值可以通过 $4X/N$ 计算得到。

参考答案

In

```
（略）
# 请指定尝试执行次数 N
N = 1000
# 绘制四分之一圆的边界方程 [y= √(1-x^2) (0<=x<=1)]
（略）
    # 请在 0 到 1 之间生成均匀分布的随机数，并将其保存到变量 score_x 中
    score_x = np.random.rand()
    # 请在 0 到 1 之间生成均匀分布的随机数，并将其保存到变量 score_y 中
    score_y = np.random.rand()
    # 请对进入圆圈中的点和没有进入圆圈的点进行条件分支处理
    if score_x * score_x + score_y * score_y < 1:
    # 请将进入圆圈中的点用黑色显示，没有进入圆圈的点用蓝色显示
        plt.scatter(score_x, score_y, marker='o', color='k')
        # 如果点进入了圆圈中，请在上面定义的变量 X 中加上 1 个点
        X = X + 1
    else:
        plt.scatter(score_x, score_y, marker='o', color='b')


# 请在此处计算 pi 的近似值
pi = 4*float(X)/float(N)


# 计算蒙特卡罗法的执行时间
end_time = time.clock()
time = end_time - start_time


# 请显示圆周率的计算结果
print(" 圆周率 :%.6f"% pi)
```

```
print("执行时间:%f" % (time))
(略)
```

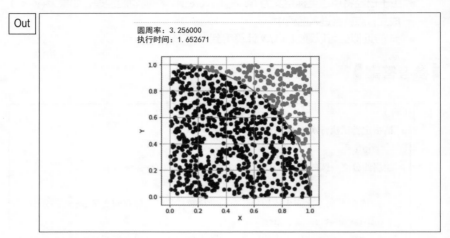

程序清单 12.48 参考答案

解说

针对这道习题,如果我们已经理解并掌握了随机数的生成方法、将每个数据绘制到图表的方法,以及蒙特卡罗法的算法,就可以顺利地将其完成。如果需要确认随机数的生成和绘制图表的方法,可以返回到前面的章节对相关知识进行复习和巩固。

lambda 和 map 等灵活的 Python 语法

13.1 lambda 表达式的基础

13.1.1 匿名函数的创建

在 Python 中创建函数时，可以使用类似程序清单 13.1 的代码来定义函数。不过，如果使用程序清单 13.2 中的**匿名函数 (lambda 表达式)**，则可以让代码变得更加简洁。

```
In    # 例：输出 x^2 的函数 pow1(x)
      def pow1(x):
          return x ** 2
```

程序清单 13.1　定义函数的示例

```
In    # 具有与 pow1(x) 同样功能的匿名函数 pow2
      pow2 = lambda x: x ** 2
```

程序清单 13.2　匿名函数的示例①

可以看到通过使用 lambda 表达式，我们将整个表达式代入到变量 pow2 中。lambda 表达式的语法结构如下。

lambda（参数）:（返回值）

上述 **pow2** 表达式是将参数 **x** 转换为 **x**2** 的计算结果进行返回。

要将参数传递给 lambda 表达式并进行实际的计算，可以使用程序清单 13.3 的代码来实现，与调用 **def** 定义的函数是一样的。

```
In    # 将参数 a 传递给 pow2，并将计算结果保存到 b 中
      b = pow2(a)
```

程序清单 13.3　匿名函数的示例②

〔习题〕

请给参数 **a** 创建函数，并对 **a = 4** 时的返回值进行输出。

- 使用 **def** 定义输出结果为 $2a^2-3a+1$ 的函数 **func1**。
- 使用 **lambda** 定义输出结果为 $2a^2-3a+1$ 的函数 **func2**。

In
```
# 代入参数 a
a = 4



# 使用 def 创建 func1



# 使用 lambda 创建 func2



# 输出返回值
print(func1(a))
print(func2(a))
```

程序清单 13.4　习题

〔提示〕

def function(参数 **)**
    return 返回值
function = lambda 参数 **:** 返回值

〔参考答案〕

In
```
（略）
# 使用 def 创建 func1
def func1(x):
    return 2 * x**2 - 3*x + 1
```

```
# 使用 lambda 创建 func2
func2 = lambda x: 2 * x**2 - 3*x + 1
（略）
```

Out | 21
    | 21

程序清单 13.5　参考答案

13.1.2 使用 lambda 进行计算

在使用 lambda 表达式创建多变量的函数时，可以使用程序清单 13.6 中的语法。

In |
```
# 例：将两个参数相加的函数为 add1
add1 = lambda x, y: x + y
```

程序清单 13.6　使用 lambda 进行计算的示例①

正如我们在上一小节中所看到的，lambda 表达式可以被保存到变量中。当然，不保存到变量中而直接调用也可以。

例如，程序清单 13.6 中 **add1** 的 lambda 表达式带有两个参数 **3** 和 **5**，如果希望直接得到计算结果，可以使用程序清单 13.7 中的语法。

In |
```
print((lambda x, y: x + y)(3, 5))
```

Out | 8

程序清单 13.7　使用 lambda 进行计算的示例②

如果仅仅使用不同的语法编写上述代码，不但没有意义而且增加了开发者的负担。不过，lambda 表达式可以比 **def** 语法创建出更为简洁、简练的函数定义。

（习题）

请给程序清单 13.8 中的参数（x、y、z）创建函数，并将 (x、y、z) = (5、6、2) 的返回值进行输出。

- 使用 **def** 定义输出结果为 $xy+z$ 的函数 **func3**。
- 使用 **lambda** 定义输出结果为 $xy+z$ 的函数 **func4**。

```
In   # 代入参数 x、y、z
     x = 5
     y = 6
     z = 2

     # 使用 def 创建 func3



     # 使用 lambda 创建 func4



     # 输出结果
     print(func3(x, y, z))
     print(func4(x, y, z))
```

程序清单 13.8　习题

提示

lambda 参数 1, 参数 2, 参数 3, ⋯ : 返回值

参考答案

```
In   （略）
     # 使用 def 创建 func3
     def func3(x, y, z):
         return x*y + z

     # 使用 lambda 创建 func4
     func4 = lambda x, y, z: x*y + z
     （略）
```

```
Out  32
     32
```

程序清单 13.9　参考答案

13.1.3 使用 if 语句的 lambda

与使用 **def** 定义的函数不同，**lambda** 返回值的部分只允许使用表达式。

例如，使用 **def** 定义的函数，能够实现程序清单 13.10 代码的处理，但是 **lambda** 则无法定义此类函数。

```
In   # 定义输出 "hello." 的函数
     def say_hello():
         print("hello.")
```

程序清单 13.10　使用 if 的 lambda 的示例①

对于使用 **if** 语句的条件分支，如果使用三元运算符，那么也可以用 **lambda** 表达式来编写。

例如，程序清单 13.11 中的函数用 **lambda** 表达式，也可以写成程序清单 13.12 中的代码。

```
In   # 创建如果是参数小于 3 就乘以 2，参数大于 3 就除以 3 再加上 5 的函数
     def lower_three1(x):
         if x < 3:
         return x * 2
     else:
         return x/3 + 5
```

程序清单 13.11　使用 if 的 lambda 的示例②

```
In   # 与 lower_three1 相同的函数
     lower_three2 = lambda x: x * 2 if x < 3 else x/3 + 5
```

程序清单 13.12　使用 if 的 lambda 的示例③

三元运算符的语法如下。

条件满足时的处理 **if** 条件 **else** 条件不满足时的处理

因此，使用 lambda 表达式在很多情况下都可以将代码变得更加简练。

〔习题〕

请使用 **lambda** 来创建程序清单 13.13 中的函数，并将参数 a 由函数得到的返回值进行输出（候选参数表中包含 **a1** 和 **a2** 这两个变量）。

如果 a 大于 10 且小于等于 30，函数 func5 返回 $a^2-40a+350$ 的计算值，其他情况下则返回 50。

```
In    # 代入参数 a1、a2
      a1 = 13
      a2 = 32

      # 使用 lambda 创建 func5




      # 输出返回值
      print(func5(a1))
      print(func5(a2))
```

程序清单 13.13　习题

提示

请使用以下的三元运算符。

func = lambda 参数 **：** 条件满足时的处理 **if** 条件 **else** 条件不满足时的处理

参考答案

```
In    （略）
      # 使用 lambda 创建 func5
      func5 = lambda x: x**2 - 40*x + 350 if x >= 10 and x < 30 else 50
      （略）
```

```
Out   -1
      50
```

程序清单 13.14　参考答案

lambda 和 map 等灵活的 Python 语法

13.2 ║ 灵活的语法

13.2.1 list 的分割（split）

要使用空格或斜杠对字符串进行分割处理，就需要用到 **split()** 函数。
例如，可以使用空格将程序清单 13.15 中的英文句子分割成由单词组成的列表。

```
In    # 需要进行分割处理的字符串
      test_sentence = "this is a test sentence."
      # 分割后列出清单
      test_sentence.split(" ")
```

```
Out   ['this', 'is', 'a', 'test', 'sentence.']
```

程序清单 13.15　split() 函数的示例

split() 函数的使用方法如下。
需要分割的字符串 **.split(" 分隔符 ", 分割次数)**
分割次数是用于指定从开头到结束，总共需要分割的次数。

习题

请对结构为 "My name is ○○" 的字符串 **self_data** 进行分割，并将 "○○" 部分单独提取出来进行输出（程序清单 13.16）。

```
In    # 包含自我介绍句子的字符串 self_data
      self_data = "My name is Yamada"

      # 请对 self_data 进行分割，并创建 list


      # 请对 "姓名" 部分进行输出

```

程序清单 13.16　习题

提示

- 由于需要使用空格进行分割，因此可以使用 **split()** 函数。
- 用 **split()** 函数分割字符串后，返回的是 **list** 对象。

参考答案

In	（略）
	# 请对 self_data 进行分割，并创建 list
	word_list = self_data.split(" ")
	
	# 请对 "姓名" 部分进行输出
	print(word_list[3])

Out	Yamada

程序清单 13.17　参考答案

13.2.2 list 的分割（re.split）

标准的 **split()** 函数不支持同时指定多个分隔符进行分割处理。如果需要同时指定多个分隔符对字符串进行分割，就需要使用 re 模块中的 **re.split()** 函数（程序清单 13.18）。

In	# 导入 re 模块
	import re
	# 需要分割的字符串
	test_sentence = "this,is a.test,sentence"
	# 使用 ","和" "，以及 "."作为分隔符进行分割，并保存到 list 中
	re.split("[, .]", test_sentence)

Out	['this', 'is', 'a', 'test', 'sentence']

程序清单 13.18　re.split() 函数的示例

re.split() 函数的使用方法如下。

re.split("[分隔符]", 需要分割的字符串 **)**

lambda 和 map 等灵活的 Python 语法

其中，[分隔符]部分允许指定多个参数，这样就能实现同时使用多种分隔符进行字符串分割的处理。

（习题）

请对结构为"年/月/日_时:分"的字符串 **time_data** 进行分割，并将"月"和"时"的部分单独提取出来进行输出（程序清单 13.19）。

In
```
import re
# 包含时间数据的字符串 time_data
time_data = "2017/4/1_22:15"


# 请对 time_data 进行分割，创建 list



# 请对"月"和"时"部分的字符串进行输出

```

程序清单 13.19　习题

（提示）

- 由于需要使用"/""_"":"进行分割，因此需要使用 **re.split()** 函数。
- 使用 **re.split()** 函数分割字符串后，返回的是 **list** 对象。

（参考答案）

In
```
（略）
# 请对 time_data 进行分割，创建 list
time_list = re.split("[/_:]",time_data)

# 请对"月"和"时"部分的字符串进行输出
print(time_list[1])
print(time_list[3])
```

Out
```
4
22
```

程序清单 13.20　参考答案

13.2.3 高阶函数 (map)

在 Python 的函数中，存在着一类将其他函数作为其参数的函数，这类函数被称为**高阶函数**。要对 **list** 中的每个元素进行操作，可以使用 **map()** 函数。

例如，要对 **a = [1, -2, 3, -4, 5]** 这一数组中的每个元素求绝对值，可以使用 for 循环语句（程序清单 13.21）。但是，如果使用 **map()** 函数来实现相同的操作（程序清单 13.22），代码将更为简洁。

```
In   # 使用 for 循环语句应用函数
     a = [1, -2, 3, -4, 5]
     new = []
     for x in a:
         new.append(abs(x))
     print(new)
```

```
Out  [1, 2, 3, 4, 5]
```

程序清单 13.21　map() 函数的示例①

```
In   # 使用 map 应用函数
     a = [1, -2, 3, -4, 5]
     list(map(abs, a))
```

```
Out  [1, 2, 3, 4, 5]
```

程序清单 13.22　map() 函数的示例②

map() 函数的使用方法如下。

- 仅返回迭代器（保存计算的方法），不进行计算。
  map(要应用的函数 **,** 数组 **)**
- 保存到 list 中的方法。
  list(map(函数 **,** 数组 **))**

这里的迭代器指的是支持将多个元素按顺序进行读取功能的 Python 类。

使用迭代器将元素按顺序进行读取的功能，要比使用 **for** 循环语句的执行效率更高，因此在将包含庞大数据量的数组传递给某一函数时，使用 **map()** 函数是更值得推荐的做法。

(习题)

请将结构为"年 / 月 / 日 _ 时 : 分"的字符串作为元素的数组 **time_list** 进行分割，将"时"部分作为整数提取出来并集中保存到数组中，再对其进行输出（程序清单 13.23 ）。

```
In    import re
      # 数组 time_list
      time_list = [
          "2006/11/26_2:40",
          "2009/1/16_23:35",
          "2014/5/4_14:26",
          "2017/8/9_7:5",
          "2017/4/1_22:15"
      ]
      # 请创建将字符串中的"时"部分提取出来的函数



      # 请使用上面创建的函数将各个元素的"时"提取出来，并集中保存到数组之中



      # 请输出结果
```

程序清单 13.23　习题

提示

- 关于如何实现将字符串中的"时"部分单独提取出来的函数，请参考 **13.2.2** 小节部分的内容。

  list(map(函数 **,** 数组 **))**

- 仅仅进行分割处理，得到的数据类型就会是字符串类型，因此需要使用 **int()** 进行类型转换。

参考答案

```
In    （略）
      # 请创建将字符串中的"时"部分提取出来的函数
      get_hour = lambda x: int(re.split("[/_:]",x)[3]) # 使用 int() 将
      # string 类型转换为 int 型

      # 请使用上面创建的函数将各个元素的"时"提取出来，并集中保存到数组之中
      hour_list = list(map(get_hour, time_list))

      # 请输出结果
      print(hour_list)
```

```
Out   [2, 23, 14, 7, 22]
```

程序清单 13.24　参考答案

13.2.4 list 的筛选（filter）

如果要从 list 内所有元素中将满足特定条件的元素单独提取出来，就需要使用 **filter()** 函数。

例如，要从 **a = [1, -2, 3, -4, 5]** 这一数组中，将正数元素挑选出来，可以使用 **for** 循环语句（程序清单 13.25），也可以使用 **filter()** 函数来实现（程序清单 13.26）。

```
In    # 使用 for 循环语句进行过滤
      a = [1, -2, 3, -4, 5]
      new = []
      for x in a:
          if x > 0:
              new.append(x)
```

程序清单 13.25　filter() 函数的示例①

```
In    # 使用 filter 进行过滤
      a = [1, -2, 3, -4, 5]
      print(list(filter(lambda x: x>0, a)))
```

`[1, 3, 5]`

程序清单 13.26　filter() 函数的示例②

filter() 函数的使用方法如下。

- 迭代器
  filter(作为条件的函数 **,** 数组 **)**
- 保存到 list 中
  list(filter(函数 **,** 数组 **))**

其中，作为条件的函数是指类似 lambda x: x>0，即根据输入参数返回 True/False 的函数。

〔习题〕

请将 **time_list** 内 "月" 部分在 1 以上，6 以下的元素单独提取出来，并将其转换成数组进行输出（程序清单 13.27）。

```
import re
# time_list... "年 / 月 / 日 _ 时：分"
time_list = [
    "2006/11/26_2:40",
    "2009/1/16_23:35",
    "2014/5/4_14:26",
    "2017/8/9_7:5",
    "2017/4/1_22:15"
]
# 请创建当字符串中 "月" 的条件满足时，返回 True 的函数



# 请使用上面创建的函数将满足条件的元素提取出来，并将其转换成数组



# 输出结果

```

程序清单 13.27　习题

> **提示**
>
> "月"可以使用 **re.split()** 函数来获取。

◀参考答案▶

```
In  （略）
    # 请创建当字符串中"月"的条件满足时，返回 True 的函数
    is_first_half = lambda x: int(re.split("[/_:]", x)[1]) - 7 < 0

    # 请使用上面创建的函数将满足条件的元素提取出来，并将其转换成数组
    first_half_list = list(filter(is_first_half, time_list))

    # 输出结果
    print(first_half_list)
```

```
Out  ['2009/1/16_23:35', '2014/5/4_14:26', '2017/4/1_22:15']
```

程序清单 13.28　参考答案

13.2.5　list 的排序（sorted）

可以对 **list** 进行排序的有 **sort()** 函数，但是对于复杂条件的排序则需要使用 **sorted()** 函数。

例如，对于以包含两个元素的数组为元素的数组（嵌套数组），要将其中每个元素中的第 2 个元素按升序排列，可以使用程序清单 13.29 中的代码来实现。

```
In  # 嵌套数组
    nest_list = [
      [0, 9],
      [1, 8],
      [2, 7],
      [3, 6],
      [4, 5]
    ]
```

```
# 将第 2 个元素作为键进行排序
print(sorted(nest_list, key=lambda x: x[1]))
```

Out | [[4, 5], [3, 6], [2, 7], [1, 8], [0, 9]]

程序清单 13.29　sorted() 函数的示例

sorted() 函数的使用方法如下。

设置键值并排序 sorted(需要排序的数组 **, key=** 作为键的函数 **, reverse=True 或 False)。**

这里的"作为键的函数"是用于指定"将什么按照升序排列"这一条件，使用 **lambda x: x[n]** 就可以将第 n 个元素按照升序进行排列。

如果指定 **reverse** 为 **True**，就是按照降序进行排列（省略的时候是自动指定为 False ）。

（习题）

请将 **time_data** 按照"时"的部分进行升序排列，并输出结果（程序清单 13.30 ）。

其中，**time_data** 是将 **time_list** 分割成 [年 , 月 , 日 , 时 , 分] 的形式后得到的数组。

In |
```
# time_data...[ 年 , 月 , 日 , 时 , 分 ]
time_data = [
    [2006, 11, 26, 2, 40],
    [2009, 1, 16, 23, 35],
    [2014, 5, 4, 14, 26],
    [2017, 8, 9, 7, 5],
    [2017, 4, 1, 22, 15]
]
# 将"时"作为键进行排序，并将结果保存到数组中



# 输出结果
```

程序清单 13.30　习题

请使用 **sorted()** 函数进行排序。

排序后的数组 = **sorted(** 需要排序的数组 **, key=lambda)**

【 参考答案 】

```
（略）
# 将"时"作为键进行排序，并将结果保存到数组中
sort_by_time = sorted(time_data, key=lambda x: x[3])

# 输出结果
print(sort_by_time)
```

```
[[2006, 11, 26, 2, 40], [2017, 8, 9, 7, 5], [2014, 5, 4, 14,
26], [2017, 4, 1, 22, 15], [2009, 1, 16, 23, 35]]
```

程序清单 13.31　参考答案

13.3 ‖ 列表闭包语法

13.3.1 列表的创建

在高阶函数（**map**）中，我们介绍了使用 **map()** 函数创建数组的方法，**map** 函数原本是专门用于生成迭代器的，而在使用 **list()** 函数将其转换成数组时，就导致了代码执行时间的增加。

因此，当想用与 **map()** 函数相同的方式生成数组时，可以使用 **for** 循环的列表闭包语法。

例如，对 **a = [1, -2, 3, -4, 5]** 这一数组中的所有元素取绝对值（程序清单 13.32）。

```
# 使用列表闭包语法取各个元素的绝对值
a = [1, -2, 3, -4, 5]
print([abs(x) for x in a])
```

```
[1, 2, 3, 4, 5]
```

程序清单 13.32　创建列表的示例①

使用列表闭包语法编写的代码，相比程序清单 13.33 中的代码，仅仅是看括号的数量都显得要简洁很多。

```
In      # 使用 map 创建 list
        a = [1, -2, 3, -4, 5]
        print(list(map(abs, a)))
```

```
Out     [1, 2, 3, 4, 5]
```

程序清单 13.33　创建列表的示例②

使用列表闭包语法创建数组的方法如下。

[需要应用的函数 (元素) for 元素 in 被应用的原始数组]

如果需要创建迭代器，就使用 **map**；如果要直接生成数组，就使用列表闭包语法。在编写代码时应当对二者区别运用。

(习题)

请从保存有测算时间（分钟）的数组 **minute_data** 中，将所有元素从分钟换算成 [小时 , 分钟] 并创建成新的数组，然后对其进行输出（程序清单 13.34）。

例如，对于 **minute_data = [75, 120, 14]** 可以经过换算后创建出 **[[1, 15], [2, 0], [0, 14]]** 这一数组。

```
In      # minute_data，单位为分钟
        minute_data = [30, 155, 180, 74, 11, 60, 82]

        # 请创建将分钟换算成 [ 小时 , 分钟 ] 的函数


        # 请使用列表闭包语法创建指定的数组

```

```
#  请输出结果
```

程序清单 13.34　习题

提示

- 建议使用数组作为换算函数返回值的类型。
- **75 分钟除以 60**，得 **1 余 15**，因此，**75 分钟**就可以换算成 **1 小时 15 分钟**。
  可以使用 **lambda** 表达式来实现这一换算。

◀参考答案▶

```
In    （略）
      #  请创建将分钟换算成［小时，分钟］的函数
      h_m_split = lambda x: [x // 60, x % 60]

      #  请使用列表闭包语法创建指定的数组
      h_m_data = [h_m_split(x) for x in minute_data]

      #  请输出结果
      print(h_m_data)
```

```
Out   [[0, 30], [2, 35], [3, 0], [1, 14], [0, 11], [1, 0], [1, 22]]
```

程序清单 13.35　参考答案

13.3.2 使用 if 语句的循环

在列表的闭包语法中使用条件分支，可以实现与 **filter()** 函数完全相同的
操作。

例如，从 **a = [1, -2, 3, -4, 5]** 这一数组中筛选出值为正数的元素（程序清单
13.36）。

```
In    #  列表闭包语法筛选（后置 if）
      a = [1, -2, 3, -4, 5]
      print([x for x in a if x > 0])
```

Out	`[1, 3, 5]`

程序清单 13.36　使用 if 语句进行循环的示例

后置 **if** 的使用方法如下。

[需要应用的函数（元素）**for** 元素 **in** 需要筛选的数组 **if** 条件]

如果只是需要将满足条件的元素提取出来，则将 [需要应用的函数（元素）] 这部分简单地写成 (元素) 即可。

需要注意的是，这一语法与我们在**使用 if 语句的 lambda** 中所介绍的三元运算符完全不同。

三元运算符对于不满足条件的元素也要进行相应的处理，而后置 **if** 语句对于不满足条件的元素则可以直接忽略。

（习题）

请使 **minute_data** 在换算成小时、分钟时，得到的结果是 [小时, 0]，也就是说，将不出现分钟数的元素单独提取出来组成新的数组，并对这一数组进行输出。

例如，当 **minute_data = [75, 120, 14]** 时，筛选后得到的数组应当是 **[120]**（程序清单 13.37）。

| In | ```
# minute_data，单位为分钟
minute_data = [30, 155, 180, 74, 11, 60, 82]

# 请使用列表闭包语法创建指定的数组


# 请输出结果
``` |
| --- | --- |

程序清单 13.37　习题

（提示）

可以将除以 **60** 余数为 **0** 的数作为过滤条件。
```

（参考答案）

```
In   （略）
     # 请使用列表闭包语法创建指定的数组
     just_hour_data = [x for x in minute_data if x % 60 == 0 ]

     # 请输出结果
     print(just_hour_data)
```

```
Out  [180, 60]
```

程序清单 13.38　参考答案

13.3.3　多个数组同时循环

要对多个数组同时进行循环访问时，可以使用 **zip()** 函数。

例如，要对 **a =[1, -2, 3, -4, 5]** 和 **b = [9, 8, -7, -6, -5]** 这两个数组同时进行循环访问时，可以使用程序清单 13.39 中的代码。

```
In   # 使用 zip 同时进行循环
     a = [1, -2, 3, -4, 5]
     b = [9, 8, -7, -6, -5]
     for x, y in zip(a, b):
         print(x, y)
```

```
Out  1 9
     -2 8
     3 -7
     -4 -6
     5 -5
```

程序清单 13.39　多个数组同时进行循环的示例①

对于列表闭包语法，也同样可以使用 **zip()** 函数对多个数组同时进行处理（程序清单 13.40）。

```
In   # 使用列表闭包语法同时进行处理
     a = [1, -2, 3, -4, 5]
     b = [9, 8, -7, -6, -5]
     print([x**2 + y**2 for x, y in zip(a, b)])
```

```
Out  [82, 68, 58, 52, 50]
```

程序清单 13.40　多个数组同时进行循环的示例②

（ 习题 ）

　　请从 **hour** 和 **minute** 这两个数组中，创建出由分钟数组成的新的数组，并对其进行输出（程序清单 13.41）。

　　实现与 13.3.1 小节中的习题完全相反的操作。

```
In   # 小时数据 hour, 分钟数据 minute
     hour = [0, 2, 3, 1, 0, 1, 1]
     minute = [30, 35, 0, 14, 11, 0, 22]

     # 请创建将小时、分钟作为参数，并对分钟进行换算的函数



     # 请使用列表闭包语法创建指定的数组



     # 请输出结果
```

程序清单 13.41　习题

（提示）

● 对于包含两个参数的函数可以使用如下语法。

　　lambda x, y: 返回值

● 换算成分钟可以按照 "小时 × 60 + 分钟" 进行计算。

参考答案

```
In    （略）
      # 请创建将小时、分钟作为参数，并对分钟进行换算的函数
      h_m_combine = lambda x, y: x*60 + y

      # 请使用列表闭包语法创建指定的数组
      minute_data1 = [h_m_combine(x, y) for x, y in zip(hour, minute)]
      # 请输出结果
      print(minute_data1)
```

```
Out   [30, 155, 180, 74, 11, 60, 82]
```

程序清单 13.42　习题

13.3.4　嵌套循环

实现同步循环可以使用 **zip()** 函数，但是，如果要在循环中再进行新的循环，就可以使用程序清单 13.43 中的代码。

```
In    a =[1, -2, 3]
      b = [9, 8]
      # 二重循环
      for x in a:
          for y in b:
              print(x, y)
```

```
Out   1 9
      1 8
      -2 9
      -2 8
      3 9
      3 8
```

程序清单 13.43　嵌套循环的示例①

如果使用列表闭包语法，可以将上述代码写成程序清单 13.44 中代码的形式，即只要将两个 **for** 语句并排放置就能够实现二重循环。

In
```
# 使用列表闭包语法实现二重循环
print([[x, y] for x in a for y in b])
```

Out
```
[[1, 9], [1, 8], [-2, 9], [-2, 8], [3, 9], [3, 8]]
```

程序清单 13.44　嵌套循环的示例②

（习题）

请使用表示二进制数第 3 位的 **threes_place** 和表示第 2 位的 **twos_place**，以及表示第 1 位的 **ones_place**，来创建由十进制数 0 到 7 所组成的数组，并对其进行输出（程序清单 13.45）。

例如，当 **threes_place = 1**、**twos_place = 0**、**ones_place = 1**，则表示二进制数 **101**，换算成十进制数就是 **5**。

In
```
# 二进制数的位
threes_place = [0, 1]
twos_place = [0, 1]
ones_place = [0, 1]


# 请使用列表闭包语法的嵌套循环语句，来实现从 0 到 7 之间的整数的计算，并将
# 结果保存到数组中


# 请输出结果
```

程序清单 13.45　习题

（提示）

● 如果是十进制数，可以使用下列方式转换

（第 3 位上的数）*10**2 +（第 2 位上的数）*10 +（第 1 位上的数）

如果是二进制数，则将上面的 *10**2 改成 *2**2；将 *10 改成 *2 即可。

● 可以使用 threes_place、twos_place 和 ones_place 来创建三重循环。

参考答案

```
In   （略）
     # 请使用列表闭包语法的嵌套循环语句，来实现从 0 到 7 之间的整数的计算，并将
     # 结果保存到数组中
     digit = [x*4 + y*2 + z for x in threes_place for y in twos_
     place for z in ones_place]

     # 请输出结果
     print(digit)
```

```
Out   [0, 1, 2, 3, 4, 5, 6, 7]
```

程序清单 13.46　习题

13.4 ‖ 字典对象

13.4.1 defaultdict 类

在向 Python 的字典型对象中添加新的 **key** 时，每次都需要对这个 **key** 重新初始化，非常麻烦。

例如，将列表 **lst** 中的元素作为 **key**，将相同值的元素的出现次数作为 **value** 保存到字典变量中（程序清单 13.47），即需要使用到条件分支语句。

```
In   # 在字典中记录元素的出现次数
     d = {}
     lst = ["foo", "bar", "pop", "pop", "foo", "popo"]
     for key in lst:
         # 判断 d 中是否存在所指定的 key，并分别进行处理
         if key in d:
             d[key] += 1
         else:
```

```
        d[key] = 1
print(d)
```

`{'foo': 2, 'pop': 2, 'popo': 1, 'bar': 1}`

程序清单 13.47　defaultdict 的示例①

对于这种情况，可以使用 **collections** 模块中的 **defaultdict** 类来解决。

可以使用如下方式定义 **defaultdict** 类对象。

from collections import defaultdict
d = defaultdict(value 的类型)

其中，**value** 的类型部分可以使用 **int** 或 **list** 等不同数据类型。已定义对象的使用方法与字典型对象完全一样。使用 **defaultdict** 类，可以将程序清单 13.47 的代码改写成程序清单 13.48 中代码的形式，不需要使用条件分支语句也同样可以完成元素数量的统计操作。

```
from collections import defaultdict
# 在字典中记录元素的出现次数
d = defaultdict(int)
lst = ["foo", "bar", "pop", "pop", "foo", "popo"]
for key in lst:
    d[key] += 1
print(d)
```

```
defaultdict(<class 'int'>, {'foo': 2, 'pop': 2, 'popo': 1,
'bar': 1})
```

程序清单 13.48　defaultdict 的示例②

【习题】

请将程序清单 13.49 中的字符串 **description** 中所出现的文字作为 **key**，将文字的出现次数作为 **value** 创建字典对象。

将字典对象按照 **value** 的降序进行排列，并对前 10 个元素进行输出。

请使用 **defaultdict** 定义字典对象。

```
In    from collections import defaultdict
      # 字符串 description
      description = \
      "Artificial intelligence (AI, also machine intelligence, MI) is " + \
      "intelligence exhibited by machines, rather than " + \
      "humans or other animals (natural intelligence, NI)."

      # 请对 defaultdict 进行定义


      # 请记录文字的出现次数


      # 请排序，并对前面 10 个元素进行输出
```

程序清单 13.49 习题

提示

- **defaultdict** 的 **value** 是 **int** 型。
- 可以将字符串以字为单位进行循环（包括空白在内）。
- 由于需要排序，因此可以使用字典 **.items()** 来获取（**key,value**）数组。
- 用 **sorted()** 函数实现排序非常简单。由于这里要求按降序排列，因此应将 **reverse** 设置为 **True**。请使用下列语句进行输出。

  sorted(字典**.items(),** 用 **key=lambda** 指定为数组的第 **2** 个元素**, reverse=True)**

参考答案

```
In    （略）
      # 请对 defaultdict 进行定义
      char_freq = defaultdict(int)

      # 请记录文字的出现次数
      for i in description:
```

lambda 和 map 等灵活的 Python 语法

```
char_freq[i] += 1

# 请排序，并对前面 10 个元素进行输出
print(sorted(char_freq.items(), key=lambda x: x[1],
reverse=True)[:10])
```

Out | `[(' ', 20), ('e', 18), ('i', 17), ('n', 14), ('l', 12), ('a', 11), ('t',`
`10), ('c', 7), ('h', 7), ('r', 6)]`

程序清单 13.50　参考答案

13.4.2　value 内元素的添加

接下来，将使用程序清单 13.51 中的代码来定义 **value** 为 list 类型的字典对象。

In |
```
from collections import defaultdict
defaultdict(list)
```

Out | `defaultdict(list, {})`

程序清单 13.51　value 内添加元素的示例①

由于 **value** 是 list 类型，因此可以使用**字典 [key].append(元素)** 来向 value 中添加新的元素。使用标准的字典型对象来进行这一操作是比较麻烦的事情（程序清单 13.52），但是如果使用 **defaultdict**，就可以避免使用条件分支语句。利用这一特点，可以实现根据 **key** 对 **value** 进行统计的操作。

In |
```
# 在字典中添加 value 的元素
d ={}
price = [
    ("apple", 50),
    ("banana", 120),
    ("grape", 500),
    ("apple", 70),
    ("lemon", 150),
    ("grape", 1000)
]
for key, value in price:
```

```
        # 根据 key 是否存在进行分支处理
    if key in d:
        d[key].append(value)
    else:
        d[key] = [value]
print(d)
```

Out
```
{'apple': [50, 70], 'banana': [120], 'grape': [500, 1000],
'lemon': [150]}
```

程序清单 13.52　value 内添加元素的示例②

〔习题〕

　　请使用 **defaultdict** 来实现与程序清单 13.52 中完全相同的处理，即创建字典对象（程序清单 13.53），并对创建的字典对象中的各个 **value** 取平均值，将由平均值组成的新的数组进行输出。

In
```
from collections import defaultdict
# 需要集中保存的数据 price...（名称，价格）
price = [
    ("apple", 50),
    ("banana", 120),
    ("grape", 500),
    ("apple", 70),
    ("lemon", 150),
    ("grape", 1000)
]
# 请对 defaultdict 进行定义


# 请像程序清单 13.52 中那样在 value 元素中添加价格信息


# 计算各个 value 的平均值，保存到数组中并进行输出
```

程序清单 13.53　习题

- **defaultdict** 的 **value** 是 **list** 类型。
- 实现方式基本上与使用字典对象相同，不同的是这里不使用条件分支语句。
- 由于每个 **value** 都是保存 **int** 数据的 **list**，因此可以用 **sum(value) / len(value)** 方式来取平均值。
- 可以使用列表闭包语法来实现对各个 **value** 的平均值的计算。对于被应用 的原始数组部分可以使用字典 **.values()** 来获取。

参考答案

| In | （略）
# 请对 defaultdict 进行定义
d = defaultdict(list)

# 请像程序清单 13.52 中那样在 value 元素中添加价格信息
for key, value in price:
        d[key].append(value)

计算各个 value 的平均值，保存到数组中并进行输出
print([sum(x) / len(x) for x in d.values()]) |

| Out | [60.0, 120.0, 750.0, 150.0] |

程序清单 13.54　参考答案

13.4.3 Counter 类

在 **collections** 模块中，除了 **defaultdict** 类之外还提供了很多用于保存数据的类。

这里我们将要介绍的 **Counter** 类与 **defaultdict** 和字典型对象的使用方式相同，都是专门用于**统计元素数量**的类。

使用 **Counter** 类来实现与我们在 **defaultdict** 中讲解的示例相同的处理，即将单词作为 **key**，将单词的出现次数作为 **value** 来创建字典型对象（程序清单 13.55）。由于不需要使用 **for** 循环，因此执行速度更快，代码也更加简练。

```
In      # 导入 Counter 包
        from collections import Counter
        # 在字典中记录元素出现的次数
        lst = ["foo", "bar", "pop", "pop", "foo", "popo"]
        d = Counter(lst)

        print(d)
```

```
Out     Counter({'foo': 2, 'pop': 2, 'bar': 1, 'popo': 1})
```

程序清单 13.55　Counter 的示例①

Counter 类可以按照如下形式定义。

from collections import Counter
d = Counter(需要统计的数据 **)**

在需要统计数据的部分可以指定诸如单词分解而成的数组、字符串、字典等对象。

在 **Counter** 类中，提供了很多用于方便使用者统计数据的函数。

most_common() 函数返回的是按照元素的出现频度经过降序排列后的数组(程序清单 13.56)。

```
In      # 将字符串保存到 Counter 中，并对字符出现的频度进行统计
        d = Counter("A Counter is a dict subclass for counting
        hashable objects.")
        # 对排前 5 个的元素进行输出
        print(d.most_common(5))
```

```
Out     [(' ', 17), ('s', 6), ('o', 4), ('t', 4), ('a', 4)]
```

程序清单 13.56　Counter 的示例②

most_common() 函数的使用方法如下。

字典 **.most_common(** 获取元素的数量 **)**

如果将获取元素的数量指定为 1，就会返回出现最为频繁的元素；如果不对获取元素的数量进行任何指定，则函数将返回数组中所有的元素。

习题

请参照本小节中的 **defaultdict** 部分的内容，将字符串 **description** 中出现的单词作为 **key**，将单词出现的次数作为 **value** 创建字典对象。

将创建的字典对象按照 **value** 进行降序排列，并对开始的 10 个元素进行输出。

请使用 **Counter** 类定义字典对象（程序清单 13.57）。

```
In   from collections import Counter
     # 字符串 description
     description = \
     "Artificial intelligence (AI, also machine intelligence, MI) is " + \
     "intelligence exhibited by machines, rather than " + \
     "humans or other animals (natural intelligence, NI)."


     # 请对 Counter 进行定义



     # 请排序，并对开头的 10 个元素进行输出
```

程序清单 13.57　习题

提示

可以使用 **most_common()** 函数进行排序。

字典 **.most_common(** 获取元素的数量 **)**

参考答案

```
In   （略）
     # 请对 Counter 进行定义
     char_freq = Counter(description)

     # 请排序，并对开头的 10 个元素进行输出
     print(char_freq.most_common(10))
```

```
Out   [(' ', 20), ('e', 18), ('i', 17), ('n', 14), ('l', 12), ('a', 11),
      ('t', 10), ('c', 7), ('h', 7), ('r', 6)]
```

程序清单 13.58　参考答案

附加习题

　　灵活地运用 **lambda** 表达式和高阶函数 **map()** 可以极大地简化 Python 编写的程序代码。接下来，我们将尝试使用这些语法功能来挑战本章的附加习题。

习题

- 请使用 if 和 lambda 进行计算（如果参数 a 小于 8，则乘以 5；如果参数 a 大于 8，则除以 2）。
- 请从 time_list 中将"月份"提取出来。
- 请使用列表闭包语法对体积进行计算。
- 计算各个 value 的平均值，并对 price 列表中的水果名进行统计。

```
In   # 请使用 if 和 lambda 进行计算（如果参数 a 小于 8，则乘以 5；如果参数 a 大于 8，则除以 2）
     a = 8
     basic =
     print('计算结果')
     print(basic(a))


     import re
     # 数组 time_list
     time_list = [
             "2018/1/23_19:40",
             "2016/5/7_5:25",
             "2018/8/21_10:50",
             "2017/8/9_7:5",
             "2015/4/1_22:15"
     ]
     # 请创建从字符串中提取"月份"的函数
     get_month =
```

```python
# 将各个元素中的"月份"提取出来并保存到数组中
month_list =

# 请输出结果
print()
print('月份')
print(month_list)


# 请使用列表闭包语法计算体积
length= [3, 1, 6, 2, 8, 2, 9]
side = [4, 1, 15, 18, 7, 2, 19]
height = [10, 15, 17, 13, 11, 19, 18]

# 请计算体积
volume =

# 请输出结果
print()
print('体积')
print(volume)

# 请对各个 value 的平均值进行计算, 并统计 price 列表中的水果名称
from collections import defaultdict
from collections import Counter

# 需要统计的数据 price
price = [
    ("strawberry", 520),
    ("pear", 200),
    ("peach", 400),
    ("apple", 170),
    ("lemon", 150),
    ("grape", 1000),
    ("strawberry", 750),
```

```
    ("pear", 400),
    ("peach", 500),
    ("strawberry", 70),
    ("lemon", 300),
    ("strawberry", 700)
]
# 请对 defaultdict 进行定义
d =

# 与上面的示例相同，请将价格添加到 value 中，将水果名称添加到 key 中
price_key_count = []
for key, value in price:

# 计算各个 value 的平均值，保存到数组中并进行输出
print()
print('value 的平均值 ')
print()

# 请对上述 price 列表中水果名称的数量进行统计
key_count =
print()
print(' 水果的名称 ')
print(key_count)
```

程序清单 13.59　习题

(提示)

- 请对 **lambda** 表达式的相关知识进行复习。
- 从字符串中提取"月份"可以使用 **lambda x: int(re.split("** 正则表达式 **",x)** [月份的列])。
- 提取 **value** 可以使用 **.value()** 方法。
- 统计可以使用 **Counter()** 类。

(参考答案)

In	# 请使用 if 和 lambda 进行计算（如果参数 a 小于 8，则乘以 5；如果参数 a 大于 8，则除以 2）

```
a = 8
basic = lambda x: x * 5 if x < 8 else x / 2
print('计算结果')
（略）


# 请创建从字符串中提取"月份"的函数
get_month = lambda x: int(re.split("[/_:]",x)[1])
# 将各个元素中的"月份"提取出来并保存到数组中
month_list = list(map(get_month, time_list))
（略）


# 请计算体积
volume = [x * y * z for x, y,z in zip(length, side, height)]
（略）
# 请对 defaultdict 进行定义
d = defaultdict(list)


# 与上面的示例相同，请将价格添加到 value 中，将水果名称添加到 key 中
price_key_count = []
for key, value in price:
  d[key].append(value)
  price_key_count.append(key)
（略）
# 计算各个 value 的平均值，保存到数组中并进行输出
print()
print('value 的平均值')
print([sum(x) / len(x) for x in d.values()])


# 请对上述 price 列表中水果名称的数量进行统计
key_count = Counter(price_key_count)
print()
print('水果的名称')
print(key_count)
```

Out | 计算结果

410

```
4.0


月
[1, 5, 8, 8, 4]


体积
[120, 15, 1530, 468, 616, 76, 3078]


value 的平均值
[510.0, 300.0, 450.0, 170.0, 225.0, 1000.0]


水果的名称
Counter({'strawberry': 4, 'pear': 2, 'peach': 2, 'lemon': 2,
'apple': 1, 'grape': 1})
```

程序清单 13.60　参考答案

基于 DataFrame 的数据整理

14.1 ‖CSV

14.1.1 使用 Pandas 读取 CSV

在本章中我们将讲解如何处理 CSV 格式的数据。CSV 数据是使用逗号将数值分隔保存的一种数据格式。使用这种数据格式进行数据分析等操作十分简便，因此运用非常广泛。

接下来，我们使用 Pandas 对 CSV 数据进行读取，并将其转换成 DataFrame（程序清单 14.1）。我们从网上下载以 CSV 格式保存的红酒的数据集文件，如果直接使用这个文件，是无法理解其中数据的含义的，因此我们要给数据添加表头信息。

基于 DataFrame 的数据整理

```
In

import pandas as pd

df = pd.read_csv("http://archive.ics.uci.edu/ml/machine-
learningdatabases/wine/wine.data", header=None)
# 在表头添加对每列数据的含义进行说明的文字
df.columns=["", "Alcohol", "Malic acid", "Ash", "Alcalinity
of ash","Magnesium","Total phenols", "Flavanoids",
"Nonflavanoid phenols","Proanthocyanins","Color intensity",
"Hue", "OD280/OD315 of diluted wines", "Proline"]
print(df)
```

Out

		Alcohol	Malic acid	Ash	Alcalinity of ash	Magnesium	Total phenols	Flavanoids	Nonflavanoid phenols	Proanthocyanins	Color intensity	Hue	OD280/OD315 of diluted wines	Proline
0	1	14.23	1.71	2.43	15.6	127	2.80	3.06	0.28	2.29	5.640000	1.04	3.92	1065
1	1	13.20	1.78	2.14	11.2	100	2.65	2.76	0.26	1.28	4.380000	1.05	3.40	1050
2	1	13.16	2.36	2.67	18.6	101	2.80	3.24	0.30	2.81	5.680000	1.03	3.17	1185
3	1	14.37	1.95	2.50	16.8	113	3.85	3.49	0.24	2.18	7.800000	0.86	3.45	1480
（略）														
175	3	13.27	4.28	2.26	20.0	120	1.59	0.69	0.43	1.35	10.200000	0.59	1.56	835
176	3	13.17	2.59	2.37	20.0	120	1.65	0.68	0.53	1.46	9.300000	0.60	1.62	840
177	3	14.13	4.10	2.74	24.5	96	2.05	0.76	0.56	1.35	9.200000	0.61	1.60	560

178 rows × 14 columns

程序清单 14.1 使用 Pandas 读取 CSV 数据的示例

请编程实现从下列网站的链接中在线下载 CSV 格式的鸢尾花数据，并将其转换成 Pandas 的 DataFrame 格式（程序清单 14.2）。关于表头的说明请按照从左往右的顺序分别指定为 "sepal length" "sepal width" "petal length" "petal width" "class"。

CSV 格式的鸢尾花数据如下。

URL http://archive.ics.uci.edu/ml/machine-learning-databases/iris/iris.data

| In | ```
import pandas as pd
# 请在这里输入答案
``` |
|---|---|

程序清单 14.2　习题

提示

请在最后一行代码中输入保存 **DataFrame** 数据的变量。

【参考答案】

| In | ```
（略）
# 请在这里输入答案
df = pd.read_csv(
    "http://archive.ics.uci.edu/ml/machine-learning-databases/
iris/iris.data", header=None)
df.columns = ["sepal length", "sepal width", "petal length",
"petal width", "class"]
print(df)
``` |
|---|---|

Out		sepal length	sepal width	petal length	petal width	class
	0	5.1	3.5	1.4	0.2	Iris-setosa
	1	4.9	3.0	1.4	0.2	Iris-setosa
	2	4.7	3.2	1.3	0.2	Iris-setosa
	3	4.6	3.1	1.5	0.2	Iris-setosa
	（略）					
	147	6.5	3.0	5.2	2.0	Iris-virginica
	148	6.2	3.4	5.4	2.3	Iris-virginica
	149	5.9	3.0	5.1	1.8	Iris-virginica

150 rows × 5 columns

程序清单 14.3　参考答案

14.1.2 利用 CSV 软件库创建 CSV 数据

接下来，将学习利用 Python 3 中系统标配的 CSV 软件库来创建 CSV 数据，并尝试将过去十届奥运会的数据制作成表格的形式（程序清单 14.4）。

```python
import csv

# 使用 with 语句执行代码
with open("csv0.csv", "w") as csvfile:
    # 这里我们指定 csvfile 文件路径和换行符（\n）作为 writer() 方法的参数
    writer = csv.writer(csvfile, lineterminator="\n")
    # 使用 writerow（列表）函数来添加行数据到表格中
    writer.writerow(["city", "year", "season"])
    writer.writerow(["Nagano", 1998, "winter"])
    writer.writerow(["Sydney", 2000, "summer"])
    writer.writerow(["Salt Lake City", 2002, "winter"])
    writer.writerow(["Athens", 2004, "summer"])
    writer.writerow(["Torino", 2006, "winter"])
    writer.writerow(["Beijing", 2008, "summer"])
    writer.writerow(["Vancouver", 2010, "winter"])
    writer.writerow(["London", 2012, "summer"])
    writer.writerow(["Sochi", 2014, "winter"])
    writer.writerow(["Rio de Janeiro", 2016, "summer"])
```

程序清单 14.4　使用 CSV 软件库创建 CSV 数据的示例

当将程序清单 14.4 中的代码执行完毕之后，可以看到在同一目录中创建了名为 csv0.csv 的 CSV 数据文件（见图 14.1）。

csv0.csv

图 14.1　csv0.csv

请尝试创建不同的 CSV 文件（程序清单 14.5）。

```
In    import csv
      # 请在这里输入答案
```

程序清单 14.5　习题

【提示】

可以使用 **writerow(** 列表 **)** 方法来添加行数据到表格中。

【参考答案】

请参考程序清单 14.4，并尝试添加任意的行数据到表格中，以完成 CSV 文件的创建。

14.1.3　使用 Pandas 创建 CSV 数据

此外，也可以不使用标准的 CSV 软件库，而是直接使用 **Pandas 创建 CSV 数据**。当需要将 PandasDataFrame 格式的对象转换成 CSV 时，使用这个方法更为方便。作为示例，我们将奥运会的举办城市、年份、季节保存到 DataFrame 中，并尝试将其转换成 CSV 数据（程序清单 14.6）。

```
In    import pandas as pd

      data = {"city": ["Nagano", "Sydney", "Salt Lake City",
      "Athens","Torino", "Beijing", "Vancouver", "London", "Sochi",
      "Rio de Janeiro"],
          "year": [1998, 2000, 2002, 2004, 2006, 2008, 2010, 2012,
      2014,2016],
          "season": ["winter", "summer", "winter", "summer",
      "winter","summer", "winter", "summer", "winter", "summer"]}

      df = pd.DataFrame(data)
```

```
df.to_csv("csv1.csv")
```

程序清单 14.6　使用 Pandas 创建 CSV 数据的示例

当将程序清单 14.6 中的代码执行完毕之后，可以看到在同一目录中成功创建名为 csv1.csv 的 CSV 数据文件（见图 14.2）。

csv1.csv

图 14.2　csv1.csv

（习题）

请将程序清单 14.7 代码中 Pandas 的 DataFrame 输出到名为 "**OSlist.csv**" 的 CSV 格式的数据文件中。

```
In    import pandas as pd

      data = {"OS": ["Machintosh", "Windows", "Linux"],
              "release": [1984, 1985, 1991],
              "country": ["US", "US", ""]}
      # 请在此处输入答案
```

程序清单 14.7　习题

（提示）

可以使用 **to_csv("文件名")** 方法。

（参考答案）

```
In    （略）
        "country": ["US", "US", ""]}
```

```
# 请在此处输入答案
df = pd.DataFrame(data)
df.to_csv("OSlist.csv")
```

程序清单 14.8　参考答案

14.2 ‖ 复习 DataFrame

关于 DataFrame 的知识我们已经在 9.2 节中讲解过。下面将通过解决一个简单的问题来对这部分知识进行复习。

【习题】

请将 attri_data_frame2 中的行数据添加到 attri_data_frame1 中，但是，添加行数据后，DataFrame 的 ID 必须按照升序排列，行号也必须按升序排列（程序清单 14.9）。

请不要使用 print() 函数进行输出，直接使用 DataFrame 就可以。

```
In  import pandas as pd
    from pandas import Series, DataFrame

    attri_data1 = {"ID": ["100", "101", "102", "103", "104",
    "106", "108", "110", "111", "113"],
                   "city": ["Tokyo", "Osaka", "Kyoto",
    "Hokkaido","Tokyo", "Tokyo", "Osaka", "Kyoto","Hokkaido",
    "Tokyo"],
                   "birth_year": [1990, 1989, 1992, 1997,
    1982,1991, 1988, 1990, 1995, 1981],
                   "name": ["Hiroshi", "Akiko", "Yuki",
    "Satoru","Steeve", "Mituru", "Aoi", "Tarou","Suguru",
    "Mitsuo"]}
    attri_data_frame1 = DataFrame(attri_data1)

    attri_data2 = {"ID": ["107", "109"],
```

```
                    "city": ["Sendai", "Nagoya"],
                    "birth_year": [1994, 1988]}
attri_data_frame2 = DataFrame(attri_data2)
# 请在此处输入答案
```

程序清单 14.9　习题

提示

- 请使用 **append(** 保存了需要添加行数据的 **DataFrame** 变量 **)** 来添加行数据。
- 可以使用 **sort_values(by="** 列的名称 **")** 对数据进行排序。
- 可以使用 **reset_index(drop=True)** 来重新编排行号。

参考答案

In	（略）

```
attri_data_frame2 = DataFrame(attri_data2)
# 请在此处输入答案
attri_data_frame1.append(attri_data_frame2).sort_values
    (by="ID", ascending=True).reset_index(drop=True)
```

Out		ID	birth_year	city	name
	0	100	1990	Tokyo	Hiroshi
	1	101	1989	Osaka	Akiko
	2	102	1992	Kyoto	Yuki
	3	103	1997	Hokkaido	Satoru
	4	104	1982	Tokyo	Steeve
	5	106	1991	Tokyo	Mituru
	6	107	1994	Sendai	NaN
	7	108	1988	Osaka	Aoi
	8	109	1988	Nagoya	NaN
	9	110	1990	Kyoto	Tarou
	10	111	1995	Hokkaido	Suguru
	11	113	1981	Tokyo	Mitsuo

程序清单 14.10　参考答案

基于 DataFrame 的数据整理

14.3 ∥ 缺失值

14.3.1 成行 / 成对剔除

在本小节中将学习如何处理缺失值的问题。首先，我们创建一个随机生成的表格，并将其中的某些数据进行缺失处理，最终得到 DataFrame 数据 (程序清单 14.11)。

```python
import numpy as np
from numpy import nan as NA
import pandas as pd


sample_data_frame = pd.DataFrame(np.random.rand(10,4))

# 删除其中的某些数据
sample_data_frame.iloc[1,0] = NA
sample_data_frame.iloc[2,2] = NA
sample_data_frame.iloc[5:,3] = NA


sample_data_frame
```

Out

	0	1	2	3
0	0.917885	0.050981	0.329511	0.254695
1	NaN	0.279360	0.335873	0.318672
2	0.689523	0.501175	NaN	0.196496
3	0.393463	0.673085	0.693193	0.070588
4	0.135505	0.278042	0.712747	0.961646
5	0.983895	0.616582	0.699402	NaN
6	0.123490	0.608188	0.852908	NaN
7	0.461501	0.163794	0.798499	NaN
8	0.430429	0.067850	0.806232	NaN
9	0.688783	0.433320	0.569711	NaN

程序清单 14.11　表格部分数据缺失的示例

在这种情况下，如果将缺失数据的行（包含 NaN 的行）整行删除，就称为**成行剔除**。

将包含 NaN 数据的行进行删除（程序清单 14.12）。

```
In    sample_data_frame.dropna()
```

Out		0	1	2	3
	0	0.917885	0.050981	0.329511	0.254695
	3	0.393463	0.673085	0.693193	0.070588
	4	0.135505	0.278042	0.712747	0.961646

程序清单 14.12　成行剔除的示例

此外，还有一种做法是只使用可以运用的数据。

只考虑保留那些缺失数据较少的列（如第 0 列和第 1 列）（程序清单 14.13），这种方法被称为**成对剔除**。

```
In    sample_data_frame[[0,1,2]].dropna()
```

Out		ID	birth_year	city	name
	0	100	1990	Tokyo	Hiroshi
	1	101	1989	Osaka	Akiko
	2	102	1992	Kyoto	Yuki
	3	103	1997	Hokkaido	Satoru
	4	104	1982	Tokyo	Steeve
	5	106	1991	Tokyo	Mituru
	6	107	1994	Sendai	NaN
	7	108	1988	Osaka	Aoi
	8	109	1988	Nagoya	NaN
	9	110	1990	Kyoto	Tarou
	10	111	1995	Hokkaido	Suguru
	11	113	1981	Tokyo	Mitsuo

程序清单 14.13　成对剔除的示例

习题

请将习题中 DataFrame 的第 0 列和第 2 列保留，其余包含 NaN 的行全部删除并输出结果（程序清单 14.14）。

基于 DataFrame 的数据整理

```
In    import numpy as np
      from numpy import nan as NA
      import pandas as pd
      np.random.seed(0)

      sample_data_frame = pd.DataFrame(np.random.rand(10, 4))

      sample_data_frame.iloc[1, 0] = NA
      sample_data_frame.iloc[2, 2] = NA
      sample_data_frame.iloc[5:, 3] = NA
      # 请在此处输入答案
```

程序清单 14.14　习题

提示

考虑使用成对剔除的方式。保留开头的第 0 列和第 2 列，并删除其后所有包含 **NaN** 数据的行。

参考答案

```
In    （略）
      sample_data_frame.iloc[5:, 3] = NA

      # 请在此处输入答案
      sample_data_frame[[0, 2]].dropna()
```

Out		0	2
	0	0.548814	0.602763
	3	0.568045	0.071036
	4	0.020218	0.778157
	5	0.978618	0.461479
	6	0.118274	0.143353
	7	0.521848	0.264556
	8	0.456150	0.018790
	9	0.612096	0.943748

程序清单 14.15　参考答案

在前一小节中对包含缺失值的行和列进行了删除，接下来尝试将替代数据代入到 NaN 的部分中（程序清单 14.16）。

```
import numpy as np
from numpy import nan as NA
import pandas as pd

sample_data_frame = pd.DataFrame(np.random.rand(10,4))

# 将一部分数据设置为缺失数据
sample_data_frame.iloc[1,0] = NA
sample_data_frame.iloc[2,2] = NA
sample_data_frame.iloc[5:,3] = NA
```

程序清单 14.16　缺失值补全的示例①

使用 **fillna()** 方法，就可以将传递进来的数值代入到 NaN 的部分。这里用 0 对其进行填充（程序清单 14.17）。

```
sample_data_frame.fillna(0)
```

	0	1	2	3
0	0.359508	0.437032	0.697631	0.060225
1	0.000000	0.670638	0.210383	0.128926
2	0.315428	0.363711	0.000000	0.438602
3	0.988374	0.102045	0.208877	0.161310
4	0.653108	0.253292	0.466311	0.244426
5	0.158970	0.110375	0.656330	0.000000
6	0.196582	0.368725	0.820993	0.000000
7	0.837945	0.096098	0.976459	0.000000
8	0.976761	0.604846	0.739264	0.000000
9	0.282807	0.120197	0.296140	0.000000

程序清单 14.17　缺失值补全的示例②

如果在 **method** 中指定 ffill，就可以使用前面的值进行填充（程序清单

14.18）。

```
sample_data_frame.fillna(method="ffill")
```

Out

	0	1	2	3
0	0.359508	0.437032	0.697631	0.060225
1	0.359508	0.670638	0.210383	0.128926
2	0.315428	0.363711	0.210383	0.438602
3	0.988374	0.102045	0.208877	0.161310
4	0.653108	0.253292	0.466311	0.244426
5	0.158970	0.110375	0.656330	0.244426
6	0.196582	0.368725	0.820993	0.244426
7	0.837945	0.096098	0.976459	0.244426
8	0.976761	0.604846	0.739264	0.244426
9	0.282807	0.120197	0.296140	0.244426

程序清单 14.18　缺失值补全的示例③

(习题)

请对习题代码中 DataFrame 的 NaN 部分使用前项的值进行填充并输出结果（程序清单 14.19）。

In

```
import numpy as np
from numpy import nan as NA
import pandas as pd
np.random.seed(0)

sample_data_frame = pd.DataFrame(np.random.rand(10, 4))

sample_data_frame.iloc[1, 0] = NA
sample_data_frame.iloc[6:, 2] = NA

# 请在此处输入答案
```

程序清单 14.19　习题

提示

请将 **method** 指定为 **ffill**。

参考答案

```
In  （略）
    sample_data_frame.iloc[6:, 2] = NA

    # 请在此处输入答案
    sample_data_frame.fillna(method="ffill")
```

	0	1	2	3
0	0.548814	0.715189	0.602763	0.544883
1	0.548814	0.645894	0.437587	0.891773
2	0.963663	0.383442	0.791725	0.528895
3	0.568045	0.925597	0.071036	0.087129
4	0.020218	0.832620	0.778157	0.870012
5	0.978618	0.799159	0.461479	0.780529
6	0.118274	0.639921	0.461479	0.944669
7	0.521848	0.414662	0.461479	0.774234
8	0.456150	0.568434	0.461479	0.617635
9	0.612096	0.616934	0.461479	0.681820

程序清单 14.20　参考答案

14.3.3 缺失值的补全（平均值代入法）

使用缺失值所在列（或者行）的数据的平均值，对其进行填充的处理方法被称为平均值代入法（程序清单 14.21）。

```
In  import numpy as np
    from numpy import nan as NA
    import pandas as pd

    sample_data_frame = pd.DataFrame(np.random.rand(10, 4))
```

```
# 将一部分数据设置为缺失数据
sample_data_frame.iloc[1, 0] = NA
sample_data_frame.iloc[2, 2] = NA
sample_data_frame.iloc[5:, 3] = NA

# 使用 fillna 方法对 NaN 的部分使用列数据的平均值进行填充
sample_data_frame.fillna(sample_data_frame.mean())
```

Out

	0	1	2	3
0	0.359508	0.437032	0.697631	0.060225
1	0.529943	0.670638	0.210383	0.128926
2	0.315428	0.363711	0.563599	0.438602
3	0.988374	0.102045	0.208877	0.161310
4	0.653108	0.253292	0.466311	0.244426
5	0.158970	0.110375	0.656330	0.206698
6	0.196582	0.368725	0.820993	0.206698
7	0.837945	0.096098	0.976459	0.206698
8	0.976761	0.604846	0.739264	0.206698
9	0.282807	0.120197	0.296140	0.206698

程序清单 14.21　缺失值补全的示例

（习题）

请对 DataFrame 中 NaN 的部分使用列数据的平均值进行填充并输出结果（程序清单 14.22）。

In
```
import numpy as np
from numpy import nan as NA
import pandas as pd
np.random.seed(0)

sample_data_frame = pd.DataFrame(np.random.rand(10, 4))

sample_data_frame.iloc[1, 0] = NA
sample_data_frame.iloc[6:, 2] = NA
```

```
# 请在此处输入答案
```

程序清单 14.22　习题

(提示)

请使用 **fillna()** 方法。

(参考答案)

```
In    （略）
sample_data_frame.iloc[6:, 2] = NA

# 请在此处输入答案
sample_data_frame.fillna(sample_data_frame.mean())
```

Out		0	1	2	3
	0	0.548814	0.715189	0.602763	0.544883
	1	0.531970	0.645894	0.437587	0.891773
	2	0.963663	0.383442	0.791725	0.528895
	3	0.568045	0.925597	0.071036	0.087129
	4	0.020218	0.832620	0.778157	0.870012
	5	0.978618	0.799159	0.461479	0.780529
	6	0.118274	0.639921	0.523791	0.944669
	7	0.521848	0.414662	0.523791	0.774234
	8	0.456150	0.568434	0.523791	0.617635
	9	0.612096	0.616934	0.523791	0.681820

程序清单 14.23　参考答案

14.4 数据聚合

14.4.1 以键为单位计算统计数据

接下来将以键为单位计算统计数据。将利用 14.1.1 小节中所使用的红酒数据集，对列数据的平均值进行计算（程序清单 14.24）。

In

```
import pandas as pd

df = pd.read_csv("http://archive.ics.uci.edu/ml/machine-
learningdatabases/wine/wine.data", header=None)
df.columns=["", "Alcohol", "Malic acid", "Ash", "Alcalinity
of ash","Magnesium","Total phenols", "Flavanoids",
"Nonflavanoid phenols","Proanthocyanins","Color intensity",
"Hue", "OD280/OD315 of diluted wines", "Proline"]
print(df["Alcohol"].mean())
```

Out 13.000617977528083

程序清单 14.24　以键为单位计算统计数据的示例

〔习题〕

　　请使用程序清单 14.24 中的红酒数据集，对 Magnesium 的平均值进行计算并
输出结果（程序清单 14.25）。

In

```
import pandas as pd

df = pd.read_csv(
  "http://archive.ics.uci.edu/ml/machine-learning-databases/
wine/wine.data", header=None)
df.columns = ["", "Alcohol", "Malic acid", "Ash", "Alcalinity of
ash","Magnesium", "Total phenols", "Flavanoids","Nonflavanoid
phenols","Proanthocyanins", "Color intensity", "Hue", "OD280/
OD315 of diluted wines", "Proline"]

# 请在此处输入答案
```

程序清单 14.25　习题

将 **Magnesium** 的列数据提取出来，并使用 **mean()** 方法对其平均值进行计算。

参考答案

In	

```
（略）
"Color intensity", "Hue", "OD280/OD315 of diluted wines", "Proline"]


#  请在此处输入答案
print(df["Magnesium"].mean())
```

程序清单 14.26　参考答案

14.4.2　重复数据

在本小节中将学习在数据存在重复的情况下，对重复数据进行删除的方法。首先将创建一个包含重复项的数据（程序清单 14.27）。

In	

```
import pandas as pd
from pandas import DataFrame


dupli_data = DataFrame({"col1":[1, 1, 2, 3, 4, 4, 6, 6],"col2":["a",
"b", "b", "b", "c", "c", "b", "b"]})
dupli_data
```

Out	

	col1	col2
0	1	a
1	1	b
2	2	b
3	3	b
4	4	c
5	4	c
6	6	b
7	6	b

程序清单 14.27　重复数据的示例①

如果使用 **duplicated()** 方法，对包含重复数据的项就会返回 **True**。

输出的结果与我们所接触过的 DataFrame 类型不同，变成了 Series 类型（程序清单 14.28）。

| In | `dupli_data.duplicated()` |

Out	
	0 False
	1 False
	2 False
	3 False
	4 False
	5 True
	6 False
	7 True
	dtype: bool

程序清单 14.28　重复数据的示例②

其中，**dtype** 是指 "**Data Type**"，即元素的类型。

如果使用 **drop_duplicates()** 方法，就会输出删除重复项之后的数据（程序清单 14.29）。

| In | `dupli_data.drop_duplicates()` |

Out		col1	col2
	0	1	a
	1	1	b
	2	2	b
	3	3	b
	4	4	c
	6	6	b

程序清单 14.29　重复数据的示例③

（习题）

程序清单 14.30 中的 DataFrame 包含重复的数据。请将重复的数据删除并对新生成的 DataFrame 进行输出。

```
In   import pandas as pd
     from pandas import DataFrame

     dupli_data = DataFrame({"col1":[1, 1, 2, 3, 4, 4, 6, 6, 7,
                                     7, 7, 8, 9, 9],
                             "col2":["a", "b", "b", "b", "c","c",
                                     "b", "b", "d", "d","c", "b",
                                     "c", "c"]})
     # 请在此处输入答案
```

程序清单 14.30 习题

提示

请使用 **drop_duplicates()** 方法。

参考答案

```
In   （略）
     # 请在此处输入答案
     dupli_data.drop_duplicates()
```

Out		col1	col2
	0	1	a
	1	1	b
	2	2	b
	3	3	b
	4	4	c
	6	6	b
	8	7	d
	10	7	c
	11	8	b
	12	9	c

程序清单 14.31 参考答案

所谓数据映射，是指对于包含共同键值的数据，在表格中将对应键的数据加入来的处理。单纯用语言解释比较难以理解。下面通过实际的操作来学习这一概念（程序清单 14.32）。

In
```
import pandas as pd
from pandas import DataFrame

attri_data1 = {"ID": ["100", "101", "102", "103", "104","106",
"108", "110", "111", "113"],
            "city": ["Tokyo", "Osaka", "Kyoto", "Hokkaido","Tokyo",
"Tokyo", "Osaka", "Kyoto","Hokkaido", "Tokyo"],
            "birth_year" :[1990, 1989, 1992, 1997, 1982,1991,
1988, 1990, 1995, 1981],
             "name" :["Hiroshi", "Akiko", "Yuki", "Satoru",
"Steeve", "Mituru", "Aoi", "Tarou","Suguru", "Mitsuo"]}
attri_data_frame1 = DataFrame(attri_data1)


attri_data_frame1
```

Out

	ID	birth_year	city	name
0	100	1990	Tokyo	Hiroshi
1	101	1989	Osaka	Akiko
2	102	1992	Kyoto	Yuki
3	103	1997	Hokkaido	Satoru
4	104	1982	Tokyo	Steeve
5	106	1991	Tokyo	Mituru
6	108	1988	Osaka	Aoi
7	110	1990	Kyoto	Tarou
8	111	1995	Hokkaido	Suguru
9	113	1981	Tokyo	Mitsuo

程序清单 14.32　数据映射的示例①

接下来，我们创建新的字典对象（程序清单 14.33）。

```
In   city_map ={"Tokyo":"Kanto",
               "Hokkaido":"Hokkaido",
               "Osaka":"Kansai",
               "Kyoto":"Kansai"}
     city_map
```

```
Out  {'Tokyo': 'Kanto',
      'Hokkaido': 'Hokkaido',
      'Osaka': 'Kansai',
      'Kyoto': 'Kansai'}
```

程序清单 14.33　数据映射的示例②

　　我们以程序清单 14.32 中创建 **attri_data_frame1** 中的 **city** 列为基准，将程序清单 14.33 中参照数据对应的地域名取出并追加到新列中，这就是**数据映射处理**。如果对 Excel 比较熟悉，可以将其理解为与 **vlookup()** 函数类似的处理。程序清单 14.34 的 Out 中显示的是处理结果，可以看到 **region** 列中添加了地域名。

```
In   # 增加一个名为 region 的新列。如果对应的数据不存在，则会插入 NaN
     attri_data_frame1["region"] = attri_data_frame1["city"].
     map(city_map)
     attri_data_frame1
```

Out

	ID	birth_year	city	name	region
0	100	1990	Tokyo	Hiroshi	Kanto
1	101	1989	Osaka	Akiko	Kansai
2	102	1992	Kyoto	Yuki	Kansai
3	103	1997	Hokkaido	Satoru	Hokkaido
4	104	1982	Tokyo	Steeve	Kanto
5	106	1991	Tokyo	Mituru	Kanto
6	108	1988	Osaka	Aoi	Kansai
7	110	1990	Kyoto	Tarou	Kansai
8	111	1995	Hokkaido	Suguru	Hokkaido
9	113	1981	Tokyo	Mitsuo	Kanto

程序清单 14.34　数据映射的示例③

请将程序清单 14.35 的 DataFrame 中 **city** 数据为 **Tokyo**、**Hokkaido** 的项指定为 **east**，数据为 **Osaka**、**Kyoto** 的项指定为 **west**，追加一个名为 WE 的新列，并对结果进行输出。

```
In    import pandas as pd
      from pandas import DataFrame

      attri_data1 = {"ID": ["100", "101", "102", "103", "104","106",
      "108", "110", "111", "113"],
              "city": ["Tokyo", "Osaka", "Kyoto", "Hokkaido","Tokyo",
      "Tokyo", "Osaka", "Kyoto","Hokkaido", "Tokyo"],
              "birth_year" :[1990, 1989, 1992, 1997, 1982,1991,
      1988, 1990, 1995, 1981],
              "name" :["Hiroshi", "Akiko", "Yuki", "Satoru","Steeve",
      "Mituru", "Aoi", "Tarou","Suguru", "Mitsuo"]}
      attri_data_frame1 = DateFrame(attri_date1)

      # 请在此处输入答案
```

程序清单 14.35 习题

〖提示〗

请参考示例中 **map()** 函数的使用方法。

〖参考答案〗

```
In    (略)
      # 请在此处输入答案
      WE_map = {"Tokyo":"east",
               "Hokkaido":"east",
               "Osaka":"west",
               "Kyoto":"west"}
```

```
attri_data_frame1["WE"] = attri_data_frame1["city"].map(WE_map)

attri_data_frame1
```

Out

	ID	birth_year	city	name	WE
0	100	1990	Tokyo	Hiroshi	east
1	101	1989	Osaka	Akiko	west
2	102	1992	Kyoto	Yuki	west
3	103	1997	Hokkaido	Satoru	east
4	104	1982	Tokyo	Steeve	east
5	106	1991	Tokyo	Mituru	east
6	108	1988	Osaka	Aoi	west
7	110	1990	Kyoto	Tarou	west
8	111	1995	Hokkaido	Suguru	east
9	113	1981	Tokyo	Mitsuo	east

程序清单 14.36　参考答案

14.4.4 bin 切分

当我们将一组数据分割成离散的区间并对其进行聚合时，使用 bin 切分（也称为桶切分或区间切分）操作可以很方便地实现。

首先准备使用桶切分的列表，并使用 **pandas** 的 **cut()** 函数对其进行处理。在下面的操作中，将使用与数据映射中相同的 DataFrame 数据（程序清单 14.37）。

In

```
import pandas as pd
from pandas import DataFrame

attri_data1 = {"ID": ["100", "101", "102", "103", "104", "106",
"108","110", "111", "113"],
            "city": ["Tokyo", "Osaka", "Kyoto", "Hokkaido",
"Tokyo","Tokyo", "Osaka", "Kyoto", "Hokkaido", "Tokyo"],
            "birth_year" :[1990, 1989, 1992, 1997, 1982, 1991,
1988, 1990,1995, 1981],
            "name" :["Hiroshi", "Akiko", "Yuki", "Satoru",
"Steeve","Mituru", "Aoi", "Tarou", "Suguru", "Mitsuo"]}
attri_data_frame1 = DataFrame(attri_data1)
```

程序清单 14.37　桶切分的示例①

我们将使用列表来指定进行桶切分的粒度，这里将对 **birth_year** 进行处理（程序清单 14.37）。

程序清单 14.38 的 Out 显示的是输出的结果。其中，"()" 表示不包含相应的值；"[]" 表示包含相应的值。例如，**(1985, 1990]** 表示不包含 1985 年，包含 1990 年。

```
In   # 创建切分粒度列表
     birth_year_bins = [1980, 1985, 1990, 1995, 2000]
     # 开始进行桶切分处理
     birth_year_cut_data = pd.cut(attri_data_frame1.birth_year,
     birth_year_bins)
     birth_year_cut_data
```

```
Out  0  (1985, 1990]
     1  (1985, 1990]
     2  (1990, 1995]
     3  (1995, 2000]
     4  (1980, 1985]
     5  (1990, 1995]
     6  (1985, 1990]
     7  (1985, 1990]
     8  (1990, 1995]
     9  (1980, 1985]
     Name: birth_year, dtype: category
     Categories (4, interval[int64]): [(1980, 1985] < (1985, 1990] <
     (1990,1995] < (1995, 2000]]
```

程序清单 14.38　桶切分的示例②

如果要对每个桶的数量进行统计，可以使用 **value_counts()** 方法（程序清单 14.39）。

```
In   pd.value_counts(birth_year_cut_data)
```

```
Out  (1985, 1990]   4
     (1990, 1995]   3
     (1980, 1985]   2
     (1995, 2000]   1
```

```
Name: birth_year, dtype: int64
```

程序清单 14.39　桶切分的示例③

也可以为每个桶指定名称（程序清单 14.40 ）。

```
In    group_names = ["first1980", "second1980", "first1990", "second1990"]
      birth_year_cut_data = pd.cut(attri_data_frame1.birth_year,
      birth_year_bins,labels = group_names)
      pd.value_counts(birth_year_cut_data)
```

```
Out   second1980 4
      first1990  3
      first1980  2
      second1990 1
      Name: birth_year, dtype: int64
```

程序清单 14.40　桶切分的示例④

也可以在进行切分前对桶的大小进行指定。使用这种方式，就可以创建出大小都比较相近的桶。可以在 **cut()** 函数的第 2 个参数中指定切分的数量（程序清单 14.41 ）。

```
In    pd.cut(attri_data_frame1.birth_year,2)
```

```
Out   0 (   1989.0, 1997.0]
      1 (1980.984, 1989.0]
      2 (   1989.0, 1997.0]
      3 (   1989.0, 1997.0]
      4 (1980.984, 1989.0]
      5 (   1989.0, 1997.0]
      6 (1980.984, 1989.0]
      7 (   1989.0, 1997.0]
      8 (   1989.0, 1997.0]
      9 (1980.984, 1989.0]
      Name: birth_year, dtype: category
      Categories (2, interval[float64]): [(1980.984, 1989.0] < (1989.0,
      1997.0]]
```

程序清单 14.41　桶切分的示例⑤

请将程序清单 14.42 中的 DataFrame 按照 ID 分割成两个桶，并输出结果。

```
In    import pandas as pd
      from pandas import DataFrame

      attri_data1 = {"ID":[100,101,102,103,104,106,108,110,111,113],
                  "city":["Tokyo","Osaka","Kyoto","Hokkaido","Tokyo",
      "Tokyo","Osaka","Kyoto","Hokkaido","Tokyo"],
                  "birth_year":[1990,1989,1992,1997,1982,1991,1988,
      1990,1995,1981],
                  "name":["Hiroshi","Akiko","Yuki","Satoru","Steeve",
      "Mituru","Aoi","Tarou","Suguru","Mitsuo"]}
      attri_data_frame1 = DataFrame(attri_data1)

      # 请在此处输入答案
```

程序清单 14.42　习题

(提示)

可以在 **cut()** 函数的第 **2** 个参数中指定切分的数量。

(参考答案)

```
In    （略）
      attri_data_frame1 = DataFrame(attri_data1)

      # 请在此处输入答案
      pd.cut(attri_data_frame1.ID, 2)
```

```
Out   0    (99.987, 106.5]
      1    (99.987, 106.5]
      2    (99.987, 106.5]
      3    (99.987, 106.5]
```

```
4  (99.987, 106.5]
5  (99.987, 106.5]
6  ( 106.5, 113.0]
7  ( 106.5, 113.0]
8  ( 106.5, 113.0]
9  ( 106.5, 113.0]
Name: ID, dtype: category
Categories (2, interval[float64]): [(99.987, 106.5] <   (106.5, 113.0]]
```

程序清单 14.43　参考答案

附加习题

请使用红酒数据集对基本的数据聚合处理进行复习。

习题

请将程序清单 14.44 中注释下方空缺的代码补全。

```
In   import pandas as pd
     import numpy as np
     from numpy import nan as NA
     df = pd.read_csv("http://archive.ics.uci.edu/ml/machine-
     learningdatabases/wine/wine.data", header=None)
     # 在表头的列中对相应数据的含义进行描述
     df.columns=["","Alcohol","Malic acid","Ash","Alcalinity of
     ash","Magnesium","Total phenols","Flavanoids","Nonflavanoid
     phenols","Proanthocyanins","Color intensity","Hue","OD280/
     OD315 of diluted wines","Proline"]


     # 请将变量 df 开头的 10 行数据代入到变量 df_ten 中，并进行输出显示
     df_ten =
     print(df_ten)


     # 请将部分数据设置为缺失数据
     df_ten.iloc[1,0] =
     df_ten.iloc[2,3] =
```

```
df_ten.iloc[4,8] =
df_ten.iloc[7,3] =
print(df_ten)

# 请使用 fillna() 方法将包含缺失项的列的平均值代入 NaN 中
df_ten.fillna()
print(df_ten)

# 请输出列 "Alcohol" 的平均值
print(df_ten)

# 请删除包含重复数据的行
df_ten.append(df_ten.loc[3])
df_ten.append(df_ten.loc[6])
df_ten.append(df_ten.loc[9])
df_ten =
print(df_ten)

# 请创建列 "Alcohol" 的切分粒度列表
alcohol_bins = [0,5,10,15,20,25]
alcoholr_cut_data =

# 请对桶的数量进行统计并输出结果
print()
```

程序清单 14.44　习题

提示

　　请对本章中所讲解的知识进行复习。对缺失值的补全可以使用在 **14.3.3** 小节中学习的平均值代入法来处理，重复数据的处理可以参考 **14.4.2** 小节的内容。桶切分的粒度在本小节中有介绍。

参考答案

In	（略）
	# 请将变量 df 开头的 10 行数据代入到变量 df_ten 中，并进行输出显示

```
df_ten = df.head(10)
print(df_ten)


# 请将部分数据设置为缺失数据
df_ten.iloc[1,0] = NA
df_ten.iloc[2,3] = NA
df_ten.iloc[4,8] = NA
df_ten.iloc[7,3] = NA
print(df_ten)


# 请使用 fillna() 方法将包含缺失项的列的平均值代入 NaN 中
df_ten.fillna(df_ten.mean())
print(df_ten)


# 请输出列 "Alcohol" 的平均值
print(df_ten["Alcohol"].mean())


# 请删除包含重复数据的行
df_ten.append(df_ten.loc[3])
df_ten.append(df_ten.loc[6])
df_ten.append(df_ten.loc[9])
df_ten = df_ten.drop_duplicates()
print(df_ten)


# 请创建列 "Alcohol" 的切分粒度列表
alcohol_bins = [0,5,10,15,20,25]
alcoholr_cut_data = pd.cut(df_ten["Alcohol"],alcohol_bins)


# 请对桶的数量进行统计并输出结果
print(pd.value_counts(alcoholr_cut_data))
```

Out

		Alcohol	Malic acid	Ash	Alcalinity of ash	Magnesium	Total phenols	¥
0	1	14.23	1.71	2.43	15.6	127	2.80	
1	1	13.20	1.78	2.14	11.2	100	2.65	
2	1	13.16	2.36	2.67	18.6	101	2.80	

```
3 1 14.37     1.95 2.50          16.8    113      3.85
4 1 13.24     2.59 2.87          21.0    118      2.80
5 1 14.20     1.76 2.45          15.2    112      3.27
6 1 14.39     1.87 2.45          14.6     96      2.50
7 1 14.06     2.15 2.61          17.6    121      2.60
8 1 14.83     1.64 2.17          14.0     97      2.80
9 1 13.86     1.35 2.27          16.0     98      2.98
  Flavanoids Nonflavanoid phenols Proanthocyanins Color intensity  Hue ¥
0    3.06                0.28          2.29          5.64 1.04
1    2.76                0.26          1.28          4.38 1.05
2    3.24                0.30          2.81          5.68 1.03
3    3.49                0.24          2.18          7.80 0.86
4    2.69                0.39          1.82          4.32 1.04
5    3.39                0.34          1.97          6.75 1.05
6    2.52                0.30          1.98          5.25 1.02
7    2.51                0.31          1.25          5.05 1.06
8    2.98                0.29          1.98          5.20 1.08
9    3.15                0.22          1.85          7.22 1.01
    OD280/OD315 of diluted wines           Proline
0                            3.92             1065
1                            3.40             1050
2                            3.17             1185
3                            3.45             1480
4                            2.93              735
5                            2.85             1450
6                            3.58             1290
7                            3.58             1295
8                            2.85             1045
9                            3.55             1045
(略)
13.953999999999999
      Alcohol  Malic acid   Ash  Alcalinity of ash  Magnesium  ¥
0 1.0   14.23      1.71    2.43           15.6           127
1 NaN   13.20      1.78    2.14           11.2           100
2 1.0   13.16      2.36    NaN            18.6           101
```

3	1.0	14.37	1.95	2.50	16.8	113
4	1.0	13.24	2.59	2.87	21.0	118
5	1.0	14.20	1.76	2.45	15.2	112
6	1.0	14.39	1.87	2.45	14.6	96
7	1.0	14.06	2.15	NaN	17.6	121
8	1.0	14.83	1.64	2.17	14.0	97
9	1.0	13.86	1.35	2.27	16.0	98

	Total phenols	Flavanoids	Nonflavanoid phenols	Proanthocyanins	¥
0	2.80	3.06	0.28	2.29	
1	2.65	2.76	0.26	1.28	
2	2.80	3.24	0.30	2.81	
3	3.85	3.49	0.24	2.18	
4	2.80	2.69	NaN	1.82	
5	3.27	3.39	0.34	1.97	
6	2.50	2.52	0.30	1.98	
7	2.60	2.51	0.31	1.25	
8	2.80	2.98	0.29	1.98	
9	2.98	3.15	0.22	1.85	

	Color intensity	Hue	OD280/OD315 of diluted wines	Proline
0	5.64	1.04	3.92	1065
1	4.38	1.05	3.40	1050
2	5.68	1.03	3.17	1185
3	7.80	0.86	3.45	1480
4	4.32	1.04	2.93	735
5	6.75	1.05	2.85	1450
6	5.25	1.02	3.58	1290
7	5.05	1.06	3.58	1295
8	5.20	1.08	2.85	1045
9	7.22	1.01	3.55	1045
(10, 15]	10			
(20, 25]	0			
(15, 20]	0			
(5, 10]	0			

```
(0, 5]          0
Name: Alcohol, dtype: int64
```

程序清单 14.45   参考答案

注意：关于"Try using .loc[row_indexer,col_indexer] = value instead"错误

执行程序清单 14.45 中的程序

```
C:\Users\（用户名）\AppData\Local\Continuum\anaconda3\envs\
ten\lib\sitepackages\pandas\core\indexing.py:537:
SettingWithCopyWarning:
A value is trying to be set on a copy of a slice from a DataFrame.
Try using .loc[row_indexer,col_indexer] = value instead
See the caveats in the documentation: http://pandas.pydata.org/
pandasdocs/stable/indexing.html#indexing - view - versus - copy
self.obj[item] = s
```

可能会出现上述错误信息。在这种情况下，可以使用 df.reset_index()
方法对数据的 index 进行重置来避免这一错误（请参考下载的示例代码中对
这一错误进行处理的方法）。

【关于 Python@Pandas】Error "Try using .loc[row_indexer, col_indexer]
= value\ instead" 错误的解决办法。

参考 https://qiita.com/ringCurrent/items/05228a4859c435724928

## 第 15 章

OpenCV 的运用与图像数据的预处理

注意： 在 **Jupyter Notebook** 中使用 **matplotlib** 显示图像时需要执行下列代码。

```
%matplotlib inline
```

这个命令属于所谓的魔法命令， 在 **Jupyter Notebook** 中绘制图表时需要执行这个命令脚本。如果在其他环境中使用 （如在 **Aidemy** 提供的虚拟环境中使用时）， 就不需要使用这个命令。

```
In   import matplotlib.pyplot as plt
     import cv2
     import numpy as np
     import time
     %matplotlib inline
     def aidemy_imshow(name, img):
         b,g,r = cv2.split(img)
         img = cv2.merge([r,g,b])
         plt.imshow(img)
         plt.show()

     cv2.imshow = aidemy_imshow
```

程序清单 15.1　执行第 15 章示例程序之前必须执行的代码

15.1 ┃┃ 图像数据的基础知识

15.1.1　RGB 数据

　　图像数据在计算机中是通过数字进行管理的。接下来，我们将对这一管理方法进行讲解。

　　首先，图像是由**像素**的小颗粒集合所呈现出来的。像素的形状主要为四角形。此外，通过改变每个像素的颜色可以呈现出图像。

　　彩色的图像由 Red、Green、Blue（通常取首字母，即为 **RGB**）三个颜色构成。此外，这三个颜色的亮度（浓度）在多数情况下是由 0 ~ 255（8 位）的数值表示，数值越大色彩就越鲜艳。例如，普通的红色用 (255, 0, 0) 表示，紫色用 (255, 0, 255) 表示，黑色用 (0, 0, 0) 表示，白色用 (255, 255, 255) 表示。

　　对于较为特殊的情况，例如，单色图像中只提供亮度值（0 ~ 255）来表示像素信息。与彩色图像相比，单色图像只需要使用 1/3 的数据量即可。

稍后在将要讲到的 OpenCV 中，用于表示一个像素的元素数量被称为**通道数**。例如，RGB 图像的像素通道数是 3 个，单色图像的像素通道数是 1 个。

〔习题〕

RGB 数据表示的是某种颜色的亮度信息。请问它给出的是哪个颜色的信息？

- 红色
- 绿色
- 蓝色
- 上述所有选项

〔提示〕

请思考 RGB 表示的意思是什么？

〔参考答案〕

上述所有选项

15.1.2 图像数据的格式

图像数据有很多不同的格式，如表 15.1 所示。

表 15.1　横向连接的示例

	PNG	JPG	PDF	GIF
特点	支持无损压缩	丰富的颜色表现	画质好，放大后画面也不会变粗糙	支持的颜色种类较少，但是文件尺寸也小
	丰富的颜色表现	图片尺寸很小，支持压缩（但是会导致图像品质下降）	图片尺寸较大	支持动画播放

所谓无损压缩，是指对压缩后的图像恢复时，可以丝毫无损地恢复到原始数据的状态而不会引起任何失真。而有损压缩，则不能在解压缩后完全恢复到原始数据的状态。

〔习题〕

请在下列选项中选出适合用于显示动画的图像格式。

- PNG

- JPG
- PDF
- GIF

能够显示的颜色数量很少。

（参考答案）

GIF

15.1.3 透明数据

将图像的背景变成透明的状态被称为背景透明。而将背景变成透明的方法有使用软件将其变得透明，或者在制作图像的过程中使其变得透明等。在 15.2 节中将要讲解的 OpenCV 也可以对图像进行透明化处理，但是在本小节中我们不会对这部分知识进行讲解。透明化的处理方法还取决于用于显示图像的程序是如何处理颜色的。例如，BMP 图像格式本身虽然是不支持透明化处理，但是使用 BMP 格式制作的图标有些却是透明的。这是因为负责显示图标的程序将特定位置上的颜色作为透明色进行处理。在图像格式中直接提供了透明化支持的有 GIF 和 PNG 这两种格式。

（习题）

请从下列选项中，选择不支持透明化处理的图像格式。
- JPG
- PDF
- GIF
- 上述所有选项

（提示）

可以压缩成比较小容量的图像格式。

（参考答案）

JPG

15.2 ‖OpenCV 的基础

15.2.1 图像的读取与显示

OpenCV 是用于图像处理的强大软件库。首先，我们将用 OpenCV 读取图像并进行输出（程序清单 15.2）。

In
```
# 请预先将 "cleansing_data" 文件夹与执行文件放在同一目录中，并将本书第
# 15 章的样本 "sample.jpg" 放入其中
# 导入
import numpy as np
import cv2

# 读取图像
# "cleansing_data" 文件夹中存在 sample.jpg 时的代码
img = cv2.imread("cleansing_data/sample.jpg")

# sample 为窗口的名称
cv2.imshow("sample", img)
```

Out

程序清单 15.2　图像的读取与显示的示例

（习题）

请输出 "cleansing_data" 文件夹内的图像 sample.jpg（程序清单 15.3）。

请将窗口名称设置为"sample"。

```
import numpy as np
import cv2
# 请在这里输入答案
```

程序清单 15.3　习题

提示

- 可以使用 **cv2.imread**(" 文件名 ") 读取图像。
- 可以使用 **cv2.imshow**(" 窗口名 ", 图像数据) 进行图像的显示。

参考答案

```
（略）
# 请在这里输入答案

# 使用 OpenCV 读取图像
img = cv2.imread("cleansing_data/sample.jpg")

# 输出图像
cv2.imshow("sample", img)
```

程序清单 15.4　参考答案

15.2.2　图像的创建与保存

　　接下来将尝试创建图像。需要注意的是，使用 **CV2** 处理图像时不是按照 RGB 的顺序，而是按照 BGR 的顺序进行存取的。

　　图像通过指定 **[B, G, R]** 的值来创建。这里将创建一幅红色的图像（程序清单 15.5）。

　　for _ in range 语句中的 _ 表示的是进行 **for** 循环时，传递到 _ 中的参数在整个循环过程中是不使用的。第 1 个 **for** 语句创建横向 512 张图像；第 2 个 **for** 语句再创建纵向 512 张图像，整体是一个嵌套循环语句。

OpenCV 的运用与图像数据的预处理

```
In    import numpy as np
      import cv2

      # 指定图像的尺寸
      img_size = (512, 512)

      # 创建包含图像信息的矩阵
      # 由于这里创建的图像是红色的，因此使用每个元素都是 [0, 0, 255] 的 512×512
      # 矩阵
      # 注意矩阵将被转置
      # 图像数据的各个元素只能取 0 和 255 之间的值。为了明确这一点，我们将在 dtype
      # 选项中指定数据的类型

      my_img = np.array([[[0, 0, 255] for _ in range(img_size[1])] for _ in
      range(img_size[0])], dtype="uint8")

      # 显示图像
      cv2.imshow("sample", my_img)

      # 保存图像
      # 文件名为 my_img.jpg
      cv2.imwrite("my_red_img.jpg", my_img)
```

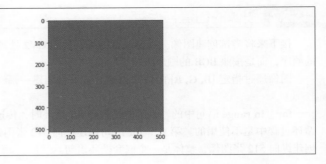

程序清单 15.5　图像的创建与保存的示例

注意：关于程序清单 15.5 的输出结果

由于本书采用的是双色印刷，所以显示为灰色，图像本身是红色的。

【习题】

请创建大小为 512 × 512 的绿色图像并将其显示在窗口中（程序清单 15.6）。请使用 **cv2.imshow()** 函数进行图像的显示。

```
import numpy as np
import cv2

# 指定图像的大小
img_size = (512, 512)

# 请创建一个大小为 512×512 的绿色图像

```

程序清单 15.6　习题

提示

请创建一个每个元素为 **[0, 255, 0]**，大小为 **512×512** 的 **np.array**。

❨参考答案❩

In	（略）
	# 请创建一个大小为 512 × 512 的绿色图像
	`img = np.array([[[0, 255, 0] for _ in range(img_size[1])] for _ in range(img_size[0])], dtype="uint8")`
	
	`cv2.imshow("sample", img)`

Out	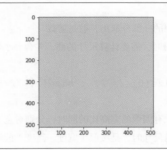

程序清单 15.7　参考答案

注意：关于程序清单 15.6、程序清单 15.7 的输出结果

由于本书采用的是双色印刷，所以显示为灰色，图像本身是绿色的。

15.2.3　图像的剪裁与缩放

接下来，我们将对图像进行剪裁和缩放（程序清单 15.8）。

备注：剪裁

所谓剪裁，是指将图像的一部分单独抽取出的操作。

In
```python
import numpy as np
import cv2

img = cv2.imread("cleansing_data/sample.jpg")
size = img.shape

# 将表示图像的矩阵中的一部分取出，就是剪裁
# 要将图像分成 n 等份时，需要计算尺寸的商，并舍弃小数点之后的值

my_img = img[: size[0] // 2, : size[1] // 3]

# 在这里我们在保持原有图像的宽高比的同时，分别对宽和高乘以 2
# 请注意指定新的图像尺寸时，是按照（宽度、高度）的顺序指定的

my_img = cv2.resize(my_img, (my_img.shape[1] * 2,
my_img.shape[0] * 2))

cv2.imshow("sample", my_img)
```

Out

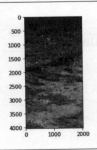

程序清单 15.8　剪裁与缩放的示例

作为图像缩放的应用之一，可以通过缩小图像降低像素数，然后将图像恢复

到原始尺寸的方式来给图像打上马赛克。

（习题）

请将 sample.jpg 的宽度和高度分别缩放到原有尺寸的 1/3（程序清单 15.9）。

```
In    import numpy as np
      import cv2

      img = cv2.imread("cleansing_data/sample.jpg")

      # 请在此处输入答案


      cv2.imshow("sample", my_img)
```

程序清单 15.9　习题

（提示）

使用 **cv2.resize()** 函数。

（参考答案）

```
In    （略）
      # 请在此处输入答案
      my_img = cv2.resize(img, (img.shape[1] // 3, img.shape[0] // 3))
      （略）
```

程序清单 15.10　参考答案

OpenCV 的运用与图像数据的预处理

15.2.4 图像的旋转与翻转

旋转图像时需要使用 **cv2.warpAffine()** 函数，这个函数是用于进行**仿射变换**处理的函数，而进行仿射变换需要使用的矩阵则可以通过 **cv2.getRotationMatrix2D** 函数来获取（程序清单 15.11）。

此外，图像的翻转可以使用 **cv2.flip(图像 , 作为翻转对象的轴)** 函数来实现。

```
In
import numpy as np
import cv2

img = cv2.imread("cleansing_data/sample.jpg")

# 创建使用 warpAffine() 函数时需要用到的矩阵
# 第 1 个参数为旋转的中心（在这里是图像的中心）
# 第 2 个参数为旋转的角度（在这里是 180°）
# 第 3 个参数为倍率（在这里是放大 2 倍）

mat = cv2.getRotationMatrix2D(tuple(np.array(img.shape[:2]) / 2),
180, 2.0)

# 进行仿射变换
# 第 1 个参数为需要变换的图像
# 第 2 个参数为上面生成的矩阵（mat）
# 第 3 个参数为尺寸


my_img = cv2.warpAffine(img, mat, img.shape[:2])


cv2.imshow("sample", my_img)
```

Out

程序清单 15.11　图像的旋转与翻转的示例

（习题）

请使用 **cv2.flip()** 函数将图像以 x 轴为中心进行翻转（程序清单 15.12）。

In
```
import numpy as np
import cv2

img = cv2.imread("cleansing_data/sample.jpg")

# 请在此处输入答案


cv2.imshow("sample", my_img)
```

程序清单 15.12　习题

（提示）

设置 **cv2.flip()** 函数的参数时，当参数为 **0** 时以 x 轴为中心；当参数为正数时以 y 轴为中心；当参数为负数时以两个轴为中心进行翻转。

（参考答案）

In
```
（略）
# 请在此处输入答案
```

```
my_img = cv2.flip(img, 0)
（略）
```

程序清单 15.13　参考答案

15.2.5　色调变换与颜色反转

在前面的小节中已经解释过图像是由 RGB 数据构成的，接下来将这个 RGB 数据转换成其他格式。在这里将其转换成 Lab 颜色空间（程序清单 15.14）。

Lab 颜色空间是一种非常接近人类视觉体系的设计优异的色彩空间。

```
import numpy as np
import cv2


img = cv2.imread("cleansing_data/sample.jpg")



# 颜色空间的转换
my_img = cv2.cvtColor(img, cv2.COLOR_RGB2LAB)



cv2.imshow("sample", my_img)
```

Out

程序清单 15.14 色调变换与颜色反转的示例

如果将 **cv2.cvtColor()** 函数的第 2 个参数设置为 **COLOR_RGB2GRAY**，就可以将彩色图像转换成单色图像。

此外，将图像的颜色进行翻转称为正 / 负翻转。利用 **OpenCV** 进行正 / 负翻转时，可以使用下面的代码。

img = cv2.bitwise_not(img)

其中，**cv2.bitwise()** 函数可以对用 8 位表示的各个像素进行位操作，**not** 是指对各个位进行翻转。

（习题）

请对 sample.jpg 的颜色进行翻转（程序清单 15.15）。

为了让大家更好地理解 **bitwise_not** 的原理，请尝试使用 **for** 语句编程来实现与 **bitwise_not** 相同的处理。

```
In   import numpy as np
     import cv2

     img = cv2.imread("cleansing_data/sample.jpg")


     # 请在此处输入答案
```

```
cv2.imshow("sample", img)
```

程序清单 15.15　习题

提示

- 由于 **RGB** 的值是由 **0 ~ 255** 构成的，因此可以通过将某个值 *x* 更换为 **255–*x*** 对其进行变换。
- 通过 **OpenCV** 来读取的图像数据为三维的 **numpy** 数组，可以使用 **img[i][j][k]=x** 代码，即将 **(i, j)** 坐标的 **k** 所指定的 **RGB** 中的值替换成 **x** 即可。
- 使用 **for** 语句和 **len(img[i])**（通过 **len()** 函数获取长度）语句，就可以对图像中的像素依次地进行访问，并为各个像素点指定不同的值。

参考答案

In
```
（略）
# 请在此处输入答案
    for i in range(len(img)):
        for j in range(len(img[i])):
            for k in range(len(img[i][j])):
                img[i][j][k] = 255 - img[i][j][k]
（略）
```

Out

程序清单 15.16　参考答案

15.3 ‖OpenCV 的运用

15.3.1 阈值处理（二值化）

为了减小图像文件的尺寸，将一定亮度以上或者一定暗度以上的像素统一设置成相同值的处理称为阈值处理。可以使用 **cv2.threshold()** 函数来实现这一处理。

通过设置不同的参数可以实现各种不同的阈值处理（程序清单 15.17）。

```
import numpy as np
import cv2


img = cv2.imread("cleansing_data/sample.jpg")


# 第 1 个参数为待处理的图像
# 第 2 个参数为阈值
# 第 3 个参数为最大值 (maxValue)
# 第 4 个参数为 THRESH_BINARY、THRESH_BINARY_INV、THRESH_TOZERO、
# THRESH_TRUNC、THRESH_TOZERO_INV 其中之一。说明如下
    # THRESH_BINARY      ：超过阈值的像素设为 maxValue，其他的像素设为 0
    # THRESH_BINARY_INV  ：超过阈值的像素设为 0，其他的像素设为 maxValue
    # THRESH_TOZERO      ：超过阈值的像素保持不变，其他的像素设为 0
    # THRESH_TRUNC       ：超过阈值的像素设为阈值，其他的像素保持不变
    # THRESH_TOZERO_INV  ：超过阈值的像素设为 0，其他的像素保持不变


# 在这里将阈值设为 75，最大值设为 255（在这里不会被使用），并使用 THRESH_
    TOZERO
# 阈值也会被返回，通过 retval 来接收
retval, my_img = cv2.threshold(img, 75, 255, cv2.THRESH_TOZERO)


cv2.imshow("sample", my_img)
```

OpenCV 的运用与图像数据的预处理

程序清单 15.17　阈值处理的示例

【习题】

请将阈值设为 **100**，低于阈值的像素设为 **0**，高于阈值的像素设为 **255**（程序清单 15.18）。

In
```
import numpy as np
import cv2

img = cv2.imread("cleansing_data/sample.jpg")

# 请在此处输入答案
```

程序清单 15.18　习题

（提示）

- 可以使用 **THRESH_BINARY**。
- 如果使用 **THRESH_BINARY**，比阈值大的值将变成 **maxValue**，其他的将变成 **0**。

【参考答案】

In　（略）
```
# 请在此处输入答案
```

```
retval, my_img = cv2.threshold(img, 100, 255, cv2.THRESH_BINARY)

cv2.imshow("sample", my_img)
```

Out

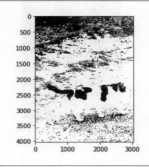

程序清单 15.19　参考答案

15.3.2 遮罩

　　遮罩是用于将图像的一部分提取出来的处理，需要事先准备黑白色的通道数为 1 的图像，这种图像被称为**遮罩用的图像**。使用遮罩就可以将某个图像中遮罩为白色的部分单独提取出来（程序清单 15.20）。

In

```
# 请预先在 "cleansing_data" 文件夹中放入本书第 15 章的样本 "mask.png"
import numpy as np
import cv2

img = cv2.imread("cleansing_data/sample.jpg")

# 指定第 2 个参数为 0，就可以将输入变成通道数为 1 的图像进行读取
mask = cv2.imread("cleansing_data/mask.png", 0)

# 调整图像大小使其与原始图像尺寸相同
mask = cv2.resize(mask, (img.shape[1], img.shape[0]))

# 用第 3 个参数指定用于遮罩的图像
my_img = cv2.bitwise_and(img, img, mask = mask)
```

```
cv2.imshow("sample", my_img)
```

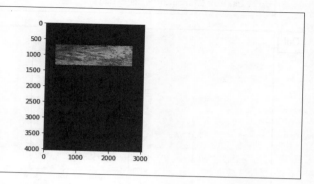

程序清单 15.20 遮罩的示例

在这里使用的遮罩图像如图 15.1 所示。

图 15.1 遮罩图像

（习题）

请从 sample.jpg 的图像中将 mask.png 的黑色部分提取出来（程序清单 15.21）。

```
import numpy as np
import cv2


img = cv2.imread("cleansing_data/sample.jpg")


mask = cv2.imread("cleansing_data/mask.png", 0)
```

```
mask = cv2.resize(mask, (img.shape[1], img.shape[0]))

# 请在此处输入答案

retval, mask =

my_img =

cv2.imshow("sample", my_img)
```

程序清单 15.21 习题

【提示】

- 请使用 **cv2.threshold()** 函数对图像进行翻转。
- 请使用 **cv2.bitwise_and()** 函数对图像进行遮罩处理。

【参考答案】

In
```
（略）
# 请在此处输入答案
retval, mask = cv2.threshold(mask, 0, 255, cv2.THRESH_BINARY_INV)

my_img = cv2.bitwise_and(img, img, mask = mask)

cv2.imshow("sample", my_img)
```

Out

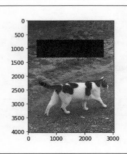

程序清单 15.22 参考答案

对图像进行模糊处理时，需要对某个像素周围的 $n \times n$ 个像素进行平均值计算，使用 **GaussianBlur()** 函数进行模糊处理（程序清单 15.23）。

```
In   import numpy as np
     import cv2

     img = cv2.imread("cleansing_data/sample.jpg")

     # 第 1 个参数为原始图像
     # 第 2 个参数指定 n×n 的 n 的值（n 为奇数）
     # 第 3 个参数为 x 轴方向的偏差（通常为 0 即可）
     my_img = cv2.GaussianBlur(img, (5, 5), 0)

     cv2.imshow("sample", my_img)
```

Out

程序清单 15.23　模糊的示例

习题

请对图像进行模糊处理（程序清单 15.24）。

```
In   import numpy as np
     import cv2

     img = cv2.imread("cleansing_data/sample.jpg")
```

```
# 请在此处输入答案



cv2.imshow("sample", my_img)
```

程序清单 15.24　习题

提示

可以使用 **GaussianBlur()** 函数。

参考答案

In
```
（略）
# 请在此处输入答案
my_img = cv2.GaussianBlur(img, (21, 21), 0)
（略）
```

Out

程序清单 15.25　参考答案

15.3.4　降噪

降噪处理需要使用 **cv2.fastNlMeansDenoisingColored()** 函数（程序清单 15.26）。

In
```
import numpy as np
import cv2
```

```
img = cv2.imread("cleansing_data/sample.jpg")

my_img = cv2.fastNlMeansDenoisingColored(img)

cv2.imshow("sample", my_img)
```

程序清单 15.26　降噪的示例

(习题)

请回答进行降噪处理时需要使用的函数名称是什么？

- fastNlMeansNoisingColored()
- fastNlMeansDenoisingColored()
- fastNlMeansNoisingDeColored()
- fastNlMeansDenoisingDeColored()

(提示)

降噪处理是 **Denoising**。

(参考答案)

fastNlMeansDenoisingColored()

15.3.5 膨胀与收缩

　　膨胀与收缩主要是对二值图像进行处理。将某个像素作为中心，如果将过滤器中最大的值作为该中心的值就称为膨胀；与之相反，如果将最小的值作为该中心的值就称为收缩。过滤器的使用方法主要包括使用位于中心像素的上、下、左、右4个像素和包围其自身周围的8个像素两种。膨胀使用 **cv2.dilate()** 函数进行处理，收缩使用 **cv2.erode()** 函数进行处理。**np.uint8** 表示数据的类型。**uint8** 表示的是 8位无符号整数（程序清单 15.27）。

In
```python
import numpy as np
import cv2
import matplotlib.pyplot as plt

img = cv2.imread("cleansing_data/sample.jpg")

# 过滤器的定义
filt = np.array([[0, 1, 0],
                 [1, 0, 1],
                 [0, 1, 0]], np.uint8)

# 膨胀的处理
my_img = cv2.dilate(img, filt)

cv2.imshow("sample", my_img)
```

Out

程序清单 15.27　膨胀的示例

请使用与说明中相同的过滤器对图像进行收缩处理（程序清单 15.28）。

```
In    import numpy as np
      import cv2

      img = cv2.imread("cleansing_data/sample.jpg")

      # 请在此处输入答案


      cv2.imshow("sample", my_img)

      # 为了方便进行比较，显示原始的图像
      cv2.imshow("original", img)
      plt.show()
```

程序清单 15.28　习题

（提示）

可以使用 **cv2.erode()** 函数进行收缩处理。

（参考答案）

```
In    (略)
      import cv2
      import matplotlib.pyplot as plt

      img = cv2.imread("cleansing_data/sample.jpg")

      # 请在此处输入答案
      filt = np.array([[0, 1, 0],
                       [1, 0, 1],
                       [0, 1, 0]], np.uint8)
```

```
#  收缩处理
my_img = cv2.erode(img, filt)
（略）
```

Out

程序清单 15.29　参考答案

附加习题

请尝试解答下列可以使用 OpenCV 进行处理的图像问题。

习题

请对程序清单 15.30 中的注释进行处理。

In
```
import cv2
import numpy as np
```

```
img = cv2.imread("cleansing_data/sample.jpg")
# 指定原始的图像
cv2.imshow('Original', img)


# 请对图像进行模糊处理（第 2 个参数为 77，请指定为 77）
blur_img =
cv2.imshow('Blur', blur_img)


# 请对图像的颜色进行翻转
bit_img =
cv2.imshow('Bit', bit_img)


# 请进行阈值处理（阈值设置为 90，低于该值的不做更改，高于该值的设为 0）
retval, thre_img =
cv2.imshow('THRESH', thre_img)
```

程序清单 15.30　习题

（提示）

请复习本章中学习过的内容。

（参考答案）

```
In  （略）
    # 请对图像进行模糊处理（第 2 个参数为 77，请指定为 77）
    blur_img = cv2.GaussianBlur(img, (77,77), 0)
    cv2.imshow('Blur', blur_img)


    # 请对图像的颜色进行翻转
    bit_img = cv2.bitwise_not(img)
    cv2.imshow('Bit', bit_img)


    # 请进行阈值处理（阈值设置为 90，低于该值的不做更改，高于该值的设为 0）
    retval, thre_img = cv2.threshold(img,90,255, cv2.THRESH_TOZERO)
    cv2.imshow('THRESH', thre_img)
```

Out

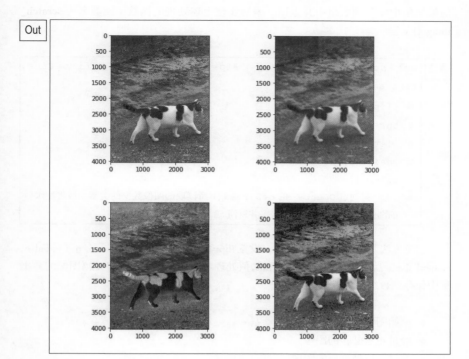

程序清单 15.31　参考答案

综合附加习题

　　使用机器学习进行图像识别时，需要大量的图像数据和与这些图像相关联的标签的组合。然而，准备大量的图像与标签组合作为机器学习的输入数据，会涉及各种各样的成本和开支问题，有时可能会很困难。

　　因此，为了在有限的条件下获取更多的数据，可以使用**图像注水**的技巧对数据的个数进行增加处理。

　　虽说是给图像注水，但是如果仅仅是单纯地对数据进行复制来增加数量，是毫无意义的。

　　因此，我们可以用对图像进行翻转或平移等处理方法来创建新的数据。下面请运用本章中所讲解过的各种函数，编写对图像进行注水处理的函数。

习题

　　请在接收到图像数据后，使用 5 种不同的方法对图像进行加工，并将加工后的数据集中保存到数组中并返回。编写实现上述处理的函数，函数名为 **scratch_image()**（程序清单 15.32）。

```
def scratch_image(img, flip=True, thr=True, filt=True,
resize=True, erode=True):
```

- `flip` 为图像的左右翻转。
- `thr` 为阈值处理。
- `filt` 为模糊。
- `resize` 为马赛克。
- `erode` 指定收缩或不收缩。
- `img` 是通过 OpenCV 的 `cv2.read()` 所读取的图像数据的类型。请将注水后的图像数据集中保存到数组中并返回。

加工方法允许重叠处理。例如，设置 flip=True、thr=True、filt=False、resize=False、erode=False，需要对图像进行翻转和阈值处理。因此，在结果中将 4 幅图像的数据集中保存到数组中并返回。

- 原始图像。
- 经过左右翻转的图像。
- 经过阈值处理后的图像。
- 经过左右翻转且阈值处理后的图像。

如果全部设为 **True**，就会返回 2^5=32 张的图像数据。请使用 **scratch_image()** 函数对 cleansing_data 文件夹内的图像数据（cat_sample.jpg）进行注水处理，并将结果保存到 scratch_images 文件夹中。请按照下列要求对各个处理方法进行编程实现。

- 翻转：左右翻转。
- 阈值处理：阈值设为 100，大于阈值的值保持不变，小于阈值的值设为 0。
- 模糊：使用过滤器周围的 5×5 个像素。
- 马赛克：解析度为 1/5。
- 收缩：使用过滤器周围的 8 个像素。

In | `import os`

```
import numpy as np
import matplotlib.pyplot as plt
import cv2


def scratch_image(img, flip=True, thr=True, filt=True,
resize=True,erode=True):
    # -------------------- 请从下方开始输入代码 --------------------




  return
    # -------------------- 请在此处结束代码的输入 --------------------
# 读取图像文件
cat_img = cv2.imread("cleansing_data/cat_sample.jpg")

# 图像注水
scratch_cat_images = scratch_image(cat_img)

# 创建保存图像的文件夹
if not os.path.exists("scratch_images"):
    os.mkdir("scratch_images")

for num, im in enumerate(scratch_cat_images):
    # 首先指定文件保存路径 "scratch_images/"，并添加编号将其保存
    cv2.imwrite("scratch_images/" + str(num) + ".jpg" ,im)
```

程序清单 15.32　习题

提示

- 请参考本章中的内容使用 **cv2** 的方法编写程序，并预先准备好在进行处理时需要使用的数据（如图像的尺寸等）。
- 使用列表闭包语法可以简化代码。此外，对于较长的处理可以使用 **lambda** 表达式进行集中实现。
- 可以使用 **lambda** 编写注水处理的函数，并将函数保存到 **np.array** 中。
  例如，上下翻转的函数可以写成 **lambda x: cv2.flip(x, 0)**。将这个代码放入数组 **arr** 中，即 **arr[0](image)**。只需要指定 **index**，就可以使用 **arr** 中所指定的函数。

- 经过注水处理后，可以灵活地运用保存在数组中的函数和 **flip**、**thr**、**filt**、**resize**、**erode** 来获取加工时需要使用的函数。

〔参考答案〕

In

```
（略）
# ------------------- 请从下方开始输入代码 -------------------
# 将不同的注水方法集中保存到数组中
methods = [flip, thr, filt, resize, erode]
# 获取图像的尺寸，创建在进行模糊处理时需要使用的过滤器
img_size = img.shape
filter1 = np.ones((3, 3))
# 将原始图像数据保存到数组中
images = [img]
# 用于注水处理的函数
scratch = np.array([
        lambda x: cv2.flip(x, 1),
        lambda x: cv2.threshold(x,100,255,
                cv2.THRESH_TOZERO)[1],
        lambda x: cv2.GaussianBlur(x, (5, 5), 0),
        lambda x: cv2.resize(cv2.resize(x,
          (img_size[1] // 5, img_size[0] // 5)),
          (img_size[1], img_size[0])),
        lambda x: cv2.erode(x, filter1)
])
# 将函数和图像作为参数，与原始图像一起进行注水处理
doubling_images = lambda f, imag: np.r_[imag, [f(i) for i in imag]]
# 对 methods 为 True 的函数进行注水处理
for func in scratch[methods]:
  images = doubling_images(func, images)


return images
# ------------------- 请在此处结束代码的输入 -------------------
（略）
```

程序清单 15.33　参考答案

保存在 scratch_images 文件夹中的图像如图 15.2 所示。

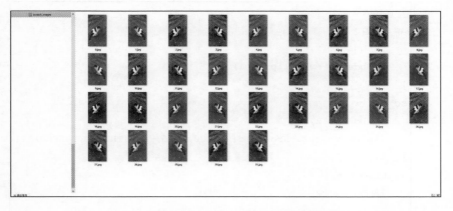

图 15.2　保存在 scratch_images 文件夹中的图像

◀解说▶

请按照提示中所讲解的方式将加工的方法集中保存到 **scratch** 中，虽然也可以不集中保存，但是为了提高代码的可读性，这里专门加入了"集中保存"这一处理。

doubling_images() 函数将保存加工前图像数据的数组 **imag** 和使用 **f()** 方法将 **imag** 加工后的 **[f(i) for i in imag]** 进行连接。加工后的图像与 **imag** 中的图像数据的数量是相同的，因此，通过将它们进行连接就可以使图像数据的数量成倍地增加。

此外，通过循环使用这个函数，原始图像数据也会配合这个函数，会作为 **images = [img]** 保存到数组中。

通过指定 **scratch[methods]** 引用 **np.array** 的布尔索引取出值为 **True** 的元素，可以将其作为参数放入 **doubling_images()** 中。但在实际的深度学习中，对图像进行注水处理时，Keras 中提供了 **ImageDataGenerator()** 函数，只需要指定参数就可以对图像进行注水处理。在这里是为了练习，所以使用 OpenCV 来实现，在实际中对图像进行注水处理时，使用上述函数即可（请参考 22.1 节）。

列表闭包语法的使用

虽然这个方法的可读性非常差，作者不推荐使用，但是通过使用列表闭包语法，只需使用一行代码就能完成注水处理（程序清单 15.34）。

```
In    # 保存函数
      sc_flip = [
          lambda x: x,
          lambda x: cv2.flip(x, 1)
      ]
      sc_thr = [
          lambda x: x,
          lambda x: cv2.threshold(x, 100, 255, cv2.THRESH_TOZERO)[1]
      ]
      sc_filter = [
          lambda x: x,
          lambda x: cv2.GaussianBlur(x, (5, 5), 0)
      ]
      sc_mosaic = [
          lambda x: x,
          lambda x: cv2.resize(cv2.resize(
                  x, (img_size[1] // 5, img_size[0] // 5)
                  ),(img_size[1], img_size[0]))
      ]
      sc_erode = [
          lambda x: x,
          lambda x: cv2.erode(x, filter1)
      ]
      # 注水处理可以只使用一行代码实现
      [e(d(c(b(a(img))))) for a in sc_flip for b in sc_thr for c in sc_
      filter for d in sc_mosaic for e in sc_erode]
```

程序清单 15.34　列表闭包语法的示例

　　除此之外，将 **exp=True/False** 添加到 **scratch_images** 的第 3 个参数中，如果是 **True**，处理保持不变；如果是 **False**，不对数据加工进行叠加。也就是说，翻转后不进行阈值处理。对 **method** 为 **True** 的部分进行加工处理，最多注水 6 幅图像。

　　创建上述函数是非常好的编程练习。此外，在执行程序清单 15.34 中的代码之前，如果先执行了程序清单 15.33，请将已经保存的 scratch_images 目录名称更改为如 scratch_images1 之类的名称。

参考答案

```
In   import sys
     import os
     （略）
       # -------------------- 请从下方开始输入代码 --------------------
     # 将不同的注水方法集中保存到数组中
     methods = [flip, thr, filt, resize, erode]
     # 获取图像的尺寸，创建在进行模糊处理时需要使用的过滤器
     img_size = img.shape
     filter1 = np.ones((3, 3))
     # 用于注水处理的函数
     scratch = np.array([
       lambda x: cv2.flip(x, 1),
       lambda x: cv2.threshold(x, 100, 255, cv2.THRESH_TOZERO)[1],
       lambda x: cv2.GaussianBlur(x, (5, 5), 0),
       lambda x: cv2.resize(cv2.resize(x,
           (img_size[1] // 5, img_size[0] // 5)),
           (img_size[1], img_size[0])),
       lambda x: cv2.erode(x, filter1)
     ])
     act_scratch = scratch[methods]


     # 准备方法
     act_num = np.sum([methods])
     form = "0" + str(act_num) + "b"
     cf = np.array([list(format(i, form)) for i in range(2**act_num)])


     # 执行图像变换处理
       images = []
       for i in range(2**act_num):
        im = img
          for func in act_scratch[cf[i]=="1"]: # 引用bool 索引
        im = func(im)
```

```
    images.append(im)

return images
    # ------------------- 请在此处结束代码的输入 -------------------
（略）
```

程序清单 15.35　参考答案

保存在 scratch_images 文件夹中的图像如图 15.3 所示。

图 15.3　保存在 scratch_images 文件夹中的图像

## 第 16 章

监督学习（分类）的基础

16.1 ▎▎了解监督学习（分类）

16.1.1 ▎何谓分类

正如在 1.2 节中所介绍的，机器学习主要分为如下三种学习方式。

1. 监督学习

一种是被称为**监督学习**的学习方式。

具体是指根据积累的经验数据对新的数据或将来的数据进行预测，或者进行分类的一种学习方式。

股价预测、图像识别等应用就属于此类学习。

2. 无监督学习

另外还存在被称为**无监督学习**的学习方式。

具体是指对积累的经验数据中所存在的结构，以及关联性进行分析的学习方式。

零售店顾客的消费倾向分析等应用就属于此类学习。

3. 强化学习

最后一种是**强化学习**。

具体的学习形式类似于无监督学习，即通过设定报酬、环境等条件来实现学习效果最大化的一种学习方式。

大多数围棋等对战型 AI 应用所使用的就是这类学习方式。

在本章中我们将对监督学习的相关知识进行深入的讲解。

监督学习大体上可分为两类。

一类是**回归**，通过读取现存数据中的关联性，并根据这些关联性来实现数据预测的一种算法。

这类算法进行预测的往往是类似股价、宝石的交易价格等连续的值。

接下来，我们将主要学习的是**分类**。这类算法同样是以数据预测为主要目的，不同的是，其预测的是类似数据的类别这样离散的值。

(习题)

请问在下列选项中，哪一项属于机器学习中"分类"的应用示例？请选出正确的选项。

- 股价预测
- 商品的消费群体调查
- 对战型游戏的 AI
- 上述全部选项

(提示)

- 监督学习是根据数据与标签之间的关联性来对数据的标签进行预测。
- 回归主要是对数值进行预测，而分类主要是对数据属于哪一类进行预测。
- 无监督学习是对数据的结构、数据之间的关系进行调查。
- 强化学习是在学习过程中对自身期望达成的目标进行约定，并对达成这一目标应采取的行为进行优化。

(参考答案)

商品的消费群体调查

16.1.2 二元分类与多元分类

分类问题大体上可分为**二元分类**和**多元分类**这两种。

1. 二元分类（二值分类、二项分类）

二元分类是指分类的类别有两种的分类问题。它可以对数据是"属于 / 不属于"两个分组中哪一组的问题进行判断。此外，如果能够用直线对类别进行划分，就称为**线性分类**，否则就称为**非线性分类**。

2. 多元分类（多项分类）

多元分类是指分类的类别为三种以上的分类问题。数据无法被识别为仅"属于 / 不属于"某一个分组，而且大多数情况下都无法用直线对类别进行划分。

【习题】

将如图 16.1 所示的散点图中蓝色与灰色的数据作为监督数据进行学习，并判断它们应当属于下列哪种分类。

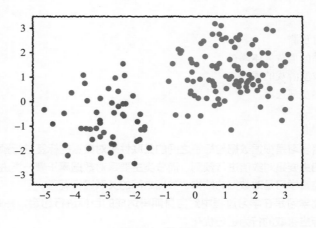

图 16.1 散点图

- 二元分类（线性）
- 二元分类（非线性）
- 多项分类

【提示】

请从分类数量和能否用直线进行分类的角度思考。

【参考答案】

二元分类（线性）

16.1.3 分类的流程

机器学习通常可以按照如下流程来实现。

- 数据的预处理
  数据的整理、操作。

- 模型的选取
  分类器的选择。

- 模型的训练
  - ◆ 选择超参数进行调校。
  - ◆ 参数的调校。

- 使用模型进行预测（推理）
  - ◆ 使用未知数据对模型的精度进行检验。
  - ◆ 将模型嵌入到 Web 服务等实际应用中。

在本章中将要学习的"监督学习（分类）"的模型属于"模型的选取"部分，需要对各类型的"分类模型"进行选择。

(习题)

如果将下列句子按照机器学习的流程进行排序，正确的排列顺序应当是下列选项中的哪一项？

a. 使用模型进行预测
b. 模型的选择
c. 数据的预处理
d. 模型的训练

- a→d→b→c
- a→b→c→d
- c→b→d→a
- b→c→d→a

(提示)

- 模型是在学习完后进行预测的。
- 数据的预处理是在选择模型之前进行的。

(参考答案)

c→b→d→a

在通过执行实际的代码学习各种各样的分类算法之前，需要预先准备好可以用于分类处理的数据。

要达到能够用于实际应用的程度，就需要事先准备一些通过实际测量得到的数据。在本章中我们将省略这部分操作，直接使用自己生成的虚构数据进行分类处理。

为了创建可用于分类处理的数据，我们需要使用 scikit-learn.datasets 模块的 **make_classification()** 函数（程序清单 16.1）。程序清单 16.1 的参数中所使用的 xx 是暂时性的示意代码。

```
In   # 导入需要使用的模块
     from sklearn.datasets import make_classification
     # 创建数据 X 和标签 y
     X, y = make_classification(n_samples=xx, n_classes=xx,
     n_features=xx, n_redundant=xx, random_state=xx)
```

程序清单 16.1　创建适合分类处理的数据的示例

上述函数的参数的定义如下。

- **n_samples**：需要准备的数据的数量。
- **n_classes**：分类数量。如果不指定，默认值为 2。
- **n_features**：数据的特征量的个数。
- **n_redundant**：分类时不需要的特征量（额外的特征量）的个数。
- **random_state**：随机数的种子（决定随机数生成规律的因素）。

虽然还有其他一些可以设置的参数，但是在本章中将只使用这些参数来生成分类数据。

此外，还需要准备用于表示数据是属于哪个分类的标签 (y)，原则上都是使用整数值作为标签的。例如，在二元分类中，各项数据的标签就分别为 0 或 1。

（习题）

用于二元分类的数据 X 的特征量数量为 2，且不包含额外的特征量。请生成 50 个数据 X 及其标签（程序清单 16.2）。

生成数据时，请将随机数的种子指定为 0。

请将 **y=0** 时的 X 坐标用蓝色绘制，**y=1** 时的 X 坐标用红色绘制。

```
In    # 导入需要使用的模块
      from sklearn.datasets import make_classification
      # 导入用于绘制图表的模块
      import matplotlib.pyplot as plt
      import matplotlib
      %matplotlib inline


      # 生成数据 X 和标签 y
      # 请在此处输入答案


      # 数据的着色和绘制等处理
      plt.scatter(X[:,0], X[:,1], c=y, marker=".", cmap=matplotlib.
          cm.get_cmap(name="bwr"), alpha=0.7)
      plt.grid(True)
      plt.show()
```

程序清单 16.2　习题

（提示）

● **make_classification()** 函数同时返回 **X** 和 **y**。
● 由于是二元分类，因此类别数量为 **2**。

（参考答案）

```
In    （略）
      # 生成数据 X 和标签 y
      # 请在此处输入答案
      X, y = make_classification(n_samples=50, n_features=2, n_redundant=0,
      random_state=0)
      （略）
```

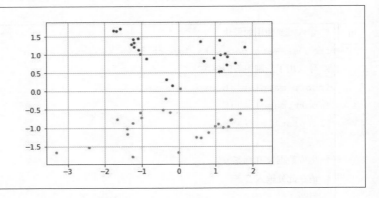

程序清单 16.3　参考答案

注意：关于颜色

　　由于本书采用双色印刷，因此无法显示除黑色和蓝色之外的颜色，关于其他的颜色，请在示例代码中通过修改指定的颜色进行确认。

16.1.5　学习与预测

　　机器学习中所使用的学习方法有很多种。

　　我们将学习方法称为**模型**（严格地说并不能称为学习方法，而是从对监督数据的学习开始，到对标签的预测为止的一连串的操作流程的统称）。

　　此外，在本书中我们将运用机器学习对数据进行分类的程序称为**分类器**。

　　如果全部由自己实现机器学习的模型是很费功夫的，好在 Python 中有很多机器学习专用的软件库。其中就包括 Scikit-Learn 这样专门提供预先制作好的机器学习模型的软件库。

　　接下来，让我们先看一下使用虚构的模型 Classifier 构建的示例中的使用方法（程序清单 16.4）。

In

```
# 导入需要使用的模块
# 以模型为单位进行模块的导入
from sklearn.linear_model import LogisticRegression
from sklearn.svm import LinearSVC, SVC
```

```
from sklearn.tree import DecisionTreeClassifier
from sklearn.ensemble import RandomForestClassifier
from sklearn.neighbors import KNeighborsClassifier


# 构建模型
model = Classifier()        ──────  # 将虚构的模型设置为分类
# 对模型进行训练
model.fit(train_X, train_y)
# 使用模型对数据进行预测
model.predict(test_X)


# 模型的准确率
# 准确率是使用（模型预测的分类与实际的分类相同的数据的数量）÷（数据的
# 总数量）公式计算出来的
model.score(test_X, test_y)
```

程序清单 16.4　以虚构的模型 Classifier 为例的使用方法

在编写机器学习代码时，需要将 **Classifier()** 部分替换成实际中的模型。

通过 Scikit-Learn 软件库，可以利用类似上述的简洁代码对机器学习进行实践
运用。

（习题）

请尝试使用数据 **train_X**、**train_y** 对模型进行训练（程序清单 16.5）。

另外，请尝试对数据进行预测操作。

请输出对数据 **test_X** 进行预测的结果。

In
```
from sklearn.linear_model import LogisticRegression
from sklearn.model_selection import train_test_split
from sklearn.datasets import make_classification

# 生成数据
X, y = make_classification(n_samples=100, n_features=2, n_redundant=0,
random_state=42)
```

```
# 将数据分为用于学习的部分和用于评估的部分
train_X, test_X, train_y, test_y = train_test_split(X, y,
random_state=42)

# 构建模型
model = LogisticRegression(random_state=42)

# 使用数据 train_X、train_y 对模型进行训练
# 请在此处输入答案

# 模型对数据 test_X 进行分类预测的结果
# 请在此处输入答案
```

程序清单 16.5　习题

提示

- 可以使用 **fit()** 方法和 **predict()** 方法。
- 无论直接输出预测结果，还是先代入到变量中再输出都是可以的。

参考答案

In
```
（略）
# 使用数据 train_X、train_y 对模型进行训练
# 请在此处输入答案
model.fit(train_X, train_y)
# 模型对数据 test_X 进行分类预测的结果
# 请在此处输入答案
pred_y = model.predict(test_X)
print(pred_y)
```

Out
```
[0 1 1 0 1 0 0 0 1 1 1 0 1 0 0 1 1 1 0 0 0 0 1 0 1]
```

程序清单 16.6　参考答案

16.2 ║ 主要算法简介

16.2.1 逻辑回归

1. 算法特点

首先，让我们看一下如图 16.2 所示的数据。

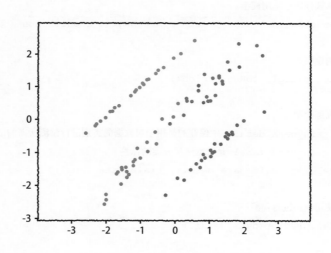

图 16.2　线性可分的数据

　　从图 16.2 中可以看到很多用灰色和蓝色绘制的圆点。仔细观察，我们会发现灰色和蓝色圆点的分界位于图的中央位置附近。我们应该可以用一条直线将中央位置附近的灰色和蓝色的圆点分隔开。

　　类似这样可以用直线将数据的类别划分成不同的分组的数据，我们称其为线性可分的数据。

　　所谓**逻辑回归**，就是对线性可分的数据的分界线进行学习，从而实现对数据进行自动分类的一种算法。其特点是数据的分界线是直线，因此，可以将其用于二元分类。此外，还能对数据归属为特定分类的概率进行计算。

　　基于这些特点，在如"天气预报的降水概率"等需要知道分类的概率的应用中使用是非常合适的。

其缺点是如果监督数据是线性不可分的，分类处理就无法实现。

此外，由于从监督数据中学习得到的分界线紧挨着位于分类边缘的数据，因此也具有难以得到更具普遍性的分界线（泛化能力较低）的缺点。

2. 算法实现

逻辑回归模型可以通过调用 Scikit–Learn 软件库的 linear_model 子模块中的 **LogisticRegression()** 函数来构建（程序清单 16.7）。

```
In    # 从软件库中调用模型
      from sklearn.linear_model import LogisticRegression

      # 构建模型
      model = LogisticRegression()

      # 训练模型
      # train_data_detail 中保存的是用于对数据的类别进行预测所需的信息
      # train_data_label 是数据所属分类的标签
      model.fit(train_data_detail, train_data_label)

      # 使用模型进行预测
      model.predict(data_detail)

      # 模型预测结果的准确率
      model.score(data_detail, data_true_label)
```

程序清单 16.7　调用模型的示例

在这个示例中，由于是根据坐标来判断分类的归属，因此可以很容易地使用图表来将模型对分界线的学习过程进行可视化。

由于分界线是直线，因此可以使用 $y=ax+b$ 来表示，下列代码中的 **Xi**、**Y** 是用来计算这一直线的变量。

图表的可视化是使用 matplotlib 软件库来实现的（程序清单 16.8）。

```
In    # 导入需要使用的软件包
      import numpy as np
      import matplotlib
      import matplotlib.pyplot as plt
      # 设置直接在页面上显示图表
      %matplotlib inline

      # 对生成的数据进行绘制
      plt.scatter(X[:, 0], X[:, 1], c=y, marker=".",
              cmap=matplotlib.cm.get_cmap(name="bwr"), alpha=0.7)

      # 将经过训练并被导出的分界线进行绘制
      # model.coef_ 表示的是数据的各个元素的权重
      # model.intercept_ 表示的是对数据中全部元素的修正（切片）
      Xi = np.linspace(-10, 10)
      Y = -model.coef_[0][0] / model.coef_[0][1] * \
        Xi - model.intercept_ / model.coef_[0][1]
      plt.plot(Xi, Y)

      # 调整图表的缩放尺度
      plt.xlim(min(X[:, 0]) - 0.5, max(X[:, 0]) + 0.5)
      plt.ylim(min(X[:, 1]) - 0.5, max(X[:, 1]) + 0.5)
      plt.axes().set_aspect("equal", "datalim")
      # 设置图表的标题
      plt.title("classification data using LogisticRegression")
      # 分别为 x 轴和 y 轴设置名称
      plt.xlabel("x-axis")
      plt.ylabel("y-axis")
      plt.show()
```

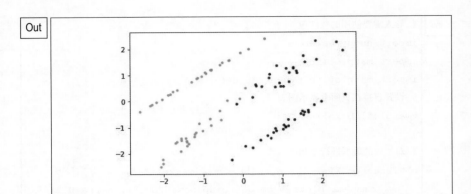

程序清单 16.8　逻辑回归的示例（执行会显示错误信息，但是作为示例是没问题的）

(习题)

　　请使用逻辑回归对数据的分类进行预测，并将结果代入到变量 **pred_y** 中（程序清单 16.9）。

```
# 导入需要使用的软件包
import numpy as np
import matplotlib
import matplotlib.pyplot as plt
from sklearn.linear_model import LogisticRegression
from sklearn.model_selection import train_test_split
from sklearn.datasets import make_classification
# 设置直接在页面上显示图表
%matplotlib inline


# 生成数据
X, y = make_classification(n_samples=100, n_features=2,
n_redundant=0, random_state=42)
train_X, test_X, train_y, test_y = train_test_split(X, y, random_
state=42)


# 请在此处输入答案
```

```
# 请构建模型


# 请使用 train_X 和 train_y 对模型进行训练


# 请输出模型对 test_X 进行分类预测的结果


# 添加的代码到此处为止
# 对生成的数据进行绘制
plt.scatter(X[:, 0], X[:, 1], c=y, marker=".",
  cmap=matplotlib.cm.get_cmap(name="bwr"), alpha=0.7)

# 对经过学习并导出的分界线进行绘制
Xi = np.linspace(-10, 10)
Y = -model.coef_[0][0] / model.coef_[0][1] * \
  Xi - model.intercept_ / model.coef_[0][1]
plt.plot(Xi, Y)

# 调整图表的缩放尺度
plt.xlim(min(X[:, 0]) - 0.5, max(X[:, 0]) + 0.5)
plt.ylim(min(X[:, 1]) - 0.5, max(X[:, 1]) + 0.5)
plt.axes().set_aspect("equal", "datalim")
# 设置图表的标题
plt.title("classification data using LogisticRegression")
# 分别为 x 轴和 y 轴设置名称
plt.xlabel("x-axis")
plt.ylabel("y-axis")
plt.show()
```

程序清单 16.9 习题

提示

- 请在完成了模型的构建和训练之后，再进行图表的绘制。
- 关于分界线的代码实现请参考本节中的讲解。

【参考答案】

In | （略）
　　# 请在此处输入答案
　　# 请构建模型
　　`model = LogisticRegression()`

　　# 请使用 `train_X` 和 `train_y` 对模型进行训练
　　`model.fit(train_X, train_y)`

　　# 请输出模型对 `test_X` 进行分类预测的结果
　　`pred_y = model.predict(test_X)`
　　# 添加的代码到此处为止
　　（略）

Out |

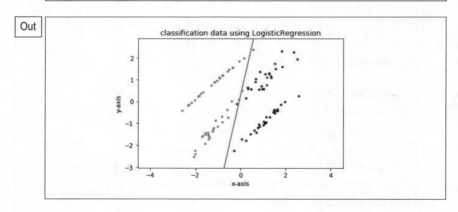

程序清单 16.10　参考答案

16.2.2　线性 SVM

1. 算法特点

SVM（支持向量机） 与逻辑回归类似，都是通过对数据的分界线进行定位来实现数据分类的算法。

其最大的特点是需要使用被称为**支持向量**的向量。

支持向量是指每个分类中距离分界线最近的数据与分界线之间的距离（严格地说是指用于表示距离的向量）。

所谓 SVM 算法，就是通过将这个支持向量的距离的总和最大化来确定分界线的位置（见图 16.3）。

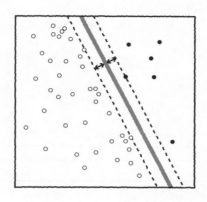

图 16.3 SVM

由于 SVM 算法将分类的分界线放置在两个分类的中间距离最远的地方，因此，相较于线性回归其更容易实现模型的通用化，能够更好地实现对数据的分类预测。另外，由于只需要考虑支持向量就能确定分界线的位置，因此其支持的量也具有易于理解的优点。

缺点是随着数据量的增加，相应的计算量也会随之增加，因此，与其他算法相比进行学习和预测的速度相对较慢。此外，与逻辑回归类似，输入数据必须是线性可分的（也就是说可以用直线画出分界线），否则无法实现正确的分类。

2. 算法实现

在下面的示例中，将使用 Scikit-Learn 提供的 svm 子模块内的 **LinearSVC()** 函数（程序清单 16.11）。

```
In    from sklearn.svm import LinearSVC
      from sklearn.datasets import make_classification
      from sklearn.model_selection import train_test_split
```

```
# 生成数据
X, y = make_classification(n_samples=100, n_features=2,
  n_redundant=0, random_state=42)

# 将数据划分为监督数据和需要预测的数据
train_X, test_X, train_y, test_y = train_test_split(X, y,
random_state=42)

# 构建模型
model = LinearSVC()
# 对模型进行训练
model.fit(train_X, train_y)

# 输出准确率
print(model.score(test_X, test_y))
```

Out
```
1.0
```

程序清单 16.11　线性 SVM 的示例①

与逻辑回归类似，SVM 算法也可以对分界线进行输出（程序清单 6.12）。

In
```
import matplotlib
import matplotlib.pyplot as plt
import numpy as np
%matplotlib inline

# 对生成的数据进行绘制
plt.scatter(X[:, 0], X[:, 1], c=y, marker=".",
    cmap=matplotlib.cm.get_cmap(name="bwr"), alpha=0.7)
# 对经过学习并导出的分界线进行绘制
Xi = np.linspace(-10, 10)
Y = -model.coef_[0][0] / model.coef_[0][1] * \
  Xi - model.intercept_ / model.coef_[0][1]
# 绘制图表
plt.plot(Xi, Y)
# 调整图表的缩放尺度
plt.xlim(min(X[:, 0]) - 0.5, max(X[:, 0]) + 0.5)
```

```
plt.ylim(min(X[:, 1]) - 0.5, max(X[:, 1]) + 0.5)
plt.axes().set_aspect("equal", "datalim")
# 设置图表的标题
plt.title("classification data using LinearSVC")
# 分别为 x 轴、y 轴设置名称
plt.xlabel("x-axis")
plt.ylabel("y-axis")
plt.show()
```

Out

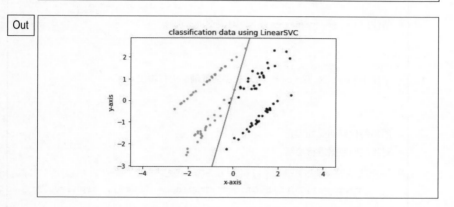

程序清单 16.12　线性 SVM 的示例②

〔习题〕

请使用 SVM 算法对数据的分类进行学习，并使用 **test_X** 和 **test_y** 对模型的准确率进行评估及输出结果（程序清单 16.13）。

In

```
# 导入需要使用的软件包
import numpy as np
import matplotlib
import matplotlib.pyplot as plt
from sklearn.svm import LinearSVC
from sklearn.model_selection import train_test_split
from sklearn.datasets import make_classification
%matplotlib inline
# 生成数据
```

```
X, y = make_classification(n_samples=100, n_features=2,
            n_redundant=0, random_state=42)
train_X, test_X, train_y, test_y = train_test_split(X, y, random_
state=42)


# 请在此处输入答案
# 请构建模型



# 请使用 train_X 和 train_y 对模型进行训练



# 请使用 test_X 和 test_y 对模型的准确率进行输出



# 添加的代码到此处为止
# 对生成的数据进行绘制
plt.scatter(X[:, 0], X[:, 1], c=y, marker=".",
        cmap=matplotlib.cm.get_cmap(name="bwr"), alpha=0.7)

# 对经过学习并导出的分界线进行绘制
Xi = np.linspace(-10, 10)
Y = -model.coef_[0][0] / model.coef_[0][1] * Xi -
model.intercept_ / model.coef_[0][1]
plt.plot(Xi, Y)

# 调整图表的缩放尺度
plt.xlim(min(X[:, 0]) - 0.5, max(X[:, 0]) + 0.5)
plt.ylim(min(X[:, 1]) - 0.5, max(X[:, 1]) + 0.5)
plt.axes().set_aspect("equal", "datalim")
# 设置图表的标题
plt.title("classification data using LinearSVC")
# 分别为 x 轴、y 轴设置名称
plt.xlabel("x-axis")
plt.ylabel("y-axis")
```

```
plt.show()
```

程序清单 16.13 习题

提示

- 计算准确率可以使用 **score()** 方法。
- 这里的准确率是针对 **test_X** 和 **test_y** 的。由于没有对 **train_X** 和 **train_y** 计算准确率，因此即使输出的准确率为 **100%**，在实际的图表中也可能出现被错误分类的数据。

参考答案

In	（略）

```
（略）
# 请构建模型
model = LinearSVC()

# 请使用 train_X 和 train_y 对模型进行训练
model.fit(train_X, train_y)

# 请使用 test_X 和 test_y 对模型的准确率进行输出
print(model.score(test_X, test_y))
（略）
```

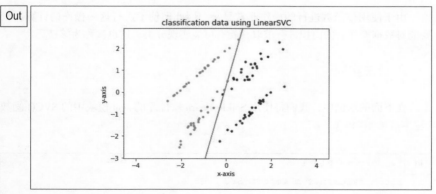

程序清单 16.14 参考答案

监督学习（分类）的基础

16.2.3 非线性 SVM

1. 算法特点

上一小节介绍的线性 SVM 是一种易于理解、通用性强的优秀模型，但是其缺点是输入数据必须是线性可分的，否则就无法使用。而所谓非线性 SVM 就是以改善线性 SVM 算法的缺点为目的而开发出来的一种模型（见图16.4）。

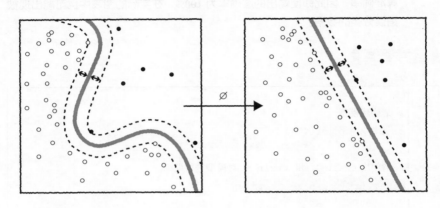

图16.4　非线性 SVM

如图 16.4 所示，根据核函数的变换公式通过数学处理对数据进行操作，输入数据就有可能变为线性可分的状态。使用 SVM 并进行此类处理的模型就是非线性 SVM。

由于使用核函数进行的操作非常复杂，因此即使不进行这一操作的计算，只要能对数据操作后的内积进行求取，就有可能实现分类，这也被称为**核技巧**。

2. 算法实现

在下面的示例中，我们将使用 Scikit-Learn 软件库的 svm 模块中的 **SVC() 函数**（程序清单 16.15）。

```
In    import matplotlib
      from sklearn.svm import SVC
      from sklearn.datasets import make_gaussian_quantiles
      import matplotlib.pyplot as plt
      %matplotlib inline
```

```
# 生成数据
# 由于这里的数据是线性不可分的，因此准备了其他数据
data, label = make_gaussian_quantiles(n_samples=1000, n_classes=2,
n_features=2, random_state=42)

# 构建模型
# 线性不可分的数据的分类不是使用 LinearSVC 而是使用 SVC
model = SVC()
# 对模型进行训练
model.fit(data,label)

# 计算准确率
print(model.score(data,label))
```

Out | `0.991`

程序清单 16.15　非线性 SVM 的示例

〔习题〕

请使用非线性 SVM 对数据的分类进行学习，并使用 **test_X** 和 **test_y** 来计算模型的准确率，再输出结果（程序清单 16.16）。

此外，请同时输出线性 SVM 的准确率，并对二者的值进行比较。

In
```
from sklearn.svm import LinearSVC
from sklearn.svm import SVC
from sklearn.model_selection import train_test_split
from sklearn.datasets import make_gaussian_quantiles

# 生成数据
X, y = make_gaussian_quantiles(
  n_samples=1000, n_classes=2, n_features=2, random_state=42)
train_X, test_X, train_y, test_y = train_test_split(X, y, random_state=42)
# 请在此处输入答案
# 请构建模型
```

```
# 请使用 train_X 和 train_y 对模型进行训练

# 添加的代码到此处为止
# 计算准确率
print(" 非线性 SVM: {}".format(model1.score(test_X, test_y)))
print(" 线性 SVM: {}".format(model2.score(test_X, test_y)))
```

程序清单 16.16　习题

提示

- 线性 **SVM** 与非线性 **SVM** 是在同一模块中不同名字的模型。在编写程序代码的时候请注意不要弄混。
- 对准确率的比较只需要将结果并列输出即可，并不需要对比较的结果进行计算。

参考答案

In
```
（略）
# 请在此处输入答案
# 请构建模型
model1 = SVC()
model2 = LinearSVC()

# 请使用 train_X 和 train_y 对模型进行训练
model1.fit(train_X, train_y)
model2.fit(train_X, train_y)
# 添加的代码到此处为止
（略）
```

Out
```
非线性 SVM: 0.976
线性 SVM: 0.528
```

程序清单 16.17　参考答案

16.2.4 决策树

1. 算法特点

决策树算法的原理与前面我们介绍过的逻辑回归和 SVM 是完全不同的。决策树是对数据中的元素（解释变量）逐个进行分析，并尝试将元素内的某个值作为分界对数据进行分割，再通过分割所产生的树状结构来判断输入数据应当归属为哪个类别的一种算法。

通过决策树我们可以很容易地知道每一个解释变量对目标变量所产生的影响有多大。虽然通过对数据反复地进行分割，我们就能得到更多的决策分支，但是很明显的一点是，越早被分割的变量其影响力也越大。

决策树的缺点是不适合用于处理线性可分的数据（例如，无法使用倾斜的直线划分二维数据），以及学习的成果过于接近监督数据（泛化能力很差）。

2. 算法实现

在下面的代码中，我们将使用 Scikit-Learn 的 tree 子模块中的 **DecisionTreeClassifier()** 构造函数（程序清单 16.18）。

```
In    from sklearn.datasets import make_classification
      from sklearn.model_selection import train_test_split

      X, y = make_classification(n_samples=100, n_features=2,
      n_redundant=0, random_state=42)

      # 将数据划分为学习数据和测试数据
      train_X, test_X, train_y, test_y = train_test_split(X, y,
      random_state=42)

      # 读取模型
      from sklearn.tree import DecisionTreeClassifier

      # 构建模型
      model = DecisionTreeClassifier()
      # 对模型进行训练
```

监督学习（分类）的基础

```
model.fit(train_X, train_y)

# 计算准确率
print(model.score(test_X, test_y))
```

Out | `0.96`

程序清单 16.18 决策树的示例

习题

请使用决策树对数据的分类进行学习，使用 **test_X** 和 **test_y** 对模型的准确率进行评估并输出结果（程序清单 16.19）。

In
```
# 获取蘑菇的数据
# 导入需要使用的软件包
import requests
import zipfile
from io import StringIO
import io
import pandas as pd
# 导入对数据进行预处理时需要使用的软件包
from sklearn.model_selection import train_test_split
from sklearn import preprocessing

# 指定 url
mush_data_url = "http://archive.ics.uci.edu/ml/machine-
learningdatabases/mushroom/agaricus-lepiota.data"
s = requests.get(mush_data_url).content

# 转换数据的格式
mush_data = pd.read_csv(io.StringIO(s.decode("utf-8")),
header=None)
# 为数据设置名称（为了使数据便于处理）
mush_data.columns = ["classes", "cap_shape", "cap_surface",
                     "cap_color", "odor", "bruises",
```

```
                         "gill_attachment", "gill_spacing",
                         "gill_size", "gill_color", "stalk_shape",
                         "stalk_root", "stalk_surface_above_ring",
                         "stalk_surface_below_ring",
                         "stalk_color_above_ring",
                         "stalk_color_below_ring",
                         "veil_type", "veil_color","ring_number",
                         "ring_type", "spore_print_color",
                         "population", "habitat"]
# 将类目变量（颜色的种类等无法用数字的大小衡量的信息）转换为哑变量（yes 或 no）
mush_data_dummy = pd.get_dummies(
  mush_data[["gill_color", "gill_attachment", "odor", "cap_color"]])
# 设置目标变量 flg
mush_data_dummy["flg"] = mush_data["classes"].map(
  lambda x: 1 if x == "p" else 0)

# 设置解释变量和目标变量
X = mush_data_dummy.drop("flg", axis=1)
Y = mush_data_dummy["flg"]

# 将数据划分成学习数据和测试数据
train_X, test_X, train_y, test_y = train_test_split(X,Y,
random_state=42)

# 请在此处输入答案
# 请读取模型

# 请构建模型


# 请对模型进行训练



# 添加的代码到此处为止
```

```
# 计算准确率
print(model.score(test_X, test_y))
```

程序清单 16.19　习题

(提示)

　　尽管使用的数据比较复杂，但是模型的构建、学习的整体流程却是一样的。

(参考答案)

In	（略）
	# 请在此处输入答案
	# 请读取模型
	`from sklearn.tree import DecisionTreeClassifier`
	
	# 请构建模型
	`model = DecisionTreeClassifier()`
	# 请对模型进行训练
	`model.fit(train_X, train_y)`
	（略）

Out	`0.9094042343673068`

程序清单 16.20　参考答案

16.2.5　随机森林

1. 算法特点

　　随机森林实际上就是创建多个决策树的简易版，并用投票的方式来决定分类结果的一种算法。

　　将多个简易的分类器集中在一起进行训练的做法是一种被称为**集成学习**的机器学习的实现方式。

　　相较于决策树需要用到全部解释变量的做法，随机森林中的每一棵决策树都使用随机选择的少量解释变量来判断数据的类别。然后，在多个简易决策树输出的所有分类结果中，选择输出最多的分类（得票数最高）作为最终的分类进行输出。

随机森林的优点与决策树类似，能够将包含非常复杂的识别范围的线性不可分的数据进行分类，而且由于是采用多个分类器根据投票数量来决定输出结果，因此预测结果不容易受到离群值的影响。

其缺点也与决策树类似，如果与解释变量的数量相比，数据的数量太少就无法分割成二叉树，因此预测的精度也会随之降低。

2. 算法实现

在下面的代码中将使用Scikit-Learn的ensemble子模块中的**RandomForestClassifier()**函数（程序清单 16.21）。

```
In
from sklearn.datasets import make_classification
from sklearn.model_selection import train_test_split

X, y = make_classification(n_samples=100, n_features=2,
n_redundant=0,random_state=42)

# 将数据划分成学习数据和测试数据
train_X, test_X, train_y, test_y = train_test_split(X, y,
random_state=42)

# 读取模型
from sklearn.ensemble import RandomForestClassifier

# 构建模型
model = RandomForestClassifier()
# 对模型进行训练
model.fit(train_X, train_y)

# 计算准确率
print(model.score(test_X, test_y))
```

```
Out
0.96
```

程序清单 16.21　随机森林的示例

请使用随机森林进行数据分类的学习，使用 **test_X** 和 **test_y** 对模型的准确率进行评估并输出结果（程序清单 16.22）。

另外，请同时输出决策树的准确率，并对二者的值进行比较。

```
In  # 获取蘑菇的数据
    # 导入需要使用的软件包
    import requests
    import zipfile
    from io import StringIO
    import io
    import pandas as pd
    # 导入进行数据预处理时需要使用的软件包
    from sklearn.model_selection import train_test_split
    from sklearn import preprocessing

    # 指定 url
    mush_data_url = "http://archive.ics.uci.edu/ml/machine-
    learningdatabases/mushroom/agaricus-lepiota.data"
    s = requests.get(mush_data_url).content

    # 转换数据的格式
    mush_data = pd.read_csv(io.StringIO(s.decode("utf-8")),
    header=None)

    # 对数据设置名称（为了使数据便于处理）
    mush_data.columns = ["classes", "cap_shape", "cap_surface",
                         "cap_color", "odor", "bruises",
                         "gill_attachment", "gill_spacing",
                         "gill_size", "gill_color", "stalk_shape",
                         "stalk_root", "stalk_surface_above_ring",
                         "stalk_surface_below_ring",
                         "stalk_color_above_ring",
                         "stalk_color_below_ring",
```

```
                        "veil_type", "veil_color", "ring_number",
                        "ring_type", "spore_print_color",
                        "population", "habitat"]

# 将类目变量（颜色的种类等无法用数字的大小衡量的信息）转换为哑变量（yes
# 或 no）
mush_data_dummy = pd.get_dummies(
  mush_data[["gill_color", "gill_attachment", "odor", "cap_color"]])
# 设置目标变量 flg
mush_data_dummy["flg"] = mush_data["classes"].map(
  lambda x: 1 if x == "p" else 0)

# 设置解释变量和目标变量
X = mush_data_dummy.drop("flg", axis=1)
Y = mush_data_dummy["flg"]

# 将数据划分成学习数据和测试数据
train_X, test_X, train_y, test_y = train_test_split(X,Y,
random_state=42)

# 请在此处输入答案
# 请读取模型

# 请构建模型

# 请对模型进行训练

# 请计算准确率
```

程序清单 16.22　习题

 提示

请使用 **sklearn.ensemble** 中的 **RandomForestClassifier()** 函数。

In | （略）
```
# 请在此处输入答案
# 请读取模型
from sklearn.ensemble import RandomForestClassifier
from sklearn.tree import DecisionTreeClassifier

# 请构建模型
model1 = RandomForestClassifier()
model2 = DecisionTreeClassifier()

# 请对模型进行训练
model1.fit(train_X, train_y)
model2.fit(train_X, train_y)

# 请计算准确率
print(model1.score(test_X, test_y))
print(model2.score(test_X, test_y))
```

Out | 0.9094042343673068
0.9094042343673068

程序清单 16.23　参考答案

16.2.6　k-NN

1. 算法特点

k-NN 算法通常被称为 **k 近邻算法**，是通过寻找出若干个与需要预测的数据类似的数据，并按照少数服从多数的原则来决定分类结果的一种算法。

这种算法属于机器学习中惰性学习算法的一种，其特点是**学习成本（学习所需消耗的计算量）为 0**。

与前面我们所介绍的算法不同，k-NN 并不是从监督数据开始学习的，而是在进行**预测时直接参考监督数据**来实现对标签的预测。

k-NN 实现预测的具体算法如下。

- 将监督数据和用于预测的数据按照相似度重新排列。
- 对分类器中所设置的 k 个数据的相似度按照从高到低的顺序引用。
- 对被引用的监督数据所属的类别进行统计，并将统计数量最多的类别作为预测的结果输出。

k-NN 的优点正如之前介绍过的，学习成本为 0，且与其他算法相比属于一种比较简单的算法，但是却易于实现较高的预测精度，也能够很容易地实现复杂的数据分界线。

而其缺点是如果在分类器中所指定的自然数 k 的个数增加过多，容易产生识别范围平均化的现象，从而导致预测精度下降。在进行预测时，由于每次都需要进行相似度的计算，随着监督数据和预测数据的增加，相应的计算量也会随之增加，从而导致算法执行速度变慢。如图 16.5 所示，随着 k 的数量的不同，分类过程中的状态也不同。对于图 16.5 中灰色的点，当 $k=3$ 时，其周围浅蓝色的点的数量更多，因此，预测结果就认为灰色的点是浅蓝色的；而当 $k=7$ 时，其周围深蓝色点的数量更多，因此，预测结果就认为灰色的点应该是深蓝色的。

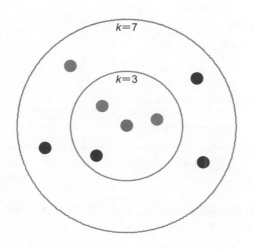

图 16.5　k 数量不同时分类过程中状态的变化

2. 算法实现

在下面的代码中将使用 Scikit-Learn 的 neighbors 子模块中的 **KNeighborsClassifier()** 函数（程序清单 16.24）。

```
In  from sklearn.datasets import make_classification
    from sklearn.model_selection import train_test_split

    X, y = make_classification(n_samples=100, n_features=2, n_
    redundant=0, random_state=42)

    # 将数据划分成学习数据和测试数据
    train_X, test_X, train_y, test_y = train_test_split(X, y, random_
    state=42)

    # 读取模型
    from sklearn.neighbors import KNeighborsClassifier

    # 构建模型
    model = KNeighborsClassifier()
    # 对模型进行训练
    model.fit(train_X, train_y)

    # 计算准确率
    print(model.score(test_X, test_y))
```

```
Out  1.0
```

程序清单 16.24　*k*-NN 算法的示例

【习题】

请使用 *k*-NN 算法对数据的分类进行学习，使用 **test_X** 和 **test_y** 对模型的准确率进行评估并输出结果（程序清单 16.25）。

```
In  # 获取蘑菇的数据
    # 导入需要使用的软件包
```

```
import requests
import zipfile
from io import StringIO
import io
import pandas as pd
from sklearn.model_selection import train_test_split
from sklearn import preprocessing

# 指定 url
mush_data_url = "http://archive.ics.uci.edu/ml/machine-
learning-databases/mushroom/agaricus-lepiota.data"
s = requests.get(mush_data_url).content

# 转换数据的格式
mush_data = pd.read_csv(io.StringIO(s.decode("utf-8")), header=None)

# 为数据设置名称（为了使数据便于处理）
mush_data.columns = ["classes", "cap_shape", "cap_surface",
                     "cap_color", "odor", "bruises",
                     "gill_attachment", "gill_spacing",
                     "gill_size", "gill_color", "stalk_shape",
                     "stalk_root", "stalk_surface_above_ring",
                     "stalk_surface_below_ring",
                     "stalk_color_above_ring",
                     "stalk_color_below_ring",
                     "veil_type", "veil_color","ring_number",
                     "ring_type", "spore_print_color",
                     "population", "habitat"]

# 将类目变量转换为哑变量
mush_data_dummy = pd.get_dummies(
  mush_data[["gill_color", "gill_attachment", "odor", "cap_color"]])
# 设置目标变量 flg
mush_data_dummy["flg"] = mush_data["classes"].map(
  lambda x: 1 if x == "p" else 0)
```

```
# 指定解释变量和目标变量
X = mush_data_dummy.drop("flg", axis=1)
Y = mush_data_dummy["flg"]

# 将数据划分成学习数据和测试数据
train_X, test_X, train_y, test_y = train_test_split(X,Y, random_
state=42)

# 请在此处输入答案
# 请读取模型


# 请构建模型


# 请对模型进行训练


# 请显示准确率
```

程序清单 16.25　习题

提示

请使用 **sklearn.neighbors** 中的 **KNeighborsClassifier()** 函数。

参考答案

In | （略）
```
# 请在此处输入答案
# 请读取模型
from sklearn.neighbors import KNeighborsClassifier

# 请构建模型
```

```
model = KNeighborsClassifier()

# 请对模型进行训练
model.fit(train_X, train_y)

# 请显示准确率
print(model.score(test_X, test_y))
```

Out | 0.9039881831610044

程序清单 16.26　参考答案

附加习题

　　我们已经对使用 Scikit-Learn 实现机器学习的方法进行了讲解。在这里将尝试随机地创建数据集，使用各种方法来求出准确率。

习题

　　请按照程序清单 16.27 中注释部分的提示，将程序的实现代码补充完整。

In |
```
from sklearn.datasets import make_classification
from sklearn.model_selection import train_test_split
from sklearn.linear_model import LogisticRegression
from sklearn.svm import LinearSVC
from sklearn.svm import SVC
from sklearn.tree import DecisionTreeClassifier
from sklearn.ensemble import RandomForestClassifier

# 生成数据 X、数据 y（n_samples=1000, n_features=2, n_redundant=0,
# random_state=42）
X, y = make_classification()

# 将数据分成 train 数据、test 数据（test_size=0.2,random_state=42）
train_X, test_X, train_y, test_y = train_test_split()

# 请构建模型
```

```
model_list = {'逻辑回归':  ,
              '线性 SVM':  ,
              '非线性 SVM':  ,
              '决策树':  ,
              '随机森林': }


# 使用 for 语句对模型进行训练，并输出准确率
for model_name, model in model_list.items():
    # 对模型进行训练
    model.fit(train_X,train_y)
    print(model_name)
    # 输出准确率
    print('准确率: '+str())
    print()
```

程序清单 16.27　习题

（提示）

（参考答案）

| In | （略）
生成数据 X、数据 y（n_samples=1000,n_features=2,n_redundant=0,
random_state=42）
X, y = make_classification(n_samples=1000, n_features=2,
　　　　n_redundant=0, random_state=42)

将数据分成 train 数据、test 数据（test_size=0.2,random_state=42）
train_X, test_X, train_y, test_y = train_test_split(
　X, y, test_size=0.2, random_state=42)

# 请构建模型
model_list = { '逻辑回归':LogisticRegression(),
　　　　　　'线性 SVM':LinearSVC(),
　　　　　　'非线性 SVM':SVC(), |

```
                    '决策树':DecisionTreeClassifier(),
                    '随机森林':RandomForestClassifier()}

# 使用for语句对模型进行训练，并输出准确率
for model_name, model in model_list.items():
    # 对模型进行训练
    model.fit(train_X,train_y)
    print(model_name)
    # 输出准确率
    print('准确率：'+str(model.score(test_X,test_y)))
    print()
```

Out | 逻辑回归
准确率：0.96

线性 SVM
准确率：0.955

非线性 SVM
准确率：0.97

决策树
准确率：0.95

随机森林
准确率：0.97

程序清单 16.28　参考答案

## 第 17 章

超参数与调校（1）

17.1 ║ 超参数与调校概要

17.1.1 何谓超参数

即使在机器学习领域，要完全实现整个学习过程的自动化也是非常困难的，有的时候必须要依靠手工对其进行调整。

所谓超参数，是指机器学习的模型内所包含的所有参数中，那些必须依赖人工进行调整的参数。

不同的算法中所使用的超参数也不同，因此我们将以模型为单位对其进行讲解。

(习题)

请问下列对超参数的描述中，哪一项是正确的？

● 超参数是唯一一个通过对其进行调校就能提升机器学习精度的参数。
● 超参数是指通过模型的学习而得到的一种参数。
● 超参数是一种必须依赖人工进行调整的参数。
● 超参数是不需要调整也能运行良好的参数。

提示

超参数是必须人为进行调整的参数。

(参考答案)

超参数是一种必须依赖人工进行调整的参数。

17.1.2 何谓调校

对超参数进行调整所进行的操作被称为**调校（Tuning）**。

关于具体的调整方法，除了可以直接指定参数值到模型中之外，也有通过指定超参数的取值范围来寻找最佳值的调整方式。

在 Scikit-Learn 中，可以通过在构建模型时指定参数值的方式来实现对超参数的调校。

如果开始没有指定参数值，各种模型就会使用其内部指定的默认值来作为参数的初始值（程序清单 17.1）。

```
# 使用虚构的模型 Classifier 进行参数调校的示例
model = Classifier(param1=1.0, param2=True, param3="linear")
```
程序清单 17.1　调校的示例

习题

假设某个模型 Classifier 的参数 param1、param2、param3 需要分别被指定为 10、False、"set"。请问下列哪行代码是满足上述要求的？

- model = Classifier(param1=set, param2=False, param3=10)
- model = Classifier(param1=10, param2=False, param3="set")
- model = Classifier(param1=10, param2=False, param3=set)
- model = Classifier(param1=False, param2="set", param3=10)

提示

- 可以选择 **param1=10** 的项。
- **"set"** 是一个字符串常量。

参考答案

model = Classifier(param1=10, param2=False, param3="set")

17.2 | 逻辑回归的超参数

17.2.1 参数 C

在逻辑回归算法中存在一个被称为 **C** 的超参数。这个参数 C 表示的是模型所要学习的识别分界线对监督数据中的分类错误的容忍程度的指标。

C 的值越大，模型最终所掌握的识别分界线就越能够将监督数据进行彻底的分类。

然而，对监督数据进行过度学习的结果是导致模型陷入过拟合状态，这种情况下，模型对训练数据以外的数据进行预测的准确度很可能会大幅下降。

如果将 C 值调小，模型在学习中对监督数据的分类错误的处理更为宽松。由于允许分类错误的发生，因此离群值的数据不容易对分界线的划分产生影响，这样更容易训练出具有更好泛化能力的分界线。

不过，对离群值很少的数据集进行处理时，也有可能会出现无法识别出分界线的问题。

此外，如果将 C 值设置得过小，是无法成功识别出分界线的。

Scikit-Learn 的逻辑回归模型中，C 的初始值为 1.0。

〖习题〗

请用绘制图表的方式确认 C 值的变化对模型的准确率所产生的影响（程序清单 17.2）。另外，请使用 **random_state=42** 这一设置。

请使用保存着 C 值的所有候选值的列表变量 **C_list** 对监督数据的准确率和测试数据的准确率进行绘制，并将绘制结果使用 **matplotlib** 绘制成图表。

```
In    import matplotlib.pyplot as plt
      from sklearn.linear_model import LogisticRegression
      from sklearn.datasets import make_classification
      from sklearn import preprocessing
      from sklearn.model_selection import train_test_split
      %matplotlib inline

      # 生成数据
      X, y = make_classification(
        n_samples=1250, n_features=4, n_informative=2, n_
      redundant=2, random_state=42)
      train_X, test_X, train_y, test_y = train_test_split(X, y,
      random_state=42)
      # 设定 C 的取值范围

      # （目前设置为 1e-5,1e-4,1e-3,0.01,0.1,1,10,100,1000,10000)
      C_list = [10 ** i for i in range(-5, 5)]

      # 准备用于绘制图表的空列表对象
      train_accuracy = []
```

```
test_accuracy = []

# 请在此处输入答案
for C in C_list:

# 请在此处结束代码的输入


# 准备图表的绘制
# semilogx() 将 x 轴的刻度改为使用对数坐标显示
plt.semilogx(C_list, train_accuracy, label="accuracy of train_data")
plt.semilogx(C_list, test_accuracy, label="accuracy of test_data")
plt.title("accuracy by changing C")
plt.xlabel("C")
plt.ylabel("accuracy")
plt.legend()
plt.show()
```

程序清单 17.2　习题

提示

- 请使用 **for** 语句将 **C_list** 中所保存的 C 值逐一取出，并用其对模型进行训练（程序清单 **17.3**）。
- 如果要对逻辑回归模型的 C 值进行调整，可以按照如下方法将 C 的取值传递给参数。

  model = LogisticRegression(C=1.0)

- 请将训练数据和测试数据的准确率分别保存到列表变量 **train_accuracy** 和 **test_accuracy** 中。

参考答案

In | （略）
```
# 请在此处输入答案
for C in C_list:
  model = LogisticRegression(C=C, random_state=42)
  model.fit(train_X, train_y)
```

```
train_accuracy.append(model.score(train_X, train_y))
    test_accuracy.append(model.score(test_X, test_y))
#  请在此处结束代码的输入
（略）
```

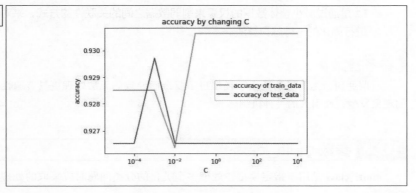

程序清单17.3　参考答案

17.2.2 参数 penalty

上一小节中所介绍的 **C** 值是用于设置模型对分类错误的容忍程度的参数，而 **penalty** 则用于表示对模型的复杂程度的惩罚值。

参数 **penalty** 中可以指定的值有两个，分别为 L1 和 L2。通常只需要使用 L2 就足够了，但是在某些情况下只有使用 L1 才能得到我们所期望的数据。

- L1：通过对数据的特征量进行削减来提升识别分界线的泛化能力的惩罚值。
- L2：通过对数据整体的权重进行削弱来提升识别分界线的泛化能力的惩罚值。

(习题)

请在下列选项中选出对惩罚值的描述正确的选项。

- L1 是根据对全体数据进行观察来决定惩罚值的算法。
- L2 是根据对部分数据进行观察来决定惩罚值的算法。
- L1 与 L2 没有什么区别。

- 所谓惩罚，是为了防止由于模型过于复杂而导致的无法处理更具普遍性问题的现象发生，而引入的一种机制。

- **L1** 是忽略掉多余的特征量，仅使用主要的特征对模型进行说明的一种惩罚算法。
- **L2** 是通过减小整体数据的权重来削弱数据之间的关联性的方式，来对模型进行简化的一种惩罚算法。

参考答案

所谓惩罚，是为了防止由于模型过于复杂而导致的无法处理更具普遍性问题的现象发生，而引入的一种机制。

17.2.3 参数 multi_class

multi_class 是用于指定模型在处理多个类目的分类问题时应采取的处理方式的参数。

在逻辑回归模型中，有两个可以选用的设置值，分别为 **ovr** 和 **multinomial**。

- ovr：适用于处理分类为"属于 / 不属于"这类二值分类的问题。
- multinomial：会同时考察各个类目的分类概率，不仅用于处理"属于 / 不属于"这类二值分类的问题，同时也能用于处理"有多大可能性是属于"这类问题。

习题

下列对 multi_class 的描述中，哪一项是正确的？

- ovr 是通过对各个标签进行轮询来决定分类标签的。
- multi_class 是用于指定在进行多标签分类的处理时，模型应采取的行为的参数。
- multinomial 不关注标签信息，而是将数据被错误分类的概率纳入考察范围。
- 只要对 multi_class 的设置正确，就能对线性不可分的数据进行分类处理。

multi_class 设置的是对多个类目进行分类时的行为。

multi_class 是用于指定在进行多标签分类的处理时，模型所应采取的行为的参数。

17.2.4 参数 random_state

模型在进行学习的过程中，对数据是按照随机顺序进行处理的，而 **random_state** 就是用于控制这一随机顺序的参数。

在使用逻辑回归模型时，对数据的处理顺序不同可能会导致最终产生的分界线发生较大的变化。

通过将 **random_state** 设置为固定值，就能达到对同一数据的学习结果进行保存的目的。在本书中，为了确保执行结果不发生变化，所使用的 **random_state** 的值基本上都是固定的。

本书中所使用的数据，即使 **random_state** 发生变化，最终结果也基本上不会发生改变，但是在实际应用中，如果要考虑数据的可再现性，将 **random_state** 设置为固定值比较好。

习题

下列将 random_state 设置为固定值的理由中，哪一项是正确的？

- 为了确保学习的结果不会发生变化。
- 为了在对数据进行预测时，能够产生随机变化的值。
- 为了使数据的选取方式变得更为零散。
- 为了对学习结果进行随机替换，以达到对数据模糊化处理的目的。

提示

只要确定了 **random_state** 的值，算法内部所使用的随机数的值也就能够完全确定了。

参考答案

为了确保学习的结果不会发生变化。

17.3 ‖ 线性 SVM 的超参数

17.3.1 参数 C

与逻辑回归类似，在 SVM 模型中也同样定义了对分类错误的容忍度进行调整的参数 C，其使用方法也与逻辑回归中的方法类似。

在 SVM 模型中，对 C 进行调整所导致的数据标签的预测值的变化，要比在逻辑回归中的影响更为强烈。

SVM 算法相较于逻辑回归所得到的分界线要更具通用性，因此，如果对分类错误的容忍度进行调整，支持向量就会发生变化，因而最终模型的准确率的变化也要比逻辑回归算法更为显著。

线性 SVM 模型中 C 的初始值是 1.0，使用的模块是 LinearSVC。

【习题】

请将线性 SVM 和逻辑回归中 C 值的变化对模型准确率的影响进行比较，并使用图表对结果进行显示（程序清单 17.4）。

C 值的候选项保存在列表 **C_list** 中，请分别构建线性 SVM 模型和逻辑回归模型，并使用子图将其结果分别输出到两张图表中。

请在每张图表中同时绘制出模型相对于监督数据的准确率和相对于测试数据的准确率。

```
In   import matplotlib.pyplot as plt
     from sklearn.linear_model import LogisticRegression
     from sklearn.svm import LinearSVC
     from sklearn.datasets import make_classification
     from sklearn import preprocessing
     from sklearn.model_selection import train_test_split

     # 生成数据
     X, y = make_classification(
       n_samples=1250, n_features=4, n_informative=2,
     n_redundant=2, random_state=42)
```

```
train_X, test_X, train_y, test_y = train_test_split(X, y,
random_state=42)

# 设定C值的取值范围 (此处设为 1e-5,1e-4,1e-3,0.01,0.1,1,10,100,1000,10000)
C_list = [10 ** i for i in range(-5, 5)]

# 准备用于绘制图表的空列表对象
svm_train_accuracy = []
svm_test_accuracy = []
log_train_accuracy = []
log_test_accuracy = []

# 请在此处输入答案
for C in C_list:


# 请在此处结束代码的输入

# 准备图表的绘制
# semilogx() 将 x 轴的刻度改为使用对数坐标显示

fig = plt.figure()
plt.subplots_adjust(wspace=0.4, hspace=0.4)
ax = fig.add_subplot(1, 1, 1)
ax.grid(True)
ax.set_title("SVM")
ax.set_xlabel("C")
ax.set_ylabel("accuracy")
ax.semilogx(C_list, svm_train_accuracy, label="accuracy of train_data")
ax.semilogx(C_list, svm_test_accuracy, label="accuracy of test_data")
ax.legend()
ax.plot()
plt.show()
fig2 =plt.figure()
ax2 = fig2.add_subplot(1, 1, 1)
```

```
ax2.grid(True)
ax2.set_title("LogisticRegression")
ax2.set_xlabel("C")
ax2.set_ylabel("accuracy")
ax2.semilogx(C_list, log_train_accuracy, label="accuracy of train_data")
ax2.semilogx(C_list, log_test_accuracy, label="accuracy of test_data")
ax2.legend()
ax2.plot()
plt.show()
```

程序清单 17.4　习题

提示

- 可以使用 **for** 语句将 **C_list** 中的内容取出。
- **C** 值的调校方法：**model = LinearSVC(C=1.0)**。

参考答案

In
```
（略）
# 请在此处输入答案
for C in C_list:
    model1 = LinearSVC(C=C, random_state=42)
    model1.fit(train_X, train_y)
    svm_train_accuracy.append(model1.score(train_X, train_y))
    svm_test_accuracy.append(model1.score(test_X, test_y))

    model2 = LogisticRegression(C=C, random_state=42)
    model2.fit(train_X, train_y)
    log_train_accuracy.append(model2.score(train_X, train_y))
    log_test_accuracy.append(model2.score(test_X, test_y))

# 请在此处结束代码的输入
（略）
```

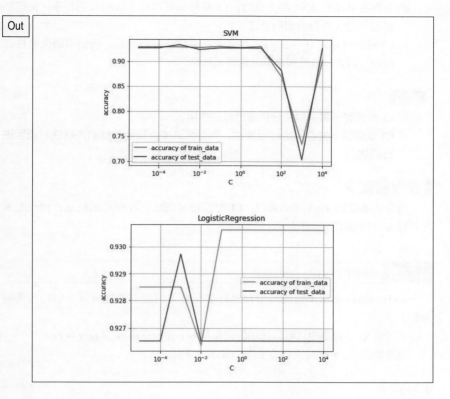

程序清单 17.5　参考答案

17.3.2 参数 penalty

与逻辑回归类似，线性 SVM 模型中也包含 **penalty** 参数。允许设置的值也同样是 **L1** 和 **L2**。

（习题）

假设数据中的元素可以分为 A、B、C、D 四种，请问当标签为 D 时，下列关于惩罚值的说法中，哪一项是正确的？

- 当 A、B、C 数据之间不存在相关性时，应当将惩罚值设置为 L1。
- L2 型惩罚可以提高数据之间的依赖程度。

- 当存在 B=2A、C=A 的关系时，L1 型惩罚可以减小 B 和 C 的权重，使模型采取只对 A 进行说明的处理方式。
- L2 型惩罚是对 D 与 A、B、C 之间的关联性进行观察，当数据的关联性较高时，对其采取处理来降低这种关联性。

提示
- **L1 型惩罚有将主要成分提取出来的作用。**
- **L2 型惩罚不关心特定的相关性，而是尝试使用整体数据的关联性对模型进行描述。**

参考答案

当存在 B=2A、C=A 的关系时，L1 型惩罚可以减小 B 和 C 的权重，使模型采取只对 A 进行说明的处理方式。

17.3.3 参数 multi_class

multi_class 是用来指定模型在进行多元分类问题的处理时所采取的行为的参数。

在线性 SVM 模型中，可以选用的值包括 **ovr** 和 **crammer_singer** 两种。

通常情况下，**ovr** 的执行速度快，而且效果也不错。

习题

请从下列选项中选择对 multi_class 描述正确的选项。

- 在处理多个类目的分类问题时，对其进行设置就能提高模型的准确率。
- 在 ovr 和 crammer_singer 二者之间，crammer_singer 的准确率更高。
- 在 Yes 或 No 的二元分类问题中，这个参数的设置将被忽略。
- LinearSVC 是没有意义的参数。

提示
- 在线性 SVM 模型中，**multi_class** 的初始值是 **ovr**。
- 在处理二元分类问题时，不需要设置这一参数。

参考答案

在 Yes 或 No 的二元分类问题中，这个参数的设置将被忽略。

17.3.4 参数 random_state

通常，**random_state** 是用于产生固定结果的参数，但是在 SVM 中它还关系到支持向量的确定。

尽管最终学习所产生的分界线几乎是一样的，但是要注意可能出现的细微差别。

习题

当 **random_state** 的取值为固定值时，下列选项中哪种说法是正确的？

- 取值固定就能产生固定的输出结果，因此取值的大小是无所谓的。
- 在训练模型的过程中，必须将 **random_state** 设置为特定的值。
- **random_state** 的值可以直接当作随机数使用。
- **random_state** 是不需要调整的。

提示

- **random_state** 的取值不同，可能导致结果出现差异。特别是当数据是密集分布，而不是分散的情况下，支持向量的选择会发生变化，因此会对分界线的划定产生较大的影响。
- 如果 **random_state** 的取值保持不变，对于同样的操作模型会返回相同的预测结果。

参考答案

取值固定就能产生固定的输出结果，因此取值的大小是无所谓的。

17.4 ‖ 非线性 SVM 的超参数

17.4.1 参数 C

在处理线性不可分的数据时，需要使用 SVM 模型中名为 SVC 的模块。SVC 与逻辑回归和 SVM 类似，也包含参数 **C** 的设置。

这个参数是用于指定训练过程中对分类错误的容忍度的参数。在非线性 SVM 中，这个 **C** 也被称为柔性边界的惩罚值。

请确认当 C 值发生变化时，模型的准确率会发生怎样的变化，并将结果绘制成图表（程序清单 17.6）。

请使用保存 C 值的所有候选值的列表变量 **C_list** 对监督数据的准确率和测试数据的准确率进行绘制，并将绘制结果使用 **matplotlib** 绘制成图表。

```
In    import matplotlib.pyplot as plt
      from sklearn.svm import SVC
      from sklearn.datasets import make_gaussian_quantiles
      from sklearn import preprocessing
      from sklearn.model_selection import train_test_split
      %matplotlib inline

      # 生成数据
      X, y = make_gaussian_quantiles(n_samples=1250, n_features=2,
      random_state=42)
      train_X, test_X, train_y, test_y = train_test_split(X, y, random_
      state=42)

      # 设定 C 值的取值范围（此处设为 1e-5,1e-4,1e-3,0.01,0.1,1,10,100,1000,10000）
      C_list = [10 ** i for i in range(-5, 5)]

      # 准备用于绘制图表的空列表对象
      train_accuracy = []
      test_accuracy = []

      # 请在此处输入答案
      for C in C_list:



      # 请在此处结束代码的输入

      # 准备图表的绘制
      # semilogx() 将 x 轴的刻度改为使用对数坐标显示
```

```
plt.semilogx(C_list, train_accuracy, label="accuracy of train_
data")
plt.semilogx(C_list, test_accuracy, label="accuracy of test_data")
plt.title("accuracy with changing C")
plt.xlabel("C")
plt.ylabel("accuracy")
plt.legend()
plt.show()
```

程序清单 17.6　习题

（提示）

- 请使用 **for** 语句将 **C_list** 中所保存的 **C** 值逐一取出，并用其对模型进行训练。
- 如果要对非线性 **SVM** 模型的 **C** 值进行调整，可以按照如下方法将 **C** 的取值传递给参数，**model = SVC(C=1.0, random_state=42)**。
- 请将监督数据和测试数据的准确率分别保存在列表变量 **train_accuracy** 和 **test_accuracy** 中。

（参考答案）

In
```
（略）
# 请在此处输入答案
for C in C_list:
    model = SVC(C=C)
    model.fit(train_X, train_y)

    train_accuracy.append(model.score(train_X, train_y))
    test_accuracy.append(model.score(test_X, test_y))
# 请在此处结束代码的输入
（略）
```

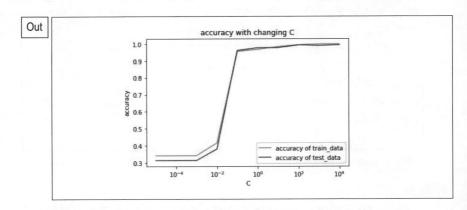

Out

程序清单 17.7　参考答案

17.4.2 参数 kernel

参数 **kernel** 是非线性 SVM 中非常重要的一个参数，用于指定在对模型所接收的数据进行处理，并转换为易于分类的形式时所使用的处理函数。

可以选用的参数值包括 **linear**、**rbf**、**poly**、**sigmoid**、**precomputed** 这 5 个，默认使用 **rbf**。

linear 指定的是线性 SVM，与 LinearSVC 几乎相同。如果没有特殊要求，一般建议使用 LinearSVC。

rbf、**poly** 类似立体投影。相比其他类型，由于 **rbf** 能实现较高的准确率，因此通常都使用 **rbf** 这一默认设置。

precomputed 是在数据经过预处理整理完毕的情况下使用的。

sigmoid 执行与逻辑回归模型相同的处理。

（习题）

下列关于 kernel 值的描述中，哪一项是正确的？

- 由于 linear 指定的是线性 SVM，因此要比 LinearSVC 调校得更好。
- 相对而言，rbf 能够产生更高的准确率。
- precomputed 无论对哪种数据都是适用的。
- sigmoid 就是逻辑回归模型。

在 LinearSVC 和 SVC(kernel="linear") 之间选择，推荐使用特别定义的 LinearSVC。

参考答案

相对而言，rbf 能够产生更高的准确率。

17.4.3 参数 decision_function_shape

在 SVC 模型中，**decision_function_shape** 是类似 **multi_class** 的一种参数。可以选用的值包括 **ovo** 和 **ovr** 这两个。

ovo 的实现方式是将所有的类目两两组合在一起，然后对每个组合进行二元分类处理并投票，最后将得票数多的类目作为数据的分类。

ovr 的实现方式则是将某个类目作为一类，所有其他类目作为另一类，然后对这二者进行二元分类处理并投票，最后将得票数多的类目作为数据的分类。

显而易见，采用 **ovo** 方式会耗费更多的计算量，随着数据量的增加，算法的执行速度也会相应变慢。

习题

请问下列关于 decision_function_shape 的描述中，哪一项是正确的?

- ovr 是为每个类目创建与其他类目间 1 对 1 的分类器，并使用循环的方式决定数据分类的方式。
- ovo 方式的计算量比较小，且执行速度比较快。
- ovr 擅长处理线性可分的数据。
- 在 ovo 和 ovr 中，选择 ovo 方式，随着需要处理的数据量的增加，执行时间也会相应延长。

提示

- **ovo** 是 one vs one 的缩写，采用将所有类目进行两两组合，并为每个组合创建分类器的方式来实现预测。
- **ovr** 是 one vs rest 的缩写，采用为每个类目创建其自身和其他类目的分类器的方式来实现预测。

在 ovo 和 ovr 中，选择 ovo 方式，随着需要处理的数据量的增加，执行时间也会相应延长。

17.4.4 参数 random_state

参数 random_state 是与数据的处理顺序相关的设置参数。为了能保证预测结果是可以重现的，建议在训练阶段采用固定的参数设置。

实际进行机器学习时，也可以指定随机数生成器。指定随机数生成器的具体方法可以参考程序清单 17.8。

```
In   import numpy as np
     from sklearn.svm import SVC

     # 构建随机数生成器
     random_state = np.random.RandomState()

     # 在 random_state 中指定随机数生成器，并构建非线性 SVM 模型
     model = SVC(random_state=random_state)
```

程序清单 17.8 指定随机数生成器的示例

（习题）

请在非线性 SVM 模型的参数 **random_state** 中设置随机数生成器，并传递给模型进行训练（程序清单 17.9）。

请输出模型处理测试数据的准确率。

```
In   import numpy as np
     from sklearn.svm import SVC
     from sklearn.datasets import make_classification
     from sklearn import preprocessing
     from sklearn.model_selection import train_test_split
     %matplotlib inline
```

```
# 生成数据
X, y = make_classification(
  n_samples=1250, n_features=4, n_informative=2, n_redundant=2,
random_state=42)
train_X, test_X, train_y, test_y = train_test_split(X, y, random_
state=42)


# 请在此处输入答案
# 请构建随机数生成器



# 请构建模型



# 请对模型进行训练



# 请输出对测试数据进行评估所得到的准确率

```

程序清单 17.9　问题

提示

在构建随机数生成器的函数中不要忘记添加 **np.random** 前缀。

参考答案

```
In   （略）
     # 请在此处输入答案
     # 请构建随机数生成器
     random_state = np.random.RandomState()

     # 请构建模型
     model = SVC(random_state=random_state)

     # 请对模型进行训练
```

```
model.fit(train_X, train_y)

# 请输出对测试数据进行评估所得到的准确率
print(model.score(test_X, test_y))
```

Out | 0.9488817891373802

程序清单 17.10　参考答案

附加习题

在本章中着重讲解了超参数的使用方法。实际创建机器学习的模型时，我们需要尝试所有可能的参数设置，最后从中选择准确率较高的方案。接下来尝试选择不同的 kernel 来进行机器学习的实践。

习题

请按照程序清单 17.11 中注释部分的提示，将程序的实现代码补充完整。

In
```
from sklearn.datasets import make_classification
from sklearn.model_selection import train_test_split
from sklearn.svm import SVC


# 生成数据
X, y = make_classification(
  n_samples=1250, n_features=4, n_informative=2, n_redundant=2,
random_state=42)
train_X, test_X, train_y, test_y = train_test_split(X, y, random_
state=42)

kernel_list = ['linear','rbf','poly','sigmoid']

# 请在此处输入答案
# 请构建模型
for i in kernel_list:
    model =
    # 对模型进行训练
```

```
    # 请输出对测试数据进行评估所得到的准确率
    print(i)
    print()
    print()
```

程序清单 17.11　习题

(提示)

　　关于 **SVM** 的超参数 **C** 可以参考 17.4.1 小节中的编程习题（程序清单 17.6）。
关于 **SVC** 的参数设置，也请参考 17.4.1 小节。

◀参考答案▶

In
```
（略）
# 请在此处输入答案
# 请构建模型
for i in kernel_list:
    model = SVC(kernel=i ,random_state=42)
    # 对模型进行训练
    model.fit(train_X, train_y)
    # 请输出对测试数据进行评估所得到的准确率
    print(i)
    print(model.score(test_X, test_y))
    print()
```

Out
```
linear
0.9329073482428115

rbf
0.9488817891373802

poly
0.9361022364217252

sigmoid
0.9169329073482428
```

程序清单 17.12　参考答案

超参数与调校（2）

18.1 决策树的超参数

18.1.1 参数 max_depth

max_depth 是用来表示在训练过程中，模型所学习的决策树的最大深度值的参数。

如果不对 **max_depth** 进行设置，决策树就会将监督数据分割得非常彻底，导致学习结束后模型所掌握的特征过于细致。

通过设置 **max_depth** 的方式来限制决策树高度的做法，也被称为**决策树的剪枝处理**。

【习题】

请将决策树中 **max_depth** 参数的变化对分类准确率的影响用图表的形式绘制出来（程序清单 18.1）。

程序会传入列表变量 **depth_list**，请将 **depth_list** 中的值依次代入 **max_depth** 中，对测试数据集的分类准确率进行计算，并将结果与 **max_depth** 的对应关系用图表绘制出来。

```
In    # 导入相关的模块
      import matplotlib.pyplot as plt
      from sklearn.datasets import make_classification
      from sklearn.tree import DecisionTreeClassifier
      from sklearn.model_selection import train_test_split
      %matplotlib inline

      # 生成数据
      X, y = make_classification(
        n_samples=1000, n_features=4, n_informative=3, n_redundant=0,
      hrandom_state=42)
      train_X, test_X, train_y, test_y = train_test_split(X, y,
      random_state=42)

      # max_depth 的取值范围是 1~10
```

```
depth_list = [i for i in range(1, 11)]
# 创建用于保存准确率的空列表
accuracy = []




# 请从此处开始输入代码
# 不断更改 max_depth 对模型进行训练


# 请在此处结束代码的输入
# 绘制图表
plt.plot(depth_list, accuracy)
plt.xlabel("max_depth")
plt.ylabel("accuracy")
plt.title("accuracy by changing max_depth")
plt.show()
```

程序清单 18.1　习题

提示

- 请使用 **for** 语句将 **depth_list** 变量中的元素取出。
- 对 **max_depth** 参数的调校是在构建模型时进行的。请参考 **model = DecisionTreeClassifier(max_depth=1, random_state=42)**。

参考答案

In

```
（略）
# 请从此处开始输入代码
# 不断更改 max_depth 对模型进行训练
for max_depth in depth_list:
    model = DecisionTreeClassifier(max_depth=max_depth, random_
state=42)
    model.fit(train_X, train_y)
    accuracy.append(model.score(test_X, test_y))
# 请在此处结束代码的输入
（略）
```

Out

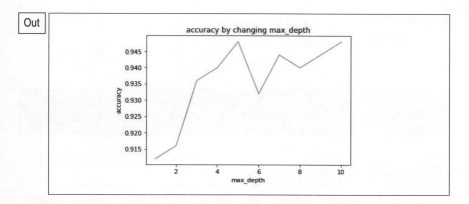

程序清单 18.2 参考答案

18.1.2 参数 random_state

参数 **random_state** 不仅能用于确保学习结果不发生变化，同样也是直接关系到决策树学习过程的一个参数。

在进行决策树的分割时，通常首先要寻找出能更好描述数据分类的元素的值，然后再对数据进行分割，但是类似这种值的候选值有很多，因此可以通过设置 **random_state** 来随机地生成候选值。

◖习题◗

请问 random_state 对于决策树而言是起什么作用的参数？请从下列选项中选择正确的一项。

- 决定用于决策树分割的值。
- 用于保持学习结果不发生变化。
- 用于设置训练过程中所需使用的随机数。
- 上述所有选项。

◖提示◗

在决策树中，除了用于保持学习结果不变之外，还有通过生成随机数来确定的值。

上述所有选项。

18.2 ∥ 随机森林的超参数

18.2.1 参数 n_estimators

随机森林是**使用多个简单的决策树按照多数票规则来确定结果**的一种算法，而用于确定其中所使用的简单决策树的参数是 **n_estimators**。

习题

请将随机森林中 **n_estimators** 参数的变化对分类准确率的影响用图表的形式绘制出来（程序清单 18.3）。

列表变量 **n_estimators_list** 会被传递给程序，因此请将 **n_estimators_list** 内的值依次代入到 **n_estimators** 中，计算测试数据的准确率，并将其与 **n_estimators** 之间的对应关系用图表绘制出来。

```
In   # 导入相关的模块
     import matplotlib.pyplot as plt
     from sklearn.datasets import make_classification
     from sklearn.ensemble import RandomForestClassifier
     from sklearn.model_selection import train_test_split
     %matplotlib inline

     # 生成数据
     X, y = make_classification(
       n_samples=1000, n_features=4, n_informative=3, n_redundant=0,
     random_state=42)
     train_X, test_X, train_y, test_y = train_test_split(X, y, random_
     state=42)
```

```
# n_estimators 的取值范围为 1~20
n_estimators_list = [i for i in range(1, 21)]

# 创建用于保存准确率的空列表
accuracy = []

# 请从此处开始输入代码
# 不断更改 n_estimators 对模型进行训练
for n_estimators in n_estimators_list:


# 请在此处结束代码的输入
# 绘制图表
plt.plot(n_estimators_list, accuracy)
plt.title("accuracy by n_estimators increasement")
plt.xlabel("n_estimators")
plt.ylabel("accuracy")
plt.show()
```

程序清单 18.3 习题

提示

- 请使用 **for** 语句将 **n_estimators_list** 中的元素依次取出。
- 对 **n_estimators** 参数的调整是在模型构建的时候进行的。具体的设置方式可以参考 model = **RandomForestClassifier(n_estimators=1, random_state =42)**。

参考答案

```
In  （略）
    # 请从此处开始输入代码
    # 不断更改 n_estimators 对模型进行训练
    for n_estimators in n_estimators_list:
      model = RandomForestClassifier(n_estimators=n_estimators,
    random_state=42)
```

```
model.fit(train_X, train_y)
accuracy.append(model.score(test_X, test_y))
# 请在此处结束代码的输入
（略）
```

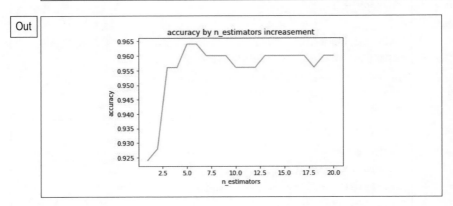

程序清单 18.4　参考答案

18.2.2 参数 max_depth

　　由于随机森林需要创建多个简易的决策树，因此，我们也可以对与决策树相关的参数进行设置。

　　max_depth 是决策树相关的参数，在随机森林中通常将其**设置为小于一般的决策树的值**。

　　由于简易决策树分类采用的是少数服从多数的算法，因此，相较于对决策树一棵棵地进行严格的分类，通过选择合适的元素进行全局性分析的处理方式，往往能获得更好的学习效率和更高的预测精度。

（习题）

　　为什么在随机森林中要将 max_depth 设置为比决策树中的小？请从下列选项中选择正确的答案。

- 因为随机森林并非像决策树那样严谨的模型。
- 因为即使改变 max_depth，预测结果也不会发生变化。
- 是为了防止对监督数据进行过度的学习。

- 因为 max_depth 是对投票表决的实现有影响的参数。

【提示】

- **max_depth** 是用于防止决策树出现过拟合的参数。
- 随机森林是以采取创建多个决策树的方式提高预测精度，并通过这些决策树进行投票表决的模型。

【参考答案】

是为了防止对监督数据进行过度的学习。

18.2.3 参数 random_state

random_state 对于随机森林来说也是一个比较重要的参数。

正如随机森林的命名一样，这个参数不仅仅是用于固定预测结果，在决策树的数据切分等很多需要使用随机数的地方都会用到它，因此这个参数的变化对分析结果有很大的影响。

【习题】

请将随机森林中 **random_state** 参数的变化对分类准确率的影响用图表的形式绘制出来（程序清单 18.5）。

列表变量 **r_seeds** 会被传递给程序，请将 **r_seeds** 内的值依次代入到 **random_state** 中，计算测试数据的准确率，并将其与 **random_state** 之间的对应关系用图表绘制出来。

```
In   # 导入相关的模块
     import matplotlib.pyplot as plt
     from sklearn.datasets import make_classification
     from sklearn.ensemble import RandomForestClassifier
     from sklearn.model_selection import train_test_split
     %matplotlib inline

     # 生成数据
     X, y = make_classification(
       n_samples=1000, n_features=4, n_informative=3, n_redundant=0,
     random_state=42)
```

```
train_X, test_X, train_y, test_y = train_test_split(X, y, random_
state=42)


# r_seeds 的取值范围为 0~99
r_seeds = [i for i in range(100)]


# 创建用于保存准确率的空列表
accuracy = []


# 请从此处开始输入代码
# 不断更改 random_state 对模型进行训练



# 请在此处结束代码的输入
# 绘制图表
plt.plot(r_seeds, accuracy)
plt.xlabel("seed")
plt.ylabel("accuracy")
plt.title("accuracy by changing seed")
plt.show()
```

程序清单 18.5　习题

提示

- 请使用 **for** 语句将 **r_seeds** 中的元素依次取出。
- 对 **random_state** 参数的调整是在构建模型时进行的。具体的设置方式可以参考下面的示例代码。
  model = RandomForestClassifier(random_state=42)

参考答案

In
```
（略）
# 请从此处开始输入代码
# 不断更改 random_state 对模型进行训练
for seed in r_seeds:
```

```
model = RandomForestClassifier(random_state=seed)
model.fit(train_X, train_y)
accuracy.append(model.score(test_X, test_y))
# 请在此处结束代码的输入
（略）
```

Out

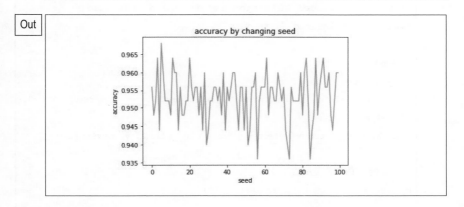

程序清单 18.6　参考答案

18.3 ‖ k-NN 的超参数

参数 **n_neighbors** 代表的是 k-NN 模型中的 k 值。也就是在进行结果预测时，指定模型所使用的类似数据的个数的参数。

如果将 **n_neighbors** 设置得过大，被选为类似数据的相似程度就会变得宽松，导致在处理分类范围较为狭窄的类目时，出现无法正确处理的问题。

【习题】

请将 k-NN 中的 **n_neighbors** 参数的变化对分类准确率的影响用图表的形式绘制出来（程序清单 18.7）。

列表变量 **k_list** 会被传递给程序，请将 **k_list** 内的值依次代入到 **n_neighbors** 中，计算测试数据的准确率，并将其与 **n_neighbors** 的对应关系用图表绘制出来。

```
In    # 导入相关的模块
      import matplotlib.pyplot as plt
      from sklearn.datasets import make_classification
      from sklearn.neighbors import KNeighborsClassifier
      from sklearn.model_selection import train_test_split
      %matplotlib inline

      # 生成数据
      X, y = make_classification(
        n_samples=1000, n_features=4, n_informative=3, n_redundant=0,
      random_state=42)
      train_X, test_X, train_y, test_y = train_test_split(X, y, random_state=42)

      # k_list 的取值范围为 1~10
      k_list = [i for i in range(1, 11)]

      # 创建用于保存准确率的空列表
      accuracy = []

      # 请从此处开始输入代码
      # 不断更改 n_neighbors 对模型进行训练
      for k in k_list:



      # 请在此处结束代码的输入
      # 绘制图表
      plt.plot(k_list, accuracy)
      plt.xlabel("n_neighbor")
      plt.ylabel("accuracy")
      plt.title("accuracy by changing n_neighbor")
      plt.show()
```

程序清单 18.7　习题

提示

- 可以使用 **for** 语句将 **k_list** 中的元素依次取出。
- 对 **n_neighbors** 的调整是在构建模型时进行的。具体的实现可以参考 **model = KNeighborsClassifier(n_neighbors=1)**。

参考答案

In	（略）
	`# 请从此处开始输入代码`
	`# 不断更改 n_neighbors 对模型进行训练`
	`for k in k_list:`
	`    model = KNeighborsClassifier(n_neighbors=k)`
	`    model.fit(train_X, train_y)`
	`    accuracy.append(model.score(test_X, test_y))`
	`# 请在此处结束代码的输入`
	（略）

Out	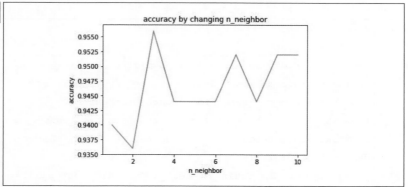

程序清单 18.8　参考答案

18.4 ║ 参数调校的自动化

到目前为止，我们对主要的算法中常用的参数进行了简要介绍。

然而，在现实中如果对这些参数一个个地进行调整，并确认调整产生的影响需要耗费大量时间和精力。因此，我们可以采用指定参数的取值范围，通过让计算机自动寻找能够产生最优结果的参数组合方式来简化这些操作。

为了实现这一点，通常采用两种方法，分别是**网格搜索**和**随机搜索**。

18.4.1 网格搜索

网格搜索是对需要调整的参数明确地指定多个候选值，创建参数集合，并对模型的性能进行反复的评估，最终得出能产生最优解参数集合的自动化调参方法。

由于需要明确指定参数的候选值，因此适用于搜索值为非连续（离散）的参数，如参数值为字符串、整数、True 或 False。

但是，由于需要创建包括很多参数候选值的参数集合，因此不适合用于对多个参数同时进行调整（程序清单 18.9）。

测试程序时请注意，这段代码执行时间比较长。

```
In   # 导入相关的模块
     import scipy.stats
     from sklearn.datasets import load_digits
     from sklearn.svm import SVC
     from sklearn.model_selection import GridSearchCV
     from sklearn.model_selection import train_test_split
     from sklearn.metrics import f1_score
     data = load_digits()
     train_X, test_X, train_y, test_y = train_test_split(data.
         data, data.target, random_state=42)


     # 为参数设置候选值


     model_param_set_grid = {SVC(): {
                 "kernel": ["linear", "poly", "rbf", "sigmoid"],
                 "C": [10 ** i for i in range(-5, 5)],
```

```
                "decision_function_shape": ["ovr", "ovo"],
                "random_state": [42]}}

max_score = 0
best_param = None

# 采用网格搜索进行参数的搜寻
for model, param in model_param_set_grid.items():
    clf = GridSearchCV(model, param)
    clf.fit(train_X, train_y)
    pred_y = clf.predict(test_X)
    score = f1_score(test_y, pred_y, average="micro")
    if max_score < score:
        max_score = score
        best_model = model.__class__.__name__
        best_param = clf.best_params_

print(" 参数 :{}".format(best_param))
print(" 最高分数 :",max_score)
svm = SVC()
svm.fit(train_X, train_y)
print()
print(' 未调整时 ')
print(svm.score(test_X, test_y))
```

Out
```
参数 :{'C': 0.0001, 'decision_function_shape': 'ovr', 'kernel': 'poly',
random_state': 42}
最高分数： 0.9888888888888889

未调整时
0.5222222222222223
```

程序清单 18.9　网格搜索的示例

(习题)

请从下列选项中，选出对网格搜索描述不正确的项。

- 网格搜索是一种将参数的候选值列举出来进行参数搜索的方法。
- 网格搜索将所有的候选值都代入参数进行尝试，并将学习精度最高的模型作为结果返回。
- 网格搜索执行时间比较长。
- 网格搜索是唯一一种可用于搜索参数的方法。

提示

- 由于需要逐个地对参数的候选值进行搜索，因此算法执行时间较长。
- 进行参数搜索的目的是发现能够提高模型预测精度的参数组合。

参考答案

网格搜索是唯一一种可用于搜索参数的方法。

18.4.2 随机搜索

网格搜索需要指定参数的候选值来实现对参数的调整。

随机搜索则是指定参数的取值范围，反复地选择随机产生的参数集合来对模型进行评估，从而找出最优解的参数集合。

指定参数值的范围实际上就是指定参数所使用的随机函数。

参数中所指定的随机函数通常都是使用 scipy.stats 模块中定义的随机函数（程序清单 18.10）。

```
In  # 导入相关的模块
    import scipy.stats
    from sklearn.datasets import load_digits
    from sklearn.svm import SVC
    from sklearn.model_selection import RandomizedSearchCV
    from sklearn.model_selection import train_test_split
    from sklearn.metrics import f1_score

    data = load_digits()
    train_X, test_X, train_y, test_y = train_test_split(data.data,
    data.target, random_state=42)

    # 为参数设置候选值
```

```
model_param_set_random = {SVC(): {
                        "kernel": ["linear", "poly", "rbf", "sigmoid"],
                        "C": scipy.stats.uniform(0.00001, 1000),
                        "decision_function_shape": ["ovr", "ovo"],
                        "random_state": scipy.stats.randint(0, 100)
                }}


max_score = 0
best_param = None

# 采用随机搜索对参数进行搜寻
for model, param in model_param_set_random.items():
  clf = RandomizedSearchCV(model, param)
  clf.fit(train_X, train_y)
  pred_y = clf.predict(test_X)
  score = f1_score(test_y, pred_y, average="micro")
  if max_score < score:
     max_score = score
     best_param = clf.best_params_

print(" 参数 :{}".format(best_param))
print(" 最高分数 :",max_score)
svm = SVC()
svm.fit(train_X, train_y)
print()
print(' 未调整时 ')
print(svm.score(test_X, test_y))
```

```
Out  参数 :{'C': 564.3028124017055, 'decision_function_shape': 'ovr', 'kernel':
     'poly', 'random_state': 4}
     最高分数 : 0.9888888888888889


     未调整时
     0.5222222222222223
```

程序清单 18.10　随机搜索的示例

请问下列对随机搜索的描述中，哪一项是正确的？

- 随机搜索是一种通过对数据进行随机学习来提升模型精度的方法。
- 随机搜索是一种通过设置参数的范围，并在指定范围内随机地选取参数值来提升模型预测精度的方法。
- 随机搜索是一种通过随机地选择所使用的超参数来提升模型预测精度的方法。
- 随机搜索是一种通过随机地更改模型的预测结果来提升模型预测精度的方法。

（提示）

参数搜索的目的是寻找能够提高模型预测精度的超参数的值。

（参考答案）

随机搜索是一种通过设置参数的范围，并在指定范围内随机地选取参数值来提升模型预测精度的方法。

附加习题

网格搜索和随机搜索的缺点是执行时间比较长，但是一旦找到了适当的参数值，就能大幅提升模型的预测精度。接下来，我们将尝试实现参数搜索处理。

（习题）

请用下面列举的值和网格搜索来实现参数搜索处理。

- 进行参数调校的算法包括 SVM、决策树、随机森林。
- 对于 SVM 算法的参数调校，请使用 SVC()，kernel 从 "linear" "rbf" "poly" "sigmoid" 中选择，C 从 0.01、0.1、1.0、10、100 中选择。random_state 取固定值即可。
- 对于决策树的参数调校，请将 max_depth 指定为 1 和 10 之间的整数，将 random_state 指定为 0 和 100 之间的整数。
- 对于随机森林的参数调校，请将 n_estimators 指定为 10 和 100 之间的整数，将 max_depth 指定为 1 和 10 之间的整数，将 random_state 指定为 0 和 100 之间的整数。

对于结果的输出，请将模型的名称和相应的 test_X、test_y 的预测精度按照如下格式显示出来。

- 模型名称
- 预测精度

```
In    # 导入所需的模块
      import requests
      import io
      import pandas as pd
      from sklearn.svm import SVC
      from sklearn.tree import DecisionTreeClassifier
      from sklearn.ensemble import RandomForestClassifier
      from sklearn.model_selection import GridSearchCV
      from sklearn import preprocessing
      from sklearn.model_selection import train_test_split
      from sklearn.model_selection import RandomizedSearchCV

      # 对数据进行必要的预处理操作
      vote_data_url = "https://archive.ics.uci.edu/ml/machine-
      learningdatabases/voting-records/house-votes-84.data"
      s = requests.get(vote_data_url).content
      vote_data = pd.read_csv(io.StringIO(s.decode('utf-8')),header=None)
      vote_data.columns = ['Class Name',
                           'handicapped-infants',
                           'water-project-cost-sharing',
                           'adoption-of-the-budget-resolution',
                           'physician-fee-freeze',
                           'el-salvador-aid',
                           'religious-groups-in-schools',
                           'anti-satellite-test-ban',
                           'aid-to-nicaraguan-contras',
                           'mx-missile',
                           'immigration',
                           'synfuels-corporation-cutback',
                           'education-spending',
                           'superfund-right-to-sue',
```

```
                              'crime',
                              'duty-free-exports',
                              'export-administration-act-south-africa']
label_encode = preprocessing.LabelEncoder()
vote_data_encode = vote_data.apply(lambda x: label_encode.fit_
transform(x))
X = vote_data_encode.drop('Class Name', axis=1)
Y = vote_data_encode['Class Name']
train_X, test_X, train_y, test_y = train_test_split(X,Y,
random_state=50)
# 请从此处开始输入代码
# 推荐使用 for 循环语句来编写实现代码，因此模型名称、模型的对象及
# 参数列表等全部被保存在列表中
```

程序清单 18.11　习题

> 提示

　　参数的列表 **params** 可以使用 Python 标准的字典型对象，将键设为参数，参数值作为字典的值来创建，然后将其传递给 **RandomizedSearchCV** 函数。

(参考答案)

```
In  （略）
    # 请从此处开始输入代码
    # 推荐使用 for 循环语句来编写实现代码，因此模型名称、模型的对象以及参数列表
    # 等全部被保存在列表中
    models_name = ["SVM", " 决策树 ", " 随机森林 "]
    models = [SVC(), DecisionTreeClassifier(), RandomForestClassifier()]
    params = [{"C": [0.01, 0.1, 1.0, 10, 100],
              "kernel": ["linear", "rbf", "poly", "sigmoid"],
              "random_state": [42]},
              {"max_depth": [i for i in range(1, 10)],
               "random_state": [i for i in range(100)]},
```

```
                    {"n_estimators": [i for i in range(10, 20)],
                     "max_depth": [i for i in range(1, 10)],
                     "random_state": [i for i in range(100)]}]

for name, model, param in zip(models_name, models, params):
    clf = RandomizedSearchCV(model, param)
    clf.fit(train_X, train_y)
    print(name)
    print(clf.score(test_X, test_y))
    print()
```

Out	SVM
	0.9541284403669725
	决策树
	0.944954128440367
	随机森林
	0.9357798165137615

程序清单 18.12　参考答案

◀ 综合附加习题 ▶

作为监督学习（分类）的综合附加习题，将考验我们对所学习的各种算法的特性和调校超参数的重要性及超参数的搜索方法的理解。

习题中所使用的数据集是手写数字的图片，部分数字很难识别，因此参数搜索和算法的选择就显得尤为重要。

◀ 习题 ▶

下面将尝试编程实现一个具有较高精度，可用于手写数字识别和分类的学习器。

请根据给出的数据集选择合适的算法，并对参数进行调整来实现这一具备较高学习能力的学习器（程序清单 18.13）。

此外，请将性能最高的算法名称和调整过的参数名称及设置值作为结果进行输出。

在满足上述要求的前提下，根据下列项目对模型的性能进行综合评分。

- 评价值的高低
- 参数的调整方法
- 程序的执行时间

```
In    # 如果有其他需要使用的库，请在此处导入
      from sklearn.datasets import load_digits
      from sklearn.model_selection import train_test_split

      data = load_digits()
      train_X, test_X, train_y, test_y = train_test_split(
        data.data, data.target, random_state=42)


      # 请从此处开始输入代码


      print("学习模型:{},\n 参数:{}".format(best_model, best_param))
      # 请对成绩最高的评分进行输出
```

程序清单 18.13　习题

提示

- 统计程序的执行时间可以通过在程序代码的开头处添加 **%%time** 来实现。这个命令是只能在 **Jupyter Notebook** 环境中使用的魔法命令，在 **Aidemy** 等其他执行环境是无法使用的，因此，在实际执行程序代码时需要注意。
- 要在程序中获取模型的算法名称可以使用如下代码。

  model_name = model.__class__.__name__
- 要获取网格搜索和随机搜索的结果所对应的参数集合可以使用如下代码。

  best_params = clf.best_params_
- 如果有多个模型的得分都比较高，选择其中之一进行结果的输出即可。
- 对模型进行评分时，使用 F 值进行统计。
- F 值是 **precision**（精确率）和 **recall**（召回率）这两种评估值的调和平均。

$$\frac{2(precision \times recall)}{precision + recall}$$

- 编写程序代码时，可以直接使用 **model.score(test_X, test_y)**，但是如果要对模型性能进行评估，则在使用监督数据对模型进行训练之后，应当使用如下代码。

```
from sklearn.metrics import f1_score
# 使用模型对数据进行预测
pred_y = clf.predict(test_X)
# 计算模型的 F 值
score = f1_score(test_y, pred_y, average="micro")
```

- 关于程序中所使用的数据集的信息，请参考 **UCI Machine Learning Repository**（英文版网站）。
  URL **https://archive.ics.uci.edu/ml/datasets/optical+recognition+of+handwritten+digits**
- 在本章中，我们对各个算法中主要的参数进行了简要的介绍，还有很多其他的参数也是可以调整的。具体请参考 **Scikit-Learn** 的官方文档（英文版网站）。
  URL **http://scikit-learn.org/stable/modules/classes.html**

(参考答案)

In
```
# 如果有其他需要使用的库，请在此处导入
import scipy.stats
from sklearn.datasets import load_digits
from sklearn.linear_model import LogisticRegression
from sklearn.svm import LinearSVC
from sklearn.svm import SVC
from sklearn.tree import DecisionTreeClassifier
from sklearn.ensemble import RandomForestClassifier
from sklearn.neighbors import KNeighborsClassifier
from sklearn.model_selection import GridSearchCV
from sklearn.model_selection import RandomizedSearchCV
from sklearn.model_selection import train_test_split
from sklearn.metrics import f1_score

data = load_digits()
```

```
train_X, test_X, train_y, test_y = train_test_split(
  data.data, data.target, random_state=42)


# 请从此处开始输入代码
# 创建保存模型和与之对应的参数信息的字典对象，稍后用于网格搜索
# 可以将对象的实例指定为字典的键
model_param_set_grid = {
  LogisticRegression(): {
    "C": [10 ** i for i in range(-5, 5)],
    "random_state": [42]
  },
  LinearSVC(): {
    "C": [10 ** i for i in range(-5, 5)],
    "multi_class": ["ovr", "crammer_singer"],
    "random_state": [42]
  },
  SVC(): {
    "kernel": ["linear", "poly", "rbf", "sigmoid"],
    "C": [10 ** i for i in range(-5, 5)],
    "decision_function_shape": ["ovr", "ovo"],
    "random_state": [42]
  },
  DecisionTreeClassifier(): {
    "max_depth": [i for i in range(1, 20)],
  },
  RandomForestClassifier(): {
    "n_estimators": [i for i in range(10, 20)],
    "max_depth": [i for i in range(1, 10)],
  },
  KNeighborsClassifier(): {
    "n_neighbors": [i for i in range(1, 10)]
  }
}


# 创建保存模型和与之对应的参数信息的字典对象，稍后用于随机搜索
```

```
model_param_set_random = {
  LogisticRegression(): {
    "C": scipy.stats.uniform(0.00001, 1000),
    "random_state": scipy.stats.randint(0, 100)
  },
  LinearSVC(): {
    "C": scipy.stats.uniform(0.00001, 1000),
    "multi_class": ["ovr", "crammer_singer"],
    "random_state": scipy.stats.randint(0, 100)
  },
  SVC(): {
    "kernel": ["linear", "poly", "rbf", "sigmoid"],
    "C": scipy.stats.uniform(0.00001, 1000),
    "decision_function_shape": ["ovr", "ovo"],
    "random_state": scipy.stats.randint(0, 100)
  },
  DecisionTreeClassifier(): {
    "max_depth": scipy.stats.randint(1, 20),
  },
  RandomForestClassifier(): {
    "n_estimators": scipy.stats.randint(10, 100),
    "max_depth": scipy.stats.randint(1, 20),
  },
  KNeighborsClassifier(): {
    "n_neighbors": scipy.stats.randint(1, 20)
  }
}

# 创建用于比较分数的变量
max_score = 0
best_model = None
best_param = None

# 使用网格搜索对参数进行搜寻
for model, param in model_param_set_grid.items():
```

```
clf = GridSearchCV(model, param)
clf.fit(train_X, train_y)
pred_y = clf.predict(test_X)
score = f1_score(test_y, pred_y, average="micro")
# 在对最高评分进行更新时，也同时更新模型和参数
if max_score < score:
  max_score = score
  best_model = model.__class__.__name__
  best_param = clf.best_params_


# 使用随机搜索对参数进行搜寻
for model, param in model_param_set_random.items():
  clf = RandomizedSearchCV(model, param)
  clf.fit(train_X, train_y)
  pred_y = clf.predict(test_X)
  score = f1_score(test_y, pred_y, average="micro")
  # 在对最高评分进行更新时，也同时更新模型和参数
  if max_score < score:
    max_score = score
    best_model = model.__class__.__name__
    best_param = clf.best_params_


print("学习模型 :{},\n 参数 :{}".format(best_model, best_param))
# 请对成绩最高的评分进行输出
print("最高分数 :",max_score)
```

Out

学习模型 :SVC,

参数 :{'C': 0.0001, 'decision_function_shape': 'ovr', 'kernel':'poly', 'random_state': 42}

最高分数 : 0.988888888889

程序清单 18.14 参考答案

第 19 章

深度学习实践

19.1.1 体验深度学习

在完成本章学习之后，您将掌握编写**能够从手写数字图像中识别出数字的程序所需的所有知识**。本章将讲解深度学习技术中最为基础的算法——**深度神经网络模型**。

此外，我们将用到的第三方库包括 **Keras** 和 **TensorFlow**。**TensorFlow** 是谷歌公司开发的深度学习专用软件库，也是全世界最受欢迎的深度学习软件库之一。**Keras** 是用来简化 TensorFlow 操作的软件库，因此也被称为 "Wrapper" 封装库。

关于代码的具体实现，我们会在后续内容中逐一进行详细的讲解，首先让我们尝试运行深度学习的代码。

【习题】

请 **RUN**（执行）程序清单 19.1 中的代码，并确认随着 epoch 数的增加，**训练数据的准确率 acc** 与**测试数据的准确率 val_acc** 是否也随之增加。

```
In    # 导入需要的模块
      import numpy as np
      import matplotlib.pyplot as plt
      from keras.datasets import mnist
      from keras.layers import Activation, Dense, Dropout
      from keras.models import Sequential, load_model
      from keras import optimizers
      from keras.utils.np_utils import to_categorical
      %matplotlib inline


      (X_train, y_train), (X_test, y_test) = mnist.load_data()


      X_train = X_train.reshape(X_train.shape[0], 784)[:6000]
      X_test = X_test.reshape(X_test.shape[0], 784)[:1000]
      y_train = to_categorical(y_train)[:6000]
      y_test = to_categorical(y_test)[:1000]
```

```
model = Sequential()
model.add(Dense(256, input_dim=784))
model.add(Activation("sigmoid"))
model.add(Dense(128))
model.add(Activation("sigmoid"))
model.add(Dropout(rate=0.5))
model.add(Dense(10))
model.add(Activation("softmax"))


sgd = optimizers.SGD(lr=0.1)
model.compile(optimizer=sgd, loss="categorical_crossentropy",
metrics=["accuracy"])


# 指定 epochs 数为 5
history = model.fit(X_train, y_train, batch_size=500, epochs=5,
verbose=1, validation_data=(X_test, y_test))



# 绘制 acc（训练数据的准确率）、val_acc（测试数据的准确率）
plt.plot(history.history["acc"], label="acc", ls="-", marker="o")
plt.plot(history.history["val_acc"], label="val_acc", ls="-",marker="x")
plt.ylabel("accuracy")
plt.xlabel("epoch")
plt.legend(loc="best")
plt.show()
```

程序清单 19.1　习题

（提示）

　　epochs 数表示的是对训练数据进行反复学习的次数。

（参考答案）

```
Out  Train on 6000 samples, validate on 1000 samples
     Epoch 1/5
     6000/6000 [==============================] - 0s 54us/step - loss:
```

```
2.3799 - acc: 0.1452 - val_loss: 2.0417 - val_acc: 0.4970
Epoch 2/5
6000/6000 [==============================] - 0s 29us/step -
loss: 2.0739 - acc: 0.2833 - val_loss: 1.8270 - val_acc: 0.6390
Epoch 3/5
6000/6000 [==============================] - 0s 28us/step -
loss: 1.8705 - acc: 0.3810 - val_loss: 1.6534 - val_acc: 0.6690
Epoch 4/5
6000/6000 [==============================] - 0s 35us/step - loss:
1.6753 - acc: 0.4820 - val_loss: 1.4909 - val_acc: 0.7110
Epoch 5/5
6000/6000 [==============================] - 0s 33us/step - loss:
1.5043 - acc: 0.5490 - val_loss: 1.3477 - val_acc: 0.7410
```

程序清单 19.2　参考答案

19.1.2 何谓深度学习 1

所谓**深度学习**，是指通过模拟动物的神经网络系统设计而成的**深度神经网络**模型，对数据进行分类或回归处理的方法。然而，需要注意的是**深度学习属于机器学习的实现方法之一**。深度神经网络这一概念本身是源自生物的神经网络（见图 19.1），是对大脑神经网络的模仿，但是目前流行的很多研究都已不再拘泥于这一概念，而是纯粹以追求精度的提升为目标。

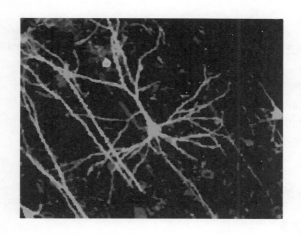

图 19.1 神经网络

来源 引自 "Wei-Chung Allen Lee et al"
URL https://commons.wikimedia.org/wiki/File:GFPneuron.png

　　近年来，深度学习技术之所以引起关注，是因为通过这项技术很多依靠人力完成的工作，不仅可以实现自动化，而且具有很高的精度。

　　例如，实现对汽车的自动识别。在传统的算法中，通常都是先分析人类在识别汽车时所使用的重要特征（如轮胎、前挡风玻璃等），然后再试图建立能够自动捕捉这些重要特征的模型。然而，在深度学习中，这类特征都是可以由模型**自动**发现的（见图 19.2）。

只要关注轮胎的特征就能判断汽车是否存在

传统的机器学习→将轮胎作为汽车的特征进行检测！配合人工指导程序运行
深度学习→程序自动学习哪些特征可以用于检测汽车是否存在

图 19.2　特征的自动发现

请从下列选项中，选择对深度学习和神经网络技术的描述正确的一项。

- 深度神经网络是通过对动物大脑进行模拟而构成的模型。
- 在神经网络中，必须人为指定程序需要关注的特征。
- 神经网络之所以受到关注是因为它具有类似人类的智能。
- 深度学习是机器学习的实现方法之一。

提示

请仔细考虑深度学习与机器学习之间的关系。

（参考答案）

深度学习是机器学习的实现方法之一。

19.1.3 何谓深度学习2

实际上，近年来声名大噪的神经网络，其概念本身在 20 世纪 50 年代就已经形成。如图 19.3 所示的神经元就是构成神经网络的基本元素。

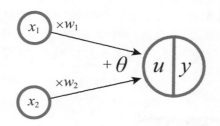

图 19.3　神经元

其中，x_1 和 x_2 表示输入，w_1 和 w_2 表示**权重参数**。在这个模型中，如果 $w_1x_1+w_2x_2$ 的值比阈值 θ 还高，则这个神经元就会被激活，并输出 1；否则，就会输出 0。

然而，图 19.3 中的这样一个神经元，对于复杂问题的求解是无能为力的。不过，如果能如图 19.4 所示那样对网络层进行叠加，就能对复杂问题进行求解。

这就是所谓的**深度神经网络**。称其为深度，是因为将网络层进行重叠，形成了深层次的网络结构。

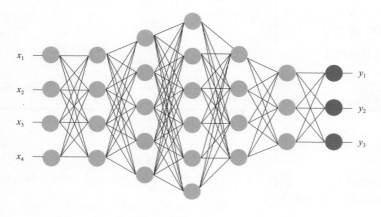

图 19.4　神经元

来源 引自 "neuraldesigner"
URL https://www.neuraldesigner.com/

最近几年，深度神经网络技术受到极大关注的原因之一，是已经发现即使加深网络层次也能成功实现学习的算法，而且在硬件条件上也已经具备能够实现此类学习的计算环境。

神经网络在接收到输入数据 x（向量或矩阵等）后，会引起网络发生连锁反应，并最终产生输出值 y（标量或向量等）。

例如，对于图像识别应用，输入的是图片的像素数据，产生的输出是图片内容属于某个类目（猫、狗、狮子……）的概率。

深度学习是**依靠机器自动调整各个神经元的权重**来构建分类模型和回归模型。

习题

请从下列对神经网络、深度学习相关概念的描述中选出描述正确的选项。

- 深度学习技术突然受到关注的原因之一，是因为高性能计算机的出现。
- 深度神经网络是通过将神经元进行叠加而形成的。
- 深度学习是对权重参数进行学习。
- 上述全部选项。

提示

深度学习技术之所以受到广泛的关注，是因为计算环境的硬件要求已满足，经过多层叠加的神经元也已经能够成功地完成学习训练。

上述全部选项。

19.1.4 用深度学习实现分类的流程

1. 构建网络模型

将如图 19.5 所示的若干个神经元聚集在一起形成网络层，将多个网络层叠加在一起就能构建出深度网络。

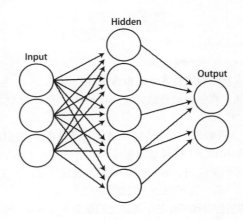

图 19.5　网络模型的构建

刚开始，各个神经元对于输入数据都会产生随机性的反应，输出的是杂乱无章的值。

2. 将训练数据交给模型进行学习

模型接收 x 作为输入数据，并将 y 作为输出数据。此时，为了让输出结果 y 与正确答案数据（监督数据标签）T 之间的差值 ΔE 逐步减小，需要使用**误差反向传播算法**，让网络自动对各个神经元的权重进行调整。

通过将大批量的图像等原始数据 x 和正确答案数据 T 提交给网络，使其反复对权重进行自动调整，最终就能产生我们所期望的输出结果（见图 19.6）。如果学习进展顺利，构建出的模型就能够产生较好的预测结果。

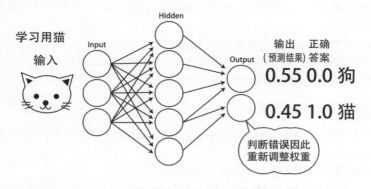

图 19.6 将训练数据交给模型进行学习

3. 将需要分类的数据交给模型

对深度学习模型的学习结束后，我们就得到了训练完毕的模型。接下来，就进入使用训练完毕的模型进行预测的"推论阶段"。

在推论阶段中，我们将需要识别的图像等数据提交给训练好的模型，就可以让模型开始对数据进行推论。

例如，将如图 19.7 所示的猫作为输入数据时，得到的推论结果是图像中包含猫的概率为 95%。此时，我们就可以断定图像中显示的内容是猫。

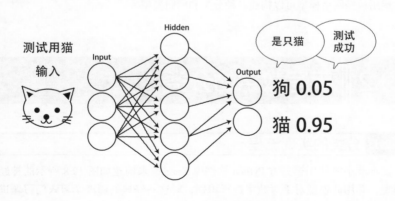

图 19.7 将数据提交给模型

来源 OpenCV.jp

URL http://opencv.jp/

将若干数据输入到模型中，然后，我们就可以根据产生正确答案的概率来测算模型的精度。

以上就是运用深度学习技术实现分类模型的基本流程。

对于回归问题也是一样的，只需要将 Output 的神经元数量设为 1，并将此神经元的输出值直接作为模型的输出结果即可。

（习题）

请问下列对运用神经网络模型进行分类处理的描述中，哪一项是正确的？

- 神经网络模型只能用于实现分类模型。
- 神经网络模型一旦构建完毕，就可立即根据输入数据产生我们所期望的反应。
- 不存在可以让神经网络模型对各个权重值自动进行更新的方法。
- 运用神经网络模型可以构建各种分类和回归模型。

（提示）

通过将大量数据输入到神经网络中，使其对权重进行反复的调整，就可以逐步得到我们所期望的输出结果。

（参考答案）

运用神经网络模型可以构建各种分类和回归模型。

19.2 ‖ 手写数字的分类

19.2.1 分类的实现流程

在本节中将使用第三方 Python 软件库 Keras，来构建如图 19.8 所示的神经网络模型，并用此模型对手写数字进行识别，对这一经典的深度学习入门习题进行分类处理。具体的实现流程如下。

（1）准备数据。

（2）构建神经网络模型。

（3）提交数据给模型进行学习。

（4）对模型的分类精度进行评估。

最后将尝试提交手写数字图像给模型，并观察模型产生的预测结果（见图 19.8）。

图 19.8　预测手写数字的数值

请问在下列操作中，哪一项操作对于实现上述分类模型是不必要的？

- 准备数据。
- 思考如何将在进行数据分类时值得关注的部分提取出来并编程实现。
- 将数据提交给网络模型，并进行学习。
- 上述全部选项。

（提示）

遵循 **19.1** 节中讲解的方法，使用神经网络模型来实现。

（参考答案）

思考如何将在进行数据分类时值得关注的部分提取出来并编程实现。

19.2.2 深度神经网络

本章将要构建的这个神经网络中，仅包含两层被称为**全链接层**的网络层，结构非常简单。所谓全链接层，是指在这种网络层中所有的神经元都与前一层网络层的神经元连接在一起。像这种具有一定深度的神经网络就被称为**深度神经网络**。

负责处理输入数据的网络层为**输入层**；负责输出数据的网络层为**输出层**；位于输入层和输出层之间的网络层为**隐藏层**。在本章所介绍的模型中，接收的输入数据是将 28×28 的单色图像进行扁平化处理，转换为一维数组后得到的 784 维向量。

模型输出的数据是 10 维的向量。这个按纵向排列的向量的每个元素被称为**节点**（Node），而它的维度数则被称为**节点数**。

我们并不是将手写数字分类为 0 和 9 之间的连续值，而是将其分类为编号 0 ~ 9 的 10 个类目，因为这样更符合我们的思维习惯。因此，模型的输出神经元的数量就不是 1 而应当是 10。

如图 19.9 所示，正确答案 7 所对应的监督数据 t 中，只有类目标签为 7 的位置的值是 1，其余的值都为 0。这种数据类型被称为**独热向量**（one-hot vector）。

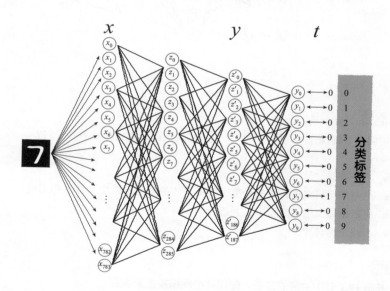

图 19.9 正确答案为 7 的图像数据所对应的监督数据 t

习题

请从下列选项中，选出对上文中的模型描述不正确的一项。

- 输入层的节点数为 784。
- 输出层的节点数为 1。
- 隐藏层的数量为 1。

(提示)

我们并不是将手写数字分类为 **0** 和 **9** 之间的连续值，而是将其分类为编号 **0 ~ 9** 的 **10** 个类目。

(参考答案)

输出层的节点数为 1。

19.2.3 Keras 的导入

在本节中将使用第三方 Python 软件库 **Keras**。

Keras 是 TensorFlow 的封装库，相比直接使用 TensorFlow 开发程序，使用 Keras 可以编写出**更加直观且简洁**的代码。

TensorFlow 是由谷歌公司开发的框架，是机器学习的专用开源软件库。

所谓**封装库（Wrapper）**，通常是指对现有系统进行包装，使之更加易于使用的一种软件库。

(习题)

请从下列对 Keras 的描述中选出正确的一项。

- Keras 是 TensorFlow 的封装库。
- 由于 TensorFlow 的核心部分是用 C++ 编写的，因此 Keras 无法在 Python 中使用。
- 由于 Keras 是一个高质量的复杂软件库，因此每个月都需要缴纳使用费。
- Keras 是开源的软件库，因此任何人都可以不受著作权制约自由地使用。

(提示)

即使是开源软件也同样存在著作权的归属问题。

Keras 是 TensorFlow 的封装库。

19.2.4 数据的准备

我们将使用 **MNIST** 作为手写数字的数据集。

在 MNIST 中包含数量庞大的手写数字图像，以及每幅图像所对应的范围为 0～9 的正确答案标签。

MNIST 数据集在 Yann LeCun 的网站（URL http://yann.lecun.com/exdb/mnist/）中可以下载。如果使用 Keras，通过执行程序清单 19.3 中的代码，就可以自动将 MNIST 数据集下载到本地（读者的计算机）。

```
In    from keras.datasets import mnist
      (X_train, y_train), (X_test, y_test) = mnist.load_data()
```

程序清单 19.3　Keras 的导入

程序清单 19.3 中的代码在首次执行时，会自动从网络下载数据。如果数据已经被成功地下载到本地，则直接从本地读取数据。

其中，**X** 代表大量的图像数据；**y** 代表大量的监督标签数据；**train** 是模型使用的学习数据；**test** 是对模型的性能进行评估时使用的测试数据。不过，如果单纯作为数据，train 数据和 test 数据没有本质上的区别。

【习题】

X_train、y_train、X_test、y_test 都是 numpy.ndarray 类型的变量。

请修改程序清单 19.4 中的代码，对 **X_train**、**y_train**、**X_test**、**y_test** 中每个变量的大小进行输出。

```
In    from keras.datasets import mnist

      (X_train, y_train), (X_test, y_test) = mnist.load_data()


      #---------------------------
      # 请对下面的一行代码进行修改
      print(X_train, y_train, X_test, y_test)
```

```
#--------------------------
```

程序清单 19.4　习题

（提示）

numpy.ndarray 类型变量的大小可以用如下方式获取。

```
In  import numpy as np
    A = np.array([[1,2], [3,4], [5,6]])
    A.shape
    # 输出结果
    #(3, 2)
```

（参考答案）

```
In  （略）
    #--------------------------
    # 请对下面的一行代码进行修改
    print(X_train.shape, y_train.shape, X_test.shape, y_test.shape)
    #--------------------------
```

```
Out (60000, 28, 28) (60000,) (10000, 28, 28) (10000,)
```

程序清单 19.5　参考答案

19.2.5 模型的生成

使用 Keras 时，需要先创建用于管理模型的实例，然后再调用 **add()** 方法逐层定义网络层结构（见图 19.5）。

首先创建实例。

model = Sequential()

然后，使用如下的方式调用 add() 方法，对模型中的网络层结构逐层进行定义。定义一个神经元数量为 128 的全链接层。

model.add(Dense(128))

对于每个全链接层的输出，按照如下方式添加**激励函数**进行处理。

激励函数原本是为了模仿动物神经的激发机制而设计的结构。可以使用的激励函数包括 sigmoid 函数、ReLU 函数等。更详细的内容可以参考本书第 20 章的内容。

model.add(Activation("sigmoid"))

最后，使用编译方法 **compile()** 设置学习过程中所使用的参数，并最终完成模型的创建。

关于各个参数的详细设置，将在本书的第 20 章中进行讲解。

model.compile(optimizer=sgd, loss="categorical_crossentropy",metrics=["accuracy"])

如果是初次接触，要理解上述网络模型的构建过程还是有一定难度的，请思考下列问题并加深对整个创建流程的理解。

（习题）

在程序清单 19.6 的代码中，创建了包含一个隐藏层的网络模型。请修改这段代码，创建如图 19.10 所示包含两个隐藏层的模型。请使用 ReLU 函数作为激励函数。

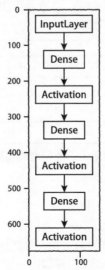

图 19.10　包含两个隐藏层的模型

```
In    # 导入需要的模块
      from keras.datasets import mnist
      from keras.models import Sequential
      from keras.layers import Dense, Activation
      from keras.utils.vis_utils import plot_model
      from keras.utils.np_utils import to_categorical
      import matplotlib.pyplot as plt
      %matplotlib inline


      (X_train, y_train), (X_test, y_test) = mnist.load_data()


      X_train = X_train.reshape(X_train.shape[0], 784)[:6000]
      X_test = X_test.reshape(X_test.shape[0], 784)[:1000]
      y_train = to_categorical(y_train)[:6000]
      y_test = to_categorical(y_test)[:1000]


      model = Sequential()
      # 输入神经元的数量为784，第一层全链接层的输出神经元的数量为256
      model.add(Dense(256, input_dim=784))
      model.add(Activation("sigmoid"))


      # 第二层全链接层的输出神经元的数量为128
      # ---------------------------
      # 请从此处开始输入代码



      # ---------------------------

      # 第三层全链接层（输出层）的输出神经元的数量为10
      model.add(Dense(10))
      model.add(Activation("softmax"))


      model.compile(optimizer="sgd", loss="categorical_crossentropy",
            metrics=["accuracy"])
```

```
# 输出模型结构
plot_model(model, "model125.png", show_layer_names=False)
# 对模型结构进行可视化处理
image = plt.imread("model125.png")
plt.figure(dpi=150)
plt.imshow(image)
plt.show()
```

程序清单 19.6　习题

提示

请使用下列代码将模型的结构输出到 **png** 图片文件中。

plot_model(model, "model125.png", show_layer_names=False)

请确保所定义的模型产生的图像与图 19.10 相同。

参考答案

In
```
# 导入需要的模块
from keras.datasets import mnist
（略）
model.add(Activation("sigmoid"))

# 第二层全链接层的输出神经元的数量为 128
# --------------------------
# 请从此处开始输入代码
model.add(Dense(128))
model.add(Activation("relu"))
# --------------------------
（略）
```

Out

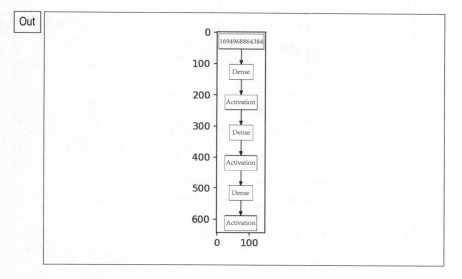

程序清单 19.7　参考答案

19.2.6 模型的学习

接下来将训练数据提交给模型进行学习，使用如下 **fit()** 方法。

model.fit(X_train, y_train, verbose=1, epochs=3)

其中，**X_train** 和 **y_train** 是学习用的输入数据和监督数据。

verbose 根据所指定的数值决定是否显示当前的学习进度。如果指定 **verbose=1**，则显示当前的学习进度；当指定 **verbose=0** 时，则不显示当前的学习进度。

通过 **epochs** 可以指定对同一个数据集进行重复学习的次数。更详细的内容将在 20.9 小节中进行讲解。

fit() 方法负责将学习数据（训练数据）依次输入到模型中，并**通过不断地更新各个神经元的权重来达到减小输出数据与监督数据之间差值的目的。**

通过上述操作，模型的误差就会不断减小，相应的预测精度也会得到提高。

习题

请将下列程序中的空行替换成实际的实现代码，并确认准确率 acc 是否在逐步提高。

```
In   # 导入相关的模块
     from keras.datasets import mnist
     from keras.layers import Activation, Dense
     from keras.models import Sequential
     from keras import optimizers
     from keras.utils.np_utils import to_categorical
     import matplotlib.pyplot as plt

     (X_train, y_train), (X_test, y_test) = mnist.load_data()

     X_train = X_train.reshape(X_train.shape[0], 784)[:6000]
     X_test = X_test.reshape(X_test.shape[0], 784)[:1000]
     y_train = to_categorical(y_train)[:6000]
     y_test = to_categorical(y_test)[:1000]

     model = Sequential()
     model.add(Dense(256, input_dim=784))
     model.add(Activation("sigmoid"))
     model.add(Dense(128))
     model.add(Activation("sigmoid"))
     model.add(Dense(10))
     model.add(Activation("softmax"))

     model.compile(optimizer="sgd", loss="categorical_crossentropy",
         metrics=["accuracy"])
     # --------------------------
     # 请从此处开始输入代码

     # --------------------------
     # 绘制 acc、val_acc
     plt.plot(history.history["acc"], label="acc", ls="-", marker="o")
     plt.ylabel("accuracy")
     plt.xlabel("epoch")
     plt.legend(loc="best")
     plt.show()
```

程序清单 19.8　习题

提示

在 **model.fit(...)** 产生的输出信息中，**acc** 的后面表示的就是准确率。

参考答案

```
In   （略）
     model.compile(optimizer="sgd", loss="categorical_crossentropy",
     metrics=["accuracy"])
     # ---------------------------
     # 请从此处开始输入代码
     history = model.fit(X_train, y_train, verbose=1, epochs=3)
     # ---------------------------
     # 绘制 acc、val_acc
     （略）
```

```
Out  Epoch 1/3
     6000/6000 [==============================] - 1s 95us/step - loss:
     2.0855 - acc: 0.4338  ——— 精度在提升
     Epoch 2/3
     6000/6000 [==============================] - 0s 71us/step - loss:
     1.6643 - acc: 0.6942  ——— 精度在提升
     Epoch 3/3
     6000/6000 [==============================] - 0s 69us/step - loss:
     1.3461 - acc: 0.7670  ——— 精度在提升
```

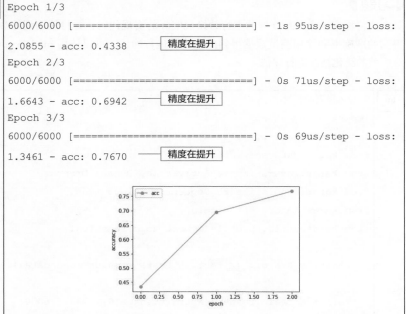

程序清单 19.9　参考答案

19.2.7 模型的评估

到目前为止，我们使用训练数据进行了学习，并顺利地实现了对模型参数的调整。

然而，这样可能导致模型所学习的知识只适用于训练数据（也称为过拟合），而无法对模型的性能作出准确的评估。

我们将利用在学习过程中没有使用过的测试数据进行模型的分类测试，并对模型的性能进行评估。

将测试数据提交给模型进行分类的精度也被称为泛化精度。

计算泛化精度可以使用如下列代码中的 **evaluate()** 方法。

score = model.evaluate(X_test, y_test, verbose=1)

其中，**X_test** 和 **y_test** 分别为用于评估的输入数据和监督数据。

使用 **evaluate()** 方法可以获取损失函数的值和准确率，在上面的示例代码中，这两个值都被保存在变量 **score** 中。

测试数据用于估算模型的泛化精度，使用测试数据进行学习是不可取的做法。

◀习题▶

请将程序清单 19.10 中的空行替换成实际的实现代码，并将使用训练数据集得到的准确率和使用测试数据得到的准确率进行确认。可以使用 **model.evaluate()** 对模型的泛化精度进行评估。

```
In     # 导入需要的模块
       import numpy as np
       import matplotlib.pyplot as plt
       from keras.datasets import mnist
       from keras.layers import Activation, Dense, Dropout
       from keras.models import Sequential, load_model
       from keras import optimizers
       from keras.utils.np_utils import to_categorical

       (X_train, y_train), (X_test, y_test) = mnist.load_data()

       X_train = X_train.reshape(X_train.shape[0], 784)[:6000]
       X_test = X_test.reshape(X_test.shape[0], 784)[:1000]
       y_train = to_categorical(y_train)[:6000]
```

```
y_test = to_categorical(y_test)[:1000]

model = Sequential()
model.add(Dense(256, input_dim=784))
model.add(Activation("sigmoid"))
model.add(Dense(128))
model.add(Activation("sigmoid"))
model.add(Dense(10))
model.add(Activation("softmax"))

model.compile(optimizer="sgd", loss="categorical_crossentropy",
        metrics=["accuracy"])

model.fit(X_train, y_train)

# --------------------------
# 请从此处开始输入代码

# --------------------------
print("evaluate loss: {0[0]}\nevaluate acc: {0[1]}".format(score))
```

程序清单 19.10　习题

参考答案

| In | （略）
```
model.fit(X_train, y_train)



# --------------------------
# 请从此处开始输入代码
score = model.evaluate(X_test, y_test, verbose=1)
# --------------------------
print("evaluate loss: {0[0]}\nevaluate acc: {0[1]}".format(score))
``` |

| Out | Epoch 1/1 |

```
6000/6000 [==============================] - 0s 81us/step - loss:
2.1166- acc: 0.3898
1000/1000 [==============================] - 0s 60us/step
evaluate loss: 1.9292679615020751
evaluate acc: 0.554
```

程序清单 19.11　参考答案

19.2.8　使用模型进行分类

调用 model 的 **predict()** 方法可以得到预测值。

例如，要对 **X_test** 中开头第一幅图像中的数字进行预测，可以使用如下的代码（**predict** 支持同时设置多张图片作为参数，因此如果预测的只是一幅图像，请注意参数所使用的维度）。

pred = np.argmax(model.predict([[X_test[0]]]))
print(" 预测值 :" + str(pred))

由于 **predict()** 方法输出的结果包含 10 个维度，因此使用 **argmax()** 函数返回其中值最大的元素，并取得神经元所在的位置。

(习题)

请在完成学习后，对 **test[0:10]** 的预测结果进行输出（程序清单 19.12）。

```
In     # 导入需要的模块
       import numpy as np
       import matplotlib.pyplot as plt
       from keras.datasets import mnist
       from keras.layers import Activation, Dense
       from keras.models import Sequential, load_model
       from keras.utils.np_utils import to_categorical


       (X_train, y_train), (X_test, y_test) = mnist.load_data()


       X_train = X_train.reshape(X_train.shape[0], 784)[:6000]
       X_test = X_test.reshape(X_test.shape[0], 784)[:1000]
```

```
y_train = to_categorical(y_train)[:6000]
y_test = to_categorical(y_test)[:1000]

model = Sequential()
model.add(Dense(256, input_dim=784))
model.add(Activation("sigmoid"))
model.add(Dense(128))
model.add(Activation("sigmoid"))
model.add(Dense(10))
model.add(Activation("softmax"))

model.compile(optimizer="sgd", loss="categorical_crossentropy",
      metrics=["accuracy"])

model.fit(X_train, y_train, verbose=1)

score = model.evaluate(X_test, y_test, verbose=0)
print("evaluate loss: {0[0]}\nevaluate acc: {0[1]}".format(score))

# 显示测试数据中开头的 10 张图片
for i in range(10):
  plt.subplot(1, 10, i+1)
  plt.imshow(X_test[i].reshape((28,28)), "gray")
plt.show()

# 请显示 X_test 中开头的 10 个被预测的标签
# --------------------------
# 请从此处开始输入代码


# --------------------------
```

程序清单 19.12 习题

提示

可以使用 **model.predict()** 对数据进行预测。调用 **argmax()** 函数时，请不要忘记设置矩阵的坐标轴。

| In | ```
（略）
#   请显示 X_test 中开头的 10 个被预测的标签
# --------------------------
# 请从此处开始输入代码
pred = np.argmax(model.predict(X_test[0:10]), axis=1)
print(pred)
# --------------------------
``` |

| Out | ```
Epoch 1/1
6000/6000 [==============================] - 1s 88us/step - loss:
2.1040 - acc: 0.4210
evaluate loss: 1.9076531372070313
evaluate acc: 0.607
``` |

```
[7 6 1 0 9 1 7 9 0 7]
```

程序清单 19.13　参考答案

附加习题

至此，我们就完成了对简单的深度学习方法的编程实践。接下来尝试对手写文字识别的实现代码添加注释。

习题

程序清单 19.14 中显示的是 MNIST 的分类代码。

请阅读其中的代码，并用注释注明模型的生成、学习，以及使用模型进行分类所对应的实现代码分别是哪一行到哪一行（可同时选择多行）。

| In | ```
# 导入需要的模块
import numpy as np
``` |
```

```
import matplotlib.pyplot as plt
from keras.datasets import mnist
from keras.layers import Activation, Dense
from keras.models import Sequential, load_model
from keras.utils.np_utils import to_categorical
%matplotlib inline


(X_train, y_train), (X_test, y_test) = mnist.load_data()

X_train = X_train.reshape(X_train.shape[0], 784)[:10000]
X_test = X_test.reshape(X_test.shape[0], 784)[:1000]
y_train = to_categorical(y_train)[:10000]
y_test = to_categorical(y_test)[:1000]

model = Sequential()
model.add(Dense(256, input_dim=784))
model.add(Activation("sigmoid"))
model.add(Dense(128))
model.add(Activation("sigmoid"))
model.add(Dense(10))
model.add(Activation("softmax"))


model.compile(optimizer="sgd", loss="categorical_crossentropy",
      metrics=["accuracy"])


model.fit(X_train, y_train, verbose=1)

score = model.evaluate(X_test, y_test, verbose=0)
print("evaluate loss: {0[0]}\nevaluate acc: {0[1]}".format(score))

for i in range(10):
  plt.subplot(1, 10, i+1)
  plt.imshow(X_test[i].reshape((28,28)), "gray")
```

```
plt.show()

pred = np.argmax(model.predict(X_test[0:10]), axis=1)
print(pred)
```

程序清单 19.14　习题

参考答案

In
```
# 导入需要的模块
import numpy as np
import matplotlib.pyplot as plt
from keras.datasets import mnist
from keras.layers import Activation, Dense
from keras.models import Sequential, load_model
from keras.utils.np_utils import to_categorical
%matplotlib inline


# 读取数据集
(X_train, y_train), (X_test, y_test) = mnist.load_data()

X_train = X_train.reshape(X_train.shape[0], 784)[:10000]
X_test = X_test.reshape(X_test.shape[0], 784)[:1000]
y_train = to_categorical(y_train)[:10000]
y_test = to_categorical(y_test)[:1000]

# 1. 生成模型
model = Sequential()
model.add(Dense(256, input_dim=784))
model.add(Activation("sigmoid"))
model.add(Dense(128))
model.add(Activation("sigmoid"))
model.add(Dense(10))
model.add(Activation("softmax"))
```

```
model.compile(optimizer="sgd", loss="categorical_crossentropy",
        metrics=["accuracy"])

# 2. 训练模型
model.fit(X_train, y_train, verbose=1)

score = model.evaluate(X_test, y_test, verbose=0)
print("evaluate loss: {0[0]}\nevaluate acc: {0[1]}".format(score))

for i in range(10):
  plt.subplot(1, 10, i+1)
  plt.imshow(X_test[i].reshape((28,28)), "gray")
plt.show()

# 3. 使用模型进行分类
pred = np.argmax(model.predict(X_test[0:10]), axis=1)
print(pred)
```

Out
```
Epoch 1/1
10000/10000 [==============================] - 1s 88us/step - loss:
1.9310 - acc: 0.5079
evaluate loss: 1.6201098241806031
evaluate acc: 0.651
```

```
[7 2 1 0 4 1 7 9 6 7]
```

程序清单 19.15　参考答案

◖解说◗

生成模型首先需要创建用于管理模型的示例，然后调用 **add()** 方法逐层添加网络层，接着调用 **model.fit(** 学习数据，监督数据 **)** 对模型进行训练，之后，再调用 **modelpredict** 就可以得到预测结果。

此外，**argmax()** 函数返回的是指定数组中最大元素对应的索引值。调用 **predict()** 方法得到的是由 0 和 9 之间的数字组成的数组，**argmax()** 函数则返回这个输出数组中具有最大值的元素，这样就可以方便我们观察预测得到的数字中那些比较接近实际的结果。

第 20 章

深度学习的参数调校

20.1 | 超参数

深度学习技术可以用很简洁的代码实现分类和回归算法，因此非常方便。

而且，神经网络模型对于很多应用场合都是适用的，因此具有良好的通用性。

然而，在构建网络时，有很多参数是需要人为进行调整和控制的，这些参数被称为**超参数**。

程序清单 20.1 中的代码是将第 19 章中的 **MNIST** 分类程序进行了小幅的改动，而且对一些参数进行了显式的指定，是非常具有代表性的深度学习实现代码。

接下来将对程序清单 20.1 代码中的超参数进行讲解。

```
In   # 导入需要的模块
     import numpy as np
     import matplotlib.pyplot as plt
     from keras.datasets import mnist
     from keras.layers import Activation, Dense, Dropout
     from keras.models import Sequential, load_model
     from keras import optimizers
     from keras.utils.np_utils import to_categorical


     (X_train, y_train), (X_test, y_test) = mnist.load_data()


     X_train = X_train.reshape(X_train.shape[0], 784)[:6000]
     X_test = X_test.reshape(X_test.shape[0], 784)[:1000]
     y_train = to_categorical(y_train)[:6000]
     y_test = to_categorical(y_test)[:1000]


     model = Sequential()
     model.add(Dense(256, input_dim=784))
     # 超参数：激励函数
     model.add(Activation("sigmoid"))
     # 超参数：隐藏层的数量，隐藏层的通道数
     model.add(Dense(128))
     model.add(Activation("sigmoid"))
```

```
# 超参数：Dropout 的比例
model.add(Dropout(rate=0.5))
model.add(Dense(10))
model.add(Activation("softmax"))

# 超参数：学习率（lr）
sgd = optimizers.SGD(lr=0.01)

# 超参数：最优化函数（optimizer）
# 超参数：损失函数（loss）
model.compile(optimizer=sgd, loss="categorical_crossentropy",
        metrics=["accuracy"])

# 超参数：批次尺寸（batch_size）
# 超参数：epochs 数
model.fit(X_train, y_train, batch_size=32, epochs=10, verbose=1)

score = model.evaluate(X_test, y_test, verbose=0)
print("evaluate loss: {0[0]}\nevaluate acc: {0[1]}".format(score))
```

程序清单 20.1　超参数的示例

备注：metrics

　　metrics 是用于评估的函数，与学习本身是没有任何关系的。关于评估函数请参考第 1 章中的内容。

　　在模型中超参数是大量存在的（程序清单 20.1）。

　　超参数是无法自动进行最优化设置的参数。如果不人为地指定超参数的值，模型就无法正确地进行学习。

　　在我们自己动手构建新的模型时，如何为超参数设置合理的值是非常重要的。

　　在本章中对各种超参数的含义进行学习，尝试构建自己的网络，并掌握调整超参数的方法。

请问下列关于超参数的描述中，哪一项是正确的？

- 超参数在学习的过程中，是由模型自动进行调整的。
- 超参数需要人为地进行调整。
- 如果能将超参数进行合理的设置当然是最好的，不过即使设置得不太合理，在大多数情况下也不会影响学习的效果。

（提示）

在所有参数中，需要人为进行调整的参数被称为超参数。

（参考答案）

超参数需要人为地进行调整。

20.2 ‖ 网络结构

网络的结构（隐藏层的数量、隐藏层中神经元的个数等）是可以自由设置并构建的。

通常，只要增加隐藏层或者神经元的数量，就能实现非常丰富的函数功能。

然而，随着隐藏层数量的增加，靠近输入层的权重就很难被适当地更新，导致学习过程进展缓慢。而且，随着隐藏层中神经元数量的增加，那些重要性很低的特征也会被网络抽取出来，从而容易导致过拟合问题（模型泛化能力下降）。因此，设置合理的网络结构是非常重要的。

要单纯依靠理论对网络结构进行定义和解释是很困难的事情，在现实中，我们往往通过借鉴其他的实现案例和经验数据来设置网络结构。

（习题）

请从下列三个选项中，选择预测精度最高的模型，并对程序清单 20.2 中的部分代码进行修改。

另外，请确认网络结构，特别是隐藏层的结构对模型学习的影响程度。

- A：包含 1 层神经元数量为 256 的全链接隐藏层，1 层神经元数量为 128 的全链接隐藏层的模型（与 20.1 小节超参数中相同的模型）。
- B：包含 1 层神经元数量为 256 的全链接隐藏层，3 层神经元数量为 128 的全链接隐藏层的模型。
- C：包含 1 层神经元数量为 256 的全链接隐藏层，1 层神经元数量为 1568 的全链接隐藏层的模型。

此外，需要满足如下要求。

只允许从下列代码中注释两行代码，其他代码不做任何变动。

```
# 导入需要的模块
import numpy as np
import matplotlib.pyplot as plt
from keras.datasets import mnist
from keras.layers import Activation, Dense, Dropout
from keras.models import Sequential, load_model
from keras import optimizers
from keras.utils.np_utils import to_categorical

(X_train, y_train), (X_test, y_test) = mnist.load_data()

X_train = X_train.reshape(X_train.shape[0], 784)[:6000]
X_test = X_test.reshape(X_test.shape[0], 784)[:1000]
y_train = to_categorical(y_train)[:6000]
y_test = to_categorical(y_test)[:1000]

model = Sequential()
model.add(Dense(256, input_dim=784))
model.add(Activation("sigmoid"))

def funcA():
  model.add(Dense(128))
  model.add(Activation("sigmoid"))
```

```python
def funcB():
  model.add(Dense(128))
  model.add(Activation("sigmoid"))
  model.add(Dense(128))
  model.add(Activation("sigmoid"))
  model.add(Dense(128))
  model.add(Activation("sigmoid"))

def funcC():
  model.add(Dense(1568))
  model.add(Activation("sigmoid"))

# 请注释掉其中的两行
# --------------------------
funcA()
funcB()
funcC()
# --------------------------

model.add(Dropout(rate=0.5))
model.add(Dense(10))
model.add(Activation("softmax"))

sgd = optimizers.SGD(lr=0.1)

model.compile(optimizer=sgd, loss="categorical_crossentropy",
metrics=["accuracy"])

model.fit(X_train, y_train, batch_size=32, epochs=3, verbose=1)

score = model.evaluate(X_test, y_test, verbose=0)
print("evaluate loss: {0[0]}\nevaluate acc: {0[1]}".format(score))
```

程序清单 20.2　习题

（提示）

　请尝试所有可能的网络结构模式。

（参考答案）

In | （略）

```
  model.add(Activation("sigmoid"))

# 请注释掉其中的两行
#--------------------------
funcA()
#  funcB()
#  funcC()
#--------------------------

model.add(Dropout(rate=0.5))
```
（略）

Out |
```
Epoch 1/3
6000/6000 [==============================] - 1s 97us/step - loss:
1.7664- acc: 0.4078
Epoch 2/3
6000/6000 [==============================] - 1s 85us/step - loss:
1.0451- acc: 0.6665
Epoch 3/3
6000/6000 [==============================] - 0s 82us/step - loss:
0.8813- acc: 0.7207
evaluate loss: 0.7435055255889893
evaluate acc: 0.787
```

程序清单 20.3　参考答案

　　输出精度最高的模型是 A，精度为 0.787。因此，盲目地增加神经元的数量或网络层的数量并不一定会产生我们期望的结果。

20.3 ∥Dropout

Dropout 是一种用于**防止过拟合问题、提升模型精度**的方法。

使用 Dropout 方法，会在学习过程中随机地屏蔽掉一部分神经元（准确地说是用 0 值进行更新）。

这样，神经网络就不再依赖于特定的神经元，拥有对**更具广泛性的（对学习数据以外的数据也能适用）特征**进行学习的能力。

因此，就可以有效地防止对学习数据产生过拟合的问题。

Dropout 可以通过如下方式来使用。

model.add(Dropout(rate=0.5))

其中，**rate** 是用来设置需要屏蔽的神经元比例的参数。

Dropout 的使用位置、参数中的 rate 都属于超参数。

〖习题〗

请编程实现 Dropout，并将训练数据和测试数据的准确率进行比较，确认两者是否比较接近（程序清单 20.4）。

```
In  # 导入需要的模块
    import numpy as np
    import matplotlib.pyplot as plt
    from keras.datasets import mnist
    from keras.layers import Activation, Dense, Dropout
    from keras.models import Sequential, load_model
    from keras import optimizers
    from keras.utils.np_utils import to_categorical


    (X_train, y_train), (X_test, y_test) = mnist.load_data()


    X_train = X_train.reshape(X_train.shape[0], 784)[:6000]
    X_test = X_test.reshape(X_test.shape[0], 784)[:1000]
    y_train = to_categorical(y_train)[:6000]
```

```
y_test = to_categorical(y_test)[:1000]

model = Sequential()
model.add(Dense(256, input_dim=784))
model.add(Activation("sigmoid"))
model.add(Dense(128))
model.add(Activation("sigmoid"))

# -------------------------
# 请在此处输入代码

# -------------------------

model.add(Dense(10))
model.add(Activation("softmax"))

sgd = optimizers.SGD(lr=0.1)

model.compile(optimizer=sgd, loss="categorical_crossentropy",
metrics=["accuracy"])

history = model.fit(X_train, y_train, batch_size=32,
epochs=5, verbose=1, validation_data=(X_test, y_test))

# acc、val_acc 的绘制
plt.plot(history.history["acc"], label="acc", ls="-",
marker="o")
plt.plot(history.history["val_acc"], label="val_acc", ls="-",
marker="x")
plt.ylabel("accuracy")
plt.xlabel("epoch")
plt.legend(loc="best")
plt.show()
```

程序清单 20.4　习题

要实现 **Dropout** 需要使用 **Dropout()** 函数。

参考答案

In
```
（略）
model.add(Activation("sigmoid"))
# --------------------------
# 请在此处输入代码
model.add(Dropout(rate=0.5))
# --------------------------
model.add(Dense(10))
（略）
```

Out
```
Train on 6000 samples, validate on 1000 samples
Epoch 1/5
6000/6000 [==============================] - 1s 96us/step - loss:
1.7256 - acc: 0.4243 - val_loss: 1.1533 - val_acc: 0.6820
Epoch 2/5
6000/6000 [==============================] - 0s 83us/step - loss:
1.0431 - acc: 0.6715 - val_loss: 0.8613 - val_acc: 0.7730
Epoch 3/5
6000/6000 [==============================] - 1s 86us/step - loss:
0.8772 - acc: 0.7247 - val_loss: 0.7622 - val_acc: 0.7900
Epoch 4/5
6000/6000 [==============================] - 0s 82us/step - loss:
0.7922 - acc: 0.7443 - val_loss: 0.6670 - val_acc: 0.8120
Epoch 5/5

6000/6000 [==============================] - 1s 83us/step - loss:
0.7465 - acc: 0.7618 - val_loss: 0.6178 - val_acc: 0.8340
```

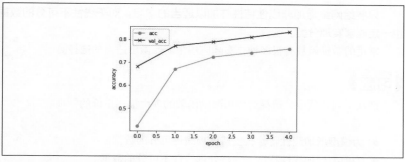

程序清单 20.5　参考答案

20.4 ‖ 激励函数

20.4.1 激励函数的作用

所谓**激励函数**，是指用在全链接层之后的函数，最初是用来模仿神经元的激发行为的。

全链接层是将输入数据经过线性变换后再进行输出，**使用激励函数后就为其增加了非线性的特性**。

如果不使用激励函数，就无法用一条直线对如图 20.1 所示的数据进行切分（线性不可分），从数学角度很容易看出数据是无法被线性分类的。

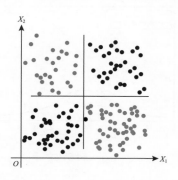

图 20.1　线性不可分数据的示例

只要给网络增加非线性特性并加以适当的学习，对于线性不可分的数据最终也一定能够实现分类。

常用的激励函数有很多种，实际应用中需要做出适当的选择。

（习题）

请从下列选项中，选择对使用激励函数的理由描述正确的一项。

- 为模型增加线性特性，支持处理线性可分的数据。
- 为模型增加线性特性，支持处理线性不可分的数据。
- 为模型增加非线性特性，支持处理线性可分的数据。
- 为模型增加非线性特性，支持处理线性不可分的数据。

（提示）

如果模型是线性的，就无法对线性不可分的数据进行分类。

（参考答案）

为模型增加非线性特性，支持处理线性不可分的数据。

20.4.2 sigmoid 函数

sigmoid 函数作为激励函数可以定义为如下形式，如图 20.2 所示。

$$sigmoid(x) = \frac{1}{1+e^{-x}}$$

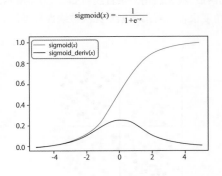

图 20.2　sigmoid 函数的示例

图 20.2 中蓝色曲线表示的是 sigmoid 函数；黑色曲线表示的是 sigmoid 函数的导函数（微分后的函数）。

习题

请根据图 20.2，从下列选项中选择对 sigmoid 函数描述正确的一项。

● 由于输出值必然在（0，1）的区间内收敛，因此很少会产生极端的输出值。
● 在任意区间内都无法收敛，因此可能会产生极端的输出值。
● 输出的取值范围很广，因此学习速度会变快。
● 由于输出值的范围不受限制，因此学习速度会变慢。

提示

请注意纵轴上的值。

参考答案

由于输出值必然在（0，1）的区间内收敛，因此很少会产生极端的输出值。

20.4.3 ReLU 函数

接下来将对另一个常用的激励函数——**ReLU 函数（斜坡函数）**进行讲解。
ReLU 是 Rectified Linear Unit 的缩写，可以表示为下列公式。

$$\text{ReLU}(x) = \begin{cases} 0, x < 0 \\ x, x \geqslant 0 \end{cases}$$

如图 20.3 所示，蓝色曲线表示的是 ReLU 函数；黑色曲线表示的是 ReLU 函
数的导函数。

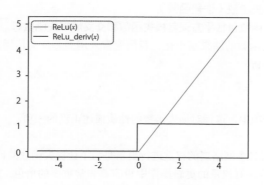

图 20.3　ReLU 函数的示例

请根据上文中的说明及图 20.3 分析，下列关于 ReLU 函数的说法中，哪一项是正确的？

- 由于输出值必然在（0，1）的区间内收敛，因此很少会产生极端的输出值。
- 由于在任意区间内都无法收敛，因此会产生极端的输出值。
- 由于输出值的取值范围较广，因此学习速度会变慢。
- 由于输出值的范围不受限制，因此学习速度会变慢。

（提示）

通常，输出的值较大，学习速度就会变快。

（参考答案）

由于在任意区间内都无法收敛，因此会产生极端的输出值。

20.5 ‖ 损失函数

20.5.1 损失函数的种类

在学习过程中，对模型的输出值和监督数据之间的差值（错误率）进行评估的函数被称为**损失函数（误差函数）**。

常用的损失函数包括**平方误差损失函数**和**交叉熵损失函数**等。

为了让损失函数的结果最小化，我们通常采用误差反向传播算法对各个网络层的权重进行更新。

（习题）

请从下列选项中，选择对损失函数的性质描述正确的一项。

- 通常，对各个网络层的权重进行更新是为了让损失函数的计算结果最大化。
- 损失函数在对权重的更新操作中扮演着非常重要的角色，因此选择合适的损失函数是很关键的。

- 可以直接将准确率的计算公式作为损失函数使用。
- 损失函数只有一种，所以它并不是超参数。

(提示)

损失函数有很多不同类型的实现，都是通过更新权重使其计算结果最小化。

(参考答案)

损失函数在对权重的更新操作中扮演着非常重要的角色，因此选择合适的损失函数是很关键的。

20.5.2 平方误差

平方误差是作为最小二乘法在统计学等多个领域中广泛应用的误差函数。

$$E = \sum_{i=1}^{N} (t_i - y_i)^2$$

其中，y_i 和 t_i 分别表示预测标签和正确答案标签。

由于很适合用于对连续值的评估，因此经常被当作回归模型的误差函数使用。

(习题)

请从下列选项中，选择对平方误差描述正确的一项。

- 适用于回归问题，函数在最小值附近更新速度变得缓慢，因此学习过程容易收敛。
- 适用于回归问题，函数在最小值附近更新速度变得缓慢，因此学习过程不容易收敛。
- 适用于分类问题，函数在最小值附近更新速度变得缓慢，因此学习过程容易收敛。
- 适用于分类问题，函数在最小值附近更新速度变得缓慢，因此学习过程不容易收敛。

(提示)

请联想一下底部凸起的抛物线的形状。

适用于回归问题，函数在最小值附近更新速度变得缓慢，因此学习过程容易收敛。

20.5.3 交叉熵误差

交叉熵误差是专门针对二元分类的评估问题的，因此主要作为分类模型的误差函数使用。

$$E = \sum_{i=1}^{N} \left(-t_i \log y_i - (1-t_i) \log (1-y_i) \right)$$

接下来，让我们看看这个函数具有哪些特性。

- 当 $t_i \ll y_i$ 时：$-t_i \log y_i$ 几乎为 0，$-(1-t_i)\log(1-y_i)$ 接近正无穷大。
- 当 $t_i \gg y_i$ 时：$-t_i \log y_i$ 为正无穷大，而 $-(1-t_i)\log(1-y_i)$ 接近 0。
- 当 $t_i \approx y_i$ 时：可以很容易计算出 $-t_i \log y_i - (1-t_i)\log(1-y_i)$ 是位于 0.69 ~ 0 范围内的值。

综上所述，交叉熵 $-t_i \log y_i - (1-t_i) \log (1-y_i)$ 在 $|t_i - y_i|$ 较大时，会返回非常大的数值；而当 $|t_i - y_i|$ 较小时，则趋近于 0。

在分类问题的学习中，预测标签 y_i 与正确答案标签 t_i 的大小越接近越好，因此，这个函数正好可以派上用场。

从上述分析可以看出，交叉熵误差是非常适合用于对 **0 和 1 之间两个数的差值进行评估**的函数。

（习题）

请从下列选项中，选择对交叉熵误差描述正确的一项。

- 正确答案标签与预测标签的值越接近，则得到的值越小。
- 是专门用于多类目分类的误差函数。
- 是经常用于解决回归问题的误差函数。

> **提示**
>
> 交叉熵误差是专门针对二元分类的误差函数，主要用作分类模型中的损失函数。

> **参考答案**
>
> 正确答案标签与预测标签的值越接近，则得到的值越小。

20.6 ‖ 最优化函数

权重的更新处理是依据误差函数用各个权重进行微分计算得到的值，来决定更新方向和更新到什么程度。

最优化函数根据**学习率**、**epochs 数**、权重更新量的**历史数据**等信息，将微分计算得到的值反映到权重的更新量中。

最优化函数是超参数。

如图 20.4 所示，最优化函数包括 6 种不同的类型，如果选择不当的话可能导致学习所需的时间大幅延长。

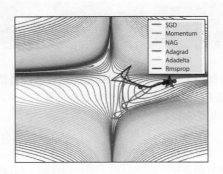

图 20.4　最优化函数的示例

来源 引自 "CS231n Convolutional Neural Networks for Visual Recognition"
URL http://cs231n.github.io/neural-networks-3/#add

⸨习题⸩

请从下列选项中，选择对最优化函数的性质描述正确的一项。

- 通常，对各个网络层的权重进行更新的目的是将最优化函数的结果最大化。
- 无论选择哪种最优化函数都能对模型起到优化作用，因此不需要做出选择。
- 最优化函数是以损失函数、epochs 数等多个信息量为依据，对权重进行更新操作的。
- 最优化函数只有一种，因此它不属于超参数的一种。

⸨提示⸩

最优化函数根据多个元素的信息对权重进行更新操作，但是在不同的算法中更新权重的方式也有所不同，因此它也属于超参数的一种。

⸨参考答案⸩

最优化函数是以损失函数、epochs 数等多个信息量为依据，对权重进行更新操作的。

20.7 ‖ 学习率

所谓学习率，是指用于设置对**每个网络层的权重进行更新**时所使用的更新量的超参数。如图 20.5 所示为正在进行最小化处理的模型和学习率的变化所带来的影响。位于右上方的点显示的是初始值的位置。

- 学习率过低，导致更新毫无进展。
- 由于设置的学习率合理，因此只用了很少的次数，值就收敛了。
- 虽然收敛了，但是由于值过大，更新的方式中出现了浪费现象。
- 学习率设置过大，导致值出现了发散（向上方进行更新，值变得越来越大）。

由此可见，针对不同类型的损失函数设置适当的学习率是非常必要的。

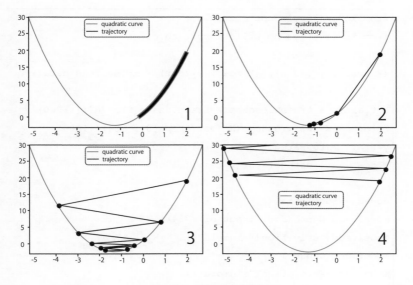

图 20.5 学习率的示例

习题

请从下列三种不同的学习率中，选择你认为能够使预测精度最高的一项，并对程序清单 20.6 中的代码做出相应的修改。

请将学习率的变化对模型的学习效果所产生的影响进行确认。

- funcA() lr: 0.01
- funcB() lr: 0.1
- funcC() lr: 1.0

另外，对于程序清单 20.6 中的代码，只允许修改其中的两行，其余部分保持不变。

```
In  # 导入需要的模块
    import numpy as np
    import matplotlib.pyplot as plt
    from keras.datasets import mnist
    from keras.layers import Activation, Dense, Dropout
    from keras.models import Sequential, load_model
```

```
from keras import optimizers
from keras.utils.np_utils import to_categorical

(X_train, y_train), (X_test, y_test) = mnist.load_data()

X_train = X_train.reshape(X_train.shape[0], 784)[:6000]
X_test = X_test.reshape(X_test.shape[0], 784)[:1000]
y_train = to_categorical(y_train)[:6000]
y_test = to_categorical(y_test)[:1000]

model = Sequential()
model.add(Dense(256, input_dim=784))
model.add(Activation("sigmoid"))
model.add(Dense(128))
model.add(Activation("sigmoid"))
model.add(Dropout(rate=0.5))
model.add(Dense(10))
model.add(Activation("softmax"))


def funcA():
  global lr
  lr = 0.01

def funcB():
  global lr
  lr = 0.1

def funcC():
  global lr
  lr = 1.0

# 请注释掉其中的两行，确定学习率的大小
# ---------------------------
funcA()
```

```
funcB()
funcC()
# --------------------------

sgd = optimizers.SGD(lr=lr)

model.compile(optimizer=sgd, loss="categorical_crossentropy",
        metrics=["accuracy"])

model.fit(X_train, y_train, batch_size=32, epochs=3, verbose=1)

score = model.evaluate(X_test, y_test, verbose=0)
print("evaluate loss: {0[0]}\nevaluate acc: {0[1]}".format(score))
```

程序清单 20.6　习题

提示

请尝试所有可能的学习率设置模式。

参考答案

In
```
（略）
# 请注释掉其中的两行，确定学习率的大小
#--------------------------
# funcA()
funcB()
# funcC()
#--------------------------

sgd = optimizers.SGD(lr=lr)
（略）
```

Out
```
Epoch 1/3
6000/6000 [==============================] - 1s 104us/step - loss:
1.7295 - acc: 0.4152
Epoch 2/3
```

```
6000/6000 [==============================] - 1s 88us/step - loss:
1.0606- acc: 0.6552
Epoch 3/3
6000/6000 [==============================] - 1s 86us/step - loss:
0.8769- acc: 0.7172
evaluate loss: 0.7500511503219605
evaluate acc: 0.764
```

程序清单 20.7　参考答案

20.8 ‖ 小批次学习

在模型的学习过程中，一次性提交给模型的输入数据的数量是可以更改的。

一次性提交数据的数量被称为**批次尺寸**，这也是一个超参数。

当一次性提交了多组数据时，模型会分别计算各组数据的损失和损失函数的梯度（应当以怎样的方式对权重进行更新），但是使用计算得出的梯度的平均值只能对权重进行一次更新操作。

通过使用多组数据对权重进行更新可以有效防止个别极为异常的数据对学习产生的不良影响，而且如果配合使用并行计算方式执行，还能有效缩短整体的计算时间。

但是，如果使用多组数据对权重进行更新，就不会出现权重更新量的剧烈变化，因而有可能会陷入损失函数的局部最优解而无法摆脱的状态。

当异常的数据占多数时就加大批次尺寸；当相似的数据占多数时就减小批次尺寸。 总而言之，对批次尺寸进行合理调整是非常必要的。

将批次尺寸设置为 1 的学习方法被称为**在线学习（随机梯度下降法）**；将批次尺寸设为全部数据的数量的学习方法被称为**批次学习（最速下降法）**；而处于这二者之间的学习方法则被称为**小批次学习**。

【习题】

请从下列三种不同的批次尺寸中，选择你认为能够达到最高预测精度的一项，并对程序清单 20.8 中的代码进行修改。另外，请确认不同批次尺寸对模型的学习所产生的影响。

- funcA() batch_size: 16
- funcB() batch_size: 32
- funcC() batch_size: 64

另外，对于程序清单 20.8 中的代码，只允许修改其中的两行，其余部分保持不变。

```
In    # 导入需要的模块
      import numpy as np
      import matplotlib.pyplot as plt
      from keras.datasets import mnist
      from keras.layers import Activation, Dense, Dropout
      from keras.models import Sequential, load_model
      from keras import optimizers
      from keras.utils.np_utils import to_categorical

      (X_train, y_train), (X_test, y_test) = mnist.load_data()

      X_train = X_train.reshape(X_train.shape[0], 784)[:6000]
      X_test = X_test.reshape(X_test.shape[0], 784)[:1000]
      y_train = to_categorical(y_train)[:6000]
      y_test = to_categorical(y_test)[:1000]

      model = Sequential()
      model.add(Dense(256, input_dim=784))
      model.add(Activation("sigmoid"))
      model.add(Dense(128))
      model.add(Activation("sigmoid"))
      model.add(Dropout(rate=0.5))
      model.add(Dense(10))
      model.add(Activation("softmax"))

      sgd = optimizers.SGD(lr=0.1)
```

```
model.compile(optimizer=sgd, loss="categorical_crossentropy",
        metrics=["accuracy"])

def funcA():
  global batch_size
  batch_size = 16

def funcB():
  global batch_size
  batch_size = 32

def funcC():
  global batch_size
  batch_size = 64

# 请注释掉其中的两行，确定 batch_size 的大小
# -------------------------
# batch_size: 16
funcA()
# batch_size: 32
funcB()
# batch_size: 64
funcC()
# -------------------------

model.fit(X_train, y_train, batch_size=batch_size, epochs=3, verbose=1)

score = model.evaluate(X_test, y_test, verbose=0)
print("evaluate loss: {0[0]}\nevaluate acc: {0[1]}".format(score))
```

程序清单 20.8　习题

 提示

请尝试上述所有批次模式。

参考答案

```
In  （略）
    # 请注释掉其中的两行，确定 batch_size 的大小
    # ---------------------------
    # batch_size: 16
    # funcA()
    # batch_size: 32
    # funcB()
    # batch_size: 64
    funcC()
    # ---------------------------


    model.fit(X_train, y_train, batch_size=batch_size, epochs=3, verbose=1)
    （略）
```

```
Out  Epoch 1/3
     6000/6000 [==============================] - 0s 74us/step - loss: 1.9061
     - acc: 0.3602: 1s - loss: 2.4185 - acc: 0.
     Epoch 2/3
     6000/6000 [==============================] - 0s 52us/step - loss: 1.1769
     - acc: 0.6410
     Epoch 3/3
     6000/6000 [==============================] - 0s 54us/step - loss: 0.8767
     - acc: 0.7400
     evaluate loss: 0.72228968334198
     evaluate acc: 0.819
```

程序清单 20.9　参考答案

20.9 ‖ 反复学习

通常为了提高模型的精度我们往往会让模型对同一训练数据进行反复多次学习。这种方式被称为**反复学习**。

这种学习的次数被称为 **epochs 数**，这也是一个超参数。

增加 epochs 数并不意味着模型的精度也会持续得到提升。

不仅模型的准确率到一定程度就会停止提升，不断重复的学习也会导致损失函数被最小化而引起过拟合问题的发生。

因此，选择适当的时机结束学习是非常有必要的。

【习题】

请从下列三种不同的 epochs 数中，选择你认为能够使预测精度达到最高的一项，并对程序清单 20.10 中的代码进行修改。

另外，请确认不同 epochs 数对模型的学习所产生的影响。

- funcA() epochs: 5
- funcB() epochs: 10
- funcC() epochs: 60

另外，对于程序清单 20.10 中的代码，只允许修改其中的两行，其余部分保持不变。

```
In    # 导入需要的模块
      import numpy as np
      import matplotlib.pyplot as plt
      from keras.datasets import mnist
      from keras.layers import Activation, Dense, Dropout
      from keras.models import Sequential, load_model
      from keras import optimizers
      from keras.utils.np_utils import to_categorical

      (X_train, y_train), (X_test, y_test) = mnist.load_data()
```

```
X_train = X_train.reshape(X_train.shape[0], 784)[:1500]
X_test = X_test.reshape(X_test.shape[0], 784)[:6000]
y_train = to_categorical(y_train)[:1500]
y_test = to_categorical(y_test)[:6000]

model = Sequential()
model.add(Dense(256, input_dim=784))
model.add(Activation("sigmoid"))
model.add(Dense(128))
model.add(Activation("sigmoid"))
# 在此处不使用 Dropout
#model.add(Dropout(rate=0.5))
model.add(Dense(10))
model.add(Activation("softmax"))

sgd = optimizers.SGD(lr=0.1)

model.compile(optimizer=sgd, loss="categorical_crossentropy",
      metrics=["accuracy"])

def funcA():
  global epochs
  epochs = 5

def funcB():
  global epochs
  epochs = 10

def funcC():
  global epochs
  epochs = 60

# 请注释掉其中的两行，确定 epochs 数的大小
# --------------------------
# epochs: 5
```

```
funcA()
# epochs: 10
funcB()
# epochs: 60
funcC()
# ---------------------------

history = model.fit(X_train, y_train, batch_size=32, epochs=epochs,
verbose=1, validation_data=(X_test, y_test))

# acc 和 val_acc 的绘制
plt.plot(history.history["acc"], label="acc", ls="-", marker="o")
plt.plot(history.history["val_acc"], label="val_acc", ls="-", marker="x")
plt.ylabel("accuracy")
plt.xlabel("epoch")
plt.legend(loc="best")
plt.show()

score = model.evaluate(X_test, y_test, verbose=0)
print("evaluate loss: {0[0]}\nevaluate acc: {0[1]}".format(score))
```

程序清单 20.10　习题

提示

请尝试上述所有 **epochs** 数模式。

参考答案

In
```
（略）
  epochs = 60

# 请注释掉其中的两行，确定 epochs 数的大小
# ---------------------------
# epochs: 5
# funcA()
```

```
# epochs: 10
funcB()
# epochs: 60
# funcC()
# --------------------------

history = model.fit(X_train, y_train, batch_size=32, epochs=epochs,
verbose=1, validation_data=
（略）
```

Out
```
Train on 1500 samples, validate on 6000 samples
Epoch 1/10
1500/1500 [==============================] - 0s 279us/step - loss:
2.0033 - acc: 0.3653 - val_loss: 1.7397 - val_acc: 0.5270
Epoch 2/10
（略）
1500/1500 [==============================] - 0s 163us/step - loss:
0.5995 - acc: 0.8587 - val_loss: 0.7249 - val_acc: 0.7923
Epoch 10/10
1500/1500 [==============================] - 0s 166us/step - loss:
0.5679 - acc: 0.8607 - val_loss: 0.7066 - val_acc: 0.7983
```

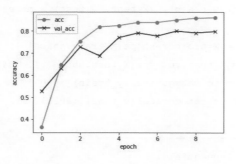

```
evaluate loss: 0.7066391777992248
evaluate acc: 0.7983333333333333
```

程序清单 20.11　参考答案

本章对超参数的相关知识进行了学习，并自己动手构建了深度神经网络，掌握了对网络模型进行调整的方法。接下来，我们将尝试仅通过调整超参数的方式来提升 MNIST 分类的精度，从而进一步加深对超参数的理解。

习题

请使用深度神经网络实现 MNIST 的分类模型。需要满足如下条件。

- 模型对测试数据进行预测的准确率需达到 80% 以上。
- epochs 数固定为 5。
- 请不要修改 X_train、y_train、X_test、y_test 等变量的声明。

```
import numpy as np
import matplotlib.pyplot as plt
from keras.datasets import mnist
from keras.layers import Activation, Dense, Dropout
from keras.models import Sequential, load_model
from keras import optimizers
from keras.utils.np_utils import to_categorical


(X_train, y_train), (X_test, y_test) = mnist.load_data()


X_train = X_train.reshape(X_train.shape[0], 784)[:6000]
X_test = X_test.reshape(X_test.shape[0], 784)[:1000]
y_train = to_categorical(y_train)[:6000]
y_test = to_categorical(y_test)[:1000]


# --------------------------
model = Sequential()
model.add(Dense(256, input_dim=784))
model.add(Activation("sigmoid"))
model.add(Dense(128))
model.add(Activation("sigmoid"))
model.add(Dropout(rate=0.5))
```

```
model.add(Dense(10))
model.add(Activation("softmax"))


sgd = optimizers.SGD(lr=0.1)
model.compile(optimizer=sgd, loss="categorical_crossentropy",
        metrics=["accuracy"])


model.fit(X_train, y_train, batch_size=10, epochs=5, verbose=1)
score = model.evaluate(X_test, y_test, verbose=0)
print("evaluate loss: {0[0]}\nevaluate acc: {0[1]}".format(score))
# -------------------------
```

程序清单 20.12　习题

提示

可以参考 20.1 节中的示例代码。只需修改代码中一个超参数的设置就能实现 **85%** 以上的准确率。

参考答案

```
In   (略)
     # -------------------------
     model = Sequential()
     model.add(Dense(256, input_dim=784))
     model.add(Activation("sigmoid"))
     model.add(Dense(128))
     model.add(Activation("sigmoid"))
     model.add(Dropout(rate=0.5))
     model.add(Dense(10))
     model.add(Activation("softmax"))


     sgd = optimizers.SGD(lr=0.1)
     model.compile(optimizer=sgd, loss="categorical_crossentropy",
             metrics=["accuracy"])
```

```
model.fit(X_train, y_train, batch_size=96, epochs=5, verbose=1)
score = model.evaluate(X_test, y_test, verbose=0)
print("evaluate loss: {0[0]}\nevaluate acc: {0[1]}".format(score))
# --------------------------
```

Out
```
Epoch 1/5
6000/6000 [==============================] - 0s 69us/step - loss:
1.9879- acc: 0.3192
Epoch 2/5
6000/6000 [==============================] - 0s 49us/step - loss:
1.3226- acc: 0.5968
Epoch 3/5
6000/6000 [==============================] - 0s 52us/step - loss:
0.9912- acc: 0.7063
Epoch 4/5
6000/6000 [==============================] - 0s 52us/step - loss:
0.8178- acc: 0.7667
Epoch 5/5
6000/6000 [==============================] - 0s 51us/step - loss:
0.7186- acc: 0.7990
evaluate loss: 0.6066007542610169
evaluate acc: 0.852
```

程序清单 20.13　参考答案

(解说)

　　这个问题中所涉及的超参数包括激励函数、Dropout 比率、学习率（**lr**）、最优化函数（**optimizer**）、损失函数（**loss**）、批次尺寸（**batch_size**）、epochs 数（**epochs**）等。在这些参数中，只要增加批次尺寸（一次性提交给模型的输入数据的数量）就能提升模型的预测精度。

运用 CNN 进行图像识别的基础

图像识别是一种检测图像或视频中所包含的"**物体**"或"**特征**"的技术，如图片中的文字、人物的面部。具体来说，就是对图片进行分类、对物体的位置进行判断（见图 21.1）、对图像的内容进行区分（见图 21.2）等各种识别技术。

图 21.1　图像的分类、位置的检测

来源　引自"Google AI Blog"

图片来源　Michael Miley, original image.

URL　https://research.googleblog.com/2017/06/supercharge-your-computer-vision-models.html

2012 年，多伦多大学的研究团队发表了基于深度学习技术的高精度图像识别的研究论文，掀起了深度学习技术发展的热潮。目前，在文字识别、人脸识别、自动驾驶汽车、家用机器人等各种应用领域中，关于深度学习技术的实用化研究都在不断发展。

在本章中将使用图像领域中被广泛应用的深度神经网络 **CNN**（Convolutional Neural Network，卷积神经网络）来学习和理解深度学习技术的相关知识。

图 21.2 图像区域分割

来源 引自 "NVIDIA: News"

URL https://blogs.nvidia.com/blog/2016/01/05/eyes-on-the-road-how-autonomous-cars-understand-what-theyre-seeing/

习题

请从下列选项中，选择对图像识别技术描述正确的一项。

- 图像识别仅仅是一种对图像进行分类的技术。
- 近年来，使用单因素回归分析技术实现图像识别的研究开发正处在蓬勃发展之中。
- 图像识别已经是非常完善的技术，可以根据要求的精度对任意物体进行识别。
- 图像识别技术在汽车自动驾驶、农业、工业等各个领域中都具有非常广泛的应用前景。

提示

图像识别技术目前仍然在蓬勃发展之中，识别精度每年都在提高。

参考答案

图像识别技术在汽车自动驾驶、农业、工业等各个领域中都具有非常广泛的应用前景。

21.2 ‖CNN

21.2.1 CNN 概要

CNN 是使用"**卷积层**"这一拥有与人类大脑的视觉皮层结构相似的网络层来实现特征提取的神经网络。与我们在第 19 章中学习的只包含全链接层的神经网络相比，CNN 技术在图像识别应用中拥有着更高性能的发挥。

大多数情况下，CNN 模型除了使用卷积层还会使用被称为"池化层"的网络层。在池化层中对卷积层传递过来的信息进行压缩，并最终实现图像的分类等处理（见图 21.3）。

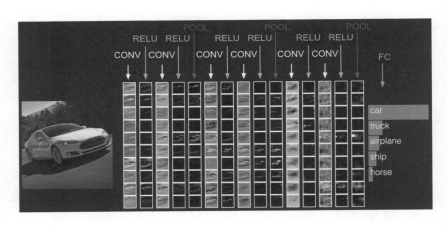

图 21.3　CNN 的结构

> **来源** 引自 "Stanford University: CS231n: Convolutional Neural Networks for Visual Recognition"
> **URL** http://cs231n.stanford.edu/

卷积层与全链接层相同的是，也负责进行特征抽取的网络层，但与全链接层不同的是，它通过直接处理原始的二维图像数据进行特征的提取，因此非常适合对线段、弯角等**二维空间**的特征进行提取。从下一小节开始，我们将对 CNN 中各个网络层的相关知识进行学习，并尝试构建如图 21.4 所示的 CNN 模型，对实际的图像进行分类处理。

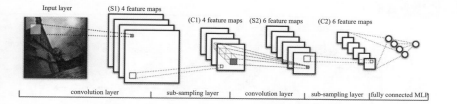

图 21.4　CNN 的整体模型

来源 引自 "theano: Convolutional Neural Networks" 的 "The Full Model: LeNet"
URL http://deeplearning.net/tutorial/lenet.html#the-full-model-lenet

（习题）

请从下列对 CNN 技术的相关描述中，选出描述最不合适的一项。

- 卷积层与全链接层相比，其优点是能够对存在于像素之间的位置相关的特征进行抽取。
- 卷积层所提取的特征量是模型通过学习自动发现的。
- 全部的网络层都由卷积层构成的神经网络模型被称为 CNN。
- CNN 是在图像的分类和物体识别等应用领域中非常常用的神经网络。

（提示）

如图 21.5 所示，CNN 中通常不仅仅包含卷积层，还使用池化层、全链接层等不同类型的网络层。

（参考答案）

全部的网络层都由卷积层构成的神经网络模型被称为 CNN。

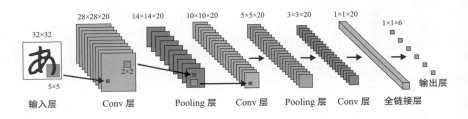

28×28×20　14×14×20　10×10×20　5×5×20　3×3×20　1×1×20

32×32

1×1×6

2×2

5×5

输出层

输入层　　　Conv 层　　　Pooling 层　　　Conv 层　　　Pooling 层　　Conv 层　　全链接层

图 21.5　卷积层与池化层

来源 引自 "DeepAge"

URL https://deepage.net/deep_learning/2016/11/07/convolutional_neural_network.html

在图 21.5 中，**卷积层是只关注一部分的输入数据**，并对这一部分数据的特征**进行调查**的网络层。

对于如何决定哪些特征是应当予以关注的问题，可以通过对训练数据和损失函数等参数进行合理设置来让网络学习**自动选择**应当关注的特征。

例如，在人脸识别的 CNN 网络中，随着网络学习的顺利推进，**靠近输入层的卷积层变得更加关注线段、点等低维度概念的特征，而靠近输出层的卷积层则变得更加关注眼睛、鼻子等高维度概念的特征**（见图 21.6 和图 21.7）。实际上，眼睛、鼻子等高维度的概念并不是直接从原始的输入图像中检测出来的，而是通过靠近输入层的网络层所检测出的低维度概念的位置进行组合而判断出来的。

在程序内部，需要关注的特征是由被称为**过滤器（核）**的**权重矩阵**实现的，每个特征都有一个对应的过滤器。

图 21.6　最靠近输入层的卷积层中训练完毕的过滤器的示例

来源 引自 "Convolutional Deep Belief Networks for Scalable Unsupervised Learning of Hierarchical Representations" 的 Figure 2

URL https://ai.stanford.edu/~ang/papers/icml09–ConvolutionalDeepBeliefNetworks.pdf

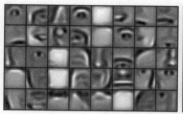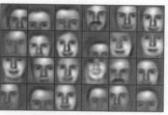

图 21.7　最靠近输出层的卷积层中训练完毕的过滤器的示例（清楚直观的可视化处理）

来源　引自 "Convolutional Deep Belief Networks for Scalable Unsupervised Learning of Hierarchical Representations" 的 Figure 3

URL　https://ai.stanford.edu/~ang/papers/icml09–ConvolutionalDeepBeliefNetworks.pdf

如图 21.8 所示为使用 $3 \times 3 \times 3$（纵 × 横 × 通道数）的过滤器对 $9 \times 9 \times 3$（纵 × 横 × 通道数）的图像进行卷积处理的过程。

使用一个 $3 \times 3 \times 3$ 的过滤器创建出一个 $4 \times 4 \times 1$ 的特征图（类似黑白照片）。

然后分别用多个不同的过滤器，创建出总数为 N 的 $4 \times 4 \times 1$ 的特征图。

最终，这个卷积层将 $9 \times 9 \times 3$ 的图像转换成了 $4 \times 4 \times N$ 的特征图。

此外，包括本小节的习题在内，我们对卷积层进行说明时，采用的都是二维的过滤器作为示例，而在实际中使用较多的是如图 21.8 所示的三维过滤器。

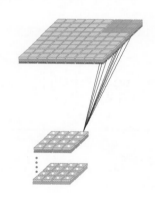

图 21.8　卷积的示意图

来源　引自 "Python API for CNTK"

URL　https://cntk.ai/pythondocs/CNTK_103D_MNIST_ConvolutionalNeuralNetwork.html

接下来，为了对卷积层和池化层中具体进行的操作进行讲解，我们将采用一段使用 NumPy 编写的代码作为示例。

为了将重点集中在对算法本身的理解上，我们在这段代码中没有使用 Keras 和 TensorFlow 等软件库。稍后，我们也会对使用 Keras 和 TensorFlow 的实例进行介绍。

在这里将使用如图 21.10 所示的过滤器对图 21.9 中圆的图像进行卷积操作，并对竖线、横线、斜线等特征进行检测。

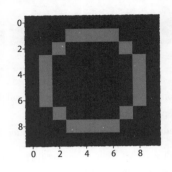

图 21.9　圆的图像

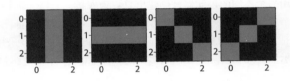

图 21.10　竖线、横线、斜线的检测

（习题）

请根据过滤器 **W2** 和过滤器 **W3** 对下列代码中的过滤器 **W1** 进行适当设置，实现对**纵向直线**的检测（程序清单 21.1）。

```
In   import numpy as np
     import matplotlib.pyplot as plt
     import urllib.request
     %matplotlib inline


     # 定义一个非常简单的卷积层
     class Conv:
         # 作为简单示例，将 W 固定为 3×3 大小，不考虑后续小节中介绍的 strides 或
         # padding 等设置
```

```
  def __init__(self, W):
    self.W = W
  def f_prop(self, X):
    out = np.zeros((X.shape[0]-2, X.shape[1]-2))
    for i in range(out.shape[0]):
      for j in range(out.shape[1]):
        x = X[i:i+3, j:j+3]
        # 对每个元素的乘积的总和进行计算
        out[i,j] = np.dot(self.W.flatten(), x.flatten())
    return out

local_filename, headers = urllib.request.urlretrieve('https://
aidemyexcontentsdata.blob.core.windows.net/data/5100_cnn/circle.npy')
X = np.load(local_filename)

plt.imshow(X)
plt.title("The original image", fontsize=12)
plt.show()

# 请对核进行适当设置
W1 =



W2 = np.array([[0,0,0],
               [1,1,1],
               [0,0,0]])


W3 = np.array([[1,0,0],
               [0,1,0],
               [0,0,1]])


W4 = np.array([[0,0,1],
               [0,1,0],
               [1,0,0]])
```

```
plt.subplot(1,4,1); plt.imshow(W1)
plt.subplot(1,4,2); plt.imshow(W2)
plt.subplot(1,4,3); plt.imshow(W3)
plt.subplot(1,4,4); plt.imshow(W4)
plt.suptitle("kernel", fontsize=12)
plt.show()

# 进行卷积处理
conv1 = Conv(W1); C1 = conv1.f_prop(X)
conv2 = Conv(W2); C2 = conv2.f_prop(X)
conv3 = Conv(W3); C3 = conv3.f_prop(X)
conv4 = Conv(W4); C4 = conv4.f_prop(X)

plt.subplot(1,4,1); plt.imshow(C1)
plt.subplot(1,4,2); plt.imshow(C2)
plt.subplot(1,4,3); plt.imshow(C3)
plt.subplot(1,4,4); plt.imshow(C4)
plt.suptitle("Convolution result", fontsize=12)
plt.show()
```

程序清单 21.1　习题

提示

- 观察卷积得到的图像，可以看到被检测出特征的地方变得更加明亮。
- **f_prop** 是 **Forward Propagation**（正向传播）的缩写。所谓正向传播，是指信息从输入层一侧向输出层一侧进行传播（值的传递）。在这里只需要将其理解为在进行卷积运算即可。

参考答案

```
In  （略）
    # 请对核进行适当的设置
    W1 = np.array([[0,1,0],
                   [0,1,0],
                   [0,1,0]])
    W2 = np.array([[0,0,0],
    （略）
```

Out

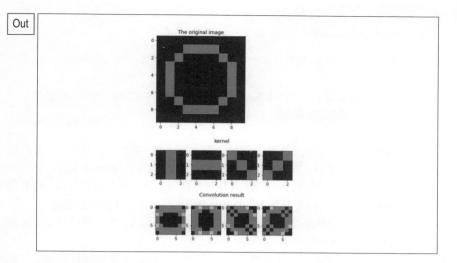

程序清单 21.2 参考答案

21.2.3 池化层

如图 21.5 所示，**池化层是负责对卷积层产生的输出结果进行压缩，对网络所需处理的数据数量进行削减的网络层。**

如图 21.11 所示，对数据的压缩是通过对特征图对应的区间选取最大值（**最大池化**）或者选取平均值（**平均池化**）来实现的。

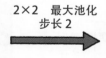

图 21.11 最大池化

来源 引自 "Python API for CNTK"

URL https://cntk.ai/pythondocs/CNTK_103D_MNIST_ConvolutionalNeuralNetwork.html

最大池化处理是对图像中 $n \times n$ 像素的池化尺寸大小的部分中的最大值进行输出。

过滤器在移动时，有时并不是一个点一个点地移动，而是一次跳过数个点进行计算。过滤器每次移动的间距就被称为步长。

如果使用在 21.2.2 小节中所介绍的卷积进行处理，我们可以对图像中的特征量的分布情况进行调查。但是在很多情况下，同样的特征可能会聚集在同样的位置上，或者在很大一片区域中都找不到任何特征，这就导致我们从卷积层得到的特征图中包含很多毫无用处的数据，无形中增加了网络需要处理的数据量。

而池化层的作用就是对这些毫无用处的数据进行削减，在尽量确保不丢失信息的情况下对数据进行压缩。

但是其缺点是，经过池化处理后可能会丢失一些特征位置信息的细节，不过这也正好体现了池化层所提取的特征，不会受到原始图像的平移等影响的特性。

例如，在对图像中所包含的手写数字进行分类处理时，手写数字的位置是不重要的，经过池化处理可以删除掉位置这一信息，即使被检测物体的位置发生变化，我们所构建的模型也能很好地对其进行处理。如图 21.12 和图 21.13 所示是以 3×3（纵 × 横）为单位对 5×5（纵 × 横）的特征图进行池化处理的过程。

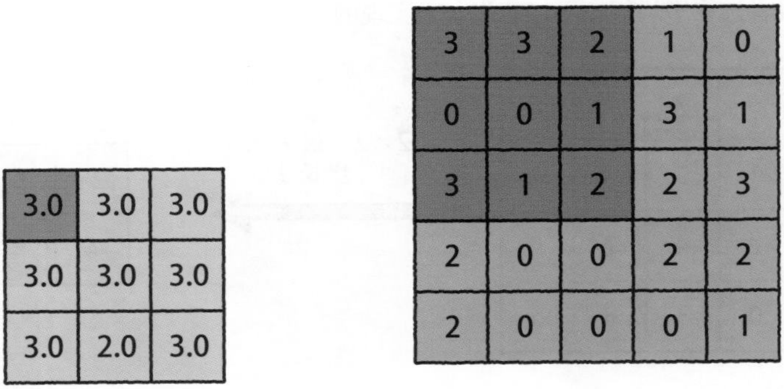

3	3	2	1	0
0	0	1	3	1
3	1	2	2	3
2	0	0	2	2
2	0	0	0	1

3.0	3.0	3.0
3.0	3.0	3.0
3.0	2.0	3.0

图 21.12　以 3×3（纵 × 横）为单位对 5×5（纵 × 横）的特征图进行池化处理[①]

来源 引自 "Python API for CNTK"

URL https://cntk.ai/pythondocs/CNTK_103D_MNIST_ConvolutionalNeuralNetwork.html

3	3	2	1	0
0	0	1	3	1
3	1	2	2	3
2	0	0	2	2
2	0	0	0	1

1.7	1.7	1.7
1.0	1.2	1.8
1.1	0.8	1.3

图 21.13　以 3×3 (纵 × 横) 为单位对 5×5 (纵 × 横) 的特征图进行池化处理②

来源 引自 "Python API for CNTK"

URL https://cntk.ai/pythondocs/CNTK_103D_MNIST_ConvolutionalNeuralNetwork.html

接下来，将使用 Keras 和 TensorFlow 对池化层进行定义，并在实现的过程中加深对池化处理具体原理的理解。

如图 21.14 所示是在 21.2.2 小节中经过卷积处理得到的图像（8×8 大小的特征图）。然后，对这些特征图进行最大池化处理。

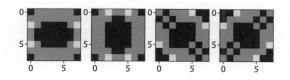

图 21.14　未经最大池化处理的图像

成功经过最大池化处理后，就得到了如图 21.15 所示的特征图（在本章后续部分中所涉及的一些池化的参数，在这段代码中都预设了适当的值）。

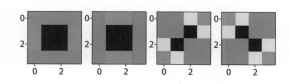

图 21.15　转换为特征图

请参考提示的内容，将程序清单 21.3 的代码中 **Pool** 类的实现部分补充完整，实现正确的最大池化处理。

```
In   import numpy as np
     import matplotlib.pyplot as plt
     import urllib.request
     %matplotlib inline


     # 定义一个非常简单的卷积层
     class Conv:
       # 作为简单的示例，将 W 固定为 3×3 大小，不考虑后续小节中介绍的
       # strides 或 padding 等设置
       def __init__(self, W):
         self.W = W
       def f_prop(self, X):
         out = np.zeros((X.shape[0]-2, X.shape[1]-2))
         for i in range(out.shape[0]):
           for j in range(out.shape[1]):
             x = X[i:i+3, j:j+3]
             out[i,j] = np.dot(self.W.flatten(), x.flatten())
         return out


     # 定义一个非常简单的池化层
     class Pool:
       # 作为简单的示例，不考虑后续小节中讲解的 strides 或 padding 等设置
       def __init__(self, l):
         self.l = l
       def f_prop(self, X):
         l = self.l
         out = np.zeros((X.shape[0]//self.l, X.shape[1]//self.l))
         for i in range(out.shape[0]):
           for j in range(out.shape[1]):
             # 请填写下列空栏，然后去掉注释
```

```
      out[i,j] = #_____(X[i*l:(i+1)*l, j*l:(j+1)*l])
   return out

local_filename, headers = urllib.request.urlretrieve('https://
aidemyexcontentsdata.blob.core.windows.net/data/5100_cnn/circle.npy')
X = np.load(local_filename)

plt.imshow(X)
plt.title("The original image", fontsize=12)
plt.show()

# 核
W1 = np.array([[0,1,0],
               [0,1,0],
               [0,1,0]])
W2 = np.array([[0,0,0],
               [1,1,1],
               [0,0,0]])
W3 = np.array([[1,0,0],
               [0,1,0],
               [0,0,1]])
W4 = np.array([[0,0,1],
               [0,1,0],
               [1,0,0]])

# 卷积处理
conv1 = Conv(W1); C1 = conv1.f_prop(X)
conv2 = Conv(W2); C2 = conv2.f_prop(X)
conv3 = Conv(W3); C3 = conv3.f_prop(X)
conv4 = Conv(W4); C4 = conv4.f_prop(X)

plt.subplot(1,4,1); plt.imshow(C1)
plt.subplot(1,4,2); plt.imshow(C2)
plt.subplot(1,4,3); plt.imshow(C3)
plt.subplot(1,4,4); plt.imshow(C4)
```

```
plt.suptitle("Convolution result", fontsize=12)
plt.show()

# 池化处理
pool = Pool(2)
P1 = pool.f_prop(C1)
P2 = pool.f_prop(C2)
P3 = pool.f_prop(C3)
P4 = pool.f_prop(C4)

plt.subplot(1,4,1); plt.imshow(P1)
plt.subplot(1,4,2); plt.imshow(P2)
plt.subplot(1,4,3); plt.imshow(P3)
plt.subplot(1,4,4); plt.imshow(P4)
plt.suptitle("Pooling result", fontsize=12)
plt.show()
```

程序清单 21.3　习题

提示

- X[i*l:(i+1)*l, j*l:(j+1)*l] 表示特征图的间隔区间。
- 矩阵中的最大值（间隔区间中的最大值）可以使用 np.max() 函数来获取。

参考答案

In
```
（略）
    # 请填写下列空栏，然后去掉注释
    out[i,j] = np.max(X[i*l:(i+1)*l, j*l:(j+1)*l])
    return out
（略）
```

Out

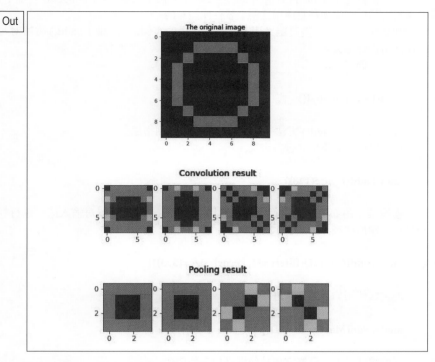

程序清单 21.4　参考答案

21.2.4 CNN 的实现

图 21.16 所示为 CNN 网络层的实现。

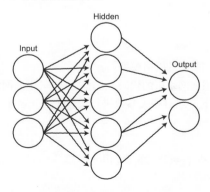

图 21.16　CNN 网络层的实现

接下来将使用 Keras 和 TensorFlow 来实现 CNN 网络模型。在实际的工作环境中，几乎所有的网络模型都是使用这两个软件库编写的。

如果使用 Keras，需要定义用于管理网络层的实例，然后调用 **add()** 方法对每一层网络进行定义。

首先，创建实例。

model = Sequential()

接下来，使用 **add()** 方法一层层地添加模型的网络层。

全链接层按如下形式进行定义。

model.add(Dense(128))

卷积层使用如下方式进行添加（使用 64 个 3 × 3 的过滤器对输入图像进行卷积处理，输出神经元个数为 128）。

model.add(Conv2D(filters=64, kernel_size=(3, 3)))

池化层使用如下的方式进行添加。

model.add(MaxPooling2D(pool_size=(2, 2)))

开始编译模型，最终完成神经网络模型的创建。

model.compile(optimizer=sgd, loss="categorical_crossentropy",metrics=["accuracy"])

使用下面的代码，就可以显示出模型结构信息，如图 21.17 所示。

model.summary()

◖习题▶

请编程实现图 21.17 中的网络模型。

请在空栏中填入添加网络层的代码，构建图 21.17 中的网络模型，并执行代码。

此外，请按照如下方式对相关参数进行设置（关于各个参数的含义将在 21.3 节中进行讲解）。

- Conv2D(input_shape=(28, 28, 1), filters=32, kernel_size=(2, 2), strides=(1, 1), padding="same")

- MaxPooling2D(pool_size=(2, 2), strides=(1,1))
- Conv2D(filters=32, kernel_size=(2, 2), strides=(1, 1), padding = "same")
- MaxPooling2D(pool_size=(2, 2), strides=(1,1))

```
Layer (type)                    Output Shape          Param #
=================================================================
conv2d_1 (Conv2D)               (None, 28, 28, 32)    160
_____
max_pooling2d_1 (MaxPooling2    (None, 27, 27, 32)    0
_____
conv2d_2 (Conv2D)               (None, 27, 27, 32)    4128
_____
max_pooling2d_2 (MaxPooling2    (None, 26, 26, 32)    0
_____
flatten_1 (Flatten)             (None, 21632)         0
_____
dense_1 (Dense)                 (None, 256)           5538048
_____
activation_1 (Activation)       (None, 256)           0
_____
dense_2 (Dense)                 (None, 128)           32896
_____
activation_2 (Activation)       (None, 128)           0
_____
dense_3 (Dense)                 (None, 10)            1290
_____
activation_3 (Activation)       (None, 10)            0
=================================================================
Total params: 5,576,522
Trainable params: 5,576,522
Non-trainable params: 0
_____
```

图 21.17　网络模型

```
In │ from keras.layers import Activation, Conv2D, Dense, Flatten, MaxPooling2D
     from keras.models import Sequential, load_model
     from keras.utils.np_utils import to_categorical

     # 定义模型
     model = Sequential()

     # ------------------------------------------------------------
     # 请在此处输入代码


     # ------------------------------------------------------------
```

```
model.add(Flatten())
model.add(Dense(256))
model.add(Activation('sigmoid'))
model.add(Dense(128))
model.add(Activation('sigmoid'))
model.add(Dense(10))
model.add(Activation('softmax'))

model.summary()
```

程序清单 21.5　习题

（提示）

　　model.summary() 负责对模型的结构进行输出。在对模型进行定义时，请确保这一输出结果与图 21.17 显示的结果是一致的。

（参考答案）

In | （略）
```
# -----------------------------------------------------------
# 请在此处输入代码

model.add(Conv2D(input_shape=(28, 28, 1),
                 filters=32,
                 kernel_size=(2, 2),
                 strides=(1, 1),
                 padding="same"))
model.add(MaxPooling2D(pool_size=(2, 2),
                       strides=(1,1)))
model.add(Conv2D(filters=32,
                 kernel_size=(2, 2),
                 strides=(1, 1),
                 padding="same"))
model.add(MaxPooling2D(pool_size=(2, 2),
                       strides=(1,1)))
# -----------------------------------------------------------
（略）
```

```
Out   _____
      Layer (type) Output Shape Param #
      ========================================================
      conv2d_1 (Conv2D) (None, 28, 28, 32) 160

      max_pooling2d_1 (MaxPooling2 (None, 27, 27, 32) 0

      conv2d_2 (Conv2D) (None, 27, 27, 32) 4128

      max_pooling2d_2 (MaxPooling2 (None, 26, 26, 32) 0

      flatten_1 (Flatten) (None, 21632) 0

      dense_1 (Dense) (None, 256) 5538048

      activation_1 (Activation) (None, 256) 0

      dense_2 (Dense) (None, 128) 32896

      activation_2 (Activation) (None, 128) 0

      dense_3 (Dense) (None, 10) 1290

      activation_3 (Activation) (None, 10) 0
      ========================================================
      Total params: 5,576,522
      Trainable params: 5,576,522
      Non-trainable params: 0
      _____
```

程序清单 21.6　参考答案

MNIST 是一个手写数字的数据集，如图 21.18 所示。

其中，每幅图片的尺寸为 28×28 像素、单通道（单色）的图像数据，并分别附带着 0 和 9 之间的分类标签。

接下来将使用 CNN 模型对 MNIST 数据集进行分类。

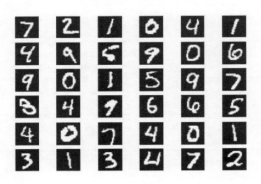

图 21.18　MNIST

来源 引自"corochannNote"

URL http://corochann.com/mnist-inference-code-1202.html

(习题)

请在空栏中填入添加网络层的代码，使用 Keras 构建如图 21.19 所示的网络模型，并执行代码（程序清单 21.7）。

此外，请按照如下方式对相关参数进行设置。

- Conv2D(32, kernel_size=(3, 3), input_shape=(28,28,1))
- Activation('relu')
- Conv2D(filters=64, kernel_size=(3, 3))
- Activation('relu')
- MaxPooling2D(pool_size=(2, 2))
- Dropout(0.25)
- Flatten()
- Dense(128)
- Activation('relu')
- Dropout(0.5)

- Dense(10)

```
Layer (type)                  Output Shape          Param #
=================================================================
conv2d_1 (Conv2D)             (None, 26, 26, 32)     320
_____
activation_1 (Activation)     (None, 26, 26, 32)     0
_____
conv2d_2 (Conv2D)             (None, 24, 24, 64)     18496
_____
activation_2 (Activation)     (None, 24, 24, 64)     0
_____
max_pooling2d_1 (MaxPooling2  (None, 12, 12, 64)     0
_____
dropout_1 (Dropout)           (None, 12, 12, 64)     0
_____
flatten_1 (Flatten)           (None, 9216)           0
_____
dense_1 (Dense)               (None, 128)            1179776
_____
activation_3 (Activation)     (None, 128)            0
_____
dropout_2 (Dropout)           (None, 128)            0
_____
dense_2 (Dense)               (None, 10)             1290
_____
activation_4 (Activation)     (None, 10)             0
=================================================================
Total params: 1,199,882
Trainable params: 1,199,882
Non-trainable params: 0
_____
```

图 21.19　模型

In

```python
# 导入需要的模块
from keras.datasets import mnist
from keras.layers import Dense, Dropout, Flatten, Activation
from keras.layers import Conv2D, MaxPooling2D
from keras.models import Sequential, load_model
from keras.utils.np_utils import to_categorical
from keras.utils.vis_utils import plot_model
import numpy as np
import matplotlib.pyplot as plt
%matplotlib inline

# 载入数据
(X_train, y_train), (X_test, y_test) = mnist.load_data()

# 这里将全部数据中的 300 幅图像作为学习数据，100 幅图像作为测试数据使用
```

```python
# Conv 层接受四维数组（批次尺寸×高×宽×通道数）
# MNIST 的数据不是 RGB 格式的图像，而是三维数组，因此首先将其转化为四维数组
X_train = X_train[:300].reshape(-1, 28, 28, 1)
X_test = X_test[:100].reshape(-1, 28, 28, 1)
y_train = to_categorical(y_train)[:300]
y_test = to_categorical(y_test)[:100]

# 定义模型
model = Sequential()

# ---------------------------------------------------------------
# 请在此处输入代码



# ---------------------------------------------------------------

model.compile(loss='categorical_crossentropy',
              optimizer='adadelta',
              metrics=['accuracy'])

model.fit(X_train, y_train,
          batch_size=128,
          epochs=1,
          verbose=1,
          validation_data=(X_test, y_test))

# 对精度进行评估
scores = model.evaluate(X_test, y_test, verbose=1)
print('Test loss:', scores[0])
print('Test accuracy:', scores[1])

# 对数据进行可视化（测试数据中的开头 10 个）
for i in range(10):
  plt.subplot(2, 5, i+1)
```

```
   plt.imshow(X_test[i].reshape((28,28)), 'gray')
plt.suptitle("The first ten of the test data",fontsize=20)
plt.show()

# 对数据进行预测（测试数据中的开头 10 个）
pred = np.argmax(model.predict(X_test[0:10]), axis=1)
print(pred)

model.summary()
```

程序清单 21.7　习题

提示

请使用 **add()** 方法进行网络层的添加。

参考答案

```
In   （略）
     # ------------------------------------------------------------
     # 请在此处输入代码
     model.add(Conv2D(32, kernel_size=(3, 3),input_shape=(28,28,1)))
     model.add(Activation('relu'))
     model.add(Conv2D(filters=64, kernel_size=(3, 3)))
     model.add(Activation('relu'))
     model.add(MaxPooling2D(pool_size=(2, 2)))
     model.add(Dropout(0.25))
     model.add(Flatten())
     model.add(Dense(128))
     model.add(Activation('relu'))
     model.add(Dropout(0.5))
     model.add(Dense(10))
     # ------------------------------------------------------------
     （略）
```

Out | Train on 300 samples, validate on 100 samples
Epoch 1/1
300/300 [==============================] - 1s 3ms/step - loss:
13.1235 - acc: 0.1500 - val_loss: 12.7333 - val_acc: 0.2100
100/100 [==============================] - 0s 979us/step
Test loss: 12.733295669555664
Test accuracy: 0.21

The first ten of the test data

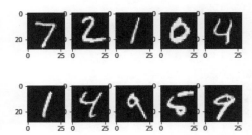

[1 1 1 0 0 1 1 1 0 1]

Layer (type)	Output Shape	Param #
conv2d_1 (Conv2D)	(None, 26, 26, 32)	320
activation_1 (Activation)	(None, 26, 26, 32)	0
conv2d_2 (Conv2D)	(None, 24, 24, 64)	18496
activation_2 (Activation)	(None, 24, 24, 64)	0
max_pooling2d_1 (MaxPooling2	(None, 12, 12, 64)	0
dropout_1 (Dropout)	(None, 12, 12, 64)	0
flatten_1 (Flatten)	(None, 9216)	0
dense_1 (Dense)	(None, 128)	1179776

```
activation_3 (Activation)        (None, 128)              0

dropout_2 (Dropout)              (None, 128)              0

dense_2 (Dense)                  (None, 10)            1290

activation_4 (Activation)        (None, 10)               0
==============================================================
Total params: 1,199,882
Trainable params: 1,199,882
Non-trainable params: 0
```

程序清单 21.8　参考答案

21.2.6 基于 CNN 的分类 (cifar10)

cifar10 是一个包含 10 个种类对象的图像数据集，如图 21.20 所示。

每幅图像的尺寸是 32 × 32 像素、3 通道（R、G、B）的数据，并分别附带了 0 ~ 9 的分类标签。

每个分类标签所对应的对象如下。

- 0 : 飞机
- 1 : 汽车
- 2 : 鸟
- 3 : 猫
- 4 : 鹿
- 5 : 狗
- 6 : 青蛙
- 7 : 马
- 8 : 船舶
- 9 : 卡车

请使用 CNN 模型来实现对 cifar10 数据集的分类处理。

图 21.20　cifar10

来源 引自 "The CIFAR-10 dataset"
URL https://www.cs.toronto.edu/~kriz/cifar.html

（习题）

请在程序清单 21.9 的空栏中填入添加网络层的代码，使用 Keras 来构建如图 21.21 所示的网络模型并执行代码。此外，请按照如下方式对相关参数进行设置。

- Conv2D(64, (3, 3), padding='same')
- Activation('relu')
- Conv2D(64, (3, 3))
- Activation('relu')
- MaxPooling2D(pool_size=(2, 2))
- Dropout(0.25)

Layer (type)	Output Shape	Param #
conv2d_1 (Conv2D)	(None, 32, 32, 32)	896
activation_1 (Activation)	(None, 32, 32, 32)	0
conv2d_2 (Conv2D)	(None, 30, 30, 32)	9248
activation_2 (Activation)	(None, 30, 30, 32)	0
max_pooling2d_1 (MaxPooling2	(None, 15, 15, 32)	0
dropout_1 (Dropout)	(None, 15, 15, 32)	0
conv2d_3 (Conv2D)	(None, 15, 15, 64)	18496
activation_3 (Activation)	(None, 15, 15, 64)	0
conv2d_4 (Conv2D)	(None, 13, 13, 64)	36928
activation_4 (Activation)	(None, 13, 13, 64)	0
max_pooling2d_2 (MaxPooling2	(None, 6, 6, 64)	0
dropout_2 (Dropout)	(None, 6, 6, 64)	0
flatten_1 (Flatten)	(None, 2304)	0
dense_1 (Dense)	(None, 512)	1180160
activation_5 (Activation)	(None, 512)	0
dropout_3 (Dropout)	(None, 512)	0
dense_2 (Dense)	(None, 10)	5130
activation_6 (Activation)	(None, 10)	0

```
Total params: 1,250,858
Trainable params: 1,250,858
Non-trainable params: 0
```

图 21.21 需要构建的模型

```
In    # 导入需要的模块
      import keras
      from keras.datasets import cifar10
      from keras.layers import Activation, Conv2D, Dense, Dropout,
      Flatten, MaxPooling2D
      from keras.models import Sequential, load_model
      from keras.utils.np_utils import to_categorical
      import numpy as np
      import matplotlib.pyplot as plt
      %matplotlib inline


      # 载入数据
```

```
(X_train, y_train), (X_test, y_test) = cifar10.load_data()

# 这里将全部数据中的 300 幅图像作为学习数据，100 幅图像作为测试数据使用
X_train = X_train[:300]
X_test = X_test[:100]
y_train = to_categorical(y_train)[:300]
y_test = to_categorical(y_test)[:100]

# 定义模型
model = Sequential()
model.add(Conv2D(32, (3, 3), padding='same',input_shape=X_
    train.shape[1:]))
model.add(Activation('relu'))
model.add(Conv2D(32, (3, 3)))
model.add(Activation('relu'))
model.add(MaxPooling2D(pool_size=(2, 2)))
model.add(Dropout(0.25))

# -------------------------------------------------------------
# 请在此处输入代码


# -------------------------------------------------------------

model.add(Flatten())
model.add(Dense(512))
model.add(Activation('relu'))
model.add(Dropout(0.5))
model.add(Dense(10))
model.add(Activation('softmax'))

# 编译模型
opt = keras.optimizers.rmsprop(lr=0.0001, decay=1e-6)
model.compile(loss='categorical_crossentropy', optimizer=opt,
    metrics=['accuracy'])
```

```
# 开始学习
model.fit(X_train, y_train, batch_size=32, epochs=1)

# 如果要对权重进行保存的话，可使用如下处理
model.save_weights('param_cifar10.hdf5')

# 对精度进行评估
scores = model.evaluate(X_test, y_test, verbose=1)
print('Test loss:', scores[0])
print('Test accuracy:', scores[1])

# 对数据进行可视化（测试数据中的开头 10 个）
for i in range(10):
  plt.subplot(2, 5, i+1)
  plt.imshow(X_test[i])
plt.suptitle("The first ten of the test data",fontsize=20)
plt.show()

# 对数据进行预测（测试数据中的开头 10 个）
pred = np.argmax(model.predict(X_test[0:10]), axis=1)
print(pred)

model.summary()
```

程序清单 21.9　习题

提示

请使用 **add()** 方法进行网络层的添加操作。

参考答案

In	（略） # --- # 请在此处输入代码

```
model.add(Conv2D(64, (3, 3), padding='same'))
model.add(Activation('relu'))
model.add(Conv2D(64, (3, 3)))
model.add(Activation('relu'))
model.add(MaxPooling2D(pool_size=(2, 2)))
model.add(Dropout(0.25))
# ---------------------------------------------------------------
（略）
```

Out
```
Downloading data from https://www.cs.toronto.edu/~kriz/cifar-
10-python.tar.gz
170500096/170498071 [==============================] - 94s 1us/step
Epoch 1/1
300/300 [==============================] - 2s 5ms/step - loss: 14.5762
- acc: 0.0700
100/100 [==============================] - 0s 2ms/step
Test loss: 13.65814666748047
Test accura cy: 0.13
```

The first ten of the test data

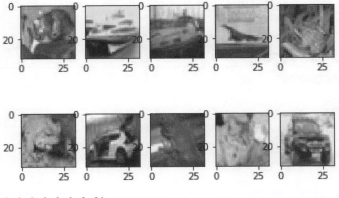

```
[8 8 8 8 8 8 8 8 8 8]
```

Layer (type)   Output Shape   Param #

```
=================================================================
conv2d_7 (Conv2D)              (None, 32, 32, 32)        896

activation_11 (Activation)     (None, 32, 32, 32)        0

conv2d_8 (Conv2D)              (None, 30, 30, 32)        9248

activation_12 (Activation)     (None, 30, 30, 32)        0

max_pooling2d_4 (MaxPooling2   (None, 15, 15, 32)        0

dropout_6 (Dropout)            (None, 15, 15, 32)        0

conv2d_9 (Conv2D)              (None, 15, 15, 64)        18496

activation_13 (Activation)     (None, 15, 15, 64)        0

conv2d_10 (Conv2D)             (None, 13, 13, 64)        36928

activation_14 (Activation)     (None, 13, 13, 64)        0

max_pooling2d_5 (MaxPooling2   (None, 6, 6, 64)          0

dropout_7 (Dropout)            (None, 6, 6, 64)          0

flatten_3 (Flatten)            (None, 2304)              0

dense_5 (Dense)                (None, 512)               1180160

activation_15 (Activation)     (None, 512)               0

dropout_8 (Dropout)            (None, 512)               0

dense_6 (Dense)                (None, 10)                5130
```

```
activation_16 (Activation)      (None, 10)                    0
=================================================================
Total params: 1,250,858
Trainable params: 1,250,858
Non-trainable params: 0
```

程序清单 21.10　参考答案

21.3 ‖ 超参数

21.3.1 filters（Conv 层）

卷积层的 **filters** 参数是用于指定**特征图的数量**，也就是**需要提取特征种类的数量**。

如图 21.5 所示，第 1 层卷积层中 **filters** 设置的是 20；第 2 层卷积层中设置的 **filters** 也是 20。

如果设置的 **filters** 过小，就会无法提取出必要的特征，从而导致学习无法顺利进行。相反，如果 **filters** 设置过大，就可能产生过拟合问题，因此也是需要注意的。

(习题)

在这里为了更好地理解算法的原理，将尝试不使用 Keras 和 TensorFlow 来编写代码。

请将**卷积处理的执行部分**实现代码补充完整，并设置 **filters=10** 进行卷积处理。

另外，请确认最终的结果中是否产生了很多相似的特征图。

```
In    # 导入需要的模块
      import numpy as np
      import matplotlib.pyplot as plt
      import urllib.request
```

```
# 定义一个非常简单的卷积层
# 只提供对单通道图像进行卷积处理的支持
# 作为一个简单的示例，将核固定为 3×3 大小，不考虑 strides 或 padding
# 等设置
class Conv:
  def __init__(self, filters):
    self.filters = filters
    self.W = np.random.rand(filters, 3, 3)
  def f_prop(self, X):
    out = np.zeros((filters, X.shape[0]-2, X.shape[1]-2))
    for k in range(self.filters):
      for i in range(out[0].shape[0]):
        for j in range(out[0].shape[1]):
          x = X[i:i+3, j:j+3]
          out[k,i,j] = np.dot( self.W[k].flatten(), x.flatten())
    return out

local_filename, headers = urllib.request.urlretrieve('https://
aidemyexcontentsdata.blob.core.windows.net/data/5100_cnn/circle.npy')
X = np.load(local_filename)


filters=10

# 创建卷积层
conv = Conv(filters=filters)

# 请执行卷积处理
C =
# -------------------------------------------------------------
# 以下部分全是用于实现可视化处理的代码
# -------------------------------------------------------------
plt.imshow(X)
plt.title('The original image', fontsize=12)
plt.show()
```

```
plt.figure(figsize=(5,2))
for i in range(filters):
  plt.subplot(2,filters/2,i+1)
  ax = plt.gca() # get current axis
  ax.tick_params( labelbottom="off", labelleft="off",
      bottom="off", left="off") # 删除坐标轴
  plt.imshow(conv.W[i])
plt.suptitle('kernel', fontsize=12)
plt.show()

plt.figure(figsize=(5,2))
for i in range(filters):
  plt.subplot(2,filters/2,i+1)
  ax = plt.gca() # get current axis
  ax.tick_params( labelbottom="off", labelleft="off",
      bottom="off", left="off") # 删除坐标轴
  plt.imshow(C[i])
plt.suptitle('Convolution result', fontsize=12)
plt.show()
```

程序清单 21.11　习题

提示

调用 **conv.f_prop(X)** 就可以对 **X** 进行卷积处理。

参考答案

In
```
（略）
# 请执行卷积处理
C = conv.f_prop(X)
# ---------------------------------------------------
# 以下部分全是用于实现可视化处理的代码
# ---------------------------------------------------
（略）
```

Out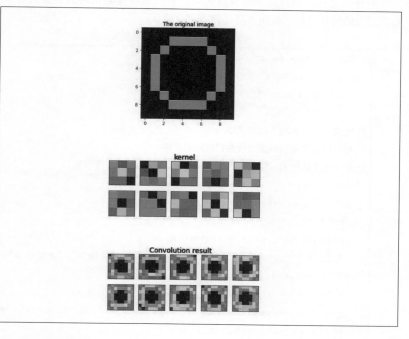

程序清单 21.12　参考答案

21.3.2 kernel_size（Conv 层）

卷积层的 kernel_size 参数用于指定卷积核的尺寸。

如图 21.5 所示，第 1 层卷积层的 kernel_size 是 5×5。

如果 **kernel_size** 的尺寸设置过小，会导致无法检测出很细微的特征，学习无法顺利进行。相反，如果尺寸设置过大，原本应该检测出很多由细微特征共同组成的集合，结果却只检测出尺寸较大的特征，无法发挥卷积神经网络模型对层次化结构特征的强大捕捉能力，最终导致整个模型的效率降低。

（习题）

在这里为了更好地理解算法的原理，将尝试不使用 Keras 和 TensorFlow 来编写代码。

请将程序清单 21.13 中**卷积处理 2** 部分的实现代码补充完整，并设置参数 **kernel_size=(6,6)** 进行卷积处理。

另外，请在卷积核尺寸设置过大时，对模型所检测出的内容是否难以理解、检测出来的特征图是否模糊不清等问题进行确认。

```
import numpy as np
import matplotlib.pyplot as plt
import urllib.request

# 定义一个非常简单的卷积层
# 只提供对单通道图像进行卷积处理的支持
# 作为一个简单的示例，不考虑 strides 或 padding 等设置
class Conv:
  def __init__(self, filters, kernel_size):
    self.filters = filters
    self.kernel_size = kernel_size
    self.W = np.random.rand(filters, kernel_size[0], kernel_size[1])
  def f_prop(self, X):
    k_h, k_w = self.kernel_size
    out = np.zeros((filters, X.shape[0]-k_h+1, X.shape[1]-k_w+1))
    for k in range(self.filters):
      for i in range(out[0].shape[0]):
        for j in range(out[0].shape[1]):
          x = X[i:i+k_h, j:j+k_w]
          out[k,i,j] = np.dot( self.W[k].flatten(),x.flatten())
    return out

local_filename, headers = urllib.request.urlretrieve('https://
aidemyexcontentsdata.blob.core.windows.net/data/5100_cnn/
circle.npy')
X = np.load(local_filename)

# 卷积处理 1
filters = 4
kernel_size = (3,3)

# 创建卷积层
```

```
conv1 = Conv(filters=filters, kernel_size=kernel_size)

# 执行卷积处理
C1 = conv1.f_prop(X)

# 卷积处理 2
filters = 4
kernel_size = (6,6)

# 请创建卷积层
conv2 =

# 请执行卷积处理
C2 =
# ----------------------------------------------------------------
# 以下部分全是用于实现可视化处理的代码
# ----------------------------------------------------------------
plt.imshow(X)
plt.title('The original image', fontsize=12)
plt.show()

plt.figure(figsize=(10,1))
for i in range(filters):
  plt.subplot(1,filters,i+1)
  ax = plt.gca() # get current axis
  ax.tick_params( labelbottom="off", labelleft="off",
     bottom="off", left="off") # 删除坐标轴
  plt.imshow(conv1.W[i])
plt.suptitle('Kernel Visualization', fontsize=12)
plt.show()

plt.figure(figsize=(10,1))
for i in range(filters):
  plt.subplot(1,filters,i+1)
  ax = plt.gca() # get current axis
```

```
  ax.tick_params( labelbottom="off", labelleft="off",
      bottom="off", left="off") # 删除坐标轴
  plt.imshow(C1[i])
plt.suptitle('Convolution result 1', fontsize=12)
plt.show()

plt.figure(figsize=(10,1))
for i in range(filters):
  plt.subplot(1,filters,i+1)
  ax = plt.gca() # get current axis
  ax.tick_params( labelbottom="off", labelleft="off",
      bottom="off", left="off") # 删除坐标轴
  plt.imshow(conv2.W[i])
plt.suptitle('Kernel Visualization', fontsize=12)
plt.show()

plt.figure(figsize=(10,1))
for i in range(filters):
  plt.subplot(1,filters,i+1)
  ax = plt.gca() # get current axis
  ax.tick_params( labelbottom="off", labelleft="off", bottom="off",
      left="off") # 删除坐标轴
  plt.imshow(C2[i])
plt.suptitle('Convolution result 2', fontsize=12)
plt.show()
```

程序清单 21.13　习题

提示

请参考卷积处理 1 部分的实现代码。

参考答案

```
In  （略）
    # 请创建卷积层
    conv2 = Conv(filters=filters, kernel_size=kernel_size)
```

```
#  请执行卷积处理
C2 = conv2.f_prop(X)

#  以下部分全是用于实现可视化处理的代码
（略）
```

Out

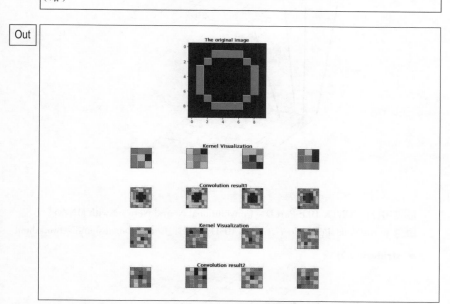

程序清单 21.14　参考答案

21.3.3 strides（Conv 层）

卷积层的 **strides** 用于指定**提取特征的间隔**，也就是**卷积核的移动距离**的参数
（见图 21.22 和图 21.23）。图 21.22 中蓝色面板周围有一圈白色的边框，目前请
暂时忽略它，相关内容我们将在下一节中进行讲解。

如果 **strides** 设置得较小，模型就能够提取出非常精细的特征，但是这样会导
致对图像中同一位置的同一特征进行多次的检测，这等于是让网络模型将时间浪
费在毫无意义的计算上。

不过，在实际中通常会将 **strides** 设置成较小的值，在 Keras 的 **Conv2D** 层中，
strides 的默认值为 (1,1)。

- **strides=(1,1)**

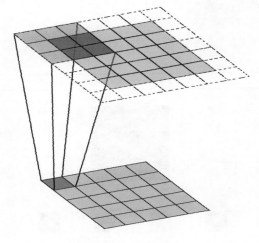

图 21.22　strides=(1,1)

来源 引自 "CNTK 103: Part D – Convolutional Neural Network with MNIST"
URL https://cntk.ai/pythondocs/CNTK_103D_MNIST_ConvolutionalNeuralNetwork.html

- **strides=(2,2)**

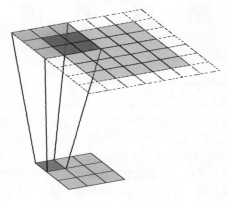

图 21.23　strides=(2,2)

来源 引自 "CNTK 103: Part D – Convolutional Neural Network with MNIST"
URL https://cntk.ai/pythondocs/CNTK_103D_MNIST_ConvolutionalNeuralNetwork.html

（习题）

在这里为了更好地理解算法的原理，将尝试不使用 Keras 和 TensorFlow 来编写代码。

请将卷积处理 2 部分的实现代码补充完整，并设置参数 **strides=(2,2)** 进行卷积处理（程序清单 21.15）。

In
```
import numpy as np
import matplotlib.pyplot as plt
import urllib.request

# 定义一个非常简单的卷积层
# 只提供对单通道图像进行卷积处理的支持
# 作为一个简单的示例，不考虑 padding 的设置
class Conv:
  def __init__(self, filters, kernel_size, strides):
    self.filters = filters
    self.kernel_size = kernel_size
    self.strides = strides
    self.W = np.random.rand(filters, kernel_size[0], kernel_size[1])
  def f_prop(self, X):
    k_h = self.kernel_size[0]
    k_w = self.kernel_size[1]
    s_h = self.strides[0]
    s_w = self.strides[1]
    out = np.zeros((filters, (X.shape[0]-k_h)//s_h+1, (X.shape[1]-k_w)//s_w+1))
    for k in range(self.filters):
      for i in range(out[0].shape[0]):
        for j in range(out[0].shape[1]):
          x = X[i*s_h:i*s_h+k_h, j*s_w:j*s_w+k_w]
            out[k,i,j] = np.dot(self.W[k].flatten(), x.flatten())
    return out


local_filename, headers = urllib.request.urlretrieve('https://
aidemyexcontentsdata.blob.core.windows.net/data/5100_cnn/circle.npy')
```

```python
X = np.load(local_filename)

# 卷积处理1
filters = 4
kernel_size = (3,3)
strides = (1,1)

# 创建卷积层
conv1 = Conv(filters=filters, kernel_size=kernel_size, strides=strides)

# 执行卷积处理
C1 = conv1.f_prop(X)

# 卷积处理2
filters = 4
kernel_size = (3,3)
strides = (2,2)

# 请创建卷积层
conv2 =
conv2.W = conv1.W  # 对所使用的核进行统一

# 请执行卷积处理
C2 =
# ----------------------------------------------------------------
# 以下部分全是用于实现可视化处理的代码
# ----------------------------------------------------------------
plt.imshow(X)
plt.title('The original image', fontsize=12)
plt.show()

plt.figure(figsize=(10,1))
for i in range(filters):
  plt.subplot(1, filters, i+1)
  ax = plt.gca() # get current axis
```

```
    ax.tick_params( labelbottom="off", labelleft="off", bottom="off",
      left="off") # 删除坐标轴
    plt.imshow(conv1.W[i])
plt.suptitle('Kernel Visualization', fontsize=12)
plt.show()


plt.figure(figsize=(10,1))
for i in range(filters):
  plt.subplot(1, filters, i+1)
  ax = plt.gca() # get current axis
  ax.tick_params( labelbottom="off", labelleft="off", bottom="off",
      left="off") # 删除坐标轴
  plt.imshow(C1[i])
plt.suptitle('Convolution result 1', fontsize=12)
plt.show()


plt.figure(figsize=(10,1))
for i in range(filters):
  plt.subplot(1, filters, i+1)
  ax = plt.gca() # get current axis
  ax.tick_params( labelbottom="off", labelleft="off", bottom="off",
      left="off") # 删除坐标轴
  plt.imshow(conv2.W[i])
plt.suptitle('Kernel Visualization', fontsize=12)
plt.show()


plt.figure(figsize=(10,1))
for i in range(filters):
  plt.subplot(1, filters, i+1)
  ax = plt.gca() # get current axis
  ax.tick_params( labelbottom="off", labelleft="off", bottom="off",
      left="off") # 删除坐标轴
  plt.imshow(C2[i])
plt.suptitle('Convolution result 2', fontsize=12)
plt.show()
```

程序清单 21.15 习题

请参考卷积处理 1 部分的实现代码。

参考答案

```
In   （略）
     # 请创建卷积层
     conv2 = Conv(filters=filters, kernel_size=kernel_size, strides=strides)
     conv2.W = conv1.W  # 对所使用的核进行统一

     # 请执行卷积处理
     C2 = conv2.f_prop(X)
     # ------------------------------------------------------------
     # 以下部分全是用于实现可视化处理的代码
     # ------------------------------------------------------------
     （略）
```

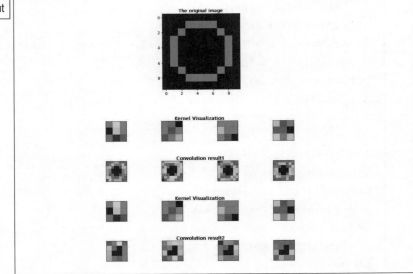

程序清单 21.16　参考答案

21.3.4 padding（Conv 层）

所谓填充（Padding），是指用 0 将输入图像的周围填补起来。

填充处理除了能够将更多边缘的特征加入网络模型中外，还具有提升数据更新频率，便于调整各个网络层的输入和输出神经元的数量等优点。

如图 21.22 所示，浅蓝色面板的周围有一圈白色的边框，这表示的就是填充，可以看到图像的上、下、左、右各被填充了 1 格。

在 Keras 的 **Conv2D** 网络层中，可以使用 **padding=valid**、**padding=same** 等参数对填充处理进行指定。

当 **padding=valid** 时，不进行填充处理；当 **padding=same** 时，为了使输出的特征图与输入的数据尺寸保持一致，会对输入数据进行填充。

在程序清单 21.17 ①的代码中，通过使用 **padding=(2,2)** 的方式对填充的幅度进行设置。

习题

在这里为了更好地理解算法的原理，将尝试不使用 Keras 和 TensorFlow 来编写代码。

请将程序清单 21.17 中卷积处理 2 部分的实现代码补充完整，并设置参数 **padding=(2,2)** 进行卷积处理。

```
In    import numpy as np
      import matplotlib.pyplot as plt
      import urllib.request


      # 定义一个非常简单的卷积层
      # 只提供对单通道图像进行卷积处理的支持
      class Conv:
        def __init__(self, filters, kernel_size, strides, padding):
          self.filters = filters
          self.kernel_size = kernel_size
          self.strides = strides
          self.padding = padding
          self.W = np.random.rand(filters, kernel_size[0], kernel_size[1])
        def f_prop(self, X):
          k_h, k_w = self.kernel_size
          s_h, s_w = self.strides
```

```python
    p_h, p_w = self.padding
    out = np.zeros((filters, (X.shape[0]+p_h*2-k_h)//s_h+1,
        (X.shape[1]+p_w*2-k_w)//s_w+1))
    # 填充
    X = np.pad( X, ((p_h, p_h), (p_w, p_w)), 'constant', constant_
        values=((0,0),(0,0)))
    self.X = X # 对变量进行保存，为稍后的可视化处理做准备
    for k in range(self.filters):
      for i in range(out[0].shape[0]):
        for j in range(out[0].shape[1]):
          x = X[i*s_h:i*s_h+k_h, j*s_w:j*s_w+k_w]
          out[k,i,j] = np.dot( self.W[k].flatten(), x.flatten())
    return out


local_filename, headers = urllib.request.urlretrieve('https://
aidemyexcontentsdata.blob.core.windows.net/data/5100_cnn/circle.npy')
X = np.load(local_filename)

# 卷积处理1
filters = 4
kernel_size = (3,3)
strides = (1,1)
padding = (0,0) ———①

# 创建卷积层
conv1 = Conv( filters=filters, kernel_size=kernel_size, strides=strides,
padding=padding)

# 执行卷积处理
C1 = conv1.f_prop(X)

# 卷积处理2
filters = 4
kernel_size = (3,3)
strides = (1,1)
```

```
padding = (2,2) ——②

# 请创建卷积层
conv2 =
conv2.W = conv1.W  # 对所使用的权重进行统一

# 请执行卷积处理
C2 =
# ------------------------------------------------------------
# 以下部分全是用于实现可视化处理的代码
# ------------------------------------------------------------
plt.imshow(conv1.X)
plt.title('Padding result of convolution 1', fontsize=12)
plt.show()

plt.figure(figsize=(10,1))
for i in range(filters):
  plt.subplot(1, filters, i+1)
  ax = plt.gca()  # get current axis
  ax.tick_params( labelbottom="off", labelleft="off", bottom="off",
     left="off")  # 删除坐标轴
  plt.imshow(conv1.W[i])
plt.suptitle('Visualization of the convolution 1 kernel', fontsize=12)
plt.show()

plt.figure(figsize=(10,1))
for i in range(filters):
  plt.subplot(1, filters, i+1)
  ax = plt.gca()  # get current axis
  ax.tick_params( labelbottom="off", labelleft="off", bottom="off",
     left="off")  # 删除坐标轴
  plt.imshow(C1[i])
plt.suptitle('Result of convolution 1', fontsize=12)
plt.show()
```

```
plt.imshow(conv2.X)
plt.title('Padding result of convolution 2', fontsize=12)
plt.show()

plt.figure(figsize=(10,1))
for i in range(filters):
  plt.subplot(1, filters, i+1)
  ax = plt.gca() # get current axis
  ax.tick_params( labelbottom="off", labelleft="off", bottom="off",
    left="off") # 删除坐标轴
  plt.imshow(conv2.W[i])
plt.suptitle('Visualization of the convolution 2 kernel', fontsize=12)
plt.show()

plt.figure(figsize=(10,1))
for i in range(filters):
  plt.subplot(1, filters, i+1)
  ax = plt.gca() # get current axis
  ax.tick_params( labelbottom="off", labelleft="off",
    bottom="off", left="off") # 删除坐标轴
  plt.imshow(C2[i])
plt.suptitle('Result of convolution 2', fontsize=12)
plt.show()
```

程序清单 21.17　习题

提示

请参考卷积处理 1 部分的实现代码。

参考答案

In
```
（略）
# 请创建卷积层
conv2 = Conv(filters=filters, kernel_size=kernel_size, strides
    =strides,padding=padding)
conv2.W = conv1.W # 对所使用的权重进行统一
```

```
#  请执行卷积处理
C2 = conv2.f_prop(X)
#  ------------------------------------------------------------
#  以下部分全是用于实现可视化处理的代码
#  ------------------------------------------------------------
（略）
```

Out

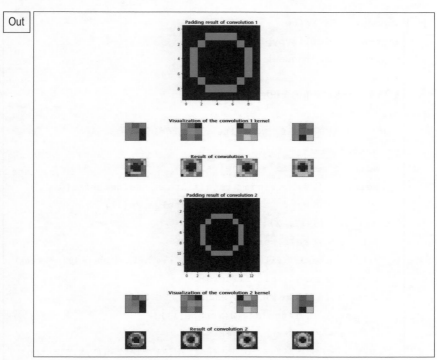

程序清单 21.18　参考答案

21.3.5　pool_size（Pool 层）

池化层的 **pool_size** 是用于指定**池化的粒度**的参数。如图 21.5 所示，最前面的池化的尺寸是 2×2。

如果将 **pool_size** 设置成较大的值，就能提升模型对位置变化的鲁棒性（图像中检测对象所在的位置发生些许变化也不会对输出产生影响），不过我们通常将

pool_size 设置为 2×2 就可以了。

《习题》

在这里为了更好地理解算法的原理，我们将尝试不使用 Keras 和 TensorFlow 来编写代码。

请将程序清单 21.19 中的池化处理 2 部分的实现代码补充完整，并设置参数 **pool_size = (4,4)** 进行最大池化处理。

```
In    import numpy as np
      import matplotlib.pyplot as plt
      import urllib.request

      # 定义一个非常简单的卷积层
      class Conv:
        def __init__(self, W, filters, kernel_size):
          self.filters = filters
          self.kernel_size = kernel_size
          self.W = W # np.random.rand(filters, kernel_size[0],
                     #                 kernel_size[1])
        def f_prop(self, X):
          k_h, k_w = self.kernel_size
          out = np.zeros((filters, X.shape[0]-k_h+1, X.shape[1]-k_w+1))
          for k in range(self.filters):
            for i in range(out[0].shape[0]):
              for j in range(out[0].shape[1]):
                x = X[i:i+k_h, j:j+k_w]
                out[ k,i,j] = np.dot(self.W[k].flatten(),x.flatten())
              return out

      # 定义一个非常简单的池化层
      # 池化层只提供单通道的特征图的支持
      class Pool:
        def __init__(self, pool_size):
          self.pool_size = pool_size
        def f_prop(self, X):
```

680

```
    k_h, k_w = self.pool_size
    out = np.zeros((X.shape[0]-k_h+1, X.shape[1]-k_w+1))
    for i in range(out.shape[0]):
      for j in range(out.shape[1]):
        out[i,j] = np.max(X[i:i+k_h, j:j+k_w])
    return out

local_filename, headers = urllib.request.urlretrieve('https://
aidemyexcontentsdata.blob.core.windows.net/data/5100_cnn/circle.npy')
X = np.load(local_filename)

local_filename_w, headers = urllib.request.urlretrieve('https://
aidemyexcontentsdata.blob.core.windows.net/data/5100_cnn/weight.npy')
W = np.load(local_filename_w)

# 卷积处理
filters = 4
kernel_size = (3,3)
conv = Conv(W=W, filters=filters, kernel_size=kernel_size)
C = conv.f_prop(X)

# 池化处理1
pool_size = (2,2)
pool1 = Pool(pool_size)
P1 = [pool1.f_prop(C[i]) for i in range(len(C))]

# 池化处理2（请进行定义）
pool_size = (4,4)
pool2 =
P2 =
# ------------------------------------------------------------
# 以下部分全是用于实现可视化处理的代码
# ------------------------------------------------------------
plt.imshow(X)
plt.title('The original image', fontsize=12)
```

```
plt.show()

plt.figure(figsize=(10,1))
for i in range(filters):
  plt.subplot(1, filters, i+1)
  ax = plt.gca() # get current axis
  ax.tick_params( labelbottom="off", labelleft="off",
     bottom="off", left="off") # 删除坐标轴
  plt.imshow(C[i])
plt.suptitle('Convolution result', fontsize=12)
plt.show()

plt.figure(figsize=(10,1))
for i in range(filters):
  plt.subplot(1, filters, i+1)
  ax = plt.gca() # get current axis
  ax.tick_params( labelbottom="off", labelleft="off",
     bottom="off", left="off") # 删除坐标轴
  plt.imshow(P1[i])
plt.suptitle('Pooling result', fontsize=12)
plt.show()



plt.figure(figsize=(10,1))
for i in range(filters):
  plt.subplot(1,filters,i+1)
  ax = plt.gca() # get current axis
  ax.tick_params( labelbottom="off", labelleft="off",
     bottom="off", left="off") # 删除坐标轴
  plt.imshow(P2[i])
plt.suptitle('Pooling result', fontsize=12)
plt.show()
```

程序清单 21.19 习题

提示

请参考池化处理 1 部分的实现代码。

参考答案

```
In
import numpy as np
import matplotlib.pyplot as plt
import urllib.request

（略）
# 池化处理 2（请进行定义）
pool_size = (4,4)
pool2 = Pool(pool_size)
P2 = [pool2.f_prop(C[i]) for i in range(len(C))]
# ----------------------------------------------------------------
# 以下部分全是用于实现可视化处理的代码
# ----------------------------------------------------------------
（略）
```

Out

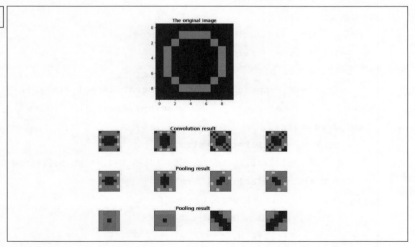

程序清单 21.20　参考答案

21.3.6 strides（Pool 层）

池化层的 **strides** 参数与卷积层中的 **strides** 参数类似，用于指定对特征图进行池化处理的间隔。

在 Keras 的 **Conv2D** 网络层中，**strides** 的默认值与 **pool_size** 相同，参见图 21.22 和图 21.23。

- **strides=(1,1)**
- **strides=(2,2)**

【习题】

在这里为了更好地理解算法的原理，将尝试不使用 Keras 和 TensorFlow 来编写代码。

请将程序清单 21.21 中的池化处理 2 部分的实现代码补充完整，并设置参数 **strides = (2,2)** 进行最大池化处理。

```
import numpy as np
import matplotlib.pyplot as plt
import urllib.request

# 定义一个非常简单的卷积层
class Conv:
  def __init__(self, W, filters, kernel_size):
    self.filters = filters
    self.kernel_size = kernel_size
    self.W = W # np.random.rand(filters, kernel_size[0],
              #                   kernel_size[1])
  def f_prop(self, X):
    k_h, k_w = self.kernel_size
    out = np.zeros((filters, X.shape[0]-k_h+1, X.shape[1]-k_w+1))
    for k in range(self.filters):
      for i in range(out[0].shape[0]):
        for j in range(out[0].shape[1]):
          x = X[i:i+k_h, j:j+k_w]
          out[k,i,j] = np.dot( self.W[k].flatten(), x.flatten())
    return out
```

```
# 定义一个非常简单的池化层
# 池化层只提供单通道的特征图的支持
class Pool:
  def __init__(self, pool_size, strides):
    self.pool_size = pool_size
    self.strides = strides
  def f_prop(self, X):
   k_h, k_w = self.pool_size
   s_h, s_w = self.strides
   out = np.zeros(( (X.shape[0]-k_h)//s_h+1, (X.shape[1]-k_w)//s_w+1))
   for i in range(out.shape[0]):
     for j in range(out.shape[1]):
       out[i,j] = np.max(X[i*s_h:i*s_h+k_h, j*s_w:j*s_w+k_w])
   return out


local_filename, headers = urllib.request.urlretrieve('https://
aidemyexcontentsdata.blob.core.windows.net/data/5100_cnn/circle.npy')
X = np.load(local_filename)


local_filename_w, headers = urllib.request.urlretrieve('https://
aidemyexcontentsdata.blob.core.windows.net/data/5100_cnn/weight.npy')
W = np.load(local_filename_w)


# 卷积处理
filters = 4
kernel_size = (3,3)
conv = Conv(W=W, filters=filters, kernel_size=kernel_size)
C = conv.f_prop(X)


# 池化处理1
pool_size = (2,2)
strides = (1,1)
pool1 = Pool(pool_size, strides)
P1 = [pool1.f_prop(C[i]) for i in range(len(C))]
```

```
# 池化处理 2（请进行定义）
pool_size = (3,3)
strides = (2,2)
pool2 =
P2 =
# ------------------------------------------------------------
# 以下部分全是用于实现可视化处理的代码
# ------------------------------------------------------------
plt.imshow(X)
plt.title('The original image', fontsize=12)
plt.show()


plt.figure(figsize=(10,1))
for i in range(filters):
  plt.subplot(1,filters,i+1)
  ax = plt.gca() # get current axis
  ax.tick_params( labelbottom="off", labelleft="off",
     bottom="off", left="off") # 删除坐标轴
  plt.imshow(C[i])
plt.suptitle('Convolution result', fontsize=12)
plt.show()


plt.figure(figsize=(10,1))
for i in range(filters):
  plt.subplot(1, filters, i+1)
  ax = plt.gca() # get current axis
  ax.tick_params( labelbottom="off", labelleft="off",
     bottom="off", left="off") # 删除坐标轴
  plt.imshow(P1[i])
plt.suptitle('Pooling result', fontsize=12)
plt.show()


plt.figure(figsize=(10,1))
for i in range(filters):
```

```
    plt.subplot(1, filters, i+1)
    ax = plt.gca() # get current axis
    ax.tick_params( labelbottom="off", labelleft="off",
        bottom="off", left="off") # 删除坐标轴
    plt.imshow(P2[i])
plt.suptitle('Pooling result', fontsize=12)
plt.show()
```

程序清单 21.21 习题

提示

请参考池化处理 1 部分的实现代码。

参考答案

```
In  （略）
    # 池化处理 2（请进行定义）
    pool_size = (3,3)
    strides = (2,2)
    pool2 = Pool((3,3), (2,2))
    P2 = [pool2.f_prop(C[i]) for i in range(len(C))]
    # -------------------------------------------------------------
    # 以下部分全是用于实现可视化处理的代码
    # -------------------------------------------------------------
    （略）
```

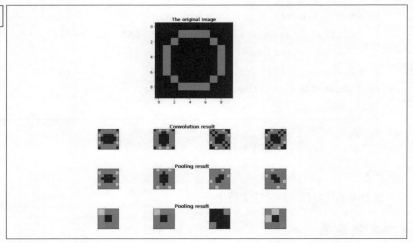

程序清单 21.22　参考答案

21.3.7　padding（Pool 层）

与卷积层中的 **padding** 参数类似，池化层的 **padding** 参数用于指定填充方式（见图 21.22）。

在 Keras 的 **MaxPooling2D** 网络层中，通过指定类似 **padding=valid**、**padding=same** 的设置来指定填充方式。

当指定 **padding=valid** 时，不进行填充处理；当指定 **padding=same** 时，为了使输出的特征图与输入数据的尺寸保持一致，会对输入数据进行填充。

在程序清单 21.23 ①的代码中，通过使用 **padding=(1,1)** 的方式对填充的幅度进行设置。

【习题】

在这里为了更好地理解算法的原理，将尝试不使用 Keras 和 TensorFlow 来编写代码。

请将程序清单 21.23 中的池化处理 2 部分的实现代码补充完整，并设置参数 **padding=(1,1)** 进行最大池化处理。

```
In │ import numpy as np
   │ import matplotlib.pyplot as plt
```

```
import urllib.request

# 定义一个非常简单的卷积层
class Conv:
  def __init__(self, W, filters, kernel_size):
    self.filters = filters
    self.kernel_size = kernel_size
    self.W = W # np.random.rand(filters, kernel_size[0],
        # kernel_size[1])
  def f_prop(self, X):
    k_h, k_w = self.kernel_size
    out = np.zeros((filters, X.shape[0]-k_h+1, X.shape[1]-k_w+1))
    for k in range(self.filters):
      for i in range(out[0].shape[0]):
        for j in range(out[0].shape[1]):
          x = X[i:i+k_h, j:j+k_w]
          out[k,i,j] = np.dot( self.W[k].flatten(), x.flatten())
    return out

# 定义一个非常简单的池化层
# 池化层只提供单通道的特征图的支持
class Pool:
  def __init__(self, pool_size, strides, padding):
    self.pool_size = pool_size
    self.strides = strides
    self.padding = padding
  def f_prop(self, X):
    k_h, k_w = self.pool_size
    s_h, s_w = self.strides
    p_h, p_w = self.padding
    out = np.zeros(( (X.shape[0]+p_h*2-k_h)//s_h+1, (X.shape[1]+p_
        w*2-k_w)//s_w+1))
    X = np.pad( X, ((p_h,p_h),(p_w,p_w)), 'constant', constant_
      values=((0,0),(0,0)))
    for i in range(out.shape[0]):
```

```
      for j in range(out.shape[1]):
        out[i,j] = np.max(X[i*s_h:i*s_h+k_h, j*s_w:j*s_w+k_w])
      return out


local_filename, headers = urllib.request.urlretrieve('https://
aidemyexcontentsdata.blob.core.windows.net/data/5100_cnn/
circle.npy')
X = np.load(local_filename)


local_filename_w, headers = urllib.request.urlretrieve('https://
aidemyexcontentsdata.blob.core.windows.net/data/5100_cnn/weight.npy')
W = np.load(local_filename_w)


# 卷积处理
filters = 4
kernel_size = (3, 3)
conv = Conv(W=W, filters=filters, kernel_size=kernel_size)
C = conv.f_prop(X)


# 池化处理 1
pool_size = (2,2)
strides = (2,2)
padding = (0,0)
pool1 = Pool(pool_size=pool_size, strides=strides, padding=padding)
P1 = [pool1.f_prop(C[i]) for i in range(len(C))]


# 池化处理 2（请进行定义）
pool_size = (2,2)
strides = (2,2)
padding = (1,1) ———①
pool2 =
P2 =
# ------------------------------------------------------------
# 以下部分全是用于实现可视化处理的代码
# ------------------------------------------------------------
```

```
plt.imshow(X)
plt.title('The original image', fontsize=12)
plt.show()

plt.figure(figsize=(10, 1))
for i in range(filters):
  plt.subplot(1,filters, i+1)
  ax = plt.gca() # get current axis
  ax.tick_params( labelbottom="off", labelleft="off",
    bottom="off", left="off") # 删除坐标轴
  plt.imshow(C[i])
plt.suptitle('Convolution result', fontsize=12)
plt.show()

plt.figure(figsize=(10,1))
for i in range(filters):
  plt.subplot(1, filters, i+1)
  ax = plt.gca() # get current axis
  ax.tick_params( labelbottom="off", labelleft="off", bottom="off",
    left="off") # 删除坐标轴
  plt.imshow(P1[i])
plt.suptitle('Pooling result', fontsize=12)
plt.show()

plt.figure(figsize=(10,1))
for i in range(filters):
  plt.subplot(1, filters, i+1)
  ax = plt.gca() # get current axis
  ax.tick_params( labelbottom="off", labelleft="off", bottom="off",
    left="off") # 删除坐标轴
  plt.imshow(P2[i])
plt.suptitle('Pooling result', fontsize=12)
plt.show()
```

程序清单 21.23 习题

请参考池化处理 **1** 部分的实现代码。

参考答案

In

```
（略）
# 池化处理 2（请进行定义）
pool_size = (2,2)
strides = (2,2)
padding = (1,1)
pool2 = Pool(pool_size=pool_size, strides=strides,
        padding=padding)
P2 = [pool2.f_prop(C[i]) for i in range(len(C))]
# -----------------------------------------------------------
# 以下部分全是用于实现可视化处理的代码
# -----------------------------------------------------------
（略）
```

Out

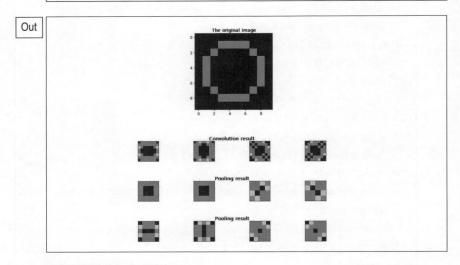

程序清单 21.24　参考答案

附加习题

请参考本章内的示例代码，使用 Keras 编程来实现 CNN 网络模型，并完成模型的构建。

习题

请根据程序清单 21.25 中注释部分的提示完成代码的编写。

```
In    from keras.layers import Activation, Conv2D, Dense, Flatten, MaxPooling2D
      from keras.models import Sequential, load_model
      from keras.utils.np_utils import to_categorical

      # 定义模型
      # 请创建实例
      model =
      model.add(Conv2D(input_shape=(28, 28, 1),
                  filters=32,
                  kernel_size=(2, 2),
                  strides=(1, 1),
                  padding="same"))
      model.add(MaxPooling2D(pool_size=(2, 2),
                          strides=(1,1)))
      model.add(Conv2D(filters=32,
                  kernel_size=(2, 2),
                  strides=(1, 1),
                  padding="same"))
      model.add(MaxPooling2D(pool_size=(2, 2),
                          strides=(1,1)))
      model.add(Flatten())
      model.add(Dense(256))

      # 请使用激励函数 sigmoid
      model.add()
      model.add(Dense(128))
```

```
# 请使用激励函数 sigmoid
model.add()
model.add(Dense(10))

# 请使用激励函数 softmax
model.add()

model.summary()
```

程序清单 21.25　习题

提示

请使用 **Sequential()** 来创建模型的实例。

参考答案

```
In  from keras.layers import Activation, Conv2D, Dense, Flatten,MaxPooling2D
    from keras.models import Sequential, load_model
    from keras.utils.np_utils import to_categorical

    # 定义模型
    # 请创建实例
    model = Sequential()
    （略）
    # 请使用激励函数 sigmoid
    model.add(Activation('sigmoid'))
    model.add(Dense(128))

    # 请使用激励函数 sigmoid
    model.add(Activation('sigmoid'))
    model.add(Dense(10))

    # 请使用激励函数 softmax
    model.add(Activation('softmax'))

    model.summary()
```

```
Out   Layer (type)                     Output Shape              Param #
      =================================================================
      conv2d_1 (Conv2D)                (None, 28, 28, 32)        160

      max_pooling2d_1 (MaxPooling2     (None, 27, 27, 32)        0

      conv2d_2 (Conv2D)                (None, 27, 27, 32)        4128

      max_pooling2d_2 (MaxPooling2     (None, 26, 26, 32)        0

      flatten_1 (Flatten)              (None, 21632)             0

      dense_1 (Dense)                  (None, 256)               5538048

      activation_1 (Activation)        (None, 256)               0

      dense_2 (Dense)                  (None, 128)               32896

      activation_2 (Activation)        (None, 128)               0

      dense_3 (Dense)                  (None, 10)                1290

      activation_3 (Activation)        (None, 10)                0
      =================================================================
      Total params: 5,576,522
      Trainable params: 5,576,522
      Non-trainable params: 0
```

程序清单 21.26　参考答案

◀解说▶

　　如果使用 Keras，首先需要定义用于管理网络层的实例，然后使用 **add()** 方法一层层地添加模型的网络层。要创建 Sequential 模型的实例，可以使用 **model = Sequential()**。其中，可以调用 **Activation('sigmoid')** 来指定激励函数的类型。

　　请对本章中所介绍的各个网络层的参数的相关知识进行复习，并理解各种参数的性质和作用。

运用 CNN 进行图像识别的应用

22.1 数据的注水处理

图像识别处理需要大量使用图像数据及相应的标签（监督数据）。然而，要准备足够数量图像和标签的组合是需要大量时间和成本的。因此，为了解决这一问题而引入的自动增加图像数量的操作就被称为**图像的注水**处理。

虽然是对图像进行注水处理，但是并不是简单地对图像数据进行复制来实现数量的增加，而是需要加入如图像的**翻转**和**移位**等处理来创造出新的数据（见图 22.1）。

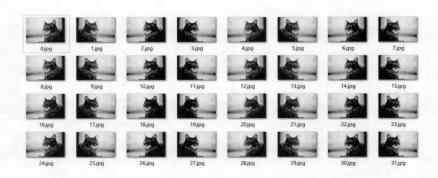

图 22.1　创建新的图像的示例

在本章中将使用 Keras 的 **ImageDataGenerator** 来实现图像的注水处理。

ImageDataGenerator 有很多参数可以设置，能够很方便地指定不同的算法对图像数据进行加工。另外，还可以组合多种加工方法在一起来创建新的图像。

接下来将对 **ImageDataGenerator** 的常用参数进行学习。

语法
```
datagen = ImageDataGenerator(rotation_range=0.,
                             width_shift_range=0.,
                             height_shift_range=0.,
                             shear_range=0.,
                             zoom_range=0.,
                             channel_shift_range=0,
                             horizontal_flip=False,
                             vertical_flip=False)
```

- `rotation_range`：随机旋转的范围（单位：度）。
- `width_shift_range`：随机地在水平方向上平移，移动距离是图像宽度的百分比。
- `height_shift_range`：随机地在垂直方向上平移，移动距离是图像高度的百分比。
- `shear_range`：裁断的角度。如果设置为较大的值，图像就会在倾斜的方向上被挤压或者拉伸（单位：度）。
- `zoom_range`：随机对图像进行压缩或放大处理的百分比。最小可被压缩到 `1-zoom_range` 大小，最大可以放大到 `1+zoom_range` 大小。
- `channel_shift_range`：当输入的数据是 RGB 三通道的图像时，分别对 R、G、B 值进行随机的加减运算（0 ~ 255）。
- `horizontal_flip`：设置为 `True`，则在水平方向上进行随机翻转。
- `vertical_flip`：设置为 `True`，则在垂直方向上进行随机翻转。

除了上述参数以外，还有很多其他的参数可以设置非常丰富的功能，感兴趣的读者可以参考下列资料。

Keras 官方网站：图像的预处理。
URL https://keras.io/api/preprocessing/image/

习题

请从下列使用 ImageDataGenerator 的实现代码中，选择在满足下列条件的前提下能正确实现数据的注水处理的一项。

- ImageDataGenerator(rotation_range= 30, height_shift_range = 0.2, vertical_flip=True)
- ImageDataGenerator(rotation_range=30,height_shift_range = 0.2, horizontal_flip=True)
- ImageDataGenerator(rotation_range=30,width_shift_range = 0.2, vertical_flip=True)
- ImageDataGenerator(rotation_range=30,width_shift_range = 0.2, horizontal_flip=True)

条件：
- 随机旋转图片，范围为 30°。

- 随机地在水平方向上移动图像，移动范围为图像宽度的 20%。
- 随机地在垂直方向上翻转图像。

可以使用 **datagen = ImageDataGenerator()** 来创建生成器。

参考答案

ImageDataGenerator(rotation_range=30,width_shift_range = 0.2, vertical_flip=True)

22.2 ║ 归一化

22.2.1 各种归一化方法

如图 22.2 所示是**归一化**的示例。将数据按照一定的规则进行处理，使其便于我们使用的操作被称为**归一化**。

图 22.2　归一化的示例

在图 22.2 中，经过**归一化**处理后，光照的效果被统一，从而消除了与学习没有直接关系的数据间的差异。通过这类操作，就可以极大地提高学习效率。

从图 22.3 所示的曲线图中可知，对 cifar10 的分类进行批次归一化（**Batch Normalization，BN**）处理后，网络模型的准确率得到了极大的提升。

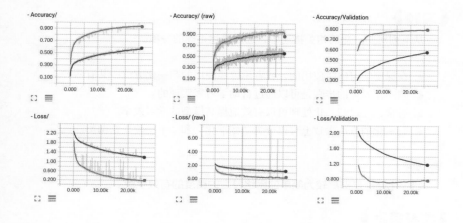

图 22.3 归一化前后的对比

来源 引自 "DeepAge"
URL https://deepage.net/deep_learning/2016/10/26/batch_normalization.html

其中，蓝色曲线表示的是没有经过 BN 处理的情况；黑色曲线表示的是加入了 BN 处理后的情况。

在最近几年的深度神经网络模型中，归一化处理都被认为是不必要的，但是在简单的模型中使用归一化处理绝对是非常有意义的。在深度学习中所使用的归一化处理方法有很多种，下面是具有代表性的几种。

- 批次归一化（BN）
- 主成分分析（PCA）
- 奇异值分解（SVD）
- 零相位分量分析（ZCA）
- 局部响应归一化（LRN）
- 全局对比度归一化（GCN）
- 局部对比度归一化（LCN）

这些归一化处理方法大致可以分为标准化和白化两类。从下一节开始我们将逐一对其进行讲解。

习题

从下列对归一化的相关描述中，选择描述正确的一项。

- 在深度学习中所使用的，或者说曾经使用的归一化方法一共有两种。
- 归一化处理的步骤是可以通过自动学习来实现的。
- 通常，经过归一化处理可以有效地提高模型的学习效率。
- 归一化的方法大致上可以分为"标准化"和"平均化"这两类。

提示

归一化处理是提高较为简单的网络模型的精度的有效手段。

参考答案

通常，经过归一化处理可以有效地提高模型的学习效率。

22.2.2 标准化

标准化就是通过将各个特征的平均值变为 0，标准差变为 1 的方式，使以特征为单位的数据分布变得更为紧凑的处理方法。

如图 22.4 所示为对 cifar10 数据集中的各个特征（在这里是 R、G、B 三色通道）进行**标准化**处理后得到的结果（为了能更容易看清楚内容，这里还添加了少量附加处理）。

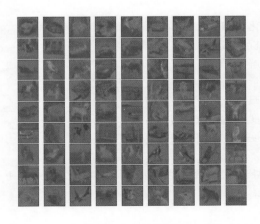

图 22.4　cifar10 数据集中各个特征经过标准化处理的结果

通过**标准化**处理，图像的色调变得更为均一，看上去像是灰色的，不过这就意味着之前不突出的颜色（R、G 或 B）经过处理后，其重要性变得与其他颜色接近（相当于增加了权重），这样也就更容易发现那些之前被隐藏了的特征。

(习题)

接下来将使用 Keras 和 TensorFlow 进行程序的编写。

请按照下列要求和程序清单 22.1 中的代码，对 cifar10 数据集中最开头的 10 张照片进行标准化处理，并对处理前后的照片进行对比。

- 请对每张照片进行标准化处理。
- 请使用 **ImageDataGenerator** 进行标准化处理。使用方法请参考提示部分，并为 **ImageDataGenerator** 设置合适的参数。

```
In
import matplotlib.pyplot as plt
from keras.datasets import cifar10
from keras.preprocessing.image import ImageDataGenerator
%matplotlib inline

(X_train, y_train), (X_test, y_test) = cifar10.load_data()

for i in range(10):
  plt.subplot(2, 5, i + 1)
  plt.imshow(X_train[i])
plt.suptitle('The original image', fontsize=12)
plt.show()

# 请创建生成器
datagen =

# 进行标准化处理
g = datagen.flow(X_train, y_train, shuffle=False)
X_batch, y_batch = g.next()

# 对生成的图像进行处理，使其更适于浏览
X_batch *= 127.0 / max(abs(X_batch.min()), X_batch.max())
```

运用 C N N 进行图像识别的应用

```
X_batch += 127.0
X_batch = X_batch.astype('uint8')

for i in range(10):
  plt.subplot(2, 5, i + 1)
  plt.imshow(X_batch[i])
plt.suptitle('Standardization result', fontsize=12)
plt.show()
```

程序清单 22.1 习题

提示

- 使用 **datagen = ImageDataGenerator()** 可以创建生成器。
- 将各个通道的平均值变为 **0**,标准差变为 **1**,使其标准化。
- 在 **ImageDataGenerator** 中指定 **samplewise_center = True** 就可以将每幅图像的通道的平均值变为 **0**,指定 **samplewise_std_normalization = True** 就可以将每幅图像的通道的标准差变为 **1**。

参考答案

In
```
(略)
# 请创建生成器
datagen = ImageDataGenerator(samplewise_center=True,
            samplewise_std_normalization=True)

# 进行标准化处理
(略)
```

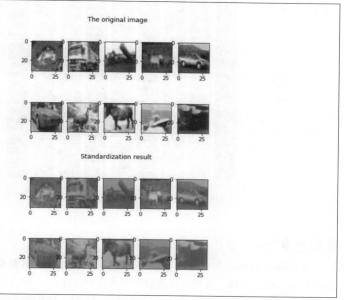

Out

程序清单 22.2　参考答案

22.2.3 白化

白化是用于消除数据之间所存在的相关性的处理方法。

如图 22.5 所示是将 cifar10 数据集中的各个特征（在这里是 R、G、B 三个颜色通道）分别进行**白化**处理后得到的结果 (为了更容易看清楚内容，这里还添加了少量附加处理)。

经过**白化**处理后，图像在整体上亮度变暗，边缘部分则变得更加突出。这是因为白化处理可以很轻松地从周围的像素信息中推测出对应的色调，并且忽略掉这种色调的影响。

通过**白化**处理，得到强化的是图像中包含更多信息的边缘特征，而不是那些只包含少量特征的面或背景，因此可以有效提高模型的学习效率。

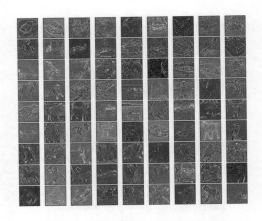

图 22.5　白化

习题

请根据下列要求和程序清单 22.3 中的代码，对 cifar10 数据集中最开头的 10 张照片进行白化处理，并对处理前后的照片进行对比。

可以使用 **ImageDataGenerator** 进行白化处理。请根据提示部分的信息，为 **ImageDataGenerator** 设置合适的参数。

```
In    import matplotlib.pyplot as plt
      from keras.datasets import cifar10
      from keras.preprocessing.image import ImageDataGenerator
      %matplotlib inline

      (X_train, y_train), (X_test, y_test) = cifar10.load_data()

      # 在此将全部数据中的 300 张照片用于学习，100 张照片用于测试
      X_train = X_train[:300]
      X_test = X_test[:100]
      y_train = y_train[:300]
      y_test = y_test[:100]

      for i in range(10):
        plt.subplot(2, 5, i + 1)
```

```
   plt.imshow(X_train[i])
plt.suptitle('The original image', fontsize=12)
plt.show()

# 请创建生成器
datagen =

# 进行白化处理
datagen.fit(X_train)
g = datagen.flow(X_train, y_train, shuffle=False)
X_batch, y_batch = g.next()

# 对生成的图像进行处理，使其更适于浏览
X_batch *= 127.0 / max(abs(X_batch.min()), abs(X_batch.max()))
X_batch += 127
X_batch = X_batch.astype('uint8')

for i in range(10):
  plt.subplot(2, 5, i + 1)
  plt.imshow(X_batch[i])
plt.suptitle('Whitening result', fontsize=12)
plt.show()
```

程序清单 22.3 习题

提示

- 使用 **datagen = ImageDataGenerator()** 可以创建生成器。
- 在 **ImageDataGenerator** 中指定 **zca_whitening = True** 可以用于零相位分量分析。

参考答案

| In | （略）
# 请创建生成器
datagen = ImageDataGenerator(zca_whitening=True) |

```
# 进行白化处理
（略）
```

Out

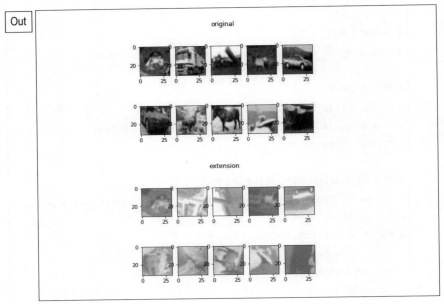

程序清单 22.4　参考答案

22.2.4 批次归一化

在深度学习中进行小批次学习时，对每个批次进行标准化处理的做法就被称为**批次归一化**（Batch Normalization）。

在 Keras 中，可以像添加全链接层、卷积层或激励函数那样，使用 model 的 **add()** 方法为模型设置批次归一化处理。

model.add(BatchNormalization())

批次归一化并不仅仅用于数据的预处理阶段，对于中间层的输出同样是适用的。

特别是使用激励函数 ReLU 这类输出值的范围没有限制的函数时，对输出数据进行**批次归一化**处理，就能使得学习的过程更为顺畅。

(习题)

请在程序清单 22.5 代码内的空栏处,将批次归一化处理的实现代码补充完整。另外,请注意如下几点。

- 正确使用归一化处理,不仅仅是对于使用激励函数中的 **sigmoid** 函数的情况,对于使用 **ReLU** 函数的情况,同样也能保证学习过程的顺利推进。
- 如果能正确使用 ReLU 函数,在大多数情况下都能产生比 **sigmoid** 函数更好的学习效果。

In
```
import numpy as np
import matplotlib.pyplot as plt
from keras.datasets import mnist
from keras.layers import Activation, Conv2D, Dense, Flatten,
    MaxPooling2D, BatchNormalization
from keras.models import Sequential, load_model
from keras.utils.np_utils import to_categorical

(X_train, y_train), (X_test, y_test) = mnist.load_data()
X_train = np.reshape(a=X_train, newshape=(-1, 28, 28, 1))[:300]
X_test = np.reshape(a = X_test,newshape=(-1, 28, 28, 1))[:300]
y_train = to_categorical(y_train)[:300]
y_test = to_categorical(y_test)[:300]


# 对 model1(使用 sigmoid 函数作为激励函数的模型)进行定义
model1 = Sequential()
model1.add(Conv2D(input_shape=(28, 28, 1), filters=32, kernel_
    size=(2, 2), strides=(1, 1), padding="same"))
model1.add(MaxPooling2D(pool_size=(2, 2)))
model1.add(Conv2D(filters=32, kernel_size=(2, 2), strides=(1,
    1), padding="same"))
model1.add(MaxPooling2D(pool_size=(2, 2)))
model1.add(Flatten())
model1.add(Dense(256))
```

```python
model1.add(Activation('sigmoid'))
model1.add(Dense(128))
model1.add(Activation('sigmoid'))
model1.add(Dense(10))
model1.add(Activation('softmax'))

# 进行编译
model1.compile(optimizer='sgd', loss='categorical_
        crossentropy', metrics=['accuracy'])
# 进行学习
history = model1.fit( X_train, y_train, batch_size=32, epochs=3,
        validation_data=(X_test, y_test))

# 进行可视化处理
plt.plot(history.history['acc'], label='acc', ls='-', marker='o')
plt.plot( history.history['val_acc'], label='val_acc', ls='-', marker='x')
plt.ylabel('accuracy')
plt.xlabel('epoch')
plt.suptitle('model1', fontsize=12)
plt.show()

# 对 model2（使用 ReLU 作为激励函数的模型）进行定义
model2 = Sequential()
model2.add(Conv2D(input_shape=(28, 28, 1), filters=32, kernel_
        size=(2, 2), strides=(1, 1), padding="same"))
model2.add(MaxPooling2D(pool_size=(2, 2)))
model2.add(Conv2D(filters=32, kernel_size=(2, 2), strides=(1,
        1), padding="same"))
model2.add(MaxPooling2D(pool_size=(2, 2)))
model2.add(Flatten())
model2.add(Dense(256))
model2.add(Activation('relu'))
# 请在下方添加批次归一化处理的代码

model2.add(Dense(128))
```

```
model2.add(Activation('relu'))
# 请在下方添加批次归一化处理的代码


model2.add(Dense(10))
model2.add(Activation('softmax'))


# 进行编译
model2.compile(optimizer='sgd', loss='categorical_
    crossentropy', metrics=['accuracy'])
# 进行学习
history = model2.fit( X_train, y_train, batch_size=32,
    epochs=3, validation_data=(X_test, y_test))


# 进行可视化处理
plt.plot(history.history['acc'], label='acc', ls='-', marker='o')
plt.plot( history.history['val_acc'], label='val_acc', ls='-', marker='x')
plt.ylabel('accuracy')
plt.xlabel('epoch')
plt.suptitle('model2', fontsize=12)
plt.show()
```

程序清单 22.5　习题

（提示）

　　虽然批次归一化看上去与网络层是完全不同的概念，但是在 **Keras** 中其使用方法与网络层类似。

（参考答案）

```
In  （略）
    # 请在下方添加批次归一化处理的代码
    model2.add(BatchNormalization())
    model2.add(Dense(128))
    model2.add(Activation('relu'))
    # 请在下方添加批次归一化处理的代码
```

```
model2.add(BatchNormalization())
model2.add(Dense(10))
model2.add(Activation('softmax'))

# 进行编译
（略）
```

Out

```
Train on 300 samples, validate on 300 samples
Epoch 1/3
300/300 [==============================] - 0s 1ms/step - loss:
2.5737 - acc: 0.0767 - val_loss: 2.3909 - val_acc: 0.0667
Epoch 2/3
300/300 [==============================] - 0s 745us/step - loss:
2.2726 - acc: 0.1600 - val_loss: 2.2532 - val_acc: 0.1567
Epoch 3/3
300/300 [==============================] - 0s 792us/step - loss:
2.1457 - acc: 0.2800 - val_loss: 2.1900 - val_acc: 0.3367
```

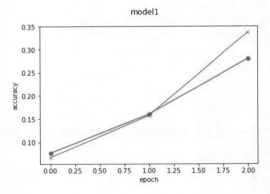

```
Train on 300 samples, validate on 300 samples
Epoch 1/3
300/300 [==============================] - 1s 3ms/step - loss:
1.6684 - acc: 0.4900 - val_loss: 1.7386 - val_acc: 0.5033
Epoch 2/3
300/300 [==============================] - 0s 759us/step - loss:
0.6411 - acc: 0.8267 - val_loss: 1.3585 - val_acc: 0.5833
```

```
Epoch 3/3
300/300 [==============================] - 0s 768us/step - loss:
0.3779 - acc: 0.9200 - val_loss: 1.0487 - val_acc: 0.6367
```

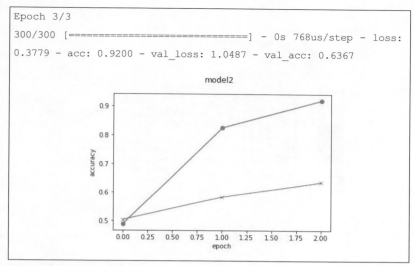

程序清单 22.6　参考答案

22.3 ‖ 迁移学习与 VGG16

22.3.1 迁移学习

　　大规模的神经网络的学习过程是非常耗费时间的，而且需要处理的数据量也非常庞大。

　　在这种情况下，使用公开发布的模型中已经事先训练好的大量数据是一个有效的解决办法。使用已经训练完毕的模型进行新模型的学习训练方式被称为**迁移学习**。

　　在 Keras 中，可以直接载入 ImageNet（包含 120 万张，1000 个分类的庞大的图片数据集）中训练好的图像分类模型及相应的权重，并加以运用。

　　其中公开的模型包括多个不同的种类，这里将使用模型 **VGG16** 作为示例进行说明（见图 22.6）。

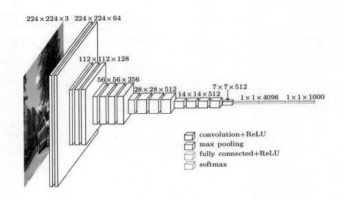

图 22.6　VGG 模型

来源 引自 "VGG\in\TensorFlow" 的 "FIG.2 – MACROARCHITECTURE OF VGG16"
URL http://www.cs.toronto.edu/~frossard/post/vgg16/
参考 VERY DEEP CONVOLUTIONAL NETWORKS FOR LARGE–SCALE IMAGE
RECOGNITION
URL https://arxiv.org/pdf/1409.1556.pdf

　　VGG 模型在 2014 年举办的 ILSVRC 大规模图像识别竞赛中取得了排名第二的成绩,它是由牛津大学的 VGG（Visual Geometry Group）团队创建的网络模型（见图 22.6）。

　　其特点是将使用小尺寸文件的卷积操作进行 2 ～ 4 的连续处理，然后再进行池化，并重复整个过程。在 VGG 模型中，在由包含权重的网络层（卷积层和全链接层）重叠所组成的模型中，既有重叠 16 层的，也有重叠 19 层的，它们分别是 **VGG16** 和 **VGG19**。VGG16 是包括 13 层卷积层和 3 层全链接层，即共 16 层的网络模型。

　　由于 VGG 模型包含 1000 个类目的分类模型，因此输出神经元就有 1000 个。只要将最后的全链接层去掉，使用前面用于提取特征的网络层，就能将 VGG 模型用于迁移学习中。

　　而且也不需要考虑输入图像的尺寸大小。因为，VGG16 模型的卷积层的卷积核的尺寸非常小，只有 3 × 3，而且设置了参数 **padding = 'same'**。只要输入的图像不是非常小，都可以通过其中的 13 层卷积层将特征提取出来。

(习题)

请从下列对迁移学习的相关描述中，选择最为恰当的一项。

- 输入图像的尺寸需要配合原有模型的结构，因此需要经过放大或缩小处理。
- 如果是与原有模型的输出不同的模型，就无法进行迁移学习。
- 使用迁移学习，已经学习完毕的模型的结构可以在新的模型中使用，但是权重则需要从头开始学习。
- 与普通的学习方式相比，使用迁移学习可以缩短学习所需的时间。

(提示)

即使模型与原有模型的输入和输出不同，也是可以进行迁移学习的，权重也一样可以使用事先训练好的值。

(参考答案)

与普通的学习方式相比，使用迁移学习可以缩短学习所需的时间。

22.3.2 VGG16

接下来，将使用 Keras 通过迁移学习对 cifar10 数据集进行分类。

我们将 VGG16 模型合并到之前所使用的 **Sequential** 模型中。首先，创建 VGG 模型（程序清单 22.7）。

```
In    from keras.applications.vgg16 import VGG16

      input_tensor = Input(shape=(32, 32, 3))
      vgg16 = VGG16(include_top=False, weights='imagenet', input_
              tensor=input_tensor)
```

程序清单 22.7　创建 VGG 模型的示例

将输入数据的格式保存到 **input_tersor** 中。

include_top 是用于指定是否使用原有模型中最后的全链接层的参数。将其设置为 **False**，只使用原有模型中的卷积层部分用于特征提取，之后的层则使用我们自己的网络层。

将参数 **weights** 指定为 **imagenet**，就可以重复利用 ImageNet 中已经完成了学习的权重；如果指定为 **None**，就是使用随机的权重值。

如果要在特征提取部分的网络层之后添加其他的网络层，需要事先定义 VGG 之外的网络模型（这里是 **top_model**），再按照类似程序清单 22.8 中的代码将它们连接在一起。

```
In
top_model = vgg16.output
top_model = Flatten(input_shape=vgg16.output_shape[1:])(top_model)
top_model = Dense(256, activation='sigmoid')(top_model)
top_model = Dropout(0.5)(top_model)
top_model = Dense(10, activation='softmax')(top_model)

model = Model(inputs=vgg16.input, outputs=top_model)
```

程序清单 22.8　定义新的模型

如果对 VGG16 的特征提取部分的权重进行更新，就会导致模型崩溃，因此需要使用程序清单 22.9 中的方法将其固化。

```
In
# 到 model 的第 19 层网络为止都使用 VGG 模型
for layer in model.layers[:19]:
layer.trainable = False
```

程序清单 22.9　固化权重

对于 compile 或学习的处理方式还是一样的，在迁移学习时，一般选择 SGD 作为最优化算法的效果比较好（程序清单 22.10）。

```
In
model.compile(loss='categorical_crossentropy',
        optimizer=optimizers.SGD(lr=1e-4, momentum=0.9),
        metrics=['accuracy'])
```

程序清单 22.10　使用 SGD 进行最优化

【习题】

请将程序清单 22.11 中的程序代码补充完整，使用 VGG16 来创建 cifar10 的分类模型，并完成迁移学习部分代码的编写。

```
In    from keras import optimizers
      from keras.applications.vgg16 import VGG16
      from keras.datasets import cifar10
      from keras.layers import Dense, Dropout, Flatten, Input
      from keras.models import Model, Sequential
      from keras.utils.np_utils import to_categorical
      import matplotlib.pyplot as plt
      import numpy as np
      %matplotlib inline

      (X_train, y_train), (X_test, y_test) = cifar10.load_data()
      y_train = to_categorical(y_train)
      y_test = to_categorical(y_test)

      # 请对 input_tensor 进行定义
      input_tensor =

      vgg16 = VGG16(include_top=False, weights='imagenet', input_
              tensor=input_tensor)

      top_model = vgg16.output
      top_model = Flatten(input_shape=vgg16.output_shape[1:])(top_model)
      top_model = Dense(256, activation='sigmoid')(top_model)
      top_model = Dropout(0.5)(top_model)
      top_model = Dense(10, activation='softmax')(top_model)

      # 请将 vgg16 和 top_model 连接起来
      model =

      # 请将到第 19 层网络层为止的权重进行固化处理


      # 对模型进行确认
      model.summary()
```

```
model.compile(loss='categorical_crossentropy',
      optimizer=optimizers.SGD(lr=1e-4, momentum=0.9),
      metrics=['accuracy'])

# 如果训练完毕的模型已经被保存了下来，则可以使用下面的代码直接读取所保存
# 的模型
# model.load_weights('param_vgg.hdf5')

# 将批次尺寸设置为 32，epoch 数设置为 3 进行学习
model.fit(X_train, y_train, validation_data=(X_test, y_test),
      batch_size=32, epochs=3)

# 可以使用下面的代码对模型进行保存
model.save_weights('param_vgg.hdf5')

# 对精度进行评估
scores = model.evaluate(X_test, y_test, verbose=1)
print('Test loss:', scores[0])
print('Test accuracy:', scores[1])

# 对数据进行可视化处理（测试数据中开头的 10 张）
for i in range(10):
  plt.subplot(2, 5, i+1)
  plt.imshow(X_test[i])
plt.suptitle("The first ten of the test data",fontsize=16)
plt.show()

# 进行预测（测试数据中开头的 10 张）
pred = np.argmax(model.predict(X_test[0:10]), axis=1)
print(pred)
```

程序清单 22.11　习题

模型精度大约为 **47%**。增加训练数据或者反复多次地进行学习就能够将其提

升到 **90%** 左右，但是也需要耗费更多的硬件资源和运算时间。

❨参考答案❩

```
In   （略）
     # 请对 input_tensor 进行定义
     input_tensor = Input(shape=(32, 32, 3))
     （略）
     # 请将 vgg16 和 top_model 连接起来
     model = Model(inputs=vgg16.input, outputs=top_model)

     # 请对到第 19 层网络层为止的权重进行固化处理
     for layer in model.layers[:19]:
       layer.trainable = False

     # 对模型进行确认
     model.summary()
     （略）
```

```
Out  _____

     Layer (type)                Output Shape              Param #
     =================================================================

     input_3 (InputLayer)        (None, 32, 32, 3)         0
     _____

     block1_conv1 (Conv2D)       (None, 32, 32, 64)        1792
     _____

     block1_conv2 (Conv2D)       (None, 32, 32, 64)        36928
     _____

     （略）
     _____

     dense_5 (Dense)             (None, 256)               131328
     _____

     dropout_3 (Dropout)         (None, 256)               0
     _____

     dense_6 (Dense)             (None, 10)                2570
```

```
=============================================================
Total params: 14,848,586
Trainable params: 133,898
Non-trainable params: 14,714,688
_____

Train on 50000 samples, validate on 10000 samples
Epoch 1/3
50000/50000 [==============================] - 552s 11ms/step - loss:
2.3704 - acc: 0.2003 - val_loss: 1.7705 - val_acc: 0.3910
Epoch 2/3
50000/50000 [==============================] - 534s 11ms/step - loss:
1.9159 - acc: 0.3298 - val_loss: 1.6014 - val_acc: 0.4467
Epoch 3/3
50000/50000 [==============================] - 537s 11ms/step - loss:
1.7461 - acc: 0.3849 - val_loss: 1.5204 - val_acc: 0.4737
10000/10000 [==============================] - 88s 9ms/step
Test loss: 1.5204114944458007
Test accuracy: 0.4737
```

The first ten of the test data

```
[3 8 8 8 6 6 1 6 5 3]
```

程序清单 22.12　参考答案

附加习题

在 CNN 中可以通过对学习数据进行注水处理，来避免过拟合问题，并创建
出泛化能力更强的模型。在这里，我们将对 **ImageDataGenerator** 的使用方法进
行复习。

习题

请根据程序清单 22.13 中注释部分的提示，将程序代码补充完整。

```
In    # 导入需要的模块
      import matplotlib.pyplot as plt
      from keras.datasets import cifar10
      from keras.preprocessing.image import ImageDataGenerator
      % matplotlib inline

      # 读入图像数据
      (X_train, y_train), (X_test, y_test) = cifar10.load_data()

      # 显示图像
      for i in range(10):
        plt.subplot(2, 5, i + 1)
        plt.imshow(X_train[i])
      plt.suptitle('original', fontsize=12)
      plt.show()

      # 请设置进行图像增强处理时所使用的参数（可自由设置）
      generator = ImageDataGenerator(
                  rotation_range=        , # 旋转度数
                  width_shift_range=     , # 在水平方向上进行随机平移
                  height_shift_range=    , # 在垂直方向上进行随机平移
                  channel_shift_range=   , # 随机地更改色调
                  shear_range=           , # 在斜向（pi/8）上进行拉伸
                  horizontal_flip=       , # 在垂直方向上进行随机翻转
                  vertical_flip=         , # 在水平方向上进行随机翻转
                  )

      # 请对图像进行增强处理（使用 .flow 传递需要处理的图像。请设置
      # shuffle=False 方便我们在显示图像的时候进行对比）
      extension =
      X_batch =
```

```
# 对生成的图像进行处理，使其更适于浏览
X_batch *= 127.0 / max(abs(X_batch.min()), X_batch.max())
X_batch += 127.0
X_batch = X_batch.astype('uint8')

# 显示经过增强处理后的数据
for i in range(10):
  plt.subplot(2, 5, i + 1)
  plt.imshow(X_batch[i])
plt.suptitle('extension', fontsize=12)
plt.show()
```

程序清单 22.13　习题

（提示）

可以使用 **.flow(** 数据 **,** 参数 **)** 的方式进行设置。

（参考答案）

```
In   （略）
     # 请设置进行图像增强处理时所使用的参数（可自由设置）
     generator = ImageDataGenerator(
                 rotation_range=90,              # 旋转 90°
                 width_shift_range=0.3,          # 在水平方向上进行随机平移
                 height_shift_range=0.3,         # 在垂直方向上进行随机平移
                 channel_shift_range=70.0,       # 随机地更改色调
                 shear_range=0.39,               # 在斜向（pi/8）上进行拉伸
                 horizontal_flip=True,           # 在垂直方向上进行随机翻转
                 vertical_flip=True,             # 在水平方向上进行随机翻转
                 )

     # 请对图像进行增强处理（使用 .flow 传递需要处理的图像。请设置
     # shuffle=False 方便我们在显示图像的时候进行对比）
```

```
extension = generator.flow(X_train,shuffle=False)
X_batch = extension.next()
（略）
```

Out

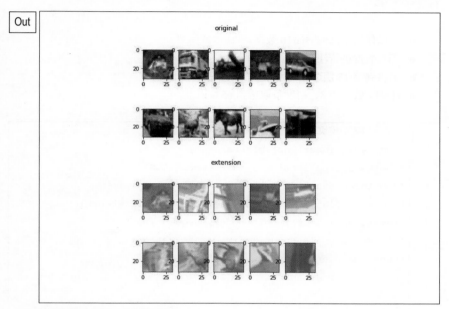

程序清单 22.14　参考答案

◀解说▶

ImageDataGenerator 中常用的参数如表 22.1 所示。

表 22.1　ImageDataGenerator 中常用的参数

变　量	说　明
rotation_range	随机旋转的范围 [单位：degree（度）]
width_shift_range	随机地在水平方向上平移，移动距离是图像宽度的百分比
height_shift_range	随机地在垂直方向上平移，移动距离是图像高度的百分比
shear_range	裁断的角度。如果设置为较大的值，图像就会在倾斜的方向上被挤压或者拉伸 [单位：degree（度）]
channel_shift_range	当输入的数据是 RGB 三通道的图像时，分别对 R、G、B 值进行随机的加减运算（0 ~ 255）
horizontal_flip	设置为 True，则在水平方向上进行随机翻转
vertical_flip	设置为 True，则在垂直方向上进行随机翻转

请将程序清单 22.15 中的程序代码补充完整，并使用 VGG16 模型对 cifar10 进行迁移学习。

- 可以使用全部的 cifar10 数据。
- 不对数据进行注水或增强处理。
- 请将到第 15 层为止的网络层的权重进行固化处理。
- epochs 数设为 3，精度争取达到 65% 以上。

```
In    # 导入需要的模块
      from keras import optimizers
      from keras.applications.vgg16 import VGG16
      from keras.datasets import cifar10
      from keras.layers import Dense, Dropout, Flatten, Input
      from keras.models import Model, Sequential
      from keras.utils.np_utils import to_categorical
      import matplotlib.pyplot as plt
      import numpy as np


      # 请载入数据
      (X_train, y_train), (X_test, y_test) =
      y_train = to_categorical(y_train)
      y_test = to_categorical(y_test)


      # 请定义 input_tensor，并使用 vgg 的 ImageNet 来创建已经训练好的模型
      input_tensor =
      vgg16 =

      # 创建用于特征量提取部分的模型
      top_model = vgg16.output
      top_model = Flatten(input_shape=vgg16.output_shape[1:])(top_model)
      top_model = Dense(256, activation='sigmoid')(top_model)
      top_model = Dropout(0.5)(top_model)
      top_model = Dense(10, activation='softmax')(top_model)
```

```
# 请将 vgg16 和 top_model 连接起来
model =

# 请将下面的 for 语句补充完整，对到第 15 层网络层为止的权重进行固化处理
for layer in :
  layer.trainable =

# 开始学习前，请对模型的结构进行确认
model.summary()

# 进行编译处理
model.compile(loss='categorical_crossentropy',
      optimizer=optimizers.SGD(lr=1e-4, momentum=0.9),
      metrics=['accuracy'])

# 如果训练完毕的模型已经被保存了下来，则可以使用下面的代码直接读取所保存
# 的模型
# model.load_weights('param_vgg_15.hdf5')

# 请将批次尺寸设置为 32 并进行学习
model.fit()

# 可以使用下面的代码对模型进行保存
model.save_weights('param_vgg_15.hdf5')

# 对精度进行评估
scores = model.evaluate(X_test, y_test, verbose=1)
print('Test loss:', scores[0])
print('Test accuracy:', scores[1])
```

程序清单 22.15　习题

模型的创建部分可以参考本小节前半部分中的内容。

In

```
（略）
# 请载入数据
(X_train, y_train), (X_test, y_test) = cifar10.load_data()
y_train = to_categorical(y_train)
y_test = to_categorical(y_test)


# 请定义 input_tensor，并使用 vgg 的 ImageNet 来创建已经训练好的模型
input_tensor = Input(shape=(32, 32, 3))
vgg16 = VGG16(include_top=False, weights='imagenet', input_
        tensor=input_tensor)
（略）
# 请将 vgg16 和 top_model 连接起来
model = Model(inputs=vgg16.input, outputs=top_model)
# 请将下面的 for 语句补充完整，对到第 15 层网络层为止的权重进行固化处理
for layer in model.layers[:15]:
  layer.trainable = False
（略）
# 请将批次尺寸设置为 32 并进行学习
model.fit(X_train, y_train, validation_data=(X_test, y_test),
        batch_size=32, epochs=3)
（略）
```

Out

```
_____
Layer (type)                Output Shape                Param #
===============================================================
input_1 (InputLayer)        (None, 32, 32, 3)           0
_____
（略）
_____
dense_2 (Dense)             (None, 10)                  2570
===============================================================
Total params: 14,848,586
```

```
Trainable params: 7,213,322
Non-trainable params: 7,635,264


Train on 50000 samples, validate on 10000 samples
Epoch 1/3
50000/50000 [==============================] - 1209s 24ms/step -
loss: 1.6510 - acc: 0.4311 - val_loss: 1.1068 - val_acc: 0.6207
Epoch 2/3
50000/50000 [==============================] - 1218s 24ms/step -
loss: 1.1535 - acc: 0.6079 - val_loss: 0.9505 - val_acc: 0.6742
Epoch 3/3
50000/50000 [==============================] - 1206s 24ms/step -
loss: 0.9989 - acc: 0.6653 - val_loss: 0.8661 - val_acc: 0.7040
10000/10000 [==============================] - 89s 9ms/step
Test loss: 0.86610025491714448
Test accuracy: 0.704
```

程序清单 22.16　参考答案

◀解说▶

　　与讲解迁移学习的本小节前半部分不同，这里并不是对全部的网络层进行固化，而只是固化其中的一部分。这里所创建的 model 中，到第 19 层为止的权重都在 ImageNet 中完成了学习，但是我们只对到 15 层为止的权重进行固化。在本小节的前半部分中，使用同样的方法，精度达到了 47%，而这里的精度上升到了 70%。不过，程序的执行时间也相应地增加了 2 ～ 3 倍。

　　使用只对一部分的网络层进行固化的方式，尽管因为需要学习的参数数量增加而使计算量也增加了，但是模型的预测精度也得到了提高。当数据量比较少时，使用这类只固定一部分网络层的做法是非常有效的，但是不可避免的是我们往往需要在模型的精度与学习时间之间权衡和取舍。

后记

尽管人工智能、加密货币等各种尖端技术都在以日新月异的速度发展，但是抱有诸如"人工智能会抢走人们的饭碗？""加密货币可能会被用于洗黑钱，因此是一种很危险的货币"等错误观念的人仍然不在少数。

从客观上看，正是这类先进技术的发展促使了无人驾驶汽车等的出现，人类迄今为止从未想象过的便利的生活服务由此诞生。正因如此，我才决定为这类先进科技的普及提供支援，将"人类社会与科技对接"作为 Aidemy 的使命。而创造了无人驾驶汽车等惠及大众的工具和系统的人正是广大软件工程师，因此，我认为要切实地履行 Aidemy 的使命，就必须以广大软件工程师为中心提供服务和支援。为此，作为本书的作者，我将继续通过 Aidemy 平台，为广大软件工程师提供专业技能升级和产品制作等方面的支持。

在我们内部对本书的出版进行讨论的时候，利益相关方和公司内部的很多人都提出了"如果出版这本书，会导致 Aidemy 自身销售业绩的下降"的疑问。诚然，本书的内容与 Aidemy 的在线教材有很多重复的部分。从短期看，的确可能会对 Aidemy 的销售业绩产生影响。但是，Aidemy 的业务范围并不仅仅局限于机器学习和深度学习等教育培训材料的网络销售。Aidemy 是要实现"人类社会与科技对接"的公司，我们的业务范围不仅仅是教育、科研和人才服务，还包括为广大软件工程师提供各类工具等范围更为广阔的领域。因此，我们不应将公司内部培训教材的销售额作为追求的指标，而应当将我们是否能成为一家为广大软件工程师提供更大贡献的公司作为重中之重。在此背景下，我最终下定决心正式出版本书。如果能够通过本书，让更多的软件工程师近距离地体验人工智能（机器学习）技术，从某种意义上讲，也算是实现了"人类社会与科技对接"这一目标。

最后，在本书的撰写过程中，很多人给予我大力的支持和帮助，在此请允许我向诸位表示衷心的感谢。此外，在编写过程中，很多人对 Aidemy 的愿景产生了共鸣，编写了大量 Aidemy 在线教程的工程师也提供了无私的帮助。特别是帮我提高内容品质的工程师，他们是村上真太郎先生、加贺美峻先生、森山广大先生、河合大先生、山崎泰晴先生、木村优志先生。此外，我还要感谢本书的责任编辑翔泳社的宫腰隆之先生，他不仅为我提供了撰写本书的宝贵机会，还在本书的编写过程中提供了很多支持和帮助。衷心希望本书和 Aidemy 提供的服务能为广大软件工程师的专业技能升级贡献一份绵薄之力。

Aidemy 股份公司
总裁兼首席执行官　石川聪彦

INDEX